Study on

RECYCLING of Solid Waste in Civil Engineering

固体废弃物在土木工程中的循环利用研究

孙家瑛　沈建生　/著

内容简介

本书从不同固体废弃物的性能差异入手，研究各种固体废弃物资源化利用方法，针对不同固体废弃物特性，提出了相应的固体废弃物资源化处置途径，综合确定和形成了各种固体废弃物资源化利用体系，分析了不同固体废弃物在土木工程中的应用评价指标体系，构建了采用固体废弃物在土木工程中的应用质量保障机制。本书提出的不同固体废弃物在土木工程中的应用建议，对缓解各种固体废弃物对环境的影响、实现各种固体废弃物资源化利用、促进社会和谐发展具有重要的参考意义。

本书适合从事固体废弃物研究、开发、教学和管理的相关人员参考阅读，也适合相关专业的师生参考阅读。

图书在版编目(CIP)数据

固体废弃物在土木工程中的循环利用研究/孙家瑛，沈建生著．—北京：北京大学出版社，2022.5

ISBN 978-7-301-31696-2

Ⅰ．①固… Ⅱ．①孙…②沈… Ⅲ．①固体废物利用—应用—土木工程—研究 Ⅳ．①X705 ②TU

中国版本图书馆CIP数据核字(2020)第188141号

书　　名　固体废弃物在土木工程中的循环利用研究
GUTI FEIQIWU ZAI TUMU GONGCHENG ZHONG DE XUNHUAN LIYONG YANJIU
著作责任者　孙家瑛　沈建生　著
策划编辑　吴　迪
责任编辑　吴　迪
标准书号　ISBN 978-7-301-31696-2
出版发行　北京大学出版社
地　　址　北京市海淀区成府路205号　100871
网　　址　http://www.pup.cn　新浪微博：@北京大学出版社
电子邮箱　编辑部pup6@pup.cn　总编室zpup@pup.cn
电　　话　邮购部010-62752015　发行部010-62750672　编辑部010-62750667
印 刷 者　北京虎彩文化传播有限公司
经 销 者　新华书店
787毫米×1092毫米　16开本　17.5印张　420千字
2022年5月第1版　2023年11月第2次印刷
定　　价　89.00元

随着市场经济的不断发展，我国工业及建筑业呈现迅猛的发展趋势。与此同时，也产生了数量庞大的工业固体废弃物、生活垃圾及建筑垃圾，给自然环境以及经济发展带来了一定的影响和危害。目前，我国建筑垃圾的总量已经占到城市垃圾总量的30％～40％，且工业固体废弃物总量远大于城市垃圾总量。工业固体废弃物和建筑垃圾不能像城市生活垃圾一样可以进行焚烧和降解处理，大部分这类垃圾常常未经处理便被运往郊外或乡村，采用露天堆放或者填埋的方式进行处理。随着工业固体废弃物与建筑垃圾数量的急剧增长、土地资源的日益紧张，以及清运和堆放工业固体废弃物与建筑垃圾过程中所带来的遗撒和粉尘、灰砂等污染物，这种传统的处理方式对自然环境的破坏日趋严重。如何有效处理大量的工业固体废弃物与建筑垃圾，已经成为困扰市政和环保部门的一个棘手问题。因此，本书作者开展了工业固体废弃物与建筑垃圾资源化利用系统性研究并取得了一系列成果，不仅为工业固体废弃物与建筑垃圾资源化利用开辟了一条技术途径，也为工业固体废弃物与建筑垃圾制备胶凝材料的工程应用提供了科学依据。本书对工业固体废弃物与建筑垃圾资源化利用技术的技术原理、生产工艺及设备、工程应用等进行了系统的阐述。希望本书的出版能对我国工业固体废弃物与建筑垃圾资源化利用技术的发展起到一定的推动作用。

浙大宁波理工学院孙家瑛编写本书除第3章以外的所有内容并对全书进行统稿，浙大宁波理工学院沈建生编写第3章，孙家瑛指导的研究生绘制了书中的图表。

限于作者水平，书中难免存在不足之处，恳请读者不吝赐教。

编　者

2021年10月

目 录

第1章 各类固体废弃物的应用现状

1.1 国内外研究现状

1.1.1 再生混凝土研究现状

我国的工业化水平正以越来越快的速度向前发展，与此同时，因工业生产而产生的资源和环境问题也进一步突出：能源面临耗竭，可用资源不断减少，环境恶化日益严重。环境问题已逐渐成为影响我国社会发展的因素之一，解决这一难题成为政府的当务之急。

发达国家对废弃混凝土的再生利用研究较早。美国在 20 世纪 70—80 年代进行的试验室试验与现场试验表明，用再生混凝土集料可以生产出高质量的混凝土，即使是开裂严重的路面混凝土，也可以加工成再生混凝土集料，浇筑出耐久性比较好的混凝土。密歇根州交通厅在 20 世纪 80 年代初利用再生混凝土集料重建了几条州际高速公路，但是其抗冻融循环能力较差，存在 D 型开裂的问题。

日本国土面积小、资源相对匮乏，十分重视将废弃混凝土作为可再生资源重新开发利用。日本政府在 1977 年就制定了再生集料和再生混凝土使用规范，并相继在各地建立了处理建筑垃圾的再生利用工厂，制定了多项法规来保证再生混凝土的发展。日本还对再生混凝土的吸水性、强度、配合比、收缩、耐冻性等性能进行了系统的研究。

在欧洲，德国钢筋委员会在 1998 年 8 月提出了在混凝土中采用再生集料的应用指南，要求采用再生集料的混凝土必须完全符合天然集料混凝土的国家标准。法国已利用碎混凝土块和碎砖生产出了砖石混凝土砌块，经测定符合与砖石混凝土材料相关的再生集料标准。俄罗斯 Osmangazi University 的研究者着重研究了采用再生集料的混凝土的配合比设计以及新拌混凝土的特性，得出了弹性模量和韧度随采用再生混凝土集料的含量不同的变化特征。

我国对混凝土再生利用技术的研究较晚，但现在该项目在国内也已成为现代建筑材料研究领域中的一个热点。目前，国内数十家大学和研究机构开展了再生混凝土的研究，并越来越深入。为了解决再生集料混凝土高吸水和高收缩的问题，研究人员系统探讨了再生集料的结构特性、水分迁移特性和再生混凝土界面过渡区微观结构，为再生集料在推广应用中采取合理有效的措施解决这些问题奠定了一定的基础。在应用上，合宁（合肥—南京）高速公路采用了再生混凝土集料作为新拌混凝土的集料来浇筑混凝土路面。但国内对如何将再生集料用作水泥稳定碎石，还没有进行过系统研究和大面积应用。

1.1.2 秸秆纤维泡沫混凝土研究现状

随着新技术和新方法的进展，泡沫混凝土已成为最大规模的墙体材料，并在实践中得到广泛应用，正逐步取代烧结空心砖和空心砌块。泡沫混凝土是利用发泡剂制成泡沫，然后将其加入水泥料浆或其他料浆中搅拌均匀，该拌合物经过一段时间养护后即得到泡沫混凝土。

潘志华等利用硅酸盐水泥和矿渣、硅粉等混合材料，采用预制气泡混合法制备出高性能混凝土，其新搅拌浆体具有极好的流动性，混凝土浇筑时无须机械捣实。李森兰等通过对发泡剂原液结构、泡沫结构以及发泡剂泡沫与水泥、粉煤灰浆料相互搅拌混合过程的分析，得出发泡剂本身的性质、最佳稀释倍数以及最合适的水灰比是决定泡沫混凝土抗压强度的重要因素这一结论。肖力光等以普通水泥为胶凝材料，掺入大量粉煤灰，配以各种外加剂，经发泡剂发泡后在常温常压下养护制成的泡沫混凝土，具有轻质、导热系数小、抗冻性能好以及粉煤灰掺量大、成型方便、工艺简单、投资小见效快等优点。王武祥通过试验，在组成、制备工艺和配合比相同的情况下，研究泡沫混凝土抗压强度与绝干密度的关系，通过回归处理得到了泡沫混凝土抗压强度和绝干密度的乘幂方程式。Kearsley E. P 等利用粉煤灰替代水泥达 75%的质量分数，研究相关产品 28 天和一年的强度值，其研究结果表明，虽然其早期抗压强度明显减小，但后期强度增长很快，最终的强度比同等级的普通水泥泡沫混凝土要高，并由此建立了以干容重和粉煤灰取代率为变量的强度公式；但对于低密度的泡沫混凝土，渗透系数随粉煤灰掺量的增加而明显增大。

对纤维混凝土的大量试验研究证明，在泡沫混凝土中掺入大量纤维，可以很好地改善混凝土的各种性能，其中应用的天然植物纤维，是指从天然生长植物中获取的纤维。我国是农业大国，随着粮食产量的增加，天然植物纤维作为农作物副产品的产量也迅速增加。天然植物纤维具有产量丰富、成本低、密度小、保温性能好等优点，但是其吸水率大、易燃、耐久性差，与水泥基材料黏结性差，在水泥料浆中会有糖分和木质素浸出而影响水泥水化作用，这些缺点使其应用受到限制。我国对天然植物纤维的利用率很低，只占纤维总量的 5%左右，大量天然植物纤维的剩余不仅造成资源浪费，对其处理也成为难题。目前我国大部分地区仍采用焚烧处理的方法，由此造成机场停飞、高速公路关闭、火灾事故频发等，严重影响和干扰了社会和经济发展。而利用天然植物纤维制备墙体材料既能变废为宝，又能减少对环境的污染，因而国内外学者对天然植物纤维的特性及其应用进行了有针对性的研究。

李国忠等采用碱处理法和丙烯酸包覆法对秸秆纤维表面进行改性，考察了改性秸秆纤维增强石膏基复合材料的力学性能和耐水性能及石蜡乳液的影响；采用扫描电子显微镜、红外光谱仪、压汞仪分析了秸秆纤维的表面改性效果和改性秸秆纤维增强石膏基复合材料的微观形貌、结构，探讨了改性秸秆纤维和石蜡乳液的改进机理。其研究结果表明，掺石蜡乳液的丙烯酸包覆改性秸秆纤维增强石膏基复合材料，力学性能和耐水性能都明显提高。因为经碱处理和丙烯酸包覆处理后，秸秆纤维的表面粗糙度都有不同程度的提高，从而提高了复合材料的力学性能；石蜡乳液可填充石膏硬化体中的孔隙，改善石膏和改性秸秆纤维之间的界面黏结，从而显著提高了复合材料的耐水性。

崔玉忠等通过对麦秸秆纤维的处理、麦秸秆纤维的掺量以及所用水泥基材料的组成和配合比试验研究，用成组立模装备生产出用于建筑隔墙的植物纤维水泥多空条板和实心条板，为麦秸秆的资源化利用提供了一条可行的技术途径。

郭垂根等研究了不同水泥、不同添加剂的稻草水泥复合体系的水化温度与时间的关系，其研究结果表明，早强硅酸盐水泥更适合进行稻草增强水泥基复合材料的生产，且添加 $CaCl_2$ 可促进水泥的水化；稻草掺量对复合材料的性能影响研究表明，当稻草掺量为15%时，复合材料综合性能较好，同时扫描电镜照片表明稻草与水泥黏结程度较好，起到了增强混凝土的作用。

胡玉秋等采用混凝土空心砌块，然后用秸秆块插孔制成秸秆混凝土砌块，采用热箱法测定其传热系数。其研究结果表明，这些砌块平均传热系数 $K=1.1\text{W}/(\text{m}^2\cdot\text{K})$。秸秆混凝土砌块作为墙体保温材料，具有很好的隔热保温性能。

胡洋等对秸秆纤维砌块的保温性和隔声性进行了研究，其研究结果表明秸秆纤维砌块墙体热工性能与隔热性能皆优越，据此提出了一套在我国温带半湿润气候区可行的秸秆纤维砌块墙体构造措施。

日本的 Tosho Moruma 公司则致力于开发用竹筋替代钢筋来增强混凝土。他们制造了两个品种，一种是烟熏的劈裂条，另一种是天然干燥的完整细竹。其研究结果表明，未增强的混凝土一周后抗弯强度为 4.3MPa，而增强的混凝土抗弯强度达到 10.8MPa，提高了约 1.5 倍，且这种竹筋混凝土材料的抗弯性能好，质轻、防腐，克服了过去直接使用新鲜竹子的不足。

秸秆植物纤维水泥基复合材料在实际应用中也发现了其强度和韧性随着时间而降低的问题。经研究发现，天然植物纤维在水泥基材料中发生了质变而引起强度和刚度下降，主要涉及三方面原因：①纤维在水泥中的碱性腐蚀。Gram 认为天然秸秆纤维易受到水泥基的碱性侵蚀，因天然植物纤维在碱性条件下糖类和脂类物质浸出，削弱了纤维间的连接，降低了纤维强度。②天然植物纤维矿物化。Singh 的研究表明，水泥中的 $Ca(OH)_2$ 沉积在天然植物纤维的空腔内，使其脆性增加，纤维的这种矿物化是天然植物纤维水泥基材料耐久性下降的主要原因。③天然植物纤维吸水引起的体积率变化。天然植物纤维的吸水率很高，导致植物纤维增强水泥基复合材料受潮后弯拉强度与弹性模量均大幅下降，使水泥制品发生扭曲变形或开裂。

因此，天然植物纤维制备水泥制品的关键是耐久性。不少国内外专家对提高这种耐久性进行了研究。Canovas 等用鞣酸、松香等对剑麻纤维进行浸渍处理，对植物纤维表面进行改性处理，其研究结果表明，表面改性处理能延缓植物纤维水泥制品的硬化。李国忠、刘民荣等用聚乙烯醇改性的方法，研究聚乙烯醇改性对石膏性能的影响，其研究结果表明，聚乙烯醇改性后较大提高了秸秆纤维/石膏复合材料的抗水性能。John 和 Berbane 采用在水泥中掺入火山灰和采用高铝水泥的方法降低水泥的碱度，其研究结果表明降低水泥的碱度能有效提高相关制品的耐久性。

1.1.3 碱渣资源化利用研究现状

除了天然植物纤维，其他废弃物如碱渣，也可以在建筑材料等不同行业中再利用。各国根据不同的国情，对碱渣有不同方面的利用，许多国家都取得了显著的效果。苏联碱厂大多建在内陆，碱渣的堆放对周围环境影响较大，所以对碱渣进行了大量的再利用试验研究。如苏联的斯捷利塔马克纯碱厂曾在 20 世纪 70 年代进行了将碱渣用作水泥和其他建筑材料的试验与生产工作，该厂对经过雨水淋洗、氯化物降低并长期晾晒的碱渣进行试验，证明可以制取符合当时苏联国家标准的产品，并建立了年产 8000t 的试验厂进行生产。乌克兰基辅建筑工程学院首先研制成功了碱渣混凝土，并召开了两届碱渣胶凝材料与混凝土国际会议，对碱渣混凝土的优异性能和技术经济效益给予了高度评价。目前，德国、英国、美国、加拿大、芬兰等国家也已开始生产碱渣混凝土。波兰将碱渣用作土壤改良剂，因碱渣是属于碱性的物质，而波兰又具有相当面积的酸性土壤，这为利用碱渣创造了有利条件；将碱渣压滤、干燥、高温煅烧，可作为钙镁肥和土壤改良剂，这不仅大大降低了土壤的酸性，而且提供了 Ca、Si 等植物需要的成分。日本陆地比较缺乏，通常将氨碱厂建在海边，其排出的碱渣可作为填垫材料进行填海造地，达到一举两得的效果，此法符合日本国情。

碱渣的主要含量是 $CaCO_3$，其次是 CaO、SiO_2 等，制造水泥成为碱渣利用的首选项目。1971 年，天津碱厂最早开始了碱渣制水泥的试验与生产，建成一条年产 4000t 的生产线，但碱渣制水泥的成本较其他水泥厂要高，所以并未得到广泛应用。1977 年，大连制碱工业研究所即开始了将碱渣用作土壤改良剂的研究，使用天津碱厂白灰埝经过多年淋洗含氯较低的表层碱渣，在湖南、福建、江西、云南四省红壤地区和大连微酸性缺钙土壤地区、青岛地区等进行试验，取得了较好成果，并通过了市级鉴定，有一定的推广价值。大化公司 1981 年在室内试验的基础上，建立起利用碱渣生产碳化砖的装置，龙山化工厂也进行过类似工作，但国内目前仍缺乏大批量生产及使用的实践。到了 20 世纪 80 年代后期，天津市新型建筑材料工业公司研究室和焦作化工三厂等单位联合开发了以碱渣为主要原料，配以少量炉灰渣和硫酸盐烧结低温水泥的生产方法，也称碱渣建筑胶凝材料，至此碱渣又有了新用途，而且碱渣还被用来围海造地。这些方法都是比较有效的碱渣利用方法，但推广价值不太大，都有一定的局限性，所以有必要找到一个既经济又方便，并能大量利用碱渣的方法。国内通过研究和试验，找到了将碱渣（碱渣土）代替一般土作为填垫材料的治理方法，在实际工程中取得了良好的效果。天津碱厂在 1986 年以前就协同天津市建筑设计研究院和天津机械施工公司对利用碱渣替代黄土作为填垫材料进行了试验研究，将碱渣单独使用或掺入粉煤灰、石砂、黄土等辅料，在塘沽朝阳新村家属宿舍进行了大面积应用，取得了较好的效果。天津大学岩土工程研究所把堆积年代较久的碱渣作为工程土，并对其微观结构特性、强度形成的机理以及宏观物理力学性能都进行了比较深入的研究，找到了将碱渣土用于大面积填垫工程的两个基本思路：一是吹填后进行预压——堆载或真空预压；二是将其晾晒风干，再混合其他一些材料（如增钙灰、粉煤灰、黄土、水泥等），制成复合型的碱渣土后碾压来应用。两种思路都用于实际工程中，产生了较好的效果。纵观碱渣综合利用的各种途径，生产氧化钙、碱渣制水泥、碱渣制碳化砖、碱渣作土壤改良剂等，由于资金和场地问题等多方面因素影响了这些成果的迅速投产；把碱渣作为二次资源用于工业生产，固然是一条很有价值的利用途径，但其利用量毕竟很有限，要完全处理掉多年存积和继续不断产生的碱渣很困难；而用碱渣来替代回填土应用于实际工程，是处理碱渣的一条重要出路。

1.1.4 钢渣资源化利用研究现状

发达国家的经济发展较快，钢铁行业历史悠久，对钢渣循环利用的研究时间较早，发达国家的钢渣利用率早就接近100%。20世纪70年代开始，美国的钢渣已经达到排放利用的平衡状态，其钢渣利用主要包括将钢渣以回填料用于路基工程，以集料用于混凝土和沥青生产，以粉料掺入水泥生产，以微量元素来生产肥料，以金属材料回炉再利用等。日本钢铁厂对钢渣的利用方式和美国相似，据有关统计，2004年日本产生的钢渣总量约为0.13亿t，其中58%用于土木工程和道路工程中，26%用于回炉烧结料，其余用于农业肥料等其他方面。新西兰将钢渣用于净化水源，希腊则将钢渣用于海堤工程。

国外学者对钢渣的研究成果主要包括：钢渣混凝土具有良好的力学性能，在抗折、抗压强度方面均优于普通混凝土，但其干缩性较差；钢渣早期的水化是由于C_2S尺寸大于70mm以及其形状非圆粒状而呈手指状，所以其强度低；当钢渣磨光值高于60g/m^{2}时，其耐磨性能优于玄武岩，所以钢渣沥青混凝土的抗滑性能要优于普通集料沥青混凝土；钢渣作为集料掺入沥青混凝土中，可使其抗车辙和抗老化能力均得到提升，同时还减小了变形；钢渣沥青混凝土的嵌挤结构较好，可以有效降低噪声。

随着我国城市化和工业化的快速发展，用钢量逐年提升，钢铁厂随之产生的钢渣也越来越多。我国对钢渣处理的研究相对较晚，但钢渣的循环利用受到国家的高度重视，有相关的法律法规作为支撑。我国的钢渣主要用作混凝土和水泥的掺合料，作为集料则研究较晚，但是作为掺合料来生产水泥，还是具有一定的优势。我国钢渣水泥研究的发展概况见表1-1。

表1-1 我国钢渣水泥研究的发展概况

时间	主要研究内容	特点
20世纪60年代	钢渣石膏水泥	有一定机械强度，但水化速度慢、早期强度低、凝结时间长、安定性不良
20世纪70年代初期	钢渣-矿渣-石膏水泥	解决了安定性问题，提高了后期强度，但早期强度低、凝结时间缓慢

续表

时间	主要研究内容	特点
20世纪70年代中后期	加入硅酸盐水泥熟料的钢渣-矿渣-石膏水泥	提高了早期强度，统筹了凝结时间，该水泥得到了较大的发展
20世纪80年代	在原有基础上引入碱金属化合物	降低了熟料用量
20世纪90年代	添加激发剂的钢渣矿渣水泥	不使用熟料，具有良好的性能

国内学者对钢渣的主要研究成果如下。

① 钢渣-蒙脱石复合吸附效果较好，优于钢渣单独的吸附效果；钢渣硬化浆体中的矿物组成包含水化产物C-S-H凝胶和$Ca(OH)_2$，钢渣残余矿物C_2F、$Ca_2(Fe,Al)_2O_5$、$CaCO_3$和RO相，一些未反应的胶凝矿物C_2S和C_3S，与水泥水化的产物相类似，钢渣的化学结合水量比水泥少很多，当水泥中钢渣的掺量小于30%时，其胶砂试件的28d抗压强度均高于普通水泥胶砂试件的强度；增大钢渣的碱度值，可以提高钢渣的活性，但是不能简单根据钢渣碱度比较钢渣的胶凝活性，在钢渣碱度相近时，钢渣中硅酸盐矿物的量取决于二氧化硅的含量，并继而影响到钢渣的胶凝活性；钢渣的掺入可以改善水泥浆体的流动性，凝结时间随钢渣掺量增加而延长，但是会大大降低水泥胶砂强度。

② 钢渣作为一种碱性富硅改良剂，施加到土壤后，可以显著提高酸性土壤的pH值，降低土壤有效态重金属的含量，从而达到改善土壤种植环境的效果。

③ 钢渣碳化养护620min后，其孔隙率降低近一半，抗压强度迅速增长，可由碳化前的6.69MPa提高到42.14MPa；一定量的钢渣和粉煤灰复掺可以较好地提高混凝土抗压强度，随着钢渣掺量的增加，混凝土坍落度降低，抗氯离子渗透性能逐渐下降，钢渣与粉煤灰复掺时，混凝土抗氯离子渗透性能增加，大掺量（钢渣、粉煤灰掺量达50%）掺合料可以提高混凝土抗氯离子渗透性能；激发剂显著激发了钢（矿）渣的活性，加速钢渣胶凝材料的水化速度，大幅度提高了钢渣胶凝材料的早期强度，而且激发剂对钢渣胶凝浆体水化产物种类没有影响。

④ 钢渣在复合胶凝材料水化硬化过程中所起的化学作用小于矿渣，随着复合胶凝材料中钢渣含量的增大和矿渣含量的减小，复合胶凝材料的早期和后期胶凝性能均降低，钢渣的反应程度受复合胶凝材料的影响很小，在水泥-钢渣-矿渣复合胶凝材料中，钢渣的含量越大，胶凝材料的早期水化放热量越小，砂浆的早期抗压强度越低，但差距并不明显；钢渣和矿渣在后期反应程度提高显著；碳酸化可以使钢渣中的f-CaO含量显著降低，可以使碳酸化产物$CaCO_3$参与水化反应，较大提高钢渣水泥的早期强度，但是对其后期强度提升作用不明显；钢渣磨到一定的细度后，可以活化游离CaO和MgO，从而使钢渣水泥的安定性较好。

1.2 固体废弃物资源化利用的应用研究现状

1.2.1 再生混凝土应用

随着社会发展，越来越多的旧建筑终将被拆除，对建筑垃圾的处理问题亟待解决。

国外对建筑垃圾的研究起步较早，资源化利用率较高，如韩国、日本、西班牙、希腊、爱尔兰、葡萄牙等国的资源化利用率已经达到95%。日本资源相对匮乏，对建筑垃圾的资源循环利用非常重视，早在20世纪60年代就制定了多项相应的再生混凝土使用法规。美国于20世纪70年代开始对建筑垃圾循环利用展开研究，联邦及各州政府制定了相应的法律和规范，如《超级基金法》。德国在第二次世界大战结束后开始对建筑垃圾循环利用进行研究，其建筑垃圾主要应用于公路路面。

国外学者关于建筑垃圾的研究成果主要包括：在混凝土中，再生细集料对天然砂的取代率不高于30%时，其力学性能并没有危害；用再生粗、细集料制备自密实混凝土的研究结果表明，用河砂和破碎的再生细集料分别制成的自密实混凝土的性能只表现出细微的不同；再生细集料的吸水率和取代量决定了再生砂浆的抗硫酸盐侵蚀性能；再生集料混凝土的工作性能、强度、耐久性往往都较弱于天然集料混凝土；韩国利福姆系统公司在700℃时对再生混凝土进行处理，生产出与普通水泥性能几乎一样的再生水泥；日本秩父小野田公司利用建筑垃圾再生微粉制造出一种生态水泥，其胶砂干缩性能小于普通水泥，水化热也小于普通水泥。

我国建筑垃圾资源化比欧美国家晚。如香港在2002年才建立处理建筑垃圾的试点处理工程；台湾在1999年因为大地震才建立建筑垃圾研究和处理计划，在此之后，回收利用了80%的建筑垃圾，其中有30%的建筑垃圾用在道路垫层的处理上。总体来说，我国因相关研究起步较晚，建筑垃圾循环利用率较低，仅为5%。但国家已经认识到了建筑垃圾资源循环利用的重要性，先后颁布了《中华人民共和国固体废物污染环境防治法》等法规，同时鼓励相关的课题研究，目前已有一部分相应规范出台，如2007年同济大学编写了地方标准《再生混凝土应用技术规程》(DG/TJ 08 - 2018—2007)，为再生混凝土技术的应用提供了明确的指导；2010年推出国家标准《混凝土和砂浆用再生细骨料》(GB/T 25176—2010)和《混凝土用再生粗骨料》(GB/T 25177—2010)，对再生骨料的筛选和验收提供了指南；2011年北京编写了地方标准《再生混凝土结构设计规程》(DB11/T 803—2011)，为再生混凝土建筑的设计提供了依据及指导。

在进行相关课题研究的同时，政府也鼓励支持了一些相关的试点工程。如2003年7月，同济大学利用废弃混凝土铺筑了一条“再生路”；2007年，完成了全国首座1000m^2全级配再生集料现浇混凝土试验建筑的建设；2008年，利用再生古建砖在北京市崇文区前门大街完成了一个示范院落的建设。

国内学者对建筑垃圾再生微粉的研究主要有以下成果：在混凝土中掺入再生微粉可以改善混凝土的干燥收缩性能和早期抗裂性能，其掺量越大，改善效果就越好；再生微粉的掺入会使得水泥胶砂的流动性下降，热处理可以使再生微粉的活性得到提高，在600℃时热处理效果最佳；再生微粉具有一定的活性，但其需水量稍大，对水泥的替代量不宜超过20%；再生微粉对水泥的取代量少于10%时，不会对水泥产生不利的影响，但大于50%后，砂浆的和易性极差，再生微粉的掺入会降低胶砂强度；建筑垃圾再生微粉的需水量比、烧失量、含水率等性能指标及碱含量、放射性、硫含量等化学指标，均符合Ⅱ级粉煤灰的要求；再生微粉对浆体化学结合水和抗压强度的影响趋势相近，随着再生微粉掺量的增加，浆体化学结合水越来越小，掺用强度高的废弃混凝土制备的再生微粉浆体，其各龄期化学结合水均明显高于掺用强度较低的废弃混凝土制备的再生微粉浆体；掺用再生微粉降低了浆体最大放热量，且随着掺量增加，延缓了其达到最大放热量的时间，掺用强度高的废弃混凝土制备的再生微粉浆体最大放热量大于掺用强度较低的废弃混凝土制备的再生微粉浆体，但对浆体达到最大放热量的时间影响不大；加气混凝土中掺入30%以内的再生微粉对加气混凝土的性能无显著影响，其可作为部分硅质材料用于加气混凝土的生产；再生微粉在一定掺量之内对混凝土的抗压强度有促进作用，其最佳掺量在10%左右；相同掺量情况下，$Ca(OH)_2$对再生微粉混凝土的激发效果最优，随着再生微粉掺量的增加，激发效果明显降低；再生微粉的掺入会降低混凝土的抗碳化能力和抗冻性能；水泥胶砂强度随着再生微粉的掺入呈现出先增加后降低的趋势。

1.2.2 城市污泥资源化应用

城市的工业、商业与生活活动，将各种输入的物流转化为废物输出至自然环境和农业生态体系，这是现代城市物流系统流转的基本程序。城市环境问题的根本来源，就是城市产生的各种废弃物对环境的危害。污泥既含有一些有毒有害化学物质和病原体微生物，也含有一些有益成分，因此，对污泥进行处理与有效利用是当前全世界环境科学研究领域中的重要课题。传统的污泥处理方式主要有农用、填埋、焚烧等，各国和地区又根据自己的实际情况来选择某种较合适的处理方法。发达国家经济实力雄厚、科学技术先进，其处理程度一般较高，其中西欧国家以填埋为主，美国、英国、北爱尔兰三国以农用为主，而日本主要采用焚烧。在我国，受经济发展水平和技术条件所限，目前这些污泥尚无稳定而合理的出路，基本还是以农肥的形式用于农业，且大多数污泥未经任何处理就直接农用，由此产生的环境问题直接危及人体健康。为此，我国于1984年颁布并实施了《农用污泥污染物控制标准》(GB 4284—1984)，这对于污泥农用的规范化起到了一定的指导作用。

但传统的污泥处理方法都存在一定的弊端，而且污泥也没有达到有效的资源化发展。例如填埋场内形成的渗出液，若处理不当就会进入地下水层而污染地下水，填埋场产生的以甲烷为主的气体，若不采取适当措施就会引起火灾和爆炸。另外，适合污泥填埋的场所因城市污泥的大量产出而越来越有限，这也限制了该方法的进一步发展。污泥排海也并未从根本上解决环境问题，还造成了海洋污染，对海洋生态系统和人类食物链造成威胁，受到越来越强烈的反对。污泥农用也存在很大的安全隐患，污泥中虽然含有各种丰富的微量元素，施用于农田能够改良土壤结构、增加土壤肥力、促进作物的生长，但污泥中含有的大量病原菌、寄生虫卵以及重金属和难降解的有机化合物，极易造成二次污染。

目前污泥的处理技术处于小试阶段的有很多种，离大规模的推广应用还有很大的距离。从可持续发展的角度看，污泥的处理必须遵循资源化的原则，在考虑环境效益和社会效益的前提下，尽可能提高其经济价值。城市污泥资源化处理方法主要有以下几种。

1. 污泥的土地利用

(1) 污泥在农田上的利用

在国外，污泥农用资源化是污泥处理的一条重要途径，美国为此专门制定了污泥的土地利用法规，日本则成立污泥还田指导委员会来指导污泥的合理施用。日本有研究表明，污泥施用对绝大多数作物都有良好的肥效作用，以叶菜类增产最多，同时可改善蔬菜因缺乏微量元素而引起的品质下降。在我国，郭眉兰等的盆栽和田间试验表明：施用污泥后，土壤中N、P、K、TOC等营养成分及田间持水量、CEC、团粒结构、土壤空隙度都相应增加，土壤结构得以明显改善。

（2）污泥的林地绿化利用

随着城市建设中生态绿化面积的增加，越来越多的污泥用于林地建设。林地一般远离人口密集区域，将污泥用于林地资源化，一般不易威胁到食物链，比较安全。研究表明，美国南卡罗来纳州4年生火炬松施用污泥后，平均直径比对照组增加56%～76%。在城市园林绿化中施用污泥或污泥堆肥，绿化效果也相当显著，与对照组相比，树高、树径、花卉的花期、开花量等都大大增加。我国人均绿化面积在世界上比较落后，将污泥用作林地园林方面的建设具有很大的前景。

（3）污泥用于土地改良

垦荒地、贫瘠地等施用污泥堆肥，可改善土壤结构，促进土壤熟化。我国西北地区部分土壤沙化严重，生态环境十分脆弱，污泥对于防止土壤沙化、整治沙丘及被二氧化硫破坏地区的植被恢复均具有良好的作用。将污泥与粉煤灰、水库淤积物以一定比例混合施用，可改善土壤的保温、保湿、透气等性能，同时污泥中的有机营养物强化了废弃物组合体的微生物作用，使整个土壤加速腐殖化，达到增加土壤中有机质含量的作用。

2. 污泥制作建筑材料

（1）污泥制砖

目前可直接用干化污泥制砖，或用污泥焚烧灰渣制砖。用干化污泥直接制砖时，应对污泥的成分进行适当调整，使其成分与制砖黏土的化学成分相当；当污泥与制砖黏土按质量比1∶10配料时，污泥砖可达到普通红砖的强度。采用污泥焚烧灰渣制砖时，灰渣与制砖黏土的化学成分比较接近，可以通过两种途径实现烧结砖制造：其一为与黏土等掺合料混合烧砖，其二为不加掺合料单独烧砖。日本龟井制陶株式会社生产的龟井环保砖瓦，是以下水道污泥、粉煤灰、矿渣、烧窑业杂土、玻璃渣、保温材料弃渣、废塑料、建筑废渣土、河沟淤泥等为原料，采用日本传统的混凝土和砂浆技术及新开发的水泥固化技术生产出的具备烧结砖瓦特征的新型墙体材料，适用于墙壁、地面铺设和园艺。

（2）污泥制生态水泥

生态水泥是以生态环境与水泥的合成语而命名的，是一种新型的波特兰水泥。这种水泥是以城市垃圾焚烧灰和下水道污泥为主要原料，经过处理、配料并通过严格的生产管理而制成的工业制品，可把生活垃圾和工业废弃物变成一种有用的建设资源，再生利用是其显著特征。但在水化时，生态水泥会溶出大量的氯离子，硬化体在养护和使用过程中也会释放出含水氯化物，这会对水泥中的钢筋等增强材料造成腐蚀，因此生态水泥只能应用于除预应力钢筋混凝土、PC钢丝或钢纤维增强混凝土以外的领域，如建筑灰浆等。另一个有希望的用途是作土壤固化材料。

（3）污泥制沥青

日本东京下水道局着手用下水道污泥燃烧得到的灰代替沥青细骨料，为下水道污泥灰的回收再利用指明了一条新路。为了提高沥青混合物的黏度、稳定性和耐久性等，要向其中添加细骨料。目前一般多用石灰石粉末做细骨料，东京下水道局从1997年开始探讨改用下水道污泥灰的可行性。经分析，加入了下水道污泥灰的沥青混合物，其各方面性能和传统材料制成的混合物相同。东京准备以多摩地区的下水道污泥灰为对象开始实际应用。

（4）污泥制陶瓷

日本丸美陶瓷公司利用城市垃圾及污泥研制出了陶质绿色建材。其制备工艺为：将垃圾在焚烧炉中焚烧成灰，然后煅烧熔融，此时可再加入下水道污泥等废物，冷却后磨成灰渣；这种灰渣熔融时排放的气体被中和，再生成安定的盐分，而且完全燃烧，难分解性化合物也被分解，故可变为一种无害的陶质原料。用这种原料可替代传统原料，单独或与其他原料混合，生产各式各样的陶质建材。

（5）污泥制混凝土细填料

污泥焚烧灰也可以作为混凝土的细填料，代替部分水泥和细砂。研究表明，污泥焚烧灰可替代高达30%的混凝土的细填料（按质量计），具有很高的商业价值。作为混凝土填料用的污泥焚烧灰应进行筛分和粉磨等预处理，达到一定的粒径配合比要求；污泥焚烧灰的有机质残留量也应进行必要的控制，以保证混凝土结构的质量。

3. 污泥低温制油技术

污泥低温制油技术是指在300～500℃，于常压（或高压）和缺氧条件下，借助污泥中所含的硅酸铝和重金属，尤其是Cu的催化作用将污泥中的脂类和蛋白质转变成碳氢化合物，最终产物为油、碳、非冷凝气体（NGG）和反应水，是一种发展中的能源回收型的污泥热化学处理技术。

该技术的主要优势体现在：能有效控制重金属排放，尤其是Hg、Ti，在灰烬和炭中来自污泥的重金属被钝化；可回收易利用储藏的液体燃油；可破坏有机氯化物的生成，反应器中燃烧温度应维持尽可能低（<800℃）；可减少蒸汽中金属的排放，气体净化简单而廉价；占地面积小，运输费用少，运行成本较低等。

4. 污泥制吸附剂

为了充分利用污泥中含碳的有机物，实现污泥资源化利用，有些研究者开展了对污泥进行热解制成含炭吸附剂的研究。从1976年起，关于污泥的热解炭化和获得材料的应用已经获得了几项专利，如美国的关于污泥热解炭化制备含炭吸附剂的专利等。污泥制备吸附剂的研究重点是制备的中间过程、方法的改进及化学活化剂的选择，化学活化剂主要有氯化锌、氢氧化钾、硫酸、磷酸等。不同的污泥所制取的吸附剂有不同的用途，影响吸附剂性质的主要因素有活化剂种类、浓度、热解温度、热解时间、活化温度等。

污泥处理是世界范围内面临的迫切需要解决的环境问题。城市污泥一经产生，只能被转化而不能被消灭，因此不管如何完善污泥处理过程，其产物进入环境仍会产生不利影响，只有当污泥被最终作为资源利用时，才会对环境产生有利影响。现阶段城市污泥资源化的主要途径是以土地和建材利用为主，其中污泥的建材利用具有很大的经济价值。我国对污泥的资源化利用在大规模推广应用上还有很长的一段路要走，今后应加强宏观管理，研究和推广经济上合理、技术上切实可行的实用型技术，从而实现资源的永续利用，这对城市环境的可持续改善具有重要意义。

1.2.3 工业固体废弃物资源化应用

固体废弃物污染是全球十大环境问题之一，而工业废渣是排放量最大的固体废弃物，如若不能有效处理和利用这些工业废渣，不但造成资源的严重浪费，而且不能从根本上解决其带来的污染问题。工业废渣的物性不同于其他种类的固体废弃物如有机固体废物、生活垃圾等，工业废渣不能被自然降解，也不能用焚烧的办法来处理。

为了解决我国目前较为严重的固体废弃物污染现状，业内提出了工业废渣无害化和资源化的概念，两者相较而言，工业废渣的资源化是更有效、更根本的措施。通过资源化的途径，能源耗竭、资源减少和环境恶化三大问题就能在一定程度上统一起来加以解决。近些年来，在我国政府支持和科技工作者的科研攻关下，我国工业废渣的利用水平得到较大提升。早在2013年，全国工业固体废弃物产生量为327701.9万t，综合利用量（含利用往年贮存量）为205916.3万t，综合利用率为62.3%。然而，地区经济技术水平的差异导致工业固体废弃物的综合利用水平发展很不平衡，经济发达地区的工业固体废弃物的利用率已达到较高的水平，而在我国中西部地区，其综合利用率和技术水平仍然较低。我国重工业多数集中在中西部地区，提高工业废渣的综合利用率和技术水平、实现工业清洁化生产和资源再生利用，将对我国的环保事业和经济发展做出巨大贡献。唐明述院士曾在“21世纪水泥混凝土的发展远景”文章中提出，充分利用工业废渣是可持续发展的重要一环，并提出充分利用工业废渣修筑江河湖海的万里长城的建议。此建议若能实现，将对可持续发展战略目标的实现、环境保护和维持生态平衡等方面具有重要的意义。从工业废渣的利用情况来看，尽管在某些领域中已有成功利用工业废渣的先例，但利用量并不大。而在建材的生产制备过程中，每年利用的各类废弃物数量大约为4亿t，在全国工业固体废弃物利用总量中所占比例超过80%。将工业废渣的治理与建材行业清洁生产特别是与水泥混凝土、墙材的生产相结合，是一条高效且大量处理工业废渣的出路。而合理、高效地利用工业废渣的前提，就是要研究出各种工业废渣的化学组成和物理特性，根据其不同的性质选择不同的利用方式，发挥各种工业废渣的优势，取长补短，这样才能将工业废渣的利用优势发挥到极致。

1. 铝渣资源化利用

铝渣（也称铝灰或铝灰渣）是在一次、二次甚至是三次铝工业中所产生的一种废弃物。一次铝工业即用拜耳法从铝土矿中获得氧化铝，是金属铝生产的初道工序。在氧化铝通过电化学方法熔炼出金属铝的过程中产生大量的铝渣，这些铝渣通常含有80%以上的金属铝，常被称作一次铝渣或白灰，可以作为二次铝工业的原料。二次铝工业主要是指从各种废弃物（如铝渣、废弃铝制品以及加工铝制品过程中产生的铝屑、碱渣等）中回收铝的过程。二次铝工业所产生的废弃物一般含有5%～20%的金属铝和大量的可溶性盐，因此会呈现黑色，也被称为黑灰。目前大量堆存的废铝渣，都是提取完二次铝渣中金属铝后的产物，可以称为三次铝渣，主要含有氧化铝、氧化硅、NaCl、KCl、氟化物、氨等物质，其中主要成分氧化铝含量达到40%～70%。铝渣中含有一些危害环境的元素或化合物（如铝渣中的Al_4C_3和AIN遇水会分别产生CH_4NH_3和其他Al_2O_3等）。

每生产1000t原铝，大概产生25t的铝渣；同时废铝再生过程中也会产生铝渣，废铝再生并重新加工成制品的回收率一般为7.5%～8.5%，再生1t废铝将产生150～250kg铝渣。2018年我国的原铝产量为2800万t，将产生70万t铝渣，如果考虑逐年的增长和历年的积累，这个数字将更为惊人。大量积累的铝渣不但造成环境污染，更是一种严重的资源浪费，随着铝工业的发展，铝渣的回收和利用已经成为世界性的问题。

(1) 国外铝渣主要利用途径

① 从铝渣中回收铝。

A. 丹麦阿加公司（AGA）、霍戈文斯铝业公司（Hoogovens Aluminium）、曼公司（MAN）联合开发了一种称为ALUREC（Aluminium Recycling）的回收铝的方法。

B. 美国宾夕法尼亚州埃克斯顿市（Exton. PA）的阿尔特克国际公司（Altek International）开发了“The Press”回收铝工艺。

C. 加拿大铝业公司（Alcan）开发的IGDC回收法，是一种采用惰性气体冷却矿渣的方法。

D. 奥地利瓦格纳贝罗公司研制的AROS法，将热矿渣冷却、破碎与筛分装置组合在一起，形成一套紧凑式的处理系统，是一种在低氧条件下处理炉渣的工艺。

② 提取活性氧化铝。

Das BR等研究了利用铝渣中的氧化铝制备高附加值$\eta-Al_2O_3$的回收方法。

③ 合成耐火材料。

铝渣中含有Al_2O_3和SiO_2，可以作为合成耐火材料的原料，Hashishin T等利用铝渣为原料，制备出耐火材料。

④ 生产道路材料的原料和生产烧结材料。

将铝渣与硅石（SiO_2）粉混合，在1350℃烧结，制成铺设路面的材料，其硬度是普通路面材料的1.5倍，抗滑能力是普通路面材料的1.2倍。该项技术已经在日本开始应用。

(2) 国内铝渣资源化利用

① 利用铝渣和粉煤灰合成Sialon陶瓷。Sialon陶瓷材料因具有优越的力学性能、热学性能及化学稳定性能而受到越来越多人的关注。上海交通大学的李家镜等以铝渣、粉煤灰和碳黑为主要原料，采用碳热铝热复合还原氮化工艺制备了Sialon粉体，利用铝渣和粉煤灰合成Sialon陶瓷及添加其他成分制备复相材料。

② 利用铝渣制备低铁硫酸铝。硫酸铝是无机盐的基本品种之一，应用十分广泛。康文通等对铝渣采用共沉积法的新工艺，制备了低铁硫酸铝。

③ 利用铝渣炼钢。利用铝渣中残铝的氧化放热进行钢水提温节电，在国内已有应用先例。唐山钢铁公司的戴栋等利用铝渣的升温试验对电弧炉炼钢的过程进行了研究，提出在电炉中加入铝渣，作为熔池形成吹氧助熔剂。王文虎等针对河南济源钢铁集团有限公司炼钢的生产现状，利用工业铝渣AD粉在炉中代替萤石，分别开展了在硅锰镇静钢和铝镇静钢上的应用研究。

④ 回收铝渣中的铝和氧化铝。郭学益等对铝渣进行了低温碱性熔炼研究，利用低温碱性熔炼法提取铝渣中的铝和氧化铝。

⑤ 利用铝渣合成Spinel-Sialon复相材料。铝渣和粉煤灰均为工业废料，董锦芳等利用固体废弃物铝渣和粉煤灰原位合成了Spinel-Sialon复相材料。

⑥ 铝渣可作为生产净水剂的原料，一般采用硫酸溶解法生产净水剂。

⑦ 用于道路及建筑材料。二次铝渣在道路及建筑材料上的应用主要包括以下方面：A. 将铝渣掺入混凝土中代替一部分粉煤灰使用。铝渣的掺入可以在不改变混凝土强度的情况下降低其密度，但随着铝渣掺入量的增加，混凝土的性能急剧下降。B. 利用铝渣生产复合水泥。将硅酸盐熟料、矿渣、粉煤灰、二水石膏和铝渣均匀混合可制成复合水泥，可以降低水泥的生产成本，改善水泥的安定性。铝渣的烧失量较大（一般在10%左右），在水泥中的加入量不宜过大，一般在6%～8%。但是将铝渣用于混凝土或水泥时，铝渣中含有金属铝、氮化铝及碳化铝等，后者会水化产生气泡，导致混凝土或水泥内部出现气孔或膨胀，使得内部结构疏松、强度降低，因而利用率不高。

2. *矿渣资源化利用*

矿渣是钢铁厂冶炼生铁时的副产物。在高炉炼铁过程中，除了铁矿石和燃料（焦炭）之外，为了降低冶炼温度，还要加入适量的石灰石和白云石作为熔剂，它们在高炉内分解所得的CaO、Mg在1400～1600℃下与铁矿石中的土质成分及焦炭中的灰分发生反应形成熔融物，经空气或水淬急冷处理形成粒状颗粒物，称为粒化高炉矿渣或水淬矿渣。据不完全统计，每生产1t生铁，将排出矿渣0.3～1t。我国钢铁厂的年矿渣排放量高达6000万t以上，这些矿渣的排放、堆积不仅耗费了大量的人力、物力和财力，而且侵占了土地，污染了环境。

（1）国外矿渣利用状况

近几十年来，随着环保意识和技术能力的增强，不少国家加大了对钢铁工业废弃物的研究开发力度，英国、日本、德国、加拿大、美国、俄罗斯、法国、乌克兰等国家均取得了很好的成绩。

① 英国从1923年开始利用矿渣，主要生产水泥，20世纪80年代后用钢渣生产沥青混凝土集料、大体积混凝土并制定了相应的国家标准。

② 日本从20世纪60年代开始利用冶金渣生产道路材料和水泥，其余大多用于填海和造田。日本1976年成立了“矿渣利用委员会”，大大加快了矿渣标准化、规范化和综合化利用的步伐。后于1978年成立了“日本矿渣学会”，有几十家钢铁公司从事矿渣加工和销售工作，使矿渣利用率高达97%，年利用矿渣1500余万t。

③ 德国从1980年开始将磨细矿渣粉用于混凝土工程中的掺合料，后来又将有机减水剂掺入其中，生产C40、C80级的不同成分和细度的掺合料，以此可生产满足不同工程和性能要求的商品混凝土。

④ 加拿大主要将矿渣用于生产水泥和水泥混凝土的集料，这种水泥具有低能耗、耐磨、低水化热、后期强度高的优点，可广泛用于海港、井下等工程。

⑤ 美、俄、法等国家也将矿渣用于生产水泥、混凝土的掺合料、肥料等。印度、巴西随着20世纪90年代的钢铁工业发展，也利用矿渣磨粉后返回烧结料使用，同时改进矿渣处理工艺，提高活性。东南亚各国（泰国、菲律宾）也在20世纪90年代进口矿渣或自磨矿渣用于混凝土中，取得了良好效果。

⑥ 乌克兰在碱矿渣水泥技术的研发及应用方面处于领先的水平。

(2) 国内矿渣利用现状

我国矿渣利用主要有以下途径。

① 生产矿渣水泥及水泥、混凝土的掺合料。国内利用矿渣生产矿渣硅酸盐水泥，是一项比较成熟的技术，约占已利用矿渣的78%。

② 生产矿渣微粉。矿渣的潜在活性可以通过机械激活即磨细来产生，粒度越细，活性越大。

③ 生产无机涂料。利用水淬矿渣粉与碱、水玻璃、外加剂、颜料等制备无机环保涂料。

④ 生产矿渣无机胶凝材料。

⑤ 道路基层中的应用。王小生等对宝钢水渣及其混合料的物理力学性能进行了较系统的测试，对比国内类似水稳定性基层混合料的强度，表明其在道路工程中有应用前景。

⑥ 生产矿渣纤维。水淬矿渣中加入硼砂等辅料，经冲天炉高温熔化，熔体经过高速离心机甩丝，生产的矿渣纤维可用于隔热、保温、填料等。

⑦ 合成多功能用途的硅灰石。水淬矿渣中，配入助熔剂白云石，可以在低温下熔化和晶化合成工业用硅灰石。

⑧ 用作污水处理剂。水淬矿渣是一种多孔质硅酸盐材料，对水中杂质有较好的吸附性能，研究表明，其用废酸处理后得到的聚凝剂具有化学吸附、物理吸附的双重作用，能够在多种污水处理中使用。

⑨ 制造钙硅肥料。水淬矿渣中大部分硅酸盐是植物容易吸收的可溶性硅酸盐，因此水淬矿渣是一种很重要的钙硅肥料。

⑩ 制造多孔陶粒及无机泡沫材料。以水淬矿渣为集料，粉料为基质，选用合适的结合剂（水玻璃、黏土粉等）、成孔剂（锯末、炭、废塑料泡沫等）混合成型（造粒），经干燥、烧成制造多孔体陶粒，也可以采用人工发泡制造轻质免烧陶粒。

⑪ 用作玻璃原料，制备微晶玻璃等。水淬矿渣用作玻璃原料，可以降低熔融温度，促进玻璃液的均化、澄清作用。

⑫ 研制透水砖等环保材料。透水砖分为陶瓷类透水砖和混凝土类透水砖。殷海荣等在合适的工艺参数条件下，可制得透水系数为0.10cm/s、抗压强度为12.1MPa的陶瓷透水砖。

3. 脱硫石膏利用状况

脱硫石膏主要由采用湿式石灰石-石膏法烟气脱硫工艺的燃煤发电厂排放。随着我国经济发展带来的供电量急剧提升，近年来脱硫机组容量大量增加，脱硫石膏已成为继粉煤灰后第二大固体废弃物。我国2005—2018年脱硫石膏年产量由500万t增长至10453万t。尽管其综合利用率已达到70%以上，但仍有相当大一部分被废弃，若对其不能综合利用，不但造成资源浪费，也会占用大量的土地，污染环境。

如今，欧洲和美国、日本等国家都非常重视工业副产物石膏的综合利用，其中对脱硫石膏的研究始于20世纪70年代末到80年代初，现已形成较为完善的研究、开发、应用体系。日本、德国、美国的研发应用水平较高，脱硫石膏利用率达80%～90%。德国是烟气脱硫石膏研究开发和应用最发达的国家，也是最早采用烟气脱硫石膏生产石膏板的国家。德国年石膏需求量为 520 万 t，其中利用脱硫石膏 250 万 t，主要用于生产建筑石膏、夹层石膏板和建筑用构件，目前已经形成脱硫石膏逐渐代替天然石膏的趋势。日本常年石膏供应量为 900 万 t，其中脱硫石膏 200 万 t（占 22%）。目前德国、日本脱硫石膏年产量分别在 350 万 t 和 250 万 t 左右，基本上都能综合利用，主要用于生产建材制品和水泥缓凝剂。

我国石灰石-石膏湿法脱硫始于 20 世纪 80 年代末，对脱硫石膏的利用研究缺乏深度和系统性，尚未形成较大工业化规模。目前主要应用如下。

(1) 水泥生产

水泥生产中加入一定量石膏，不仅能对水泥起缓凝作用，同时还可以提高水泥强度，这将为脱硫石膏的利用提供潜在的广阔市场。

(2) 建材生产

重庆建筑大学彭家惠、林芳辉将脱硫石膏在 600～900e 电炉中煅烧成无水石膏，再以煅烧过的脱硫石膏和粉煤灰为主要原料，采用复合碱激发与少量促凝早强剂能配制出性能良好、强度与耐水性明显优于普通建筑石膏制品的新型石膏粉煤灰复合胶凝材料（简称 FAB)。

(3) 改良土壤

1995—1997 年，沈阳市科委等单位同日本中央电力研究所、东京大学等部门合作，对沈阳市的两座 10 万 m^2 盐碱地进行了脱硫石膏改造试验，证明脱硫石膏能够促进盐碱地农作物生长并有增产作用。

4. 粉煤灰利用状况

粉煤灰是燃煤电厂排出的主要固体废弃物，目前，国内外主要的粉煤灰综合利用途径或产物归纳如下。

(1) 粉煤灰加气混凝土

粉煤灰加气混凝土是新型、轻质保温节能的墙体材料，主要原料为粉煤灰，占 70%左右，其他原料为石灰、水泥、石膏、发气剂等。将这些原料经过加工配料，经搅拌、浇注、发气稠化、切割、蒸压养护等工序制成相应产品。

(2) 粉煤灰混凝土空心砌块

近年来，粉煤灰混凝土空心砌块发展较快，其主要原料为粉煤灰、集料、水泥等，经原料计量配料、搅拌、成型、养护等工序制成。

(3) 水泥粉煤灰膨胀珍珠岩混凝土保温砌块

其工艺流程基本上与粉煤灰混凝土空心砌块相似。

(4) 粉煤灰混凝土路面砖

粉煤灰混凝土路面砖以水泥和粉煤灰为混合胶凝材料再配以粗细集料和水等压制而成。

(5) 粉煤灰砖

粉煤灰砖以粉煤灰、石灰为主要原料，掺入适量石膏和集料，经坯料制备、压制成型、高压或常压蒸汽养护而制成。

(6) 粉煤灰陶粒及混凝土制品

陶粒是一种人造轻集料，粉煤灰陶粒以粉煤灰为主要原料，经加工成球、烧结或烧胀而成的称为粉煤灰陶粒，经常温或蒸汽养护而成的称为非烧结粉煤灰轻集料。

(7) 粉煤灰混凝土轻质隔墙板

在轻质墙板的基础上，配料时加入部分粉煤灰可生产轻质隔墙板，或用水泥粉煤灰泡沫混凝土生产轻质墙板。

5. 我国固体废弃物资源化利用的问题综述

我国经过三十多年的经济高速发展，环境负担越来越重，特别是在华东地区，人口稠密，城市化进程快，产生的工业固体废弃物、环境生活垃圾量也在迅猛增加。伴随着工业化和城市化的快速推进，自然环境承载力无法消纳大体量的固体废弃物，其处理成了现阶段迫切需要解决的问题。在早期，我国没有适当处理这些废弃物，简单的堆积、填埋不仅造成大量的土地资源被占用，还存在污染地下水的风险。直到现在，工业固体废弃物的处理仍然以填埋为主。采用焚烧法虽然可以使得垃圾减量，但焚烧后的底灰及飞灰仍然需要填埋，还是需要占用一定的地方。因此焚烧法只解决了量的问题，并没有解决质的问题，且焚烧法本身的使用条件也相当有限，比如对生活垃圾适用效果较好，而对工业废渣则不尽如人意。

工业废渣因其自身特性，不能被自然降解，大部分很难用焚烧法来处理。为了进一步解决工业废渣的污染问题，不少学者提出了将工业废渣进行无害化和资源化处理的两大概念，两者的本质均是资源化，垃圾可以说是放错地方的资源，工业废渣的资源化才是解决问题最根本的方法。基础设施建设、房地产等建筑相关行业是我国经济发展的支柱产业，体量巨大，如果把工业废渣在建筑业中进行资源化利用，就会有充分的消纳空间。

粉煤灰是燃煤发电厂排放出来的工业废弃物，近年来随着资源需求越来越大，粉煤灰每年的产生量持续上扬。到2020年，中国粉煤灰排放量达到9亿t左右。而在现阶段，对粉煤灰的研究利用主要集中在农业、建材、化工、环保等行业，比如在土壤改良、化肥添加剂、粉煤灰混凝土、粉煤灰砖块、粉煤灰水泥等项目上的应用。

脱硫石膏简称FGD，主要危害是在堆放过程中一旦与有机废物、雨水混合，便会在无氧环境中产生剧毒的硫化氢气体。脱硫石膏虽然已经有一些资源化利用的途径，但尚无法完全消纳其产量，因此，如何进一步资源化利用脱硫石膏是迫在眉睫的一大研究课题。

近年来，特别是在东部地区，人口众多、土地资源相对紧张，能用于建造生活垃圾填埋场的土地越来越少，且垃圾填埋成本随着填埋场与城区距离的增加、环保标准的提高而显著升高。城市生活垃圾焚烧处理方案因占用土地少、处理时间短、减量化显著（减重可达70%、减容可达90%）、无害化较彻底和可回收利用焚烧余热等优点，被越来越多的中国城市选择成为处理生活垃圾的重要方案。焚烧法处理城市生活垃圾已有100多年的历史，但有控制的焚烧出现在几十年前。目前全世界共有生活垃圾焚烧厂近2200座，总处理能力为57.6万t/d，年生活垃圾焚烧量约为2.1亿t。这些焚烧设施绝大部分分布于发达国家和地区，约有35个国家和地区建设并运行了生活垃圾焚烧厂。

随着我国城市生活垃圾焚烧技术的技术积累，该行业在近年呈快速发展趋势，垃圾焚烧厂的在建和投运数量都呈逐年增加的趋势。在2000年之前，我国只有2座垃圾焚烧厂，而到2018年底，我国的垃圾焚烧厂增加到了450座，每日的总焚烧规模达到35万t，约占城市垃圾无害化处理能力的40%。从垃圾焚烧厂分布情况来看，东南部沿海地区的垃圾焚烧厂建设、运营进度明显领先于中西部地区。根据省份划分，浙江、山东、江苏、广东、福建五省共计建成261座焚烧厂，占全国焚烧厂总量的58%，比例远超中西部地区，在焚烧设施数量和处理规模上均居于全国前列。我国近几年垃圾焚烧厂呈现大幅增长的主要原因如下：一是城市生活垃圾的大量产生造成了“垃圾围城”的困境，填埋场容量日渐饱和，土地资源稀缺昂贵，很少有新地可供再次建设新的填埋场，迫使各地政府急需寻求一种立竿见影的减量化处理手段，而垃圾焚烧技术恰好符合这些要求；二是我国垃圾焚烧行业经过前期十几年的摸索和技术沉淀，相关技术上的门槛已逐渐跨越；三是国家对垃圾焚烧的大力支持；四是国家简政放权，环评审批流程等各类程序较以前简单便利，从而缩短了工程建设周期。

第2章 激发剂激发固体废弃物胶凝性的原理

根据国内外相关研究结果表明，各种固体废弃物自发的水化活性都不高，需要激发剂激发其潜在活性。固体废弃物活性的激发有两种方法：一种是物理激发，另一种是化学激发。

所谓物理激发，就是对废渣进行粉磨、提高细度，从而提高其比表面积，且可以改变废渣颗粒表面的物理化学性能，使其与其他物料之间的水化反应更充分，由此提高其活性。从微观角度讲，粉磨能促使废渣颗粒原生晶格发生畸变、破坏，生成活性高的原子基团破断面，提高结构不规则和缺陷程度，化学活性能由此增大。另外粉磨时间与工业废渣的活性也有关系。有研究人员指出，粉磨矿渣时，随着球磨时间的增加，粒度不再减小，但颗粒表面仍然会产生新的活化点，内部同时产生缺陷和裂纹，使渣粉体在碱性水溶液中易于均匀分散，有利于 OH^- 进入矿渣发生水化反应。

所谓化学激发，就是通过加入一些化学激发剂来激发其活性。从激发机理来看，大体上表现为两种作用，一是打破玻璃体的网状结构，使其解体和溶解，在水溶液中对新形成的水化产物建立起过饱和的溶液，以实现水化产物的成核、生长，再彼此交叉搭接，形成水化产物的网状结构；二是与这些材料中的某些组分反应形成水化物。常用的激发方法有碱激发、硫酸盐激发、硅酸盐激发、碳酸盐激发和晶种激发等。激发剂可以分为以下三类。

(1) 酸性激发剂

主要有磷酸二氢钙 [$Ca(H_2PO_4)_2$]、磷酸二氢钠 (NaH_2PO_4)、磷酸二氢铵 ($NH_4H_2PO_4$)、草酸 ($H_2C_2O_4$) 等。

(2) 碱性激发剂

主要有氢氧化钙 ($Ca(OH)_2$)、碳酸氢钠 ($NaHCO_3$)、三乙醇胺 [$(HOCH_2CH_2)_3N$]、六次甲基四胺 ($C_6H_{12}N_4$) 等。

(3) 可溶性无机盐激发剂

主要有硫酸钠（Na_2SO_4）、氯化钠（NaCl）、氯化铁（$FeCl_3$）等。

针对铝渣固化剂，通过大量的探索性试验综合比较，最终确定了以激发剂A和激发剂B复合激发的化学激发方法。

因业内对铝渣胶凝性的研究较少，目标也无法查找到与铝渣活性激发相关的研究资料，因此笔者对铝渣活性激发进行了探索试验。通过与铝渣化学成分相近的粉煤灰和矿粉等工业废渣的激发条件为突破口，笔者通过大量试验确定了以激发剂A（主要成分为Al_2O_3、CaO、C_4A_3、C_2S）和激发剂B（主要成分为CaO、SiO_2、Al_2O_3、Fe_2O_3）复合激发的化学激发方法和二次磨粉的物理激发方法，激发剂复掺比控制在5%以内。试验证明，通过两种激发方法的共同作用，可以较好地激发铝渣胶凝材料各组分的潜在活性。

针对无熟料碱渣固化剂，由于碱渣的水化速度慢、水化周期较长，严重影响了碱渣作为胶凝材料的应用，因此想要有效利用碱渣作为胶凝材料，必须同时掺入一定量的激发剂，以保证无熟料碱渣固化剂的各项性能。

有关资料显示，酸性激发剂不利于矿渣活性的激发，而碱性激发剂能够很好地激发矿渣活性，从而提高矿渣水泥的强度；可溶性无机盐激发剂和木钙也能够明显提高矿渣水泥的活性。复合激发剂$NaCl/Na_2SO_4/Ca(OH)_2$和$FeCl_3/C_6H_{12}N_4$能够明显提高矿渣水泥的早期强度，大约能提高50%，后期强度也可有一定程度的提高；而复合激发剂$NaCl/Na_2SO_4/CaO$、$NaCl/Na_2SO_4$/木钙和$NaCl/Na_2SO_4/C_6H_{12}N_4$能够提高矿渣水泥的早期强度，提高约41%，但对后期强度影响不大。经过综合比选，确定了激发剂A和激发剂B（限于专利要求，隐去具体名称）作为矿渣所用激发剂。

在该试验中，研制的各种无熟料固化剂属于无熟料水泥基胶凝材料，所以激发剂总量控制在5%之内。在制备无熟料固化剂配合比试验之前，先对激发剂的各项性能进行试验研究，激发剂A和激发剂B由负压筛法测得的细度见表2-1，激发剂3d、7d对应的胶砂抗压强度和抗折强度见表2-2。

表2-1 试验用激发剂A、B的磨细细度

筛孔直径/μm		80	45
筛余/%	激发剂A	7.60	20.70
	激发剂B	5.30	18.70

根据GB/T 175—2007，水泥细度要求为80μm方孔筛筛余不大于10%或45μm方孔筛筛余不大于30%。从表2-1可以看到，激发剂A和激发剂B均能满足细度要求。

表2-2 试验用激发剂A、B的胶砂强度 （单位：N/mm^2）

类别	3d抗折	3d抗压	7d抗折	7d抗压
激发剂A	8.60	66.80	8.90	67.90
激发剂B	3.90	18.00	5.37	25.60

从表2-2中可以看出，激发剂A的3d胶砂强度是激发剂B的4倍多，说明激发剂A对胶砂的早期强度作用较激发剂B好；此外激发剂A的中期强度（龄期7d）比激发剂B高将近3倍。

第3章 无熟料钢渣水泥研制及其在道路水泥稳定碎石层的应用

3.1 无熟料钢渣水泥研制

钢渣和脱硫石膏都是具有活性成分的工业废渣，目前钢渣和脱硫石膏都有多年在水泥和混凝土中使用的历史，然而在以前的研究中，都是把钢渣或脱硫石膏单独掺入水泥基材料中，且掺入量非常有限。钢渣的活性较低是制约钢渣大量使用的重要因素，因此如何有效激发钢渣活性一直是研究无熟料钢渣水泥的重点。脱硫石膏在以往研究中则大多是替代石膏充当缓凝剂。本文通过对激发剂的合理比选和对各矿物组分不同配合比的常规试验以及正交试验研究，确定各组分对无熟料钢渣水泥材料的物理力学性能贡献的大小，并通过微观分析来确定该水泥基材料的最佳配合比。

3.1.1 试验设计

1. 原材料准备

脱硫石膏选用浙东地区最大的燃煤发电厂——宁波北仑电厂生产的烟气脱硫石膏。从工厂运来的脱硫石膏湿度较高，须在烘箱进行烘干处理。脱硫石膏的主要成分为二水石膏，有资料显示，当温度在 65℃时加热，二水石膏就开始释出结构水，但脱水速度较慢；在温度为 107℃左右、水蒸气压达到 971mmHg 时，脱水速度陡增，随着温度继续升高，脱水更为加快；在温度为 170～190℃时，二水石膏以很快的速度脱水变为 α-半水石膏或

β-半水石膏。因此，对脱硫石膏进行烘干处理时，温度必须控制在65℃以下，本试验控制在60℃左右。烘干后的脱硫石膏待其冷却后，放入MH-Ⅲ型数显洛杉矶磨耗试验机中粉磨半小时，然后备用。

钢渣选用上海宝钢炼钢时排出的固体废弃物，主要由钙、铁、硅、镁和少量铝、锰、磷等的氧化物组成。其主要的矿物相为硅酸三钙、硅酸二钙、钙镁橄榄石、钙镁蔷薇辉石、铁铝酸钙以及硅、镁、铁、锰、磷的氧化物形成的固熔体，还含有少量游离氧化钙以及金属铁、氟磷灰石等。钢渣因含铁较高的缘故，活性较低，需要粉磨到足够细度才能激发其活性，因此，粉磨时间可适当延长。本试验选用的钢渣在进行烘干处理后放入MH-Ⅲ型数显洛杉矶磨耗试验机中粉磨半小时，留作备用。

矿渣采用宝田新型建材有限公司生产的磨细矿渣，比表面积为460 m^2/kg。一般建筑材料中的矿渣，是指高炉炼铁熔融的矿渣在骤冷时，来不及结晶而形成的玻璃态物质，呈细粒状。熔融的矿渣直接流入水池中冷却的又称水淬矿渣，俗称水渣。矿渣经磨细后，是具有胶凝活性类的材料，含 SiO_2 多的矿渣为酸性矿渣，含CaO多的为碱性矿渣，碱性矿渣的活性比酸性矿渣高。矿渣具有一定的自身水硬性，不宜长期存放。

2. 试验方法

在试验准备阶段，对钢渣、矿渣进行粉磨处理后，得到和普通水泥同等细度的矿物粉料；对脱硫石膏进行60℃烘干处理，然后进行粉磨。实验方法引用相应国家标准。

3.1.2 激发剂比选

钢渣的水化速度慢，水化周期较长，严重影响了钢渣作为胶凝材料的应用。因此，要想有效地利用钢渣作为胶凝材料，必须同时掺入一定量的激发剂，以保证无熟料钢渣水泥的各项性能。有资料显示，水玻璃、硫酸钠、高岭土、硫酸铝、水泥熟料、石灰、三乙醇胺这七种激发剂均可不同程度地激发钢渣活性，本文经过综合比选，确定激发剂A和激发剂B（限于专利要求，隐去名称）作为试验用激发剂。

因此，在本试验中研制的无熟料钢渣水泥属于无熟料水泥，激发剂总量应控制在5%以内。在水泥配合比试验之前，我们进行了激发剂的性能复验分析，相关结果见表2-1和表2-2。

3.1.3 无熟料钢渣水泥配合比初步设计探索

在试验初期，我们分别单掺激发剂A和激发剂B，考察其对不同配合比矿物的水化效果，以3d、7d、28d龄期强度为表征指标。配合比设计Ⅰ见表3-1。

表3-1 配合比设计Ⅰ

编号	脱硫石膏/%	半水石膏/%	激发剂/%	钢渣/%	矿渣/%
A1	5	2	5（A）	44	44
A2	5	2	5（A）	53	35

续表

编号	脱硫石膏/%	半水石膏/%	激发剂/%	钢渣/%	矿渣/%
A3	5	2	5（A）	62	26
A4	5	2	5（B）	44	44
A5	5	2	5（B）	53	35
A6	5	2	5（B）	62	26
A7	8	1	5（A）	43	43
A8	8	1	5（A）	52	34
A9	8	1	5（A）	62	24

编号 A1～A9 水泥的 7d 强度如图 3－1 所示，各配合比强度均未达到《钢渣道路水泥》（GB 25029—2010）的相应要求。

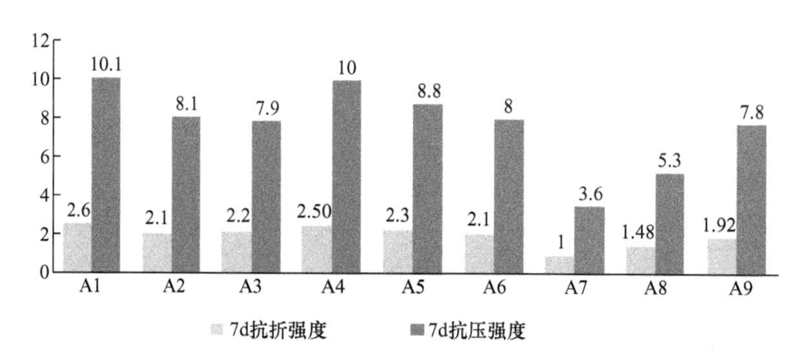

图 3－1　编号 A1～A9 水泥的 7d 强度（单位：N/mm²）

从图 3－1 中可以看出，A1 和 A4 的强度相对较高，而这两组配合比中钢渣含量较少、矿渣含量较多，由此可见钢渣含量和矿渣含量对强度影响较大。表 3－2 所列为《钢渣道路水泥》（GB 25029—2010）中各标号钢渣道路水泥各龄期的强度指标。

表 3－2　钢渣道路水泥各龄期的强度指标　　（单位：MPa）

强度等级	抗压强度		抗折强度	
	3d	28d	3d	28d
32.5	≥16.0	≥32.5	≥3.5	≥6.5
42.5	≥21.0	≥42.5	≥4.0	≥7.0

从表 3－1 中可以看出，单掺激发剂 A 或激发剂 B 的效果并不理想。因此，我们尝试复掺激发剂 A 和激发剂 B 进行试验，设计的配合比组成见表 3－3。3d 强度结果如图 3－2 所示。

表 3-3 配合比设计Ⅱ

编号	脱硫石膏/%	半水石膏/%	激发剂复掺比（A:B)/%	钢渣/%	矿渣/%
A10	5	2	2.5:2.5	44	44
A11	5	2	3:2	44	44
A12	5	2	2.78:2.22	44	44
A13	5	2	4:1	44	44

从图 3-2 中可以看出，复掺激发剂 A 和激发剂 B 对钢渣的活性激发效果较好，其中当激发剂复掺比（A:B)为 2.5:2.5 和 2.78:2.22 的时候，激发效果明显；当两者比例达到 3:2时，激发效果又开始下降，3d 抗折强度从 A12 的 4.57 下降到 A11 的 4.15；当两者比例在 4:1时，激发效果和单掺激发剂 A 没有区别，激发效果很差。因此，后续试验分别在维持激发剂复掺比（A:B)为 2.5:2.5 和 2.78:2.22 条件下调整其他矿物的比例。试验结果发现，配合比 A10、A11 和 A12 的强度已能达到 32.5 水泥的要求。

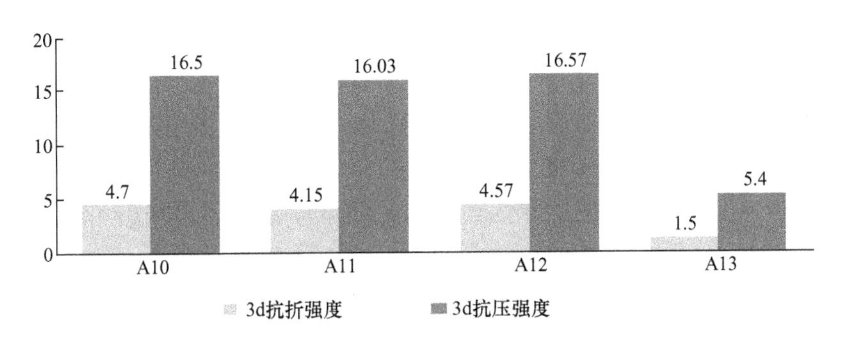

图 3-2 编号 A10～A13 水泥的 3d 强度（单位：N/mm^2）

在配合比 A12 的基础上，调整各矿物的成分比例，设计了如表 3-4 所列的配合比组成。试验结果如图 3-3 所示。

表 3-4 配合比设计Ⅲ

编号	脱硫石膏/%	激发剂复掺比（A:B)/%	钢渣/%	矿渣/%
A12-1	12	2.78:2.22	43	40
A12-2	15	2.78:2.22	45	35
A12-3	20	2.78:2.22	45	30
A12-4	25	2.78:2.22	35	35
A12-5	20	2.78:2.22	35	40
A12-6	12	2.78:2.22	49.8	33.2

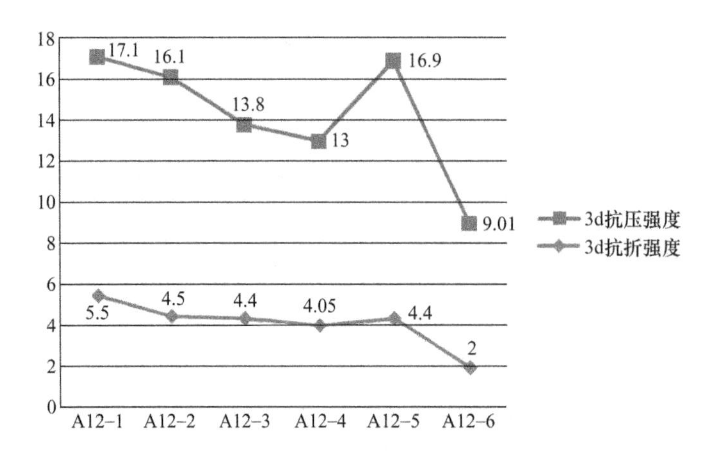

图 3-3　A12-1～A12-6 水泥的 3d 强度（单位：N/mm²）

从图 3-3 中可以看出，从 A12-1 到 A12-6，当钢渣与矿渣之比从 43∶40 提高到 49.8∶33.2 时，强度下降明显，可见在激发剂复掺比（A∶B）为 2.78∶2.22 时激发 43%的钢渣情况下，激发效果较好；钢渣含量达 49.8%时，效果不理想。A12-2、A12-3、A12-4 和 A12-5 随着矿渣的减少、脱硫石膏的增多，抗折强度下降不明显，而抗压强度有小幅下降。A12-2 和 A12-4 随着脱硫石膏从 15%增加到 25%、钢渣从 45%降到 35%时，抗压和抗折强度都有不同程度的下降，可见脱硫石膏含量对强度的贡献不如钢渣含量对强度的贡献大。

为了进一步探究激发剂的影响，在 A12-1 基础上保持脱硫石膏、钢渣和矿渣的含量不变，改变激发剂配合比，设计进一步的配合比试验，见表 3-5。

表 3-5　配合比设计Ⅳ

编号	脱硫石膏/%	激发剂复掺比（A∶B）/%	钢渣/%	矿渣/%
A16	12	2∶3	43	40
A17	12	1.78∶3.22	43	40
A18	12	2.5∶2.5	43	40
A12-1	12	2.78∶2.22	43	40

从图 3-4 中可以看出，在激发剂复掺比（A∶B）为 2.78∶2.22 时，A12-1 的激发效果最好，对应的抗压和抗折强度最高；其次在激发剂比例为 2.5（A）∶2.5（B）时 A18 的激发效果。

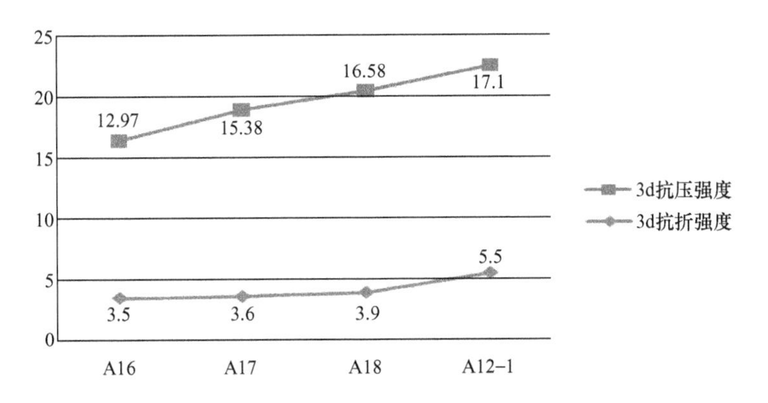

图 3-4 编号 A16、A17、A18、A12-1 水泥的 3d 强度（单位：N/mm²）

3.1.4 正交试验研究

1. 正交试验设计

为进一步研究激发剂比例和各矿物掺量对强度结果的影响，我们设计了如下三因素、三水平正交试验的配合比进行试验。表 3-6 为正交试验因素水平表，根据前面试验结果，选取脱硫石膏、激发剂复掺比（A∶B）和矿渣作为正交试验的三因素。脱硫石膏分为 12%、15%和 18%三水平；激发剂分为激发剂 A 与激发剂 B 掺量之比等于 2.5∶2.5、2.78∶2.22 和 2.22∶2.78 三水平；矿渣分为 30%、35%和 40%三水平。表 3-6 和表 3-7 为正交试验表。

表 3-6 正交试验因素水平表

水平	因素		
	脱硫石膏/%	激发剂复掺比（A∶B)/%	矿渣/%
1	12	2.5∶2.5	30
2	15	2.78∶2.22	35
3	18	2.22∶2.78	40

表 3-7 正交试验配合比

编号	脱硫石膏/%	激发剂复掺比（A∶B)/%	矿渣/%	钢渣/%
1	1（12）	1（2.5∶2.5）	1（30）	53
2	1（12）	2（2.78∶2.22）	2（35）	48
3	1（12）	3（2.22∶2.78）	3（40）	43
4	2（15）	1（2.5∶2.5）	2（35）	45
5	2（15）	2（2.78∶2.22）	3（40）	40
6	2（15）	3（2.22∶2.78）	1（30）	50
7	3（18）	1（2.5∶2.5）	3（40）	37
8	3（18）	2（2.78∶2.22）	1（30）	47
9	3（18）	3（2.22∶2.78）	2（35）	42

2. 正交试验结果

表 3-8 为正交试验各配合比胶凝材料物理力学性能的试验结果。按照《钢渣硅酸盐水泥》(GB 13590—2006)的要求，仅编号 1 和编号 6 配合比未达到 32.5 水泥标准，编号 5 更是达到 42.5 水泥标准；按照《钢渣道路水泥》(GB 25029—2010)的要求，仅编号 5 和编号 7 达到 32.5 水泥标准。

表 3-8　1~9 配合比胶凝材料物理力学性能表

编号	安定性	标准稠度需水量	凝结时间		抗折强度/MPa		抗压强度/MPa	
			初凝	终凝	3d	28d	3d	28d
1	合格	29.60%	1h50min	6h20min	3.07	6.85	11.39	25.5
2	合格	29.40%	1h38min	5h10min	3.67	8	14.92	43.14
3	合格	29.20%	1h30min	4h30min	3.97	7.75	14.92	38.39
4	合格	29.40%	2h05min	6h44min	4.2	8.1	14.75	37.44
5	合格	28.80%	1h25min	4h50min	5.07	8.4	17.02	44.54
6	合格	29.60%	2h10min	5h55min	1.87	5.63	7.23	27.15
7	合格	28.40%	1h33min	5h15min	5.13	8.43	16.34	41.72
8	合格	29.40%	2h05min	6h50min	3.9	7.9	12.56	41.25
9	合格	29.20%	2h15min	6h55min	4	7.72	12.63	35.39

3. 正交试验极差分析

从表 3-9 和表 3-10 中可以看出，对强度贡献最大的依次为矿渣、激发剂和脱硫石膏。其中，脱硫石膏为 18%时强度最大；激发剂复掺比(A∶B)为 2.78∶2.22 时对应的强度大；矿渣含量越高，强度越大。

表 3-9　抗压强度极差分析表　　(单位：MPa)

水平	3d 抗压强度			28d 抗压强度		
	脱硫石膏	激发剂	矿渣	脱硫石膏	激发剂	矿渣
1	13.743	14.160	10.393	35.677	34.887	31.300
2	13.000	14.833	14.100	36.377	42.977	38.657
3	13.843	11.593	16.093	39.453	33.643	41.550
极差	0.843	3.240	5.700	3.776	9.334	10.250

表 3-10　抗折强度极差分析表　　(单位：MPa)

水平	3d 抗折强度			28d 抗折强度		
	脱硫石膏	激发剂	矿渣	脱硫石膏	激发剂	矿渣
1	3.570	4.133	2.947	7.533	7.793	6.793
2	3.713	4.213	3.957	7.377	8.100	7.940
3	4.343	3.280	4.723	8.017	7.033	8.193
极差	0.773	0.933	1.776	0.640	1.067	1.400

从表3-11中可以看出，脱硫石膏含量越高，初凝、终凝时间均越长；激发剂复掺比(A∶B)为2.78∶2.22时能显著缩短初凝和终凝时间，激发剂复掺比（A∶B)为2.22∶2.78时对应的初凝时间最长，激发剂复掺比（A∶B)为2.5∶2.5时对应的终凝时间最长；矿渣含量越高，初凝、终凝时间均越短。由极差分析可知，对初凝和终凝影响最大的依次为矿渣、脱硫石膏和激发剂。

表3-11 凝结时间极差分析表（单位：min）

水平	初凝			终凝		
	脱硫石膏	激发剂	矿渣	脱硫石膏	激发剂	矿渣
1	99	109	122	320	366	382
2	113	103	119	350	337	376
3	117	118	89	380	347	292
极差	18	15	33	60	29	90

从表3-12中可以看出，矿渣和脱硫石膏均是含量越高，需水量越小；激发剂复掺比（A∶B)为2.22∶2.78时需水量最多，其次是激发剂复掺比（A∶B)为2.78∶2.22。由极差分析可知，对需水量影响最大的是矿渣，其次是脱硫石膏。这里的结果没有考虑钢渣的影响，相关文献显示，钢渣含量越高，标准稠度需水量越大。

表3-12 标准稠度需水量极差分析表（单位：%）

水平	脱硫石膏	激发剂	矿渣
1	29.400	29.133	29.533
2	29.267	29.200	29.333
3	29.000	29.333	28.800
极差	0.400	0.200	0.733

3.1.5 最佳配合比选择

在前期试验和正交试验的基础上，选取配合比A12-1和A12-2，其组成见表3-13。对两者均分别按手动拌匀和二次机械粉磨拌匀两种情况进行试验，其中二次机械粉磨为称好各组分料时，放入MH-Ⅲ数显洛杉矶磨耗试验机中粉磨30min。强度试验结果如图3-5所示，配合比A12-1和A12-2的二次机械粉磨和一次机械粉磨的胶凝材料均不存在安定问题。通过试验得到配合比A12-1的初凝时间为1h30min，终凝时间为4h55min；配合比A12-2的初凝时间为1h27min，终凝时间为6h7min；完全满足硅酸盐水泥的技术要求。

表 3－13　配合比 A12－1、A12－2 的组成　（单位：%）

编号	脱硫石膏	激发剂复掺比（A∶B）	钢渣	矿渣粉
A12－1	12	2.78∶2.22	43	40
A12－2	15	2.78∶2.22	45	35

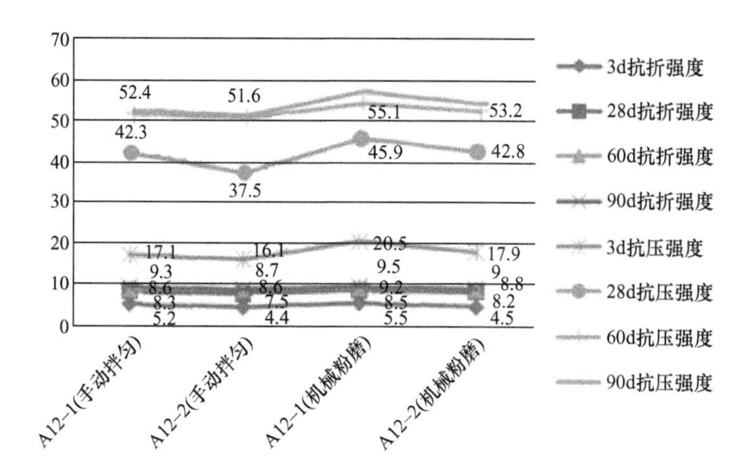

图 3－5　配合比 A12－1 和 A12－2 的胶砂强度（单位：MPa）

从图 3－5 中可以得出以下结论。

（1）配合比 A12－1 的强度普遍高于配合比 A12－2，这也验证了正交试验结果，即矿渣含量对强度贡献最大，激发剂配合比对强度贡献次之，脱硫石膏贡献最小。当矿渣水平 3（40%）和激发剂水平 1［激发剂复掺比（A∶B）为 2.78∶2.22］进行组合，即选取配合比 A12－1 时，强度较高。

（2）二次机械粉磨后的配合比普遍较一次机械粉磨的要高，这说明钢渣等矿物粉磨越细，越容易被激发活性，强度相应越高。

3.1.6　无熟料钢渣水泥微观分析

1．无熟料钢渣水泥水化产物的 SEM 分析

扫描电子显微镜（SEM）是一种具有显微图像观察、成分和晶体学分析功能的综合性仪器，其主要用途是产生高分辨率和大景深的样品图像，可以对较大试件进行原始表面观察，清晰地显示出试件表面的凹凸形貌，也能对试件进行成分、晶体学等方面的分析。

其工作原理如下：由电子枪发射的电子经会聚透镜和物镜的缩小、聚焦，在样品表面形成一个具有一定能量强度、斑点直径的电子束，在扫描线圈的磁场作用下，入射电子束在样品表面上按一定时间空间顺序做光栅式逐点扫描；入射电子与样品表面之间相互作用，将从样品中激发出二次电子、背散射电子、X 射线等信号，相应的强度取决于试件的表面形貌、受激发区域的成分和晶体取向。这些信息可以被不同的接收器收集，经过光信号到电信号的转变，形成亮暗程度不同、可反映样品表面起伏程度的电子图像。本项目的

分析主要是借助试件的背散射电子信号来进行工作的，这种信号既可以用来进行形貌分析，也可以用于成分分析。所谓背散射电子，是被固体样品中的原子核反弹回来的一部分入射电子，其中包括弹性背散射电子和非弹性背散射电子，均来自样品表层几百纳米的深度范围；电子能随原子序数增大而增多，不仅可用于形貌分析，还可以用来显示原子衬度，用作成分的定性分析。

为了进一步了解配合比 A12－1 的无熟料钢渣水泥水化产物，我们进行 SEM 分析和 EDS 分析。SEM 分析是基于日本日立公司生产的 S－4800 型场发射扫描电镜，3d 龄期 SEM 分析典型图片如图 3－6 所示，28d 龄期 SEM 分析典型图片如图 3－7 所示。

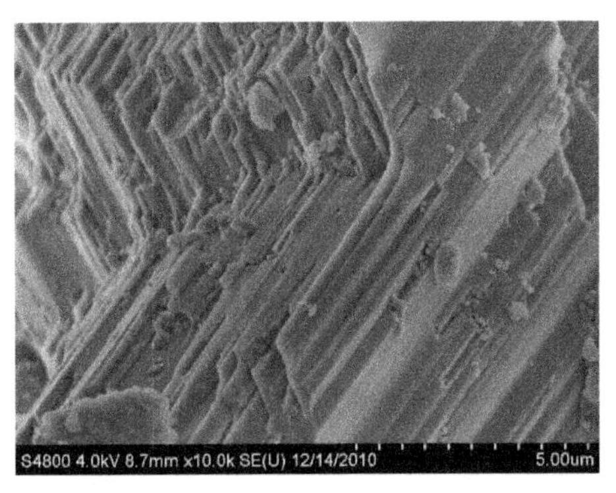

图 3－6 配合比 A12－1 的无熟料钢渣水泥水化产物 3d 龄期电镜扫描图

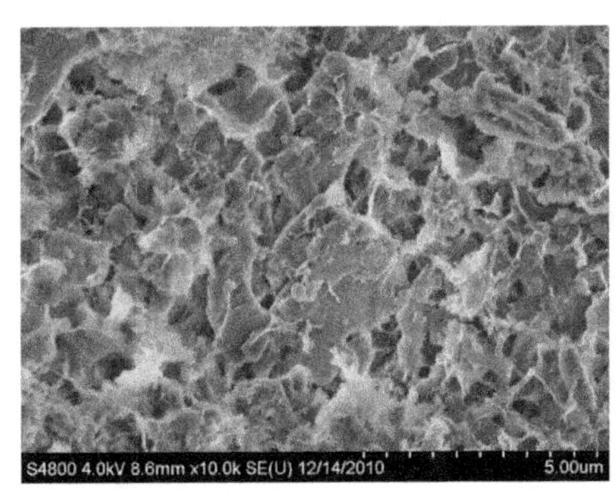

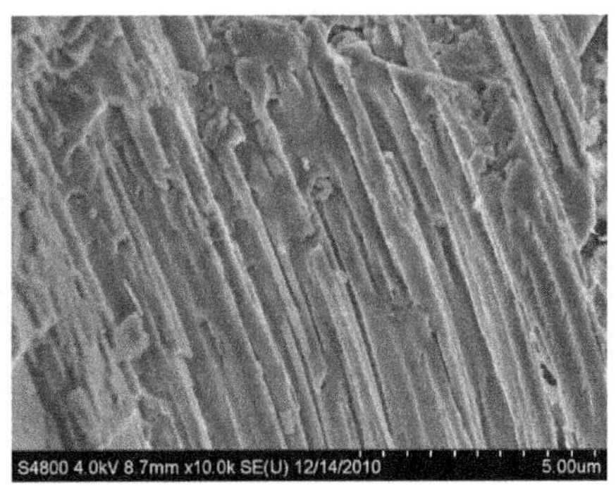

图 3－7 配合比 A12－1 的无熟料钢渣水泥水化产物 28d 龄期电镜扫描图

2. 无熟料钢渣水泥水化产物的 EDS 分析

图 3－8 所示为配合比 A12－1 的无熟料钢渣水泥水化产物 EDS 分析元素分布图，表 3－14为对应的 EDS 分析元素含量表。

表 3－14 配合比 A12－1 的无熟料钢渣水泥水化产物 EDS 分析元素含量表

含量	C	O	Mg	Al	Si	S	Ca
Wt%	5.93	38.83	4.6	8.72	16.93	1.14	23.85
At%	10.58	52.01	4.06	6.93	12.92	0.76	12.75

3. 无熟料钢渣水泥水化产物的红外吸收光谱分析

图 3－9 所示为配合比 A12－1 的无熟料钢渣水泥水化产物 3d 和 28d 龄期的红外吸收光谱。

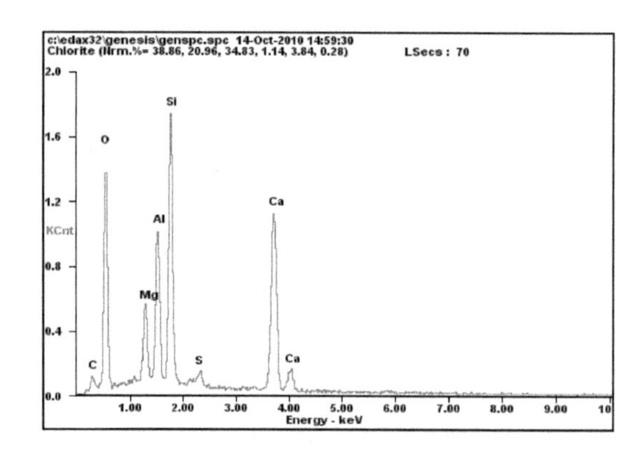

图 3-8　配合比 A12-1 的无熟料钢渣水泥水化产物 EDS 分析元素分布图

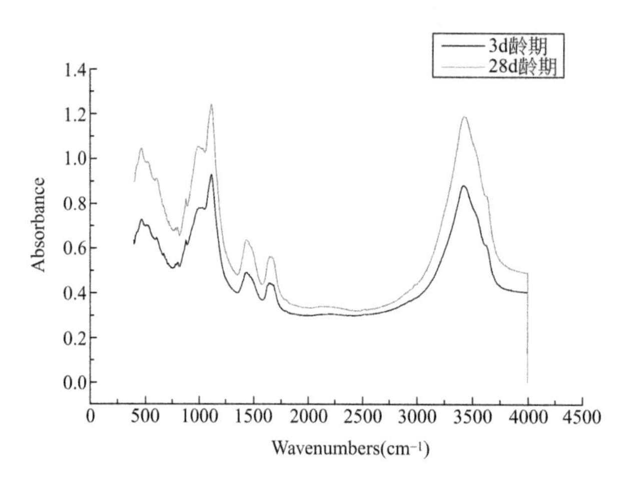

图 3-9　配合比 A12-1 的无熟料钢渣水泥水化产物 3d 和 28d 龄期的红外吸收光谱

4. 无熟料钢渣水泥水化产物的热重分析

图 3-10 所示为配合比 A12-1 的无熟料钢渣水泥水化产物的热重分析图。从图中可以看出，温度从 80℃升到 100℃时，质量损失较明显；最后当温度大于 700℃时，质量不再损失，较为稳定。

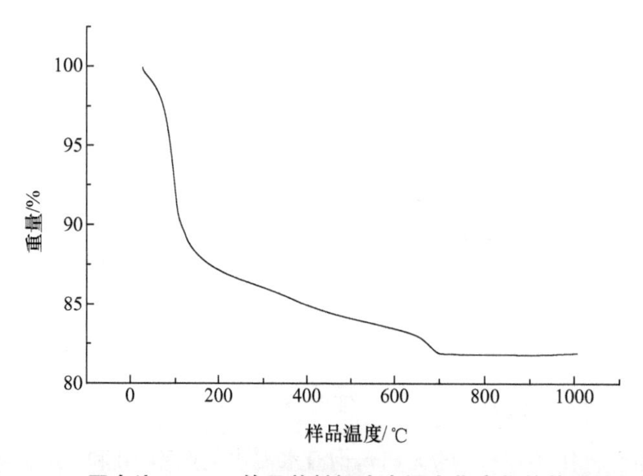

图 3-10　配合比 A12-1 的无熟料钢渣水泥水化产物的热重分析图

5. 无熟料钢渣水泥水化产物的X射线衍射分析

图3－11所示为配合比A12－1的无熟料钢渣水泥水化产物的X射线分析图。

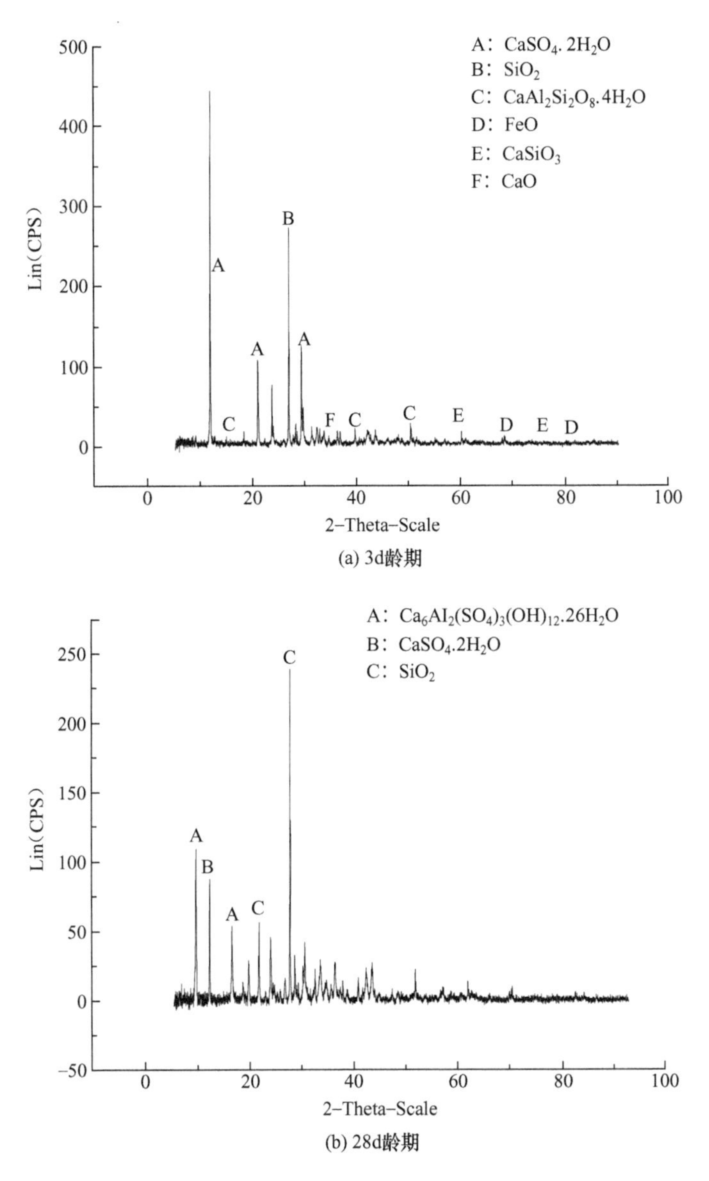

图3－11 配合比A12－1的无熟料钢渣水泥水化产物的X射线分析图

3.2 无熟料钢渣水泥稳定碎石性能研究

水泥稳定碎石是以级配碎石作为集料，采用一定数量的胶凝材料和足够的灰浆体积填充集料的空隙，按嵌挤原理摊铺压实，其压实度接近于密实度，强度主要靠碎石间的嵌挤锁结，同时有足够的灰浆体积来填充集料的空隙。它的初期强度高，且强度随龄期而增加，很快结成板体，因而具有较高的强度及较好的抗渗度和抗冻性。水泥稳定碎石形成后遇雨不泥泞，表面坚实，是高级路面的理想基层材料。本节研究无熟料钢渣水泥作为水泥稳定碎石胶凝材料的物理力学性能，为新型胶凝材料在水泥稳定碎石方面的应用提供理论支撑。

3.2.1 原材料分析

1. 碎石分析

本试验所用集料来自宁波市政工程集团有限公司，共有四档粒径范围的集料，首先分析每档集料的级配组成。为此采用《公路工程集料试验规程》(JTG E42—2005) 进行筛分试验，结果见表 3-15。

表 3-15　集料级配组成

筛孔尺寸/mm	通过百分率/%			
	#1 集料	#2 集料	#3 集料	#4 集料
31.5	98.3	100	100	100
26.5	84.8	100	100	100
19	27.4	99.44	100	100
16	11.6	96.04	100	100
13.2	4.3	81.13	99.24	100
9.5	1.4	53.65	88.49	100
4.75	0.5	15.01	23.81	99.51
2.36	0.2	3.53	3.99	96.04
1.18	—	2.23	1.62	77.26
0.6	—	1.54	0.94	54.75
0.3	—	1.01	0.66	29.37
0.15	—	0.71	0.54	13.65
0.075	—	0.42	0.35	4.59

粗集料含水率采用《公路工程岩石试验规程》(JTG E41—2005) 相关规定，用烘干法测得，结果为 0.6255%。集料压碎值，试验前试件质量 $m_0=3000$g，试验后通过 2.36mm 筛孔的细料质量 $m_1=586$g，则集料压碎值 $Q_a=m_1/m_0=19.5\%$，符合相关规定。试验用集料如图 3-12 所示。

2. 无熟料钢渣水泥性能

水泥稳定碎石试验用水泥选用前一节设计的配合比 A12-1 的无熟料钢渣水泥，其组成和性能见表 3-16。

(a) #4碎石

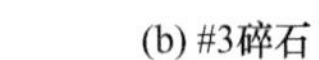

(b) #3碎石

(c) #2碎石

(d) #1碎石

图 3-12 试验用集料

表 3-16 配合比 A12-1 的无熟料钢渣水泥的物理力学性能

矿物组分/%				标准稠度用水量/g	凝结时间		抗折强度/MPa		抗压强度/MPa	
脱硫石膏	激发剂复掺比(A:B)	钢渣	矿渣		初凝	终凝	3d	28d	3d	28d
12	2.78:2.22	43	40	146	1h30min	4h55min	5.5	8.5	20.5	45.9

为更好了解无熟料钢渣水泥的水硬性能，选取 32.5 普通水泥进行对比试验，其物理力学性能见表 3-17。

表 3-17 32.5 普通水泥的物理力学性能

标准稠度用水量/g	凝结时间		抗压强度/MPa		抗折强度/MPa	
	初凝	终凝	3d	28d	3d	28d
143	2h50min	4h8min	21.5	49.1	4.7	8

3.2.2 骨架密实型结构设计

1. 骨架密实型结构特点

集料的颗粒级配是指通过科学组配后，使混合料达到更大的密实度和较大的内摩擦力，是评价集料质量高低的主要指标之一。固体颗粒按粒径大小，有规则排列、粗细搭配后，可以达到密度最大、空隙最小。骨架密实型结构是骨架空隙和悬浮密实结构两种类型的有机组合体，这种结构类型不仅要求混合料有一定数量的粗集料形成骨架，而且要求在粗集料骨架空隙处加入细集料，使整个结构处于一种密实的状态。这种结构具有较高的内摩阻力，较好的力学性能、抗收缩性能和抗冲刷性能。对于骨架密实型半刚性基层材料来说，需要考虑的几个关键因素：粗集料形成骨架后，骨架间剩余空隙体积的大小；骨架密实型结构在外力作用下的破碎性能；其面部抵抗剪切破坏的能力和骨架密实结构的应力—应变性能等。骨架嵌挤后剩余的空隙率是影响骨架密实型结构的重要指标之一，这是因为粗集料间剩余空隙体积直接决定着混合料中能容纳的细料填充物的数量和体积。骨架密实型结构对细集料的级配组成和最大粒径都是有要求的，细集料的最大粒径不应过大，以免将粗集料撑开，影响骨架密实型结构的性能，而且细集料的级配组成应有利于细集料与水泥混合后形成更加紧密的结构。

长安大学胡力群的研究表明，按照半刚性基层混合料中 4.75mm 以上粒径粗集料的分布状态，基层结构可划分为悬浮均匀型结构、悬浮密实型结构、骨架密实结构和骨架空隙型结构四种类型，通过对后三种类型水泥稳定碎石路基性能进行研究并比较其差异，发现骨架密实型结构能够有效改善半刚性基层的抗裂性能和抗冲刷能力。长安大学蒋应军研究发现，骨架密实型结构水泥稳定碎石混合料的无侧限抗压强度、劈裂抗拉强度、抗冻性能、抗疲劳性能等方面均明显优于半刚性基层混合料的悬浮结构水泥稳定碎石混合料，尤其前者的抗裂性能大大提高，极大地延长了基层的开裂间距。

2. 集料紧密密度设计

一般骨架密实型结构设计方法主要包括理论法和试验法，本文综合两种方法进行设计。《公路沥青路面设计规范》(JTG D50—2017) 推荐的骨架密实型水泥稳定类集料级配范围见表 3－18。

表 3－18　骨架密实型水泥稳定类集料级配范围

层位	通过下列方孔筛 (mm) 的质量百分率/%						
	31.5	19	9.5	4.75	2.36	0.6	0.075
基层	100	68～86	38～58	22～32	16～28	8～15	0～3
推荐中值	100	77	48	27	22	11.5	1.5

根据表 3－15，制作 Excel 编辑公式进行集料级配组成分析，使各种组合均在表 3－18 的范围之内并接近中值。最后优选了五种级配，见表 3－19。

表 3-19 四档集料的级配

级配	♯1 集料/%	♯2 集料/%	♯3 集料/%	♯4 集料/%
①	30	40	10	20
②	35	35	10	20
③	35	30	15	20
④	40	30	10	20
⑤	35	25	20	20

上表中，①～⑤级配组成的混合料所对应的理论级配见表 3-20。

表 3-20 理论级配

筛孔尺寸/mm	通过百分率/%					
	规范推荐	级配①	级配②	级配③	级配④	级配⑤
31.5	100	99.49	99.405	99.405	99.32	99.405
26.5	—	95.44	94.68	94.68	93.92	94.68
19	68～86（77）	77.996	74.394	74.422	70.792	74.45
16	—	71.896	67.674	67.872	63.452	68.07
13.2	—	63.666	59.8245	60.73	55.983	61.6355
9.5	38～58（48）	50.729	48.1165	49.8585	45.504	51.6005
4.75	21～32（27）	28.437	27.7115	28.1515	26.986	28.5915
2.36	16～28（22）	21.079	20.9125	20.9355	20.746	20.9585
1.18	—	16.506	16.3945	16.364	16.283	16.3335
0.6	8～15（11.5）	11.66	11.583	11.553	11.506	11.523
0.3	—	6.344	6.2935	6.276	6.243	6.2585
0.15	—	3.068	3.0325	3.024	2.997	3.0155
0.075	0～3（1.5）	1.121	1.1	1.0965	1.079	1.093

从表 3-20 中可以看出，①～③级配和规范推荐中值比较接近。

按上述理论分析优选的级配进行紧密密度试验，试验过程是先加♯1 集料再加♯2 集料由振动台振动 30s，然后加♯3 集料振动 30min，最后加♯4 集料振动 5min。试验桶选用 10L 容量进行，结果见表 3-21。

表 3-21 ①～⑤级配的紧密密度 （单位：g/cm^3）

级配	①	②	③	④	⑤
紧密密度	1.94	1.97	1.99	2.11	2.05

从表 3-21 中可以看出，级配④的紧密密度最大，后续试验可以按此级配进行，可以认为该级配集料组成为骨架密实型结构级配组成。

3. 水泥稳定碎石的击实试验与振动压实试验

击实是多年来普遍使用的材料配合比试验方法，其试验方法规范、设备简单，因而被广泛用于工程实践和科学研究中。

振动压实是近年来国内一些高校和科研单位针对碎石含量比较高的无机结合料稳定材料配合比试验提出的一种试验方法。但作为一种新型方法，目前国内振动压实方案还不统一，不同地区、不同单位使用的设备也不一致。

随着振动压实方法的提出，国内科研和工程界对击实方法产生了一些误解。误解一，该试验方法为静态试验，不如采用振动试验方法更能符合实际工程情况；误解二，按该方法设计施工的无机结合料容易产生温缩或干缩裂缝，故而应选择振动试验方法。但实际上并非如此，首先击实试验并不完全是一种静态试验方法，试验过程中施加的是一种周期性动态冲击荷载，试验材料在这种荷载作用下，也产生一定的振动和颗粒料的重新排列，与实际工程中振动压路机碾压过程有一定的相似之处；其次，无机结合料的温缩、干缩问题是一个比较复杂的工程问题，并不能简单归结于击实试验方法。

事实上，无论采用击实试验方法还是采用振动压实试验方法，对于某一特定的工程、特定的混合料类型，最终都要提供最佳含水率和最大干密度两个工程参数。对试验方法优劣的评价标准，要看哪种方法确定的这两个参数更接近实际情况，所对应的材料路用性能更好，施工和易性更好。国内一些工程在采用振动压实试验方法进行混合料配合比设计中发现，其确定的混合料含水率明显低于击实试验方法，而干密度又明显大于击实试验方法，施工控制指标则又采用击实试验的参数或接近击实试验的参数。这正说明振动试验方法还存在一定的问题，尚需进一步完善。

近十多年来，击实试验因其设备简单、便宜等优点被普遍应用，试验操作也已被广大的工程技术人员熟知，具有广泛的工程意义和生命力，因此本文选用击实试验方法确定最佳含水率和最大干密度。

4. 紧密密度选择下水泥稳定碎石击实试验的最佳配合比

水泥稳定碎石的配合比通过击实试验确定，根据设计的集料配合比，参照《公路工程无机结合料稳定材料试验规程》(JTG E51—2009) 中 T 0804—1994 方法进行两次平行击实试验，绘出击实曲线，得到最佳含水率和最大干密度。

根据规范和现有研究成果，首先选取无熟料钢渣水泥掺入比 5%进行试验，设定加水量 3%、4%、5%、6%、6.5%、7%、7.5%、8%、8.5%。按照前述配合比④称取碎石，用四分法逐渐分小称取 33kg 试料，再用四分法逐渐分小称取每份约 5.5kg 试料；将每份试料平铺于金属盘中，将预加的含水率均匀洒在试料上，用小铲拌合均匀后用塑料袋密封；密封 12h 之后将称好的无熟料钢渣水泥均匀洒在试料上并充分拌合均匀；将试筒、套环与夯击底板紧密地联系在一起，并将垫块放在筒内底板上，将拌合好的试料分三次倒入筒内，每次倒入试件均需击实，最后一次试件击实后，试件超出试筒顶的高度不得大于 6mm；用刮土刀沿套环内壁削挖，扭动并取下套环，齐筒顶细心刮平试件，并拆除底板、取走垫块，擦净试筒的外壁，称其质量 m_1；用脱模器将击实好的试件脱出，擦净试筒，称其质量 m_2 并测定样品的含水率 ω%；每一个含水率均需按上述步骤平行试验两次。

水泥稳定碎石的湿密度按下式计算：

$$\rho_w = \frac{m_1 - m_2}{V} \tag{3-1}$$

水泥稳定碎石的干密度按下式计算：

$$\rho_d = \frac{\rho_w}{1 + 0.01\omega} \tag{3-2}$$

以干密度为纵坐标、含水率为横坐标，绘制含水率—干密度曲线，如图 3 - 13 所示。

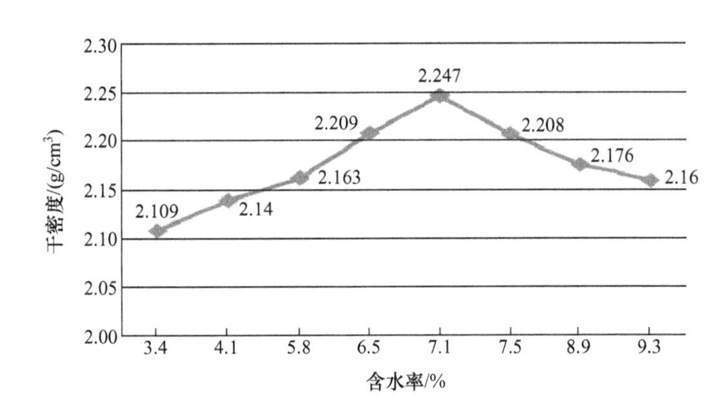

图 3 - 13　5%无熟料钢渣水泥含量的含水率—干密度试验结果

利用同样的方法测定了无熟料钢渣水泥稳定碎石和普通水泥稳定碎石在 5%、6%剂量时的结果，测得最佳含水率和最大干密度见表 3 - 22。

表 3 - 22　不同配合比下最佳含水率和最大干密度试验结果

类型	无熟料钢渣水泥稳定碎石		普通水泥稳定碎石	
	5%剂量	6%剂量	5%剂量	6%剂量
最佳含水率	6.67%	6.71%	5.61%	5.66%
最大干密度/(g/cm³)	2.258	2.269	2.272	2.281

从表 3 - 22 可以看出，无熟料钢渣水泥稳定碎石普遍较普通水泥稳定碎石的最佳含水率大，而最大干密度却较小。这可能是因为无熟料钢渣水泥中含较大比例的钢渣，而钢渣水化时需水量较大的缘故。

3.2.3 无熟料钢渣水泥稳定碎石的物理和力学性能

1. 水泥稳定碎石强度试验

根据前述击实试验测得的最佳含水率和最大干密度准备试验材料，取样方法、无侧限抗压强度和劈裂抗拉强度所需圆柱形试件参照《公路工程无机结合料稳定材料试验规程》(JTG E51—2009) 进行制备。每一组无侧限抗压强度需制件 13＋13＋13＋13＝52 个（含

7d、14d、28d和90d)，每组劈裂试验需制件13个(90d)。

参照《无机结合料稳定材料无侧限抗压强度试验方法》(T 0805—1994)测得的各龄期无侧限抗压强度见表3-23。

表3-23 水泥稳定碎石无侧限抗压强度 (单位：MPa)

龄期	无熟料钢渣水泥稳定碎石无侧限抗压强度		普通水泥稳定碎石无侧限抗压强度	
	5%水泥掺入比	6%水泥掺入比	5%水泥掺入比	6%水泥掺入比
7d	2.27	3.1	3.42	3.8
14d	3.14	3.8	4.1	4.4
28d	4.65	5.1	4.8	5.2
90d	5.05	5.5	5.2	5.4

从表3-23中可以看出，无熟料钢渣水泥稳定碎石在5%掺入比时不能满足《公路沥青路面设计规范》(JTG D50—2017)对重、中交通条件下半刚性基层水泥稳定碎石7d无侧限抗压强度为3～4MPa的要求，但6%掺入比时能满足要求。普通水泥稳定碎石则5%、6%剂量均满足要求，稳定效果较好。这是因为无熟料钢渣水泥的密度比普通水泥大，当二者掺量相同时，普通水泥能完全包裹碎石表面，而无熟料钢渣水泥则不能，因此其7d无侧限抗压强度低。但是当无熟料钢渣水泥掺入比达到6%时，材料的7d无侧限抗压强度平均值和在95%保证率情况下的强度波动下限均有明显的提高，已能够满足相关规范的技术要求。无熟料钢渣水泥的90d龄期的强度与相同剂量的普通水泥较为接近，这说明无熟料钢渣水泥后期强度较高，与相同剂量的普通水泥相比，即使同质量的水泥体积较少，仍能达到类似的强度结果。

劈裂试验参照《无机结合料稳定材料间接抗拉强度试验方法》(T 0806—1994)。无熟料钢渣水泥稳定碎石和普通水泥稳定碎石的劈裂抗拉强度见表3-24。从表中可以看出，无熟料钢渣水泥稳定碎石的抗劈裂效果较好，与普通水泥剂量相同时，其劈裂抗拉强度要明显优于普通水泥，这可能是该无熟料钢渣水泥延性较好且后期强度较高的缘故。对于道路基层来说，抗拉性能是重要的指标之一，抗拉性能越好，基层结构越不容易开裂，所以就劈裂抗拉强度的试验结果而言，无熟料钢渣水泥要优于普通水泥。

表3-24 水泥稳定碎石劈裂抗拉强度 (单位：MPa)

龄期	无熟料钢渣水泥稳定碎石劈裂抗拉强度		普通水泥稳定碎石劈裂抗拉强度	
	5%水泥掺入比	6%水泥掺入比	5%水泥掺入比	6%水泥掺入比
90d	0.65	0.85	0.48	0.69

2. 水泥稳定碎石抗压回弹模量试验

水泥稳定碎石抗压回弹模量试验参照《无机结合料稳定材料室内抗压回弹模量试验方法》(T 0808—1994)。试验结果见表3-25。

表 3-25 水泥稳定碎石抗压回弹模量 (单位：MPa)

龄期	无熟料钢渣水泥稳定碎石抗压回弹模量				普通水泥稳定碎石抗压回弹模量			
	5%水泥掺入比		6%水泥掺入比		5%水泥掺入比		6%水泥掺入比	
	E_p	σ	E_p	σ	E_p	σ	E_p	σ
90d	1177	245	1265	262	1555	315	1633	326

从表 3-25 中可以看出，无熟料钢渣水泥稳定碎石的抗压回弹模量不高，明显小于普通水泥稳定碎石的抗压回弹模量。在后续章节弯沉计算时选取计算模量为 $E_p-2\sigma$，弯拉计算时选取计算模量为 $E_p+2\sigma$。

水泥稳定碎石劈裂回弹模量试验参照《无机结合料稳定材料劈裂回弹模量试验方法》(T 0852—2009)，试验结果见表 3-26。从表中可以看出，无熟料钢渣水泥稳定碎石的劈裂模量明显大于普通水泥稳定碎石的劈裂回弹模量，这与无熟料钢渣水泥劈裂抗拉强度较高是一致的。

表 3-26 水泥稳定碎石劈裂回弹模量 (单位：MPa)

龄期	无熟钢渣料水泥稳定碎石劈裂回弹模量				普通水泥稳定碎石劈裂回弹模量			
	5%水泥掺入比		6%水泥掺入比		5%水泥掺入比		6%水泥掺入比	
	E_p	σ	E_p	σ	E_p	σ	E_p	σ
90d	2169	465	2235	422	1905	385	1966	394

3. 水泥稳定碎石干缩试验

参照《无机结合料稳定材料干缩试验方法》(T 0854—2009)，分别进行 5%、6%水泥掺入比下的无熟料钢渣水泥稳定碎石和普通水泥稳定碎石干缩试验，相关装置如图 3-14 所示。

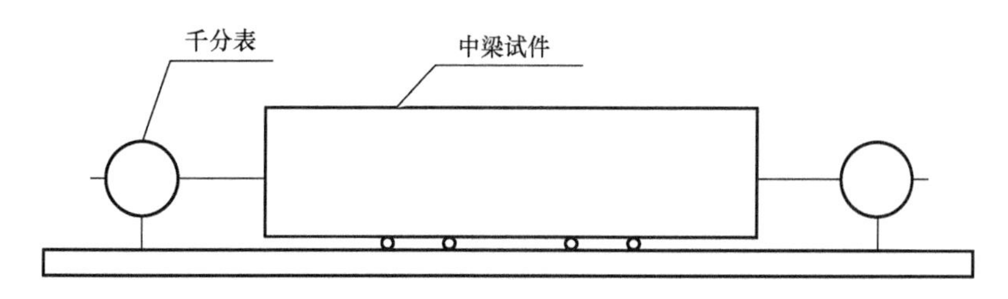

图 3-14 干缩试验装置示意图

干缩试验用试件制成 100mm×100mm×400mm 中梁试件，每一配合比均在最佳含水率和最大干密度下制作六个试件，其中三个试件用来测定材料的收缩变形，另外预留三个试件用来测量材料的干缩失水率。失水率、干缩量、干缩应变、干缩系数和总干缩系数计算公式分别如下。

失水率：

$$\omega_i = (m_i - m_{i+1})/m_{\mathrm{p}} \tag{3-3}$$

干缩量：

$$\delta_i = \left(\sum_{j=1}^{4} X_{i,j} - \sum_{j=1}^{4} X_{i+1,j}\right)/2 \tag{3-4}$$

干缩应变：

$$\varepsilon_i = \delta_i / l \tag{3-5}$$

干缩系数：

$$\alpha_{\mathrm{d}i} = \varepsilon_i / \omega_i \tag{3-6}$$

总干缩系数：

$$\alpha_{\mathrm{d}} = \frac{\sum \varepsilon_i}{\sum \omega_i} \tag{3-7}$$

式中：ω_i 为第 i 次失水率（%）；δ_i 为第 i 次观测干缩量（mm）；ε_i 为第 i 次干缩应变（%）；$\alpha_{\mathrm{d}i}$ 为第 i 次干缩系数（%）；m_i 为第 i 次标准试件称量质量（g）；$X_{i,j}$ 为第 i 次测试时第 j 个千分表的读数（mm）；l 为标准试件的长度（mm）；m_{p} 为标准试件烘干后恒量（g）。

干缩试验观测至试件的质量和变形不再变化为止，试验结果见表 3－27。

表 3－27　干缩试验结果

种类	水泥掺入比 /%	试件含水率 /%	最大失水率 /%	最大干缩应变 /×10^{-6}	总干缩系数 /×10^{-6}
无熟料钢渣水泥稳定碎石	5	6.67	4.61	260.1	56.42
	6	6.71	4.77	281	58.91
普通水泥稳定碎石	5	5.61	3.89	251.9	64.76
	6	5.66	4.05	268.7	66.35

从表 3－27 中可以看出，与普通水泥稳定碎石相比，无熟料钢渣水泥稳定碎石具有较大的失水率和较大的干缩应变，但总干缩系数较小，因此抗干缩性能更优，这可能是因为该水泥稳定碎石最佳含水率较大的缘故。

3.3　无熟料钢渣水泥稳定碎石基层受力分析

本节以典型半刚性水泥稳定碎石结构为基础，通过模型简化并用 Abaqus 有限元软件进行计算，分析荷载作用下的路面基层受力状况以及路面结构各层间的关系，提出半刚性路面基层合理的设计参数。然后以第 3 章试验确定的无熟料钢渣水泥稳定碎石的力学参数为结构计算参数进行分析，提出该新型材料实际路段使用的合理化建议。结构计算与材料参数的试验结合，有助于充分考虑无熟料钢渣水泥稳定碎石在层状体系中受力时所能体现的优点和应该克服的缺点，从而得到受力状态好、充分利用材料性能的力学特性，实现结构与材料一体化的设计思想。

3.3.1 路面结构层体系分析

1. 国内外路面结构设计方法简介

路面结构设计方法一直是路面工程研究的主要课题。随着人们对路面结构和荷载问题认识的深入，路面设计也经历了从理论法到经验法，再从经验法转向理论法的曲折过程。

国内外沥青路面大多属于柔性路面或混合式基层路面结构，设计方法与设计指标也各有不同，主要的沥青路面结构设计方法见表3-28。

表3-28 各国家或机构主要的沥青路面结构设计方法

国家或机构	理论模型（设计轴载）	损坏模型与设计指标	路面材料
Shell石油公司	弹性层状体系（BZZ-80）	处治层的疲劳破坏、车辙、土基压应变、沥青结合层分析	沥青混凝土、未处治集料、水泥稳定集料
美国沥青协会（AI）	弹性层状体系（BZZ-80）	沥青处治层的疲劳破坏、车辙、土基压应变	沥青混凝土、乳化沥青处治基层、未处治集料
南非国家运输和道路研究所（NITRR）	弹性层状体系（BZZ-100、BZZ-60）	处治层的疲劳破坏、车辙、土基压应变、粒料基层剪切	间断级配沥青混合料、沥青混凝土、水泥稳定集料、未处治集料
美国联邦公路局（AASHTO）	弹性层状体系或黏弹性体系（BZZ-80）	处治层的疲劳破坏、车辙、面层服务性能分析（PSI）	沥青混凝土、水泥稳定集料、未处治集料、石灰处治材料
英国Notingham大学	弹性层状体系（BZZ-100）	处治层的疲劳、车辙、土基压应变	开级配沥青混合料、连续级配沥青料、未处治过的集料
比利时	弹性层状体系（BZZ-80）	处治层的疲劳、车辙	沥青混凝土、未处治过的集料
美国国家公路合作研究计划（NCHRP）Project1-26	有限元法、弹性层状体系（BZZ-80）	沥青混凝土的疲劳、车辙	沥青混凝土、未处治过的集料
法国	弹性层状体系（BZZ-130）	沥青混凝土的疲劳、车辙、土基压应变	沥青混凝土、未处治过的集料
俄罗斯	弹性层状体系（BZZ-100、BZZ-60）	容许弯沉、沥青层的拉应变疲劳、水泥稳定层拉应力、土基剪应力	沥青混凝土、沥青稳定基层、未处治过的集料、水泥稳定集料
中国（JTG D50—2006）	弹性层状体系（BZZ-100）	容许弯沉、沥青层或半刚性基层底基层的层底拉应变	沥青混合料、水泥稳定集料、石灰稳定集料

2. 弹性连续层状体系的理论基础

沥青路面结构弹性连续层状体系受力分析，采用的基本假设如下：

① 各层都是由均质的、各向同性的线弹性材料组成的，应力—应变关系符合广义胡克定律，其弹性模量和泊松比为 E 和 μ；

② 假定土基在水平方向和向下的深度方向均为无限，其上的路面各层厚度均为有限，但水平方向仍为无限；

③ 假定路面上层表面作用有垂直均布荷载，荷载与路面表面接触面形状呈圆形，接触面上的压力呈均匀分布，在无限远处和无限深处应力及位移均为零；

④ 每一层之间的接触面假定为完全连续（具有充分的摩阻力）的或部分连续或完全光滑（没有摩阻力）的；

⑤ 不计各层材料的自重，而在后续有限元计算时是考虑自重的。

根据现行《公路沥青路面设计规范》(JTG D50—2017)，沥青路面受力可看作多层弹性连续体系受双圆垂直均布荷载作用，典型路面结构计算图式如图 3 - 15 所示。

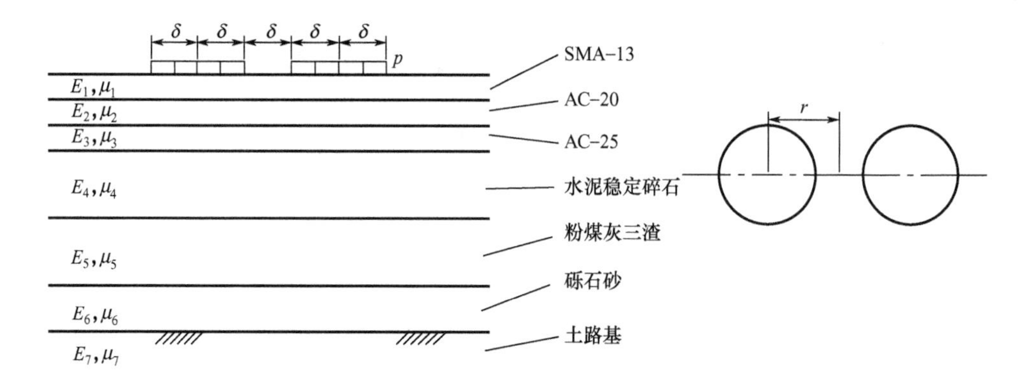

图 3 - 15 多层弹性连续体系受双圆垂直均布荷载作用的计算图式

根据前面的假设，由弹性力学相关理论可知，对于对称弹性空间体可采用柱坐标计算，平衡方程为

$$\begin{cases}\dfrac{\partial\sigma}{\partial r}+\dfrac{\partial\tau_{rz}}{\partial z}+\dfrac{\sigma_r-\sigma_\theta}{r}+K_r=0\\[2ex]\dfrac{\partial\sigma}{\partial z}+\dfrac{\partial\tau_{rz}}{\partial r}+\dfrac{\tau_{rz}}{r}+K_\theta=0\end{cases}\tag{3-8}$$

根据假设⑤，这里的应力分量 K_θ 和 K_r 可以省去。应变与位移关系即几何方程为

$$\varepsilon_r=\frac{\partial u}{\partial r};\quad \varepsilon_\theta=\frac{u}{r};\quad \varepsilon_z=\frac{\partial\omega}{\partial z};\quad \gamma_{zr}=\frac{\partial u}{\partial z}+\frac{\partial\omega}{\partial r}\tag{3-9}$$

体现应力—应变关系的物理方程为

$$\begin{cases}\varepsilon_r=\dfrac{1}{E}[\sigma_r-\mu(\sigma_\theta+\sigma_z)]\\[2ex]\varepsilon_\theta=\dfrac{1}{E}[\sigma_\theta-\mu(\sigma_z+\sigma_\theta)]\\[2ex]\varepsilon_z=\dfrac{1}{E}[\sigma_z-\mu(\sigma_\theta+\sigma_r)]\\[2ex]\gamma_{zr}=\dfrac{2(1+\mu)}{E}\tau_{zr}\end{cases}\tag{3-10}$$

因此相容方程为

$$\begin{cases}\nabla^2\sigma_r-\dfrac{2}{r^2}(\sigma_r-\sigma_\theta)+\dfrac{1}{1+\mu}\dfrac{\partial^2 Q}{\partial r^2}=0\\ \nabla^2\sigma_\theta-\dfrac{2}{r^2}(\sigma_r-\sigma_\theta)+\dfrac{1}{1+\mu}\dfrac{1}{r}\dfrac{\partial Q}{\partial r}=0\\ \nabla^2\sigma_\theta+\dfrac{1}{1+\mu}\dfrac{\partial^2 Q}{\partial z^2}=0\\ \nabla^2\tau_{rz}-\dfrac{1}{r^2}\tau_{rz}+\dfrac{1}{1+\mu}\dfrac{\partial^2 Q}{\partial r\,\partial z}=0\end{cases} \tag{3-11}$$

式中：$\nabla^2=\dfrac{\partial^2}{\partial r^2}+\dfrac{1}{r}\dfrac{\partial}{\partial r}+\dfrac{\partial^2}{\partial r\,\partial z}$。

引入满足上述相容方程的应力函数如下

$$\varphi(r,z)=\int_0^\infty \mathrm{J}_0(mr)[(A+Bz)\mathrm{e}^{mz}+(C+Dz)\mathrm{e}^{-mz}]\mathrm{d}m \tag{3-12}$$

式中：$\mathrm{J}_0(mr)$ 为第一类零阶贝塞尔函数；m 为特征变量；A,B,C,D 为积分常数。

应力分量和位移分量可简化表示如下

$$\begin{cases}\sigma_r=\dfrac{\partial}{\partial z}\left[\mu\nabla^2\phi-\dfrac{\partial^2\phi}{\partial r^2}\right]\\ \sigma_\theta=\dfrac{\partial}{\partial z}\left[\mu\nabla^2\phi-\dfrac{1}{r}\dfrac{\partial^2\phi}{\partial r^2}\right]\\ \sigma_z=\dfrac{\partial}{\partial z}\left[(2-\mu)\nabla^2\phi-\dfrac{\partial^2\phi}{\partial z^2}\right]\\ \tau_{rz}=\dfrac{\partial}{\partial z}\left[(1-\mu)\nabla^2\phi-\dfrac{\partial^2\phi}{\partial z^2}\right]\\ u=-\dfrac{1+\mu}{E}\cdot\dfrac{\partial^2\phi}{\partial r\,\partial z}\\ \omega=\dfrac{1+\mu}{E}\left[2(1-\mu)\nabla^2\phi-\dfrac{\partial^2\phi}{\partial z^2}\right]\end{cases} \tag{3-13}$$

根据边界条件，可求出各层的积分常数 A_i,B_i,C_i,D_i，从而可以求出任一点的应力和位移分量。

3.3.2 有限元计算模型参数的选取

根据前一节的试验结果，水泥稳定碎石基层选取 6%无熟料钢渣水泥掺入比的参数，弯沉计算时选取计算模量为 $E_\mathrm{p}-2\sigma=741\mathrm{MPa}$，弯拉计算时选取计算模量为 $E_\mathrm{p}+2\sigma=1789\mathrm{MPa}$。劈裂抗拉强度为 0.85MPa，根据式（3-14），可计算容许拉应力为 0.404MPa：

$$\sigma_\mathrm{r}=\frac{\sigma_\mathrm{sp}}{K_\mathrm{s}}=\frac{\sigma_\mathrm{sp}}{0.35N_\mathrm{e}^{0.11}/A_\mathrm{c}}=\frac{0.85}{0.35\times(1.2\times10^7)^{0.11}/1.0}=0.404(\mathrm{MPa}) \tag{3-14}$$

式中：σ_sp 为劈裂抗拉强度；K_s 为抗拉强度结构系数；A_c 为公路等级系数，对高速公路、一级公路取 1.0，二级公路取 1.1；N_e 为累积当量轴次，参照《公路沥青路面设计规范》（JTG D50—2017）取值。

路面结构其余参数参照《公路沥青路面设计规范》（JTG D50—2017）中附录 E 提供的数

据，根据各路面材料的性能选取，见表3-29。基层、底基层均选用无熟料钢渣水泥稳定碎石。

表3-29　各层设计厚度与力学参数

指标		SMA-13层	AC-20层	AC-25层	基层	底基层	砾石砂层	土路基层
设计厚度/cm		4	5	6	X_1	X_2	15	—
模量范围/MPa	20℃	1200～1600	1000～1400	800～1200	741/1789	741/1789	150～200	30
	15℃	1200～1500	1600～2000	1000～1400				
泊松比		0.3	0.3	0.3	0.25	0.25	0.3	0.35
重度/(kN/m³)		20	20	20	23.6	23.6	19	19
[σ] /MPa	机动车道	0.46	0.46	0.46	0.4	0.4	—	—
	辅道	0.45	0.45	0.45	0.4	0.4	—	—

3.3.3 交通荷载分析与简化

交通荷载的作用形式和大小是决定路面结构各层次受力情况的关键因素。在公路交通运输系统日益发展的趋势下，超速超重现象非常明显。交通荷载对路面施加的作用力大致可分为：

① 通过车轮传递给路面的垂直压力；

② 由于制动、变速、转向以及克服前进中的各种阻力而对路面产生的水平力；

③ 由于路面高低不平，汽车颠簸和汽车机件振动而施加于路面的冲击和振动力；

④ 由于车轮后方与路面之间形成暂时真空而产生的真空吸力。

随着车辆在路面上运动状态的变化，作用在路面上的荷载也在不断变化。路面设计方法中，主要从两个角度考虑交通荷载的影响。一种角度是采用增量法，逐月分析设计使用期内不同类型车辆各级轴载对路面结构的损坏作用，累计得到设计使用期内路面结构的总损坏；另一种角度是采用当量法，选定一个标准轴载，将设计使用期内不同类型车辆各级轴载的损坏作用转换成标准轴载的损坏作用。

国内外轮胎接地压力测试，通常采用较为成熟的压力传感器法。Ikeda在实测数据的基础上，得到平均接地压力 c（$\mathrm{kgf/cm^2}$）与胎压 p（$\mathrm{kgf/cm^2}$）和轮载 L（kgf）的回归关系，如下

$$c = 0.489L + 0.373p + 2.222 \tag{3-15}$$

$$c = 0.420L + 0.290p + 1.228 \tag{3-16}$$

式中，平均接地压力 c 的单位换算关系为 $1\mathrm{kgf/cm^2}=0.0980665\mathrm{MPa}$；式（3-15）考虑胎面上花纹的影响，式（3-16）则不考虑花纹的影响。

从我国吉林工业大学汽车地面力学研究室和长春汽车研究所的试验结果可以看出：轮胎的接地形状介于矩形和椭圆形之间。但对于载重车轮胎，特别是荷载较大时，其接地形状接近于矩形，所以接地长度 L 和宽度 B 计算公式为

$$L = 2D\left(\frac{\delta}{D}\right)^{S};B = B_0(1-\mathrm{e}^{-T\delta}) \tag{3-17}$$

式中：S，T 为经验系数；B_0 为胎冠宽度；D 为轮胎直径；δ 为轮胎轮廓侵入路面的距离。

在实际道路路面的受力分析中，尤其是在交叉口及长大纵坡等受力复杂路段，容易受交通控制及线形指标的影响（如汽车加、减速频繁，路面受到的既有垂直荷载还有水平荷载）。实际轮胎作用于路面的形状相当复杂，并非圆形均布荷载所能简单描述的，轮胎作用于路面的形状更接近于矩形，且随荷载的增加，矩形形状越趋明显。为了将问题简化，在汽车匀速行驶时，假设汽车轮载为垂直均布荷载；在制动时，假设为垂直均布和水平矩形荷载，经过计算可知荷载的分布面积为 32cm×23cm。

3.3.4 路面结构体系受力的有限元分析

1. 有限元模型

根据圣维南原理，模型长宽高取为 16m×8m×(6.3＋$X1$＋$X2$)m，其中 $X1$ 和 $X2$ 分别为基层和底基层的厚度。采用大型有限元软件 Abaqus 提供的六面体八节点 C3D8R 单元进行网格划分并进行模型的求解，其中 x、y、z 分别为行车方向、横向和竖向，如图 3－16 所示。

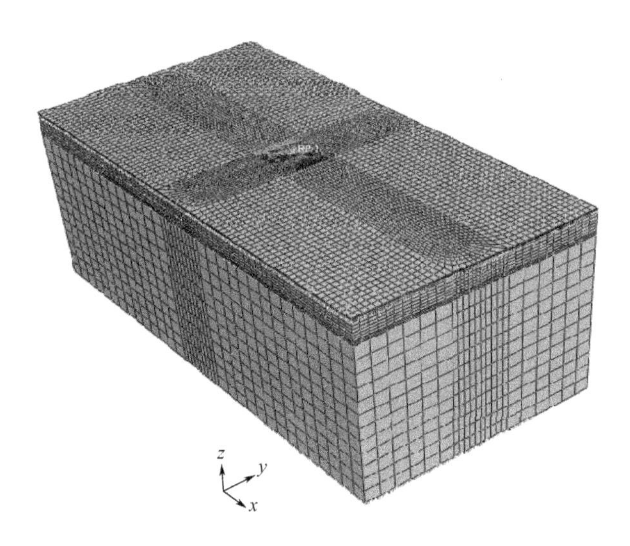

图 3－16　道路网格划分

随着半刚性沥青路面的大量使用，工程实践证明，路面的承载能力完全由半刚性材料层满足，沥青面层只起功能性作用，它的厚薄对半刚性路面的承载能力无影响。改变基层和底基层的厚度以及基层和面层的层间接触状态进行计算分析，其中基层和底基层的厚度见表 3－30。

表 3－30　两种计算模型的基层和底基层厚度　（单位：mm）

层位	Model－1 的厚度	Model－2 的厚度
基层 $X1$	35	30
底基层 $X2$	30	25

（1）层间接触

按照《公路沥青路面设计规范》（JTG D50—2017）的要求，沥青路面荷载应力计算分析中，路面结构应该是一个连续的整体，即路面各层层间接触条件为完全连续。但在工程实际中，路面各层层间是介于连续与光滑两种接触情况之间的摩擦接触，因此在有限元模型中，需计算下面层与基层层间不断增大的摩擦系数（又称摩擦因数），在各摩擦系数下得到的弯沉或弯拉应力与水泥稳定碎石抗拉强度进行比较。在此选择了摩擦系数分别为0、0.25、0.5、0.75、1以及连续共六种状态进行计算。

（2）边界条件

根据现有研究结果，选取道路各层边均受到该面法线方向的约束，土基底面全约束。

（3）网格划分

采用C3D8R单元，六面体单元数量为7980个，在荷载位置处网格加密。

（4）荷载施加

竖向荷载采用标准轴载BZZ－100进行加载，同时考虑轮胎与路面的摩擦荷载约为竖向荷载的1/3，取33kN。加载面积为两个32cm×23cm，相距32cm。

（5）分析过程

分析过程分两步进行，第一步为＊GEOSTATIC分析步，在该步中施加重力荷载，建立初始应力场的平衡；第二步为＊STATIC GENERAL准静态分析步，在该分析步中施加均布荷载，荷载集度在1秒内增加到0.7MPa。

2. 计算结果分析

（1）最大主应力计算结果

材料力学的最大拉应力理论认为，引起材料断裂的主要因素是最大拉应力，而且，无论材料处于何种应力状态，只要最大拉应力σ_1达到材料单向拉伸断裂时的最大拉应力σ_b，材料即发生断裂。按此理论，材料断裂的条件为$\sigma_1=\sigma_b$。

在层间状态发生变化时，基层和底基层的最大主应力变化趋势如图3－17和图3－18所示。由图可见，随着层间接触状态越来越紧密，基层的最大主应力越来越小，Model－2

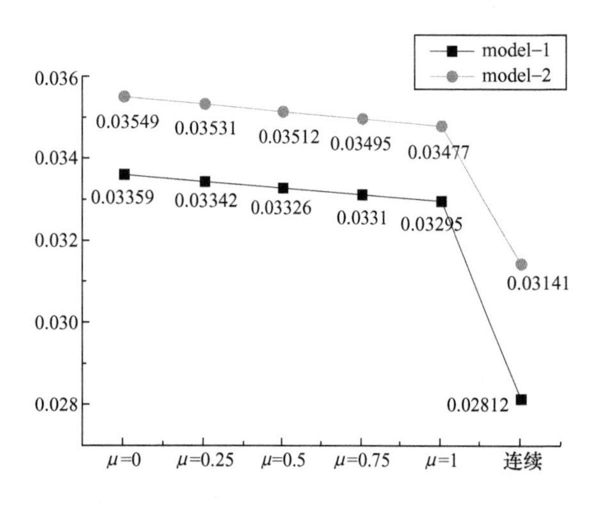

图3－17　基层层底最大主应力变化图（单位：MPa）

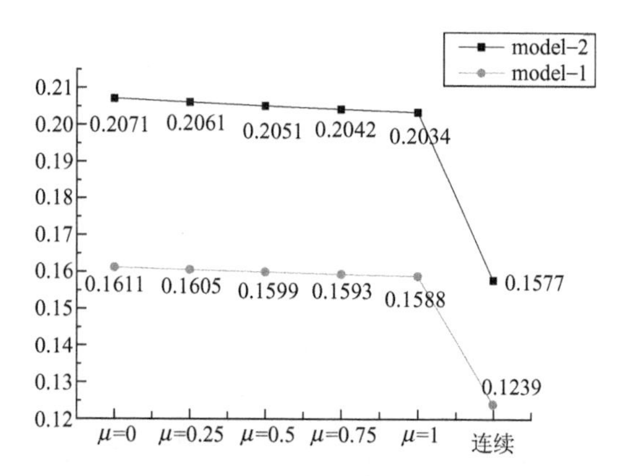

图3－18　底基层层底最大主应力变化图（单位：MPa）

在层底光滑状态（$\mu=0$）的最大主应力为 0.03549MPa，到层间连续状态变化为 0.03141MPa，变化幅度达 11.5%；底基层的最大主应力拥有和基层一样的变化规律，只是基层的层底最大拉应力显著大于基层本体，接近容许抗拉强度（0.404MPa）。从模型 Model-1 到Model-2，基层和底基层层厚分别减少 5mm，但基层的最大拉应力显著增加，就 $\mu=0$ 时而言，增幅达 5.4%。

Model-1 模型在 $\mu=0$ 时和连续状态下基层的最大主应力云图如图 3-19 所示。

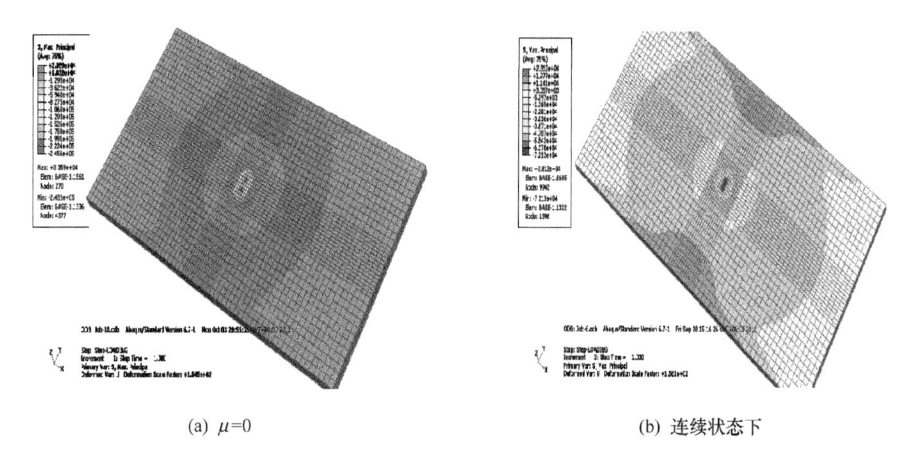

(a) $\mu=0$　　(b) 连续状态下

图 3-19　Model-1 模型基层的最大主应力云图

Model-1 模型在 $\mu=0$ 时和连续状态下底基层的最大主应力云图如图 3-20 所示。

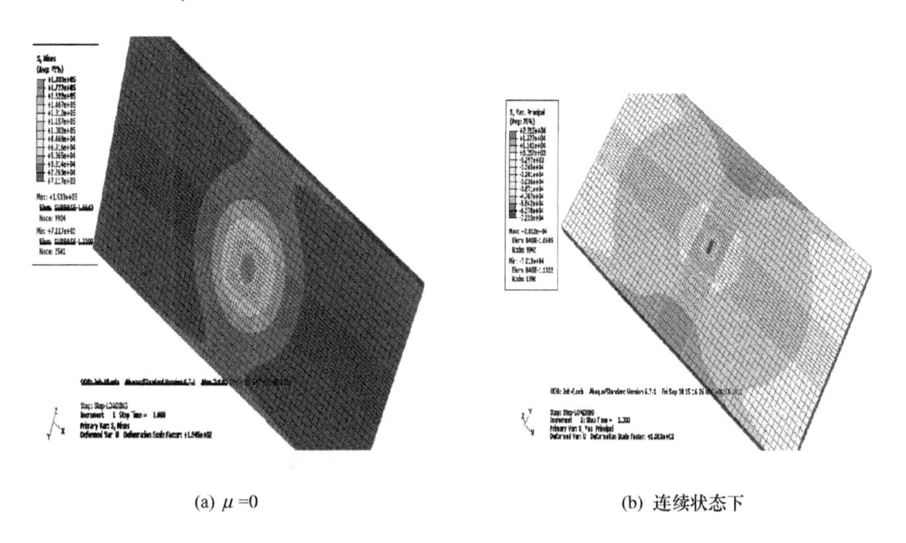

(a) $\mu=0$　　(b) 连续状态下

图 3-20　Model-1 模型底基层的最大主应力云图

（2）竖向位移计算结果

在层间状态发生变化时，基层的竖向位移 $U3$ 变化趋势如图 3-21 所示。由图可见，摩擦系数的变化对竖向弯沉值影响不大，连续状态下，竖向弯沉值减少较多；Model-1 的弯沉值明显大于 Model-2 的弯沉值，因此随着基层和底基层厚度的增加，竖向弯沉值也随着增加。

图 3－22 所示为 Model－1 模型在 $\mu=0$ 时的竖向位移 $U3$ 云图。

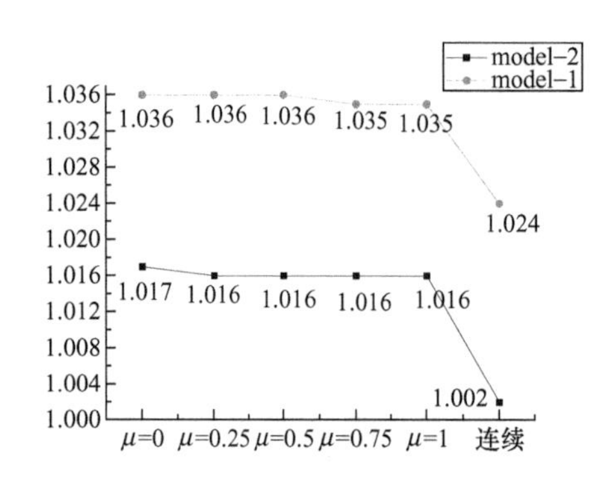

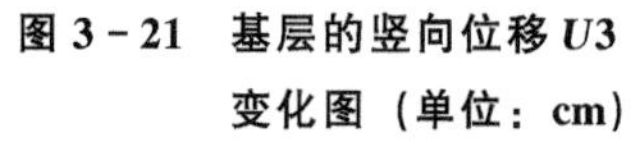
图 3－21　基层的竖向位移 $U3$ 变化图（单位：cm）

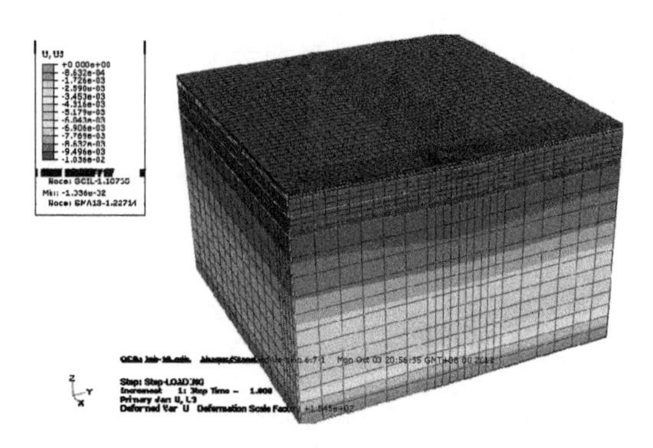

图 3－22　Model－1 模型在 $\mu=0$ 时竖向位移 $U3$ 云图

（3）等效应力计算结果

按照材料力学强度理论，不同的材料固然可以发生不同形式的失效破坏，但即使同一种材料，在不同应力状态下也可能有不同的失效破坏形式。无论塑性或脆性材料，在三向拉应力接近相等的情况下，都将以断裂的形式失效，宜采用最大拉应力理论；在三向压应力接近相等的情况下，都可引起塑性变形，宜采用第三或第四强度理论（形状改变比能理论）。在一般应力状态下，对于脆性材料，通常以断裂的形式失效破坏，宜采用最大拉应力理论或最大伸长线应变理论；而对于塑性材料，通常以屈服的形式失效破坏，宜采用第三或第四强度理论。第四强度理论强度条件为

$$\frac{1}{\sqrt{2}}\sqrt{(\sigma_1-\sigma_2)^2+(\sigma_2-\sigma_3)^2+(\sigma_3-\sigma_1)^2}\leqslant[\sigma] \tag{3-18}$$

为了使不同应力状态的强度能进行比较，利用等效应力法将复杂的应力状态等效为具有相同“效应”的单向应力状态。一般应力状态可定义为

$$\bar{\sigma}=\frac{1}{\sqrt{2}}\sqrt{(\sigma_1-\sigma_2)^2+(\sigma_2-\sigma_3)^2+(\sigma_3-\sigma_1)^2} \tag{3-19}$$

图 3－23 和图 3－24 分别为 Model－1 模型基层和底基层在 $\mu=0$ 和连续状态下的 Mises 等效应力云图。

图 3－25 和图 3－26 分别为基层和底基层的 Mises 等效应力变化图。从图中可以看出，随着摩擦系数的增大，Mises 等效应力随着减小。在从层间摩擦状态变化为连续状态时，基层和底基层呈现相反的趋势，基层的等效应力明显增大，而底基层的等效应力却明显减小。

（4）弹性模量变化时的计算结果

选取结构模型为层间均连续，基层和底基层的层厚分别为 35mm 和 30mm，基层和底基层为同种材料，选取基层材料弹性模量分别为 1000MPa、1500MPa、1789MPa、2500MPa、3000MPa、3500MPa 和 4000MPa，计算基层和底基层的主拉应力、Mises 等效应力和结构竖向位移的变化情况。

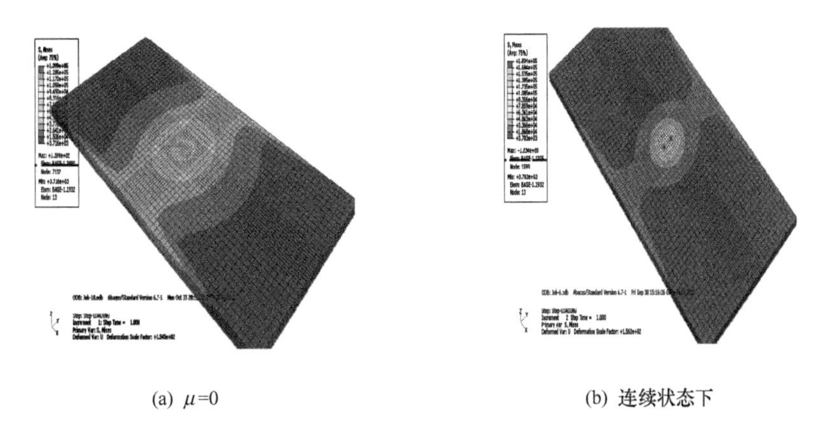

(a) μ=0　　(b) 连续状态下

图 3－23　Model－1 模型基层的 Mises 等效应力云图

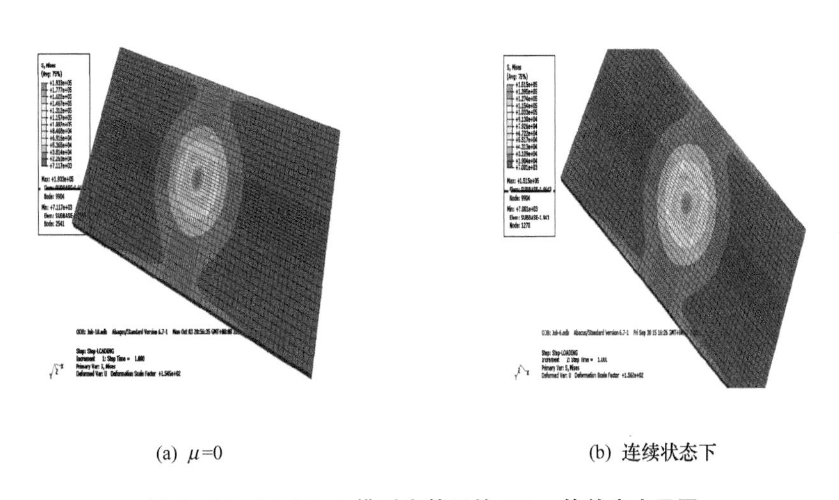

(a) μ=0　　(b) 连续状态下

图 3－24　Model－1 模型底基层的 Mises 等效应力云图

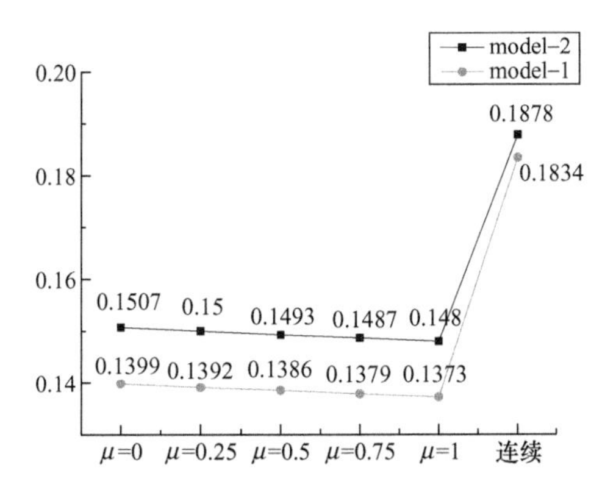

图 3－25　基层的 Mises 等效应力变化图（单位：MPa）

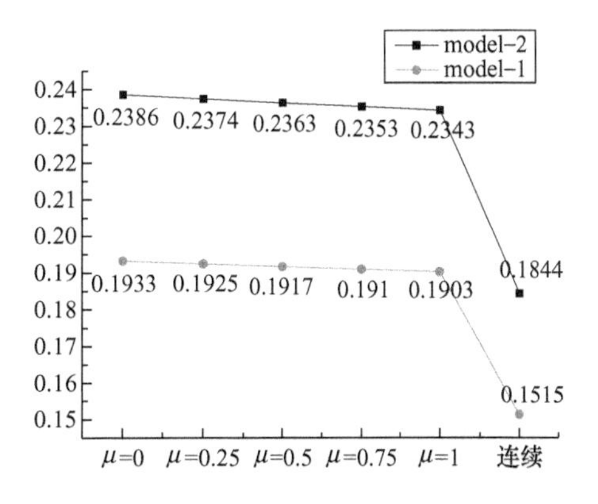

图 3－26　底基层的 Mises 等效应力变化图（单位：MPa）

基层和底基层的层底主拉应力如图 3－27 所示。从图中可以看出，基层和底基层层底主拉应力随弹性模量 E 的增大而增大。基层和底基层的 Mises 等效应力变化图如图 3－28 所示。从图中可以看出，基层等效应力随弹性模量的增大而减小，而底基层的等效应力随弹性模量的增大而增大。

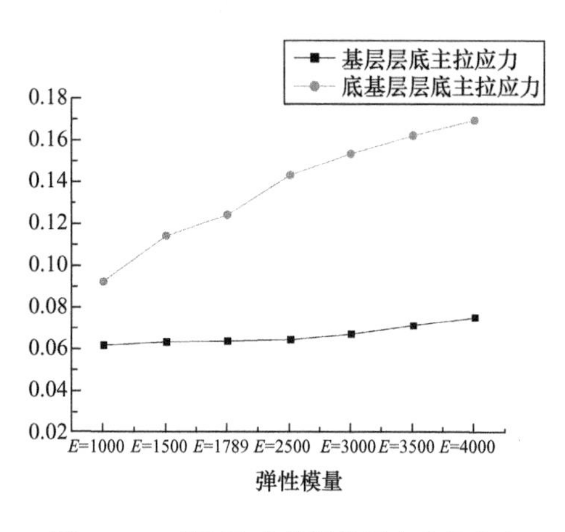

图 3－27　基层和底基层的层底主拉应力变化图（单位：MPa）

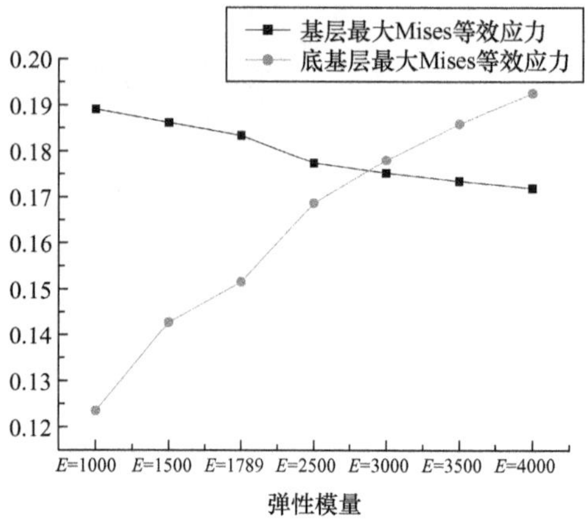

图 3－28　基层和底基层的 Mises 等效应力变化图（单位：MPa）

道路结构层最大竖向位移变化如图 3－29 所示。从图中可以看出，结构层竖向最大位移随着弹性模量的增大而减小。

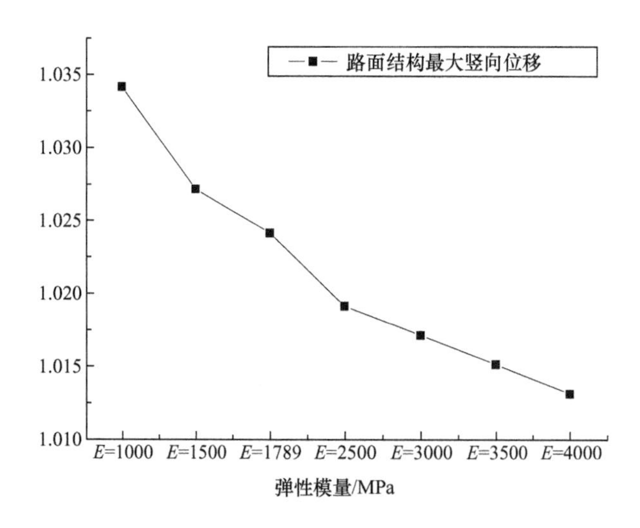

图 3－29　道路结构层竖向最大位移变化图（单位：cm）

第4章 无熟料铝渣固化剂研制及其固化土力学性能研究

4.1 无熟料铝渣固化剂研制

铝渣是铝厂电解法制铝过程中排放的废渣，其是否存在制备固化剂所需的潜在水硬性活性有待试验研究。矿渣、脱硫石膏和粉煤灰是早已被证明具有潜在活性成分的工业废渣，已有较深入的研究和较广范围的应用，都早有在混凝土工程中应用的历史，但在以往的研究和应用中，都是以工业废渣单独掺入现有的水泥和混凝土当中代替原有的材料（如脱硫石膏常替代石膏充当缓凝剂，粉煤灰用来取代黏土原料生产水泥熟料），且掺入量较少，否则会对水泥混凝土造成负面的影响。本文则以工业废弃物铝渣、矿渣、脱硫石膏和粉煤灰为主要原料，通过对激发剂的合理比选以及对各矿物组分不同配合比的正交试验，确定各种材料对无熟料铝渣固化剂（简称铝渣固化剂）的物理力学性能影响的大小，最后比选出最优配合比的无熟料铝渣固化剂，并借鉴水泥固化剂的规范对其物理力学性能进行试验研究，如对比无熟料铝渣固化剂和复合水泥的水化热情况，并通过微观分析揭示该固化剂材料的水化机理，为无熟料铝渣固化土的研究提供理论基础。

4.1.1 铝渣固化剂前期处理研究

1. 原材料

（1）铝渣

铝渣采用宁波某铝制品公司生产电解铝后产生的废铝渣，为粉末状的结块并呈现黑灰色。原始的铝渣含有 AlN 等物质，遇水会产生大量氨气，这些气体会使铝渣固化剂在成型的过程中产生大量裂缝，因此铝渣在使用前要进行除气处理。铝渣的主要化学成分包括碳酸钙、硫酸钙及铝、铁、硅的氧化物，它们都可以水化固结，成为骨架的组成部分，而碳酸钙可以产生胶结作用。铝渣的活性较低，需要粉磨到足够细度才能激发其活性，因此粉磨时间可适当延长。本试验所用铝渣在进行 60℃烘干处理后放入 MH－Ⅲ型数显洛杉矶磨耗试验机中粉磨半小时，以备试验，其成分组成见表 4－1。

表 4－1　铝渣的成分组成

成分组成	SiO_2	Al_2O_3	Fe_2O_3	CaO	MgO	SO_3	其他	Loss
含量/%	5.7	61.8	1.5	1.3	15.3	0.9	13.5	—

（2）矿渣

矿渣采用宝田新型建材有限公司生产的磨细矿渣，比表面积为 $460m^2/kg$，其成分组成见表 4－2。一般建筑材料中的矿渣，是指高炉炼铁熔融的矿渣在骤冷时，来不及结晶而形成的玻璃态物质，呈细粒状。熔融的矿渣直接流入水池中冷却的又叫水淬矿渣，俗称水渣。宝田新型建材有限公司生产的磨细矿渣含有较多的 Al_2O_3 和 CaO，是一种碱性矿渣，而碱性矿渣比酸性矿渣具有更高的水化活性。

表 4－2　矿渣的成分组成

成分组成	SiO_2	CaO	Al_2O_3	Fe_2O_3	TiO_2	MgO	SO_3	Loss	SiO_2	CaO
含量/%	32.3	39	14.3	0.2	0.5	7.7	1	1.89	32.3	39

（3）脱硫石膏

脱硫石膏选用宁波某燃煤发电厂生产的烟气脱硫石膏，呈粉末状，其成分组成见表 4－3。脱硫石膏湿度较高，主要成分为二水石膏（$CaSO_4 \cdot 2H_2O$），须在 65℃烘箱进行烘干处理 4 小时。

表 4－3　脱硫石膏的成分组成

成分组成	SiO_2	CaO	Al_2O_3	Fe_2O_3	Na_2O	MgO	SO_3	K_2O	其他	SiO_2
含量/%	1.5	41.4	0.8	0.29	0.05	0.12	55.43	0.2	0.21	1.5

（4）粉煤灰

粉煤灰采用浙东水泥制品公司生产水泥所用的粉煤灰，其成分组成见表 4－4。粉煤灰的颜色是一项重要的质量指标，可以反映含碳量的多少和差异，在一定程度上也可以反映粉煤灰的细度，颜色越深，粉煤灰粒度越细，含碳量越高。粉煤灰有低钙粉煤灰和高钙粉煤灰之分，通常高钙粉煤灰的颜色偏黄，低钙粉煤灰的颜色偏灰。粉煤灰颗粒呈多孔型蜂窝状组织，比表面积较大，具有较高的吸附活性。我国燃煤发电厂粉煤灰的主要氧化物组成为 SiO_2、Al_2O_3、FeO、Fe_2O_3、CaO、TiO_2、MgO、K_2O、Na_2O、SO_3、MnO_2 等。粉煤灰是在煤粉燃烧和排出过程中形成的，结构比较复杂，在显微镜下观察，是由晶体、玻璃体及少量未燃炭组成的一个复合结构的混合体。混合体中这三者的比例随着煤燃烧所选用的技术及操作方法不同而有差别，其中结晶体包括石英、莫来石、磁铁矿等，玻璃体包括光滑的球体形玻璃体粒子、形状不规则孔隙少的小颗粒、疏松多孔且形状不规则的玻璃体球等，未燃炭则多呈疏松多孔形式。

表 4-4 粉煤灰的成分组成

成分组成	Fe_2O_3	CaO	MgO	SO_3	SiO_2	Al_2O_3	其他	Loss
含量/%	6.7	3.5	0.8	0.8	51.2	28.5	8.5	7.9

2. 试验方法和试验设备

铝渣固化剂物理力学性能检测参照水泥固化剂试验的相关规范，其中胶砂强度试验符合《水泥胶砂强度检验方法（ISO 法）》（GB/T 17671—2021）规定，标准稠度用水量、凝结时间、安定性检验方法符合《水泥标准稠度用水量、凝结时间、安定性检验方法》（GB/T 1346—2011）规定，水泥细度测定用负压筛析仪符合《水泥细度检验方法筛析法》（GB/T 1345—2005）规定。本试验所用主要的试验设备，磨粉采用 MH-Ⅲ型数显洛杉矶磨耗试验机；水泥细度测定采用 FYS-150B 型负压筛析仪；水泥砂浆搅拌采用行星式水泥胶砂搅拌机；试模由三个水平的模槽组成，可同时成型三条截面为 40mm×40mm×160mm 的棱形试体；水泥砂浆试件养护采用 HBY-30 恒温水养护箱；抗折强度测定采用 YDW-10 标准水泥胶砂抗折试验机。各试验设备具体型号如下：

① SMΦ500×500 试验磨；
② QM-4H 球磨机；
③ CS101—3E 电热鼓风干燥箱；
④ SJ-ISO 水泥净浆搅拌机；
⑤ YDT90S-8/4 砂浆搅拌器；
⑥ ZS—15 型水泥胶砂振实台；
⑦ YES—300 数显压力试验机；
⑧ YH—40B 型标准恒温恒湿养护箱。

4.1.2 铝渣的活性和激发剂选择

1. 铝渣的活性

工业废渣是否具有制备固化剂的可行性，关键是看其是否具有潜在水硬性活性。国家标准《用于水泥混合材的工业废渣活性试验方法》（GB/T 12957—2017）和《用于水泥和混凝土中的粉煤灰》（GB/T 1596—2017）提出了强度活性指数的概念，即试验胶砂抗压强度与对比胶砂抗压强度之比，用百分数表示。这里所评价的铝渣活性，包括其水化早期的物理活性，以及水化后期共同作用的物理化学活性。以测试铝渣活性为例，将铝渣细粉和二水石膏细粉按质量 80∶20 的比例充分混合均匀，配制成试验样品，并称取 300g 用标准稠度净浆用水量制备成净浆试饼；试饼在温度（20±1)℃、相对湿度大于 90%的养护箱内养护 7d，随后放入水中浸水 3d，观察其边缘，仍能保持清晰完整，说明铝渣具有潜在水硬性。然后再根据《用于水泥混合材的工业废渣活性试验方法》（GB/T 12957—2005）对铝渣进行水泥胶砂28d抗压强度试验：方法为在硅酸盐水泥中掺入30%的工业铝渣细粉，用其28d抗压强度与该硅酸盐水泥28d抗压强度进行比较，以确定其活性高低。通过试验，测得42.5硅酸盐水泥的28d抗压强度为45.3MPa，30%铝渣和42.5硅酸盐水泥混合材的28d抗压强度为32.9MPa，因此抗压强度比$K=32.9/45.3=72.6\%$。这说明铝渣本身的活性不高，需要外部条件激发其潜在活性。几种废渣活性见表4-5。

表4-5　废渣活性

废渣	性质	
	比表面积/(m^2/kg)	抗压强度比/%
铝渣	430	72.60
脱硫石膏	400	—
矿渣	420	98.90
粉煤灰	410	69.50

2. 铝渣激发剂选择

通过上述试验可以看出，铝渣本身的活性并不高，所以需要激发剂激发其潜在活性。工业废渣活性的激发有两种方法：一种是物理激发，一种是化学激发。

目前对铝渣固化性能的研究较少，也没有成熟的铝渣活性激发剂相关资料，作者针对铝渣特性，以与铝渣化学成分相近的粉煤灰和矿渣等工业废渣的激发条件为突破口，选择多种活性激发剂进行了研究。通过大量的试验确定了以激发剂A（主要成分为Al_2O_3、CaO、C_4A_3、C_2S）和激发剂B（CaO、SiO_2、Al_2O_3、Fe_2O_3）复合激发的化学激发方法和二次磨粉的物理激发方法，激发剂总掺量控制在5%以内，初步试验证明通过两种激发方法的共同作用可以较好地激发铝渣固化材料的潜在活性。

4.1.3 正交试验研究

1. 初步配合比试验

首先设计三组试配试验，以确定各掺料的优选掺入范围，为进一步的正交试验做好准备。

(1) 确定矿渣和粉煤灰的比例优选范围

为了确定矿渣和粉煤灰的比例优选范围，先设计一组只改变矿渣和粉煤灰掺量，而不改变其他组分掺量的试验。初步选定铝渣掺量30%，脱硫石膏掺量15%，激发剂总掺量5%，其中激发剂复掺比（A∶B)为2.5：2.5。第一组配合比设计见表4-6，其试验结果见表4-7。

表 4-6 第一组配合比设计

编号	脱硫石膏/%	激发剂复掺比（A∶B)/%	铝渣/%	粉煤灰/%	矿渣/%
A1	15	2.5∶2.5	30	40	10
A2	15	2.5∶2.5	30	30	20
A3	15	2.5∶2.5	30	25	25
A4	15	2.5∶2.5	30	20	30
A5	15	2.5∶2.5	30	10	40

表 4-7 第一组配合比试验结果 （单位：MPa）

编号	抗折强度		抗压强度	
	3d	28d	3d	28d
A1	1.9	3.5	5.1	15.2
A2	2.2	4	6.4	18.6
A3	2.9	4.8	8.9	25.9
A4	3.2	5.3	10.1	32.7
A5	3.4	5.8	10.6	33.4

从表 4-7 中可以看出，矿渣对铝渣固化剂强度的贡献大于粉煤灰的贡献。当粉煤灰的掺量多于矿渣掺量时，铝渣固化剂强度较低；当矿渣掺量超过粉煤灰掺量时，铝渣固化剂强度都有明显的提升。同时也可看到，当矿渣掺量达到一定量时，其对铝渣固化剂强度的提升作用有所降低。综合考虑铝渣固化剂的经济性，初步确定矿渣和粉煤灰的优选掺量分别为 30%左右和 20%左右。

(2) 确定脱硫石膏和铝渣的优选范围

为确定脱硫石膏和铝渣的优选范围，在第一组试验的基础上，设计一组只改变脱硫石膏和铝渣掺量的试验组，以确定两者优选的掺量比例。先选定矿渣掺量 30%，粉煤灰掺量 20%，激发剂总掺量 5%，其中激发剂复掺比（A∶B)为 2.5∶2.5。第二组配合比设计见表 4-8，其试验结果见表 4-9。

表 4-8 第二组配合比设计

编号	脱硫石膏/%	激发剂复掺比（A∶B)/%	铝渣/%	粉煤灰/%	矿渣/%
A6	5	2.5∶2.5	40	30	20
A7	10	2.5∶2.5	35	30	20
A8	15	2.5∶2.5	30	30	20
A9	20	2.5∶2.5	25	30	20
A10	25	2.5∶2.5	20	30	20

表 4-9　第二组配合比试验结果　（单位：MPa）

编号	抗折强度		抗压强度	
	3d	28d	3d	28d
A6	1.8	3	6.1	16.8
A7	3.1	5.4	8.8	25.3
A8	3.3	5.8	9.8	27.6
A9	3.5	6	10.2	30.8
A10	3.1	5.3	9.9	29.7

从表 4-9 中可以看出，随着脱硫石膏掺量增大与铝渣掺量减少，铝渣固化剂的强度变化趋势存在明显的拐点。开始阶段，在脱硫石膏的掺量增加到 20%且铝渣的掺量降低到 25%之前，铝渣固化剂的强度呈递增趋势；在脱硫石膏掺量为 20%且铝渣掺量为 25%时，铝渣固化剂的强度达到峰值；在此之后的阶段，铝渣固化剂的强度呈下降趋势。脱硫石膏的掺量和铝渣的掺量同时改变，通过这组试验暂无法判断这两种组分与铝渣固化剂强度变化之间的具体关系，但可以确定两者的掺量优选范围，即脱硫石膏为 15%左右，铝渣为 30%左右。

（3）确定两种激发剂比例关系的优选范围

激发剂总掺量确定为 5%，为确定激发剂 A 和激发剂 B 之间的优选比例关系，在第一组配合比和第二组配合比的基础上设计第三组只改变两种激发剂比例的试验组，其配合比设计见表 4-10，试验结果见表 4-11。

表 4-10　第三组配合比设计

编号	脱硫石膏/%	激发剂复掺比（A∶B)/%	铝渣/%	粉煤灰/%	矿渣/%
A11	15	1∶4	30	30	20
A12	15	2∶3	30	30	20
A13	15	2.2∶2.8	30	30	20
A14	15	2.5∶2.5	30	30	20
A15	15	2.8∶2.2	30	30	20
A16	15	3∶2	30	30	20
A17	15	4∶1	30	30	20

表 4-11　第三组配合比试验结果　（单位：MPa）

编号	抗折强度		抗压强度	
	3d	28d	3d	28d
A11	1.8	3.7	6.9	21.2
A12	2.3	4.7	8.2	24.3
A13	2.5	4.9	8.8	25.5

续表

编号	抗折强度		抗压强度	
	3d	28d	3d	28d
A14	2.7	5.5	9.8	30.1
A15	3.1	5.9	10.3	32.9
A16	2.5	5.5	8.6	26.3
A17	2.1	4.8	7.2	22.3

从表4-11中可以看出，当激发剂A和激发剂B的比例接近时，铝渣固化剂的强度达到较高值。故初步确定激发剂复掺比（A∶B）为2.2∶2.8、2.5∶2.5、2.8∶2.5三种。

2. 第一组正交试验设计

为进一步研究各个掺料对铝渣固化剂强度的影响规律，在以上三组试配试验的基础上，设计了四因素三水平的第一组正交试验称为正交试验1，见表4-12和表4-13。

表4-12　正交试验1因素水平表

水平	因素			
	脱硫石膏/%	矿渣/%	铝渣/%	激发剂复掺比（A∶B)/%
1	12	25	25	2.2∶2.8
2	15	30	30	2.5∶2.5
3	18	35	35	2.8∶2.2

表4-13　正交试验1配合比

编号	脱硫石膏/%	激发剂复掺比（A∶B)/%	矿渣/%	铝渣/%	粉煤灰/%
B1	1（12）	1（2.2∶2.8）	1（25）	1（25）	33
B2	1（12）	2（2.5∶2.5）	2（30）	2（30）	23
B3	1（12）	3（2.8∶2.2）	3（35）	3（35）	13
B4	2（15）	1（2.2∶2.8）	2（30）	3（35）	15
B5	2（15）	2（2.5∶2.5）	3（35）	1（25）	20
B6	2（15）	3（2.8∶2.2）	1（25）	2（30）	25
B7	3（18）	1（2.2∶2.8）	3（35）	2（30）	12
B8	3（18）	2（2.5∶2.5）	1（25）	3（35）	17
B9	3（18）	3（2.8∶2.2）	2（30）	1（25）	22

3. 第一组正交试验结果

第一组正交试验结果见表4-14和图4-1～图4-2。

表 4-14　正交试验 1 试验结果　　(单位：MPa)

编号	抗折强度		抗压强度	
	3d	28d	3d	28d
B1	2.8	5.1	8.1	22.2
B2	3.2	5.6	9.4	26.3
B3	3.6	6.1	10.8	30.1
B4	3.4	5.8	9	23.8
B5	4	6.8	12.1	31.4
B6	3.1	5.3	8.6	23.8
B7	4	6	11.4	29.9
B8	3.2	5.1	9.2	26.1
B9	3.7	6.3	10.4	26.9

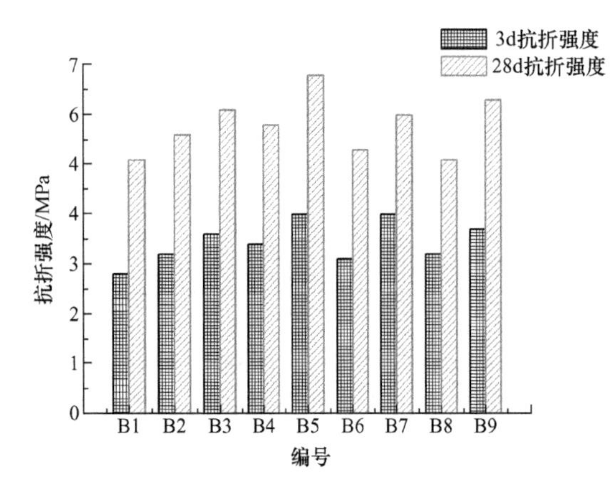

图 4-1　正交试验 1 抗折强度直观图

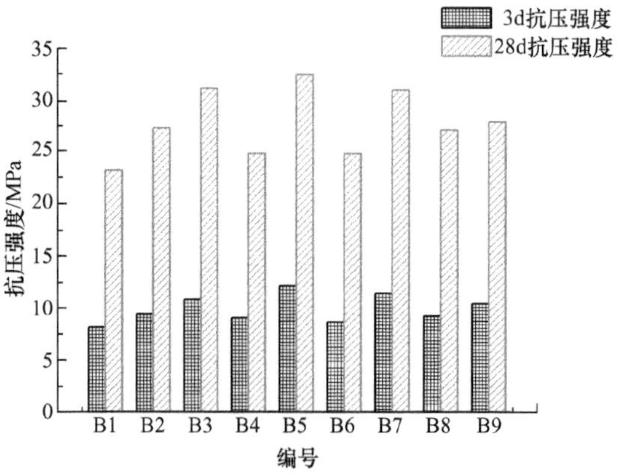

图 4-2　正交试验 1 抗压强度直观图

4. 第一组正交试验极差分析

第一组正交试验极差分析见表 4-15～表 4-16 和图 4-3～图 4-4。

表 4-15　正交试验 1 抗折强度极差分析表　　(单位：MPa)

水平	3d 抗折强度				28d 抗折强度			
	脱硫石膏	激发剂复掺比	矿渣	铝渣	脱硫石膏	激发剂复掺比	矿渣	铝渣
1	3.2	3.4	3.1	3.5	5.4	5.6	5.2	6.1
2	3.5	3.5	3.4	3.5	6.0	5.8	5.9	5.6
3	3.7	3.5	3.9	3.4	6.0	5.9	6.3	5.6
极差	0.5	0.1	0.8	0.1	0.6	0.3	1.1	0.5
优选（因素）	3	3（2）	3	1（2）	2（3）	3	3	1

表 4-16 正交试验 1 抗压强度极差分析表 （单位：MPa）

水平	3d 抗压强度				28d 抗压强度			
	脱硫石膏	激发剂复掺比	矿渣	铝渣	脱硫石膏	激发剂复掺比	矿渣	铝渣
1	9.4	9.6	8.7	10.2	26.2	25	24	27.5
2	9.9	9.7	9.5	9.7	27	28.6	25.7	26.7
3	10.4	9.9	11	9.6	27.6	27.3	31.5	26.7
极差	1.0	0.3	2.3	0.7	1.4	3.3	7.8	0.8
优选（因素）	3	3	3	1	3	2	3	1

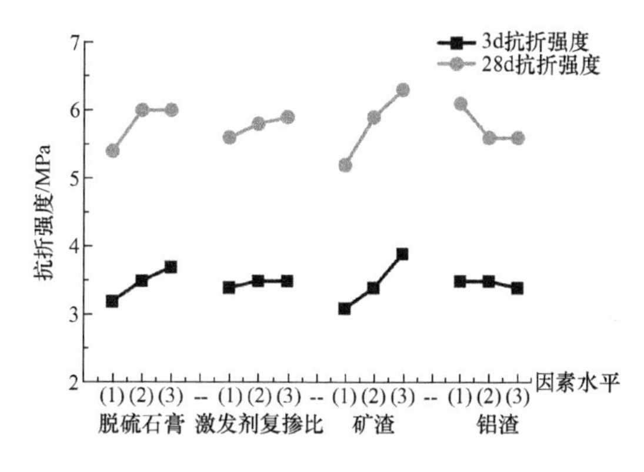

图 4-3 正交试验 1 抗折强度极差分析图

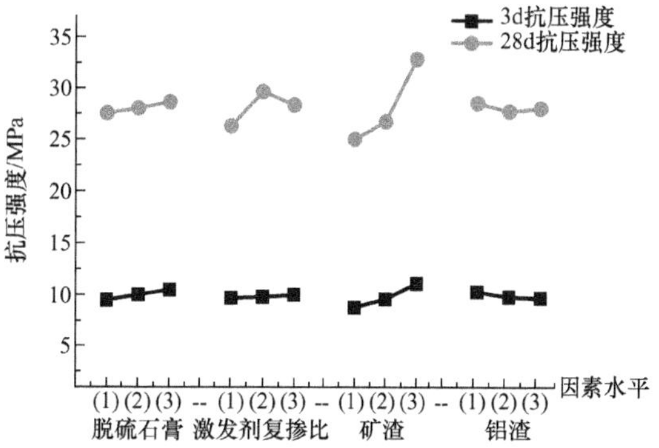

图 4-4 正交试验 1 抗压强度极差分析图

从表 4-15 和表 4-16 以及图 4-1～图 4-4 可以看出：

影响 3d 抗折强度和抗压强度由大到小的因素依次为矿渣＞脱硫石膏＞铝渣＝激发剂复掺比。①矿渣——随着矿渣的增加，抗折强度急剧增加；②脱硫石膏——随着脱硫石膏的增加，抗折强度也逐渐增加；③铝渣——随着铝渣掺量的增加，抗折强度呈现小幅下降趋势；④激发剂复掺比——激发剂复掺比在由水平 1 到水平 3 变化的过程中，铝渣固化剂抗折强度呈现小幅增加；

影响 28d 抗折强度由大到小的因素依次为矿渣＞脱硫石膏＞铝渣＞激发剂复掺比。①矿渣——抗折强度随着矿渣的增加而急剧增加；②脱硫石膏——随着脱硫石膏的增加，抗折强度也逐渐增加，但掺量达到 15%后，再增加脱硫石膏对抗折强度的贡献已不显著；③铝渣——铝渣由 25%增加到 30%时，28d 抗折强度显著下降，但由 30%增加到 35%时，抗折强度基本上没有变化，说明铝渣掺量增加到一定程度后，其增量对抗折强度基本无影响；④激发剂复掺比——激发剂复掺比在由水平 1 到水平 3 变化的过程中，铝渣固化剂抗折强度呈现小幅增加；

影响 28d 抗压强度由大到小的因素依次为矿渣＞激发剂复掺比＞脱硫石膏＞铝渣。①矿渣——抗压强度随着矿渣的增加而急剧增加；②激发剂复掺比——当激发剂 A 与激发剂 B 之比为 2.5:2.5 时，抗压强度达到最大值；③脱硫石膏——随着脱硫石膏的增加，抗压强度也逐渐增加；④铝渣——增加铝渣会使 28d 抗压强度下降，但掺量达到 30%后，这种趋势已不再明显。

5. 第二组正交试验设计

从第一组正交试验可以看出，无论是3d强度还是28d强度，对其影响最大的因素都是矿渣，因此增大矿渣掺量是进一步提高铝渣固化材料强度最有效的途径。为此重新设计一组矿渣掺量更大的正交试验2，并把粉煤灰作为一种因素，考虑其对强度的影响，见表4－17和表4－18。

表4－17 正交试验2因素水平表

水平	因素			
	脱硫石膏/%	矿渣/%	粉煤灰/%	激发剂复掺比（A∶B)/%
1	12	30	20	2.2∶2.8
2	15	35	25	2.5∶2.5
3	18	40	30	2.8∶2.2

表4－18 正交试验2配合比

编号	脱硫石膏/%	激发剂复掺比（A∶B)/%	矿渣/%	粉煤灰/%	铝渣/%
C1	1（12）	1（2.2∶2.8）	1（30）	1（20）	33
C2	1（12）	2（2.5∶2.5）	2（35）	2（25）	23
C3	1（12）	3（2.8∶2.2）	3（40）	3（30）	13
C4	2（15）	1（2.2∶2.8）	2（35）	3（30）	15
C5	2（15）	2（2.5∶2.5）	3（40）	1（20）	20
C6	2（15）	3（2.8∶2.2）	1（30）	2（25）	25
C7	3（18）	1（2.2∶2.8）	3（40）	2（25）	12
C8	3（18）	2（2.5∶2.5）	1（30）	3（30）	17
C9	3（18）	3（2.8∶2.2）	2（35）	1（20）	22

6. 第二组正交试验结果

第二组正交试验结果见表4－19和图4－5～图4－6。

表4－19 正交试验2试验结果 （单位：MPa）

编号	抗折强度		抗压强度	
	3d	28d	3d	28d
C1	3.3	5.9	9	26.6
C2	3.8	6.3	11	31.2
C3	3.7	5.6	10.1	25.3
C4	3.4	5.2	9.2	21.5
C5	4	6.9	13	34.1
C6	3.4	5.7	9.7	28.4
C7	3.9	5.8	9.6	25.8
C8	3.6	5.9	9.5	26.8
C9	3.7	6.3	12.3	31.5

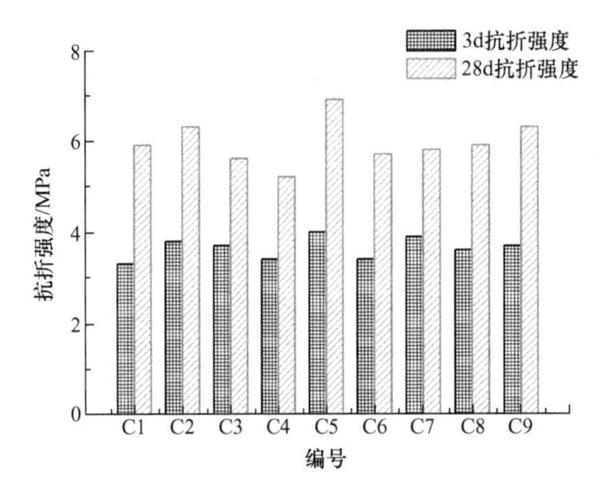

图 4-5　正交试验 2 抗折强度直观图

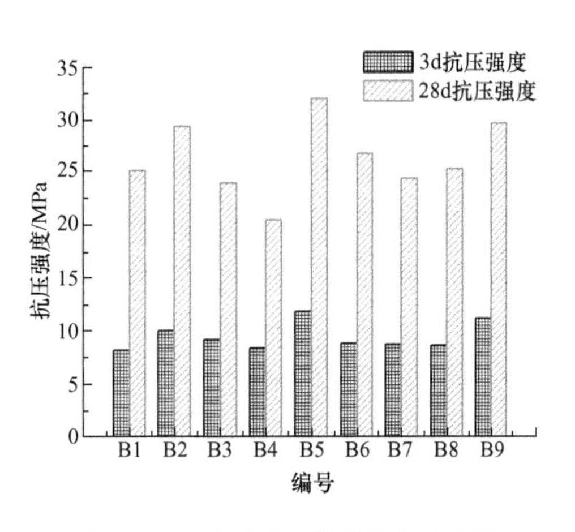

图 4-6　正交试验 2 抗压强度直观图

7. 第二组正交试验极差分析

第二组正交试验极差分析见表 4-20～表-21 和图 4-7～图 4-8。

表 4-20　正交试验 2 抗折强度极差分析表　（单位：MPa）

水平	3d 抗折强度				28d 抗折强度			
	脱硫石膏	激发剂复掺比	矿渣	粉煤灰	脱硫石膏	激发剂复掺比	矿渣	粉煤灰
1	3.6	3.5	3.4	3.7	5.9	5.6	5.8	6.4
2	3.7	3.8	3.6	3.7	5.9	6.4	5.9	5.9
3	3.8	3.6	3.9	3.6	6	5.9	6.1	5.6
极差	0.2	0.3	0.5	0.1	0.1	0.6	0.3	0.8
优选（因素）	3	2	3	1（2）	3	2	3	1

表 4-21　正交试验 2 抗压强度极差分析表　（单位：MPa）

水平	3d 抗压强度				28d 抗压强度			
	脱硫石膏	激发剂复掺比	矿渣	粉煤灰	脱硫石膏	激发剂复掺比	矿渣	粉煤灰
1	10	9.3	9.4	11.4	27.7	24.6	27.3	30.7
2	10.5	11.1	10.8	10.1	28	30.7	28.1	28.5
3	10.5	10.7	10.9	9.6	27.4	28.4	28.4	24.5
极差	0.5	1.8	1.5	1.8	0.6	6.1	1.1	6.2
优选（因素）	2	2	3	1	2	2	3	1

从表 4-20 和表 4-21 以及图 4-5～图 4-8 可以看出：

影响 3d 抗折强度的因素由大到小依次为矿渣＞激发剂复掺比＞脱硫石膏＞粉煤灰。①矿渣——抗折强度随着矿渣掺量增加而逐步提升；②激发剂复掺比——复掺比为 2.5∶2.5 时，抗折强度最大；③脱硫石膏——抗折强度随着脱硫石膏掺量增加呈小幅提升；④粉煤灰——粉煤灰掺量对 3d 抗折强度基本没有影响；

影响 3d 抗压强度的因素由大到小依次为粉煤灰＝激发剂复掺比＞矿渣＞脱硫石膏。①粉煤灰——抗压强度随着粉煤灰掺量增加而显著降低；②激发剂复掺比——复掺比为

2.5∶2.5 时，抗压强度明显高于另外两种复掺比；③矿渣——抗压强度随着矿渣掺量增加而逐步提升；④脱硫石膏——脱硫石膏掺量对 3d 抗压强度影响不大；

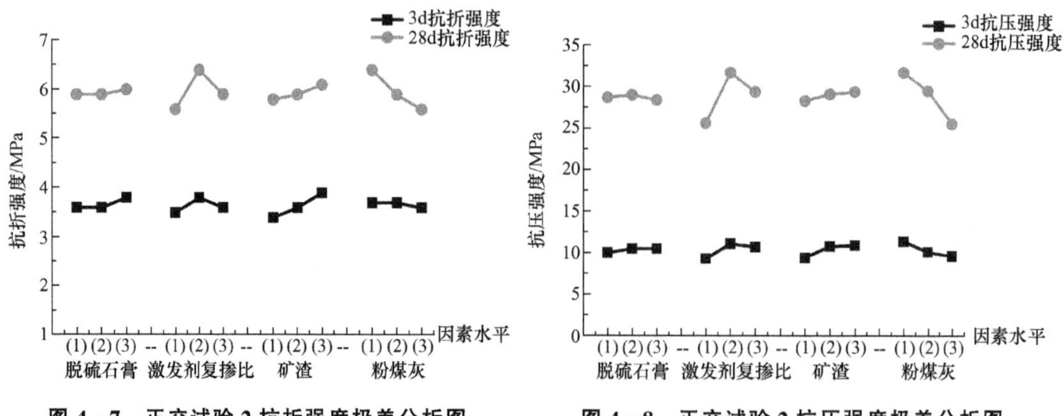

图 4-7　正交试验 2 抗折强度极差分析图　　**图 4-8　正交试验 2 抗压强度极差分析图**

影响 28d 抗折强度和抗压强度的因素由大到小依次为粉煤灰＞激发剂复掺比＞矿渣＞脱硫石膏。①粉煤灰——抗折强度随着粉煤灰掺量增加而显著降低；②激发剂复掺比——复掺比为 2.5∶2.5 时，抗折强度最大；③矿渣——抗折强度随着矿渣掺量增加呈小幅提升；④脱硫石膏——脱硫石膏对 28d 抗折强度基本没有影响。

综上所述可知：①当矿渣掺量达到一定时，其对铝渣固化剂强度的贡献有所降低，而同时激发剂复掺比和粉煤灰的掺量对强度的影响会变大；②正交试验 2 按极差分析得到的最佳配合比为 C5 组，即脱硫石膏 15%、矿渣 40%、铝渣 20%、粉煤灰 20%、激发剂 5%(A∶B=2.5∶2.5)。

4.1.4　铝渣固化剂最佳配合比选择

1. 物理力学性能

通过以上正交试验优选出两组配合比进行安定性、标准稠度需水量和凝结时间等方面的水泥性质试验，结果见表 4-22。

表 4-22　优选组物理力学性能

编号	安定性	标准稠度需水量/g	凝结时间/min		抗折强度/MPa		抗压强度/MPa	
			初凝	终凝	3d	28d	3d	28d
C5	合格	180	95	160	4	6.9	13	34.1
C9	合格	175	84	176	3.7	6.3	12.3	31.5

两组配合比下铝渣固化剂的安定性和凝结时间都符合规定，因此选择力学性能更好的 C5 组配合比作为最佳配合比。

2. 耐久性研究

在不同养护条件下对铝渣固化剂进行耐久性研究，其耐久性试验结果如表 4-23 所示。

表 4-23 不同养护条件下的耐久强度 （单位：MPa）

强度	养护条件			
	淡水	5%硫酸钠溶液	干湿循环	80℃烘箱中
抗折强度	9.3	7.5	5	3.8
抗压强度	41.39	36.53	31.21	23.14

从表 4-23 中可以看出，铝渣固化剂在淡水养护条件下的抗折和抗压强度＞在 5%硫酸钠溶液养护条件下的相应强度＞在干湿循环养护条件下的相应强度＞在 80℃烘箱养护条件下的相应强度，由此可见，无熟料碱渣固化剂耐水性能相对最好，抗硫酸盐侵蚀性能次之，再其次为抗干湿循环性能，耐高温性能最差。

3. 胶砂强度的影响因素

（1） 养护条件对胶砂强度的影响

按照《水泥胶砂强度检验方法（ISO 法）》（GB/T 17671—2021）将铝渣固化剂胶砂成型，在标准条件下养护 24h 后脱模，分别将试件置于规范条件、标准条件和自然条件（当时温度大概为 9～20℃，空气相对湿度大概在 40%～80%）中养护至龄期后测试其强度，结果见表 4-24。

表 4-24 不同养护条件下的胶砂强度 （单位：MPa）

养护条件	抗折强度		抗压强度	
	3d	28d	3d	28d
规范条件	3.8	6.6	12.6	33.5
标准条件	3.8	7	12.8	34.2
自然条件	3.1	5.6	10.6	26.1

从表 4-24 中可以看出，对于 3d 龄期，在规范条件和标准条件下养护的试件强度没有明显差异，但在自然条件下养护的试件强度明显低于前两者；对于 28d 龄期，在标准条件下养护的试件强度略高于规范养护，而两者都明显高于空气养护的试件强度。在自然条件下养护的试件强度最低，说明温度和湿度对铝渣固化剂养护期间的强度有较大的影响。而 28d 标准养护的试件强度略高于规范养护，可能是由于铝渣固化剂中的激发剂在还未完全反应前就被水浸出，导致铝渣固化剂的强度有所下降。

（2） 水灰比对胶砂强度的影响

不同水灰比条件下，铝渣固化剂的胶砂强度如图 4-9 所示。

从图 4-9 中可看出，最佳水灰比在 0.45 左右。可能的原因是，当水灰比过小时，水化反应未能充分进行；当水灰比过大时，会增大固化材料的空隙，使强度下降。

（3） 磨粉工艺对胶砂强度的影响

磨粉工艺一般有两种，即“先磨再混”和“先混再磨”。“先磨再混”即在配制固化材料前先将各掺料分别磨粉，然后再混合；“先混再磨”即在配制固化材料时先把各掺料混合在一起，然后再磨粉。控制两者的磨粉时间相同的情况下，进行胶砂强度对比试验，结果如图 4－10 所示。

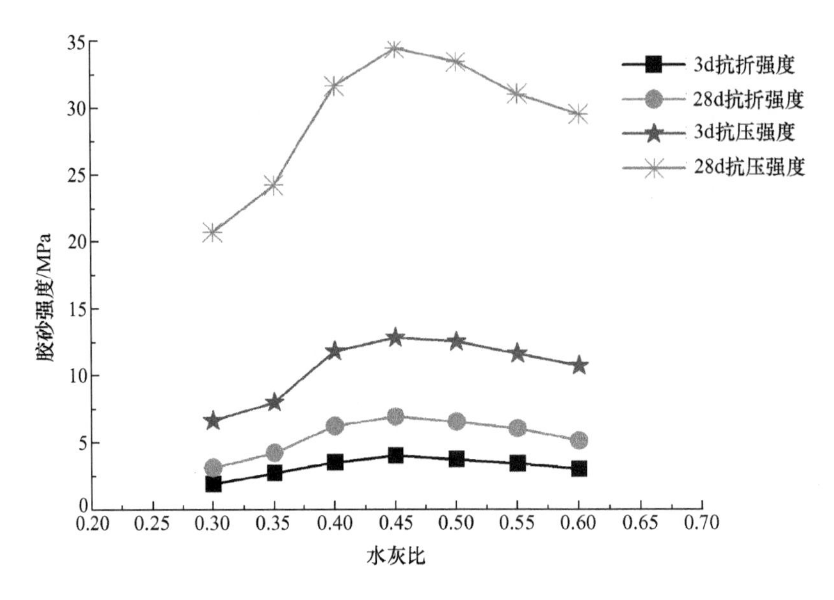

图 4－9　水灰比对胶砂强度的影响

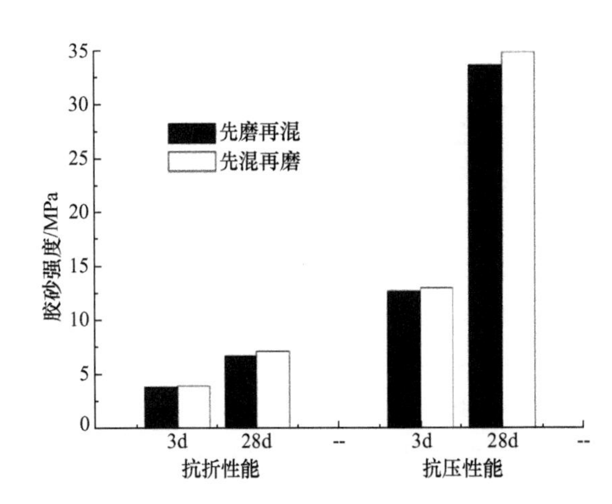

图 4－10　磨粉工艺对胶砂强度的影响

从图 4－10 中可看出，“先混再磨”较“先磨再混”的工艺可略微提升铝渣固化剂的强度。这可能是由于“先混再磨”的工艺能使各掺料更均匀的混合，有利于水化反应的进行，从而在一定程度上提升了胶砂强度。

4. 水化热研究

本文采用 TAM Air 八通道微量热仪测量最佳配合比 C5 组的水化热情况，并与 32.5 复合水泥和 42.5 普通水泥的水化热进行比较，结果如图 4－11 所示。

从图 4－11 中可看出：

铝渣固化剂的水化反应规律明显不同于普通水泥，热流量曲线显示峰值放热大小为 42.5 普通水泥＞32.5 复合水泥＞铝渣固化材料；

普通水泥主要有五个典型的水化反应阶段：起始期、诱导期、加速期、减速期和继续缓慢反应期（即稳定期），图中①、②、③分别为其中的加速期、减速期和稳定期；

32.5 复合水泥和 42.5 普通水泥水化反应有明显的加速期，即在加水拌合后 9h 左右水化反应才达到峰值，而铝渣固化剂水化反应没有明显的加速期，即在加水拌合后于很短时间内水化反应就达到峰值，进而迅速进入减速期和稳定期；

在稳定期，三种固化剂水化反应强度逐渐衰减，衰减速度上 32.5 复合水泥＞42.5 普

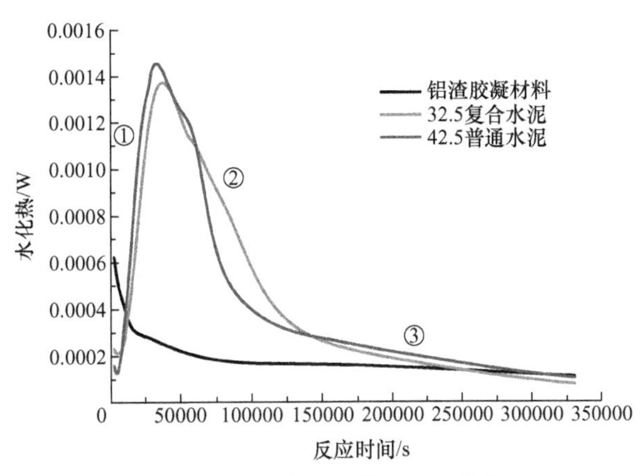

图 4-11 几种固化材料的水化热

通水泥＞铝渣固化剂，大概在反应 70h 后，32.5 复合水泥水化强度开始低于铝渣固化剂，而在大概反应 90h 后，42.5 普通水泥水化强度开始低于铝渣固化剂；

铝渣固化剂的水化反应峰值虽然低于普通水泥，但其水化反应强度衰减更慢，持续时间更长，这可能更有利于其后期强度。

4.1.5 铝渣固化剂微观分析

1. 铝渣固化剂 X 射线衍射结构分析

X 射线衍射结构分析是利用晶体形成的 X 射线衍射，对物质进行内部原子在空间分布状况的结构探测及分析方法。将具有一定波长的 X 射线照射到结晶性物质时，X 射线因在结晶构造内遇到规则排列的原子或离子而发生散射，散射的 X 射线在某些方向上相位得到加强，从而显示与结晶构造相对应的特有的衍射现象，如图 4-12 和图 4-13 所示。

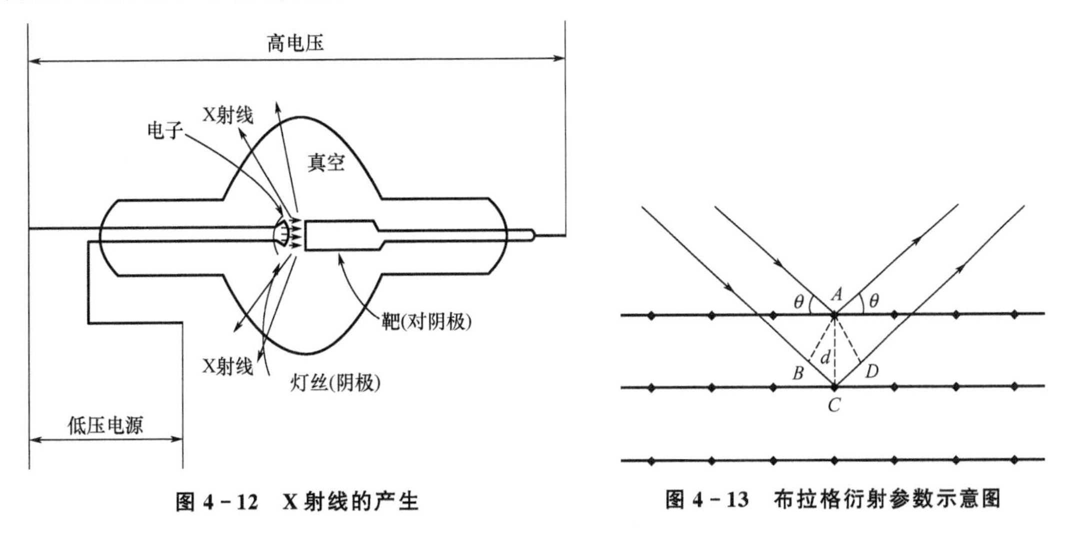

图 4-12 X 射线的产生　　**图 4-13 布拉格衍射参数示意图**

X 射线衍射满足布拉格（W. L. Bragg）方程：$2d\sin\theta=n\lambda$，式中 λ 是 X 射线的波长，θ 是衍射角，d 是结晶面间隔，n 为整数。波长 λ 可用已知的 X 射线衍射角测定，进而可求得面间隔，即结晶内原子或离子的规则排列状态；将定性分析求出的 X 射线衍射强度和面间隔与已知的数据表对照，即可确定试件结晶的物质结构。从 X 射线衍射强度的比较上，可进行定量分析。本方法的特点在于可以获得元素存在的化合物状态、原子间相互结合的方式，从而可进行价态分析，可用于对环境固体污染物的物相鉴定，如大气颗粒物中的风砂和土壤成分、工业排放的金属及其化合物（粉尘）成分、汽车排气中卤化铅的组成、水体沉积物或悬浮物中金属存在的状态等。

龄期为 3d、14d 和 28d 的铝渣固化剂 X 射线衍射图如图 4－14～图 4－16 所示。

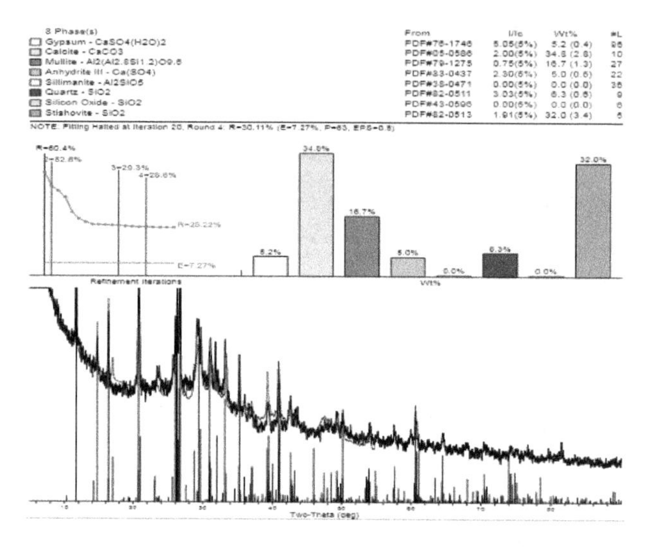

图 4－14　龄期 3d 的铝渣固化剂 X 射线衍射图

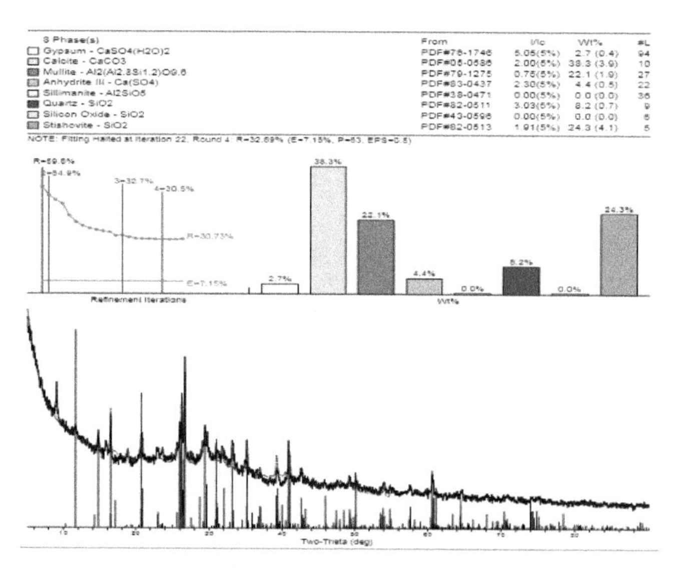

图 4－15　龄期 14d 的铝渣固化剂 X 射线衍射图

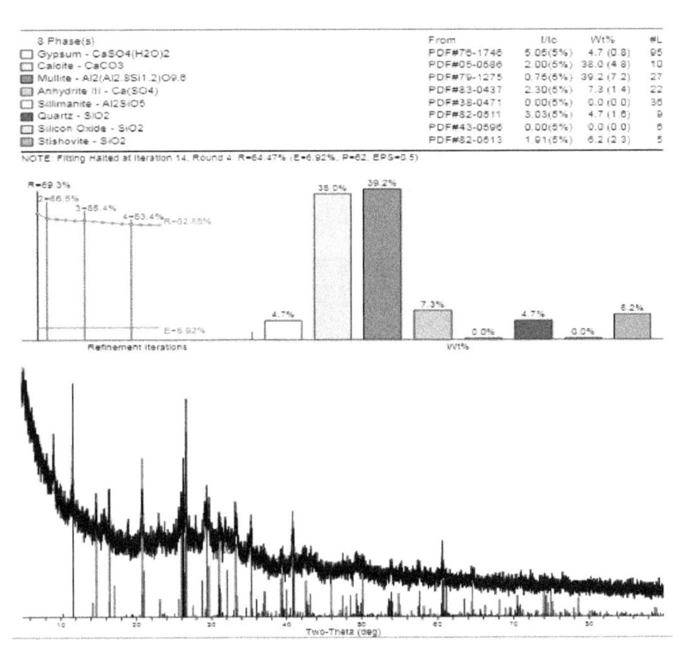

图 4-16　龄期 28d 的铝渣固化剂 X 射线衍射图

从图 4-14～图 4-16 中可以看出，随着铝渣固化剂龄期的增长，铝渣固化剂中的莫来石（Mullite）逐步增长，这也是铝渣固化剂强度增长的原因。在衍射角为 10°—15°时出现的波峰是脱硫石膏反应的波峰，该波峰从龄期 3d 到 28d 有明显的减弱，说明脱硫石膏在前期就参与反应。

2. 铝渣固化剂 SEM 分析

各龄期的铝渣固化剂在不同倍率下的电镜扫描图如图 4-17～图 4-19 所示。

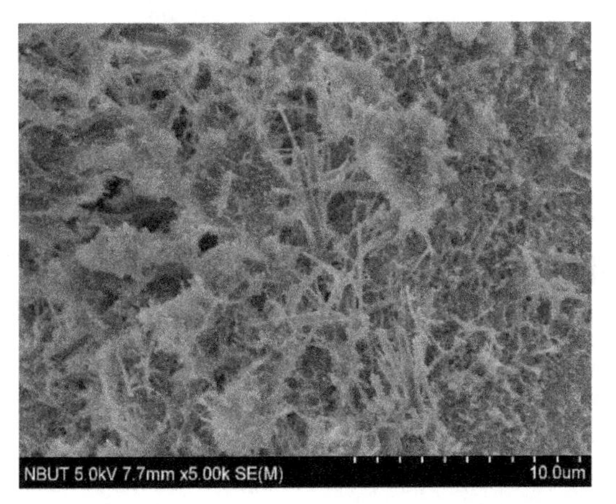

图 4-17　龄期 3d 的铝渣固化剂电镜扫描图

从图 4-17～图 4-19 中可以看出，随着龄期增长，铝渣固化剂由疏松状变得趋向紧密。养护 3d 时浆体尚有明显的空隙，并且结构呈现枝桠状，表明其强度不高；养护 14d

时，浆体已变得致密，表面包裹了一层较密实的水化物，表明其强度有明显的提升，但表面仍存在较明显的空隙；养护 28d 时，浆体致密程度更加显著，浆体已经发展成板状水化块，有非常好的密实性，在 10K 倍放大条件下所找到的孔洞很少，而且从宏观上来看，浆体也具有非常好的抗压强度。从电镜扫描图看到的浆体内部变化图，也是铝渣固化剂从低强度向高强度发展的水化硬化过程。

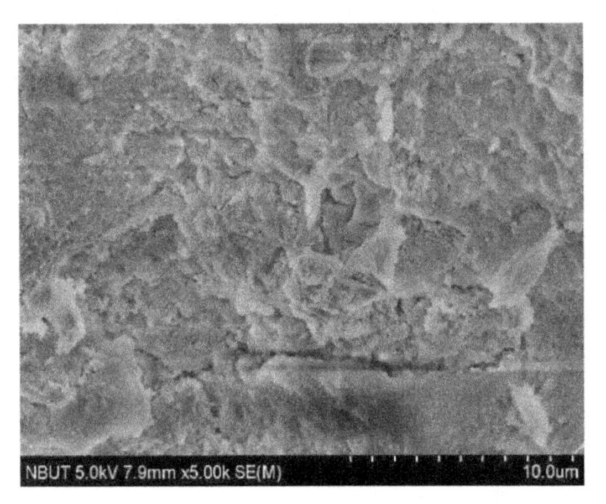

图 4－18　龄期 14d 的铝渣固化剂电镜扫描图

图 4－19　龄期 28d 的铝渣固化剂电镜扫描图

4.2　铝渣固化土的工程性能研究

为了较全面地了解无熟料铝渣固化剂固结土体的性能，本节分别用无熟料铝渣固化剂固化淤泥土和粉质黏土两种不同土质，借鉴水泥固化剂试验规范，通过无侧限抗压强度试验、劈裂抗拉强度试验、压缩试验、三轴剪切压缩试验、抗压回弹模量试验、水稳定性试验等掌握固化土的物理力学性能，并对比两种土质的固化效果。固化剂掺入比分为 10％、13％、16％、19％、22％五种，龄期分为 14d、28d 和 90d 三种。

4.2.1 试验材料与方法

1. 试验材料

(1) 试验用土

试验用土为宁波镇海地区的淤泥土和宁波鄞州地区的粉质黏土，土体的物理力学性能见表4-25。

表4-25 试验用土的物理力学性能

土样	含水率 ω/%	土粒重度	孔隙比	液限 ω_L/%	塑限 ω_P/%	塑性指数 I_P	液性指数 I_L	压缩系数 a/MPa	固结快剪参数	
									c/kPa	φ/(°)
淤泥土	65.4	17.7	1.65	47.4	18.1	29.2	1.62	1.84	5.8	1.4
粉质黏土	28.2	18.7	0.85	32.1	17.4	14.8	0.48	0.56	25.6	15.6

根据土质分类原理，从表4-25中可以看出，淤泥土的液性指数 $I_L>1$，为流塑状态；压缩系数 $a>0.5$，为高压缩性土；抗剪强度较低，力学性质差。粉质黏土液性指数 $I_L\leqslant 0.75$，为可塑状态；压缩系数 $a>0.5$，为高压缩性土。可以看出当这两种压缩性较大、力学性质较差的土质作为地基或土路基时，需要对其进行固化处理，以加强其力学性能。

(2) 固化剂

试验所用固化剂为上一节所制备的最佳配合比铝渣固化剂，其配合比和物理力学性能见表4-26。

表4-26 无熟料铝渣固化剂配合比和物理力学性能

矿物组分/%					标准稠度/g	凝结时间/min		抗折强度/MPa		抗压强度/MPa	
脱硫石膏	激发剂复掺比(A∶B)	铝渣	矿渣	粉煤灰		初凝	终凝	3d	28d	3d	28d
15	2.5∶2.5	20	40	20	180	95	160	4	6.9	13	34.1

2. 试验方法

借鉴水泥固化剂固化土试验方法，按《水泥土配合比设计规程》(JGJ/T 233—2011) 进行固化土的无侧限抗压强度试验、劈裂抗拉强度试验、压缩试验、三轴剪切压缩试验，按《公路工程无机结合料稳定材料试验规程》(JTG E51—2009) 进行抗压回弹模量试验。

将试验用土在自然风中烘干，然后分成小块进行粉磨，在粉磨机里粉磨10～15min，并过2mm筛去除未粉碎的杂物，取过筛的土作为试验用土。

掺入比是指固化剂与湿土重量的百分比。结合工程实际及规范，固化剂的水灰比取为0.5，固化剂的掺入比取10%、13%、16%、19%、22%五种，所需的固化剂掺入比、干土质量、水

的质量以 a_w=10%为例：干土取 1500.00g，65.4%含水量为 979.5g，10%固化剂为 247.95g，水总量（62.4%含水量加 0.5 的水灰比）为（979.5+123.98）g=1103.48g。

不同掺入比下所需掺入物用量见表 4-27，试验严格按此进行质量控制，同时做 2～3 组平行试验。

表 4-27　不同掺入比下所需掺入物用量　（单位：g）

掺入物	不同掺入比下的用量				
	10%	13%	16%	19%	22%
干土	1500	1500	1500	1500	1500
固化剂	247.95	322.44	396.72	471.12	554.49
水	1103.48	1140.67	1177.86	1215.05	1252.25

4.2.2 测试步骤

固化土测试步骤如下。

① 将风干土和固化剂先均匀混合，再洒水于搅拌机中搅拌，直至均匀。

② 拌合水可一次加入，也可逐次加入，当采用逐次加入时，应逐次拌合 1min。从加水起至搅拌均匀，搅拌时间不应少于 10min 并不应超过 20min。

③ 成型试验室的环境温度为（20±5）℃，相对湿度不应低于 50%；在试件成型前，试模内表面应涂一薄层矿物油或其他不与固化土发生反应的脱模剂；固化土搅拌后应尽快成型，成型时间不超过 25min。

④ 拌合物宜分层插捣，每层装料高度相等；每层应按螺旋方向从边缘向中心均匀插捣一压次，在插捣底层拌合物时，捣棒应达到试模底部，插捣土层时，捣棒应贯穿该层后插入下一层 5～15mm；插捣时捣棒应保持竖直，插捣后应用刮刀沿试模内壁插拔数次。

⑤ 试模应附着或固定在振动台上振实，振实时间不应少于 2min，振实后拌合物应高于试模上沿口；直剪试验和压缩试验的试件，应在振实后的立方体试件中徐徐压入环刀，环刀顶沿应低于试模上沿口 5mm 以上；试模顶部多余的固化土应刮除，抹平后应盖上塑料薄膜。

⑥ 带环刀试件可在 24h 后拆模，拆模后应将环刀外侧及两端的固化土削去，并将试件从环刀内取出，试件不应受损、变形。拆模后应检查试件外观，不得有肉眼可见的裂纹、缺棱掉角、倾斜及变形。称取试件养护前的质量 m_1，精确至 1g，并根据试件的公称尺寸计算拆模后固化土的重度；当同组试件重度的最大值或最小值与平均值之差超过 3%，或当该组试件重度平均值小于天然土重度时，该组试件应作废，重新制备。称量后的试件应放入（20±1）℃水中养护，试件之间的间隔不应小于 10mm，水面高出试件表面不得小于 20mm。

4.2.3 固化土物理力学性能测试方法

1. 无侧限抗压强度试验

① 无侧限抗压强度试验采用立方体试模，其尺寸为70.7mm×70.7mm×70.7mm，每组试验的试件为6个。

② 将试件安放在试验机下垫板中心，试件的承压面与成型面垂直。起动试验机后，上压板与试件接近时，应调整球座，使接触面均衡受压。

③ 以（0.03～0.15）kN/s的速率连续均匀地对试件加荷，直至试件破坏，记录破坏荷载，并精确至0.01kN。

④ 试件的无侧限抗压强度按下式计算

$$f_{cu}=P/A \tag{4-1}$$

式中：f_{cu}为固化土试件的无侧限抗压强度（MPa），精确至0.01MPa；P为破坏荷载（N）；A为试件的横截面积（mm^2）。

⑤ 试验结果处理：计算6个试件的无侧限抗压强度的均值，精确至0.01MPa；当6个试件的最大值或最小值与平均值之差不超过平均值的20%时，以6个试件的平均值作为该组试件的无侧限抗压强度结果；当6个试件的最大值或最小值与平均值之差超过平均值的20%时，应以中间4个试件的平均值作为该组试件的无侧限抗压强度结果；当中间4个试件中最大值或最小值与平均值之差超过平均值的20%时，该组试件的试验结果作废，应重新制作试件。

2. 劈裂抗拉强度试验

材料的劈裂抗拉强度反映了固化土中颗粒之间的连接强度，劈裂抗拉强度越大，说明材料颗粒间的黏结作用越强。对于固化土而言，黏结作用包括材料本身的黏聚力和固化后产生的黏聚力。原始的黏聚力是材料之间的嵌挤作用和在水的表面张力作用下所产生的黏聚力；当铝渣固化剂加入土壤中，与混合料拌合、压实时，材料内部发生物理化学反应，材料之间形成胶结物，由此产生了材料固化后的黏聚作用。本文的铝渣固化剂，其黏结作用的主要产生来源包括：离子交换反应使双电层变薄，颗粒之间的吸引力增大；铝渣固化剂与砂土颗粒反应生成无机高聚物分子等，使颗粒之间的联结作用增强。

固化土劈裂抗拉强度的确定方法没有统一的标准，常用方法有试验方法和换算方法。换算方法虽然比较简便，但劈裂抗拉强度与无侧限抗压强度的换算关系仍需要事先通过试验方法来确定，而且对于不同的土类，最好利用相应的换算公式。本文采用试验方法，即通过劈裂抗拉强度试验来测定无熟料铝渣固化土的劈裂抗拉强度，试验过程简单且能够直接反映出不同配合比试件之间的劈裂抗拉强度差别。最后利用所测得的无熟料铝渣固化土劈裂抗拉强度，与其无侧限抗压强度建立换算关系。

（1）试件的配合比及掺量设计见表4-27

（2）劈裂抗拉强度试验装置如图4-20所示，试验步骤参照相关国家标准

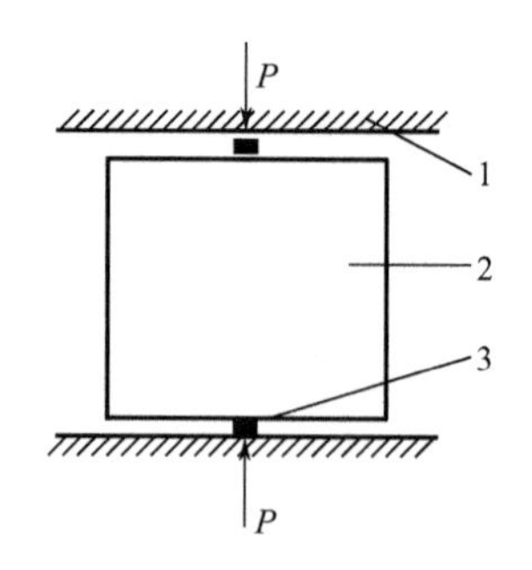

1—压板；2—试件；3—垫条

图 4-20　劈裂抗拉强度试验装置示意图

(3) 计算及结果处理

① 取 3 个平行试件测量值的平均值计算无侧限抗压强度，单个试件测量值超过或低于平均值 15%时剔除该值，按余下试件测量值的平均值计算无侧限抗压强度。

② 按 $q_1=0.637P/a^2$ 计算试件的劈裂抗拉强度，其中 P 为劈裂破坏荷载（N），a 为试件边长（m）。

3. 压缩试验

土的压缩性是指土在压力作用下体积压缩变小的性能。为了研究无熟料铝渣固化土在外压力作用下压缩性能的变化，本文利用固结仪对土的压缩系数和压缩模量进行了快速固结试验。

(1) 试验要点

① 试件采用标准环刀制备，环刀内径 61.8mm、高度 20mm。试验采用 3 组平行试验，以 3 组试验的算术平均值求得试件的压缩试验结果。

② 根据《水泥土配合比设计规程》(JGJ/T 233—2011) 规定，试件的垂直压力分为 4 级：50kPa、100kPa、200kPa 和 400kPa。

③ 采用快速压缩试验，仅在最后一级压力下，除记录 1h 的变形量外，还应继续试验至 24h 并测记变形量，并以等比例综合固结度进行修正，获得修正后的变形量。

④ 从试件的内部取样测定固化土含水率。

(2) 计算及结果处理

① 试件的初始孔隙比按下式计算

$$e_0=\frac{(1+w_1)G_s\rho_w}{\rho_0}-1 \tag{4-2}$$

式中：e_0为试验前固化土试件的孔隙比，精确至 0.01；G_s为固化土的相对密度（g/m³）；ρ_0、ρ_w分别为固化土和水的密度（g/m³）；w_1为试验前固化土的初始含水率（%）。

② 孔隙比减少量按下式计算

$$\Delta e_i=\frac{\sum\Delta h_i}{h_s} \tag{4-3}$$

式中：$\sum\Delta h_i$ 为总压缩量（mm）；h_s为颗粒净高（mm）。

③ 校正后的孔隙比按下式计算

$$e_i = e_0 - k\Delta e_i \tag{4-4}$$

式中：k 为校正系数，$k=\dfrac{\left(\sum \Delta h_n\right)_{\mathrm{T}}}{\left(\sum \Delta h_n\right)_{\mathrm{t}}}$，$\left(\sum \Delta h_n\right)_{\mathrm{T}}$、$\left(\sum \Delta h_n\right)_{\mathrm{t}}$ 分别为最后一级压力下固结 24h 和固结 1h 的总变形量。

④ 解求压缩系数和压缩模量。

压缩系数为

$$a_{1-2}=\frac{e_1-e_2}{p_2-p_1} \tag{4-5}$$

p_1 和 p_2 分别取为 0.1MPa 和 0.2MPa。

压缩模量为

$$E_{s1-2}=\frac{1+e_0}{a_{1-2}} \tag{4-6}$$

4. 三轴剪切压缩试验

在大部分工程计算中，都基本采用试件的无侧限抗压强度作为强度指标，但无侧限抗压强度试验只测定了试件在围压为零这一特殊应力状态下的力学性质，此方法相对简便，具有其一定的适用性，但实际上几乎所有土体在工程实际中都处于三向应力状态，在此复杂应力状态下的土样无论强度、变形和弹性模量都与单轴受力状态（无侧限）有很大差别，并且破坏形式也因受力形式的不同而有差异。三轴剪切压缩试验可以在不同的应力条件下测定试件的应力—应变关系以及抗剪强度等指标，更好地反映固化土的强度与变形特点。因此对试件进行三轴剪切压缩试验可更加真实地反映土样的实际情况，更具有实用价值。

本文采用不固结不排水剪切方法对无熟料铝渣固化土进行常规的三轴剪切压缩试验，分析了在不同的围压与龄期下，无熟料铝渣固化土的抗剪强度、破坏应力、破坏应变以及变形特性等。

（1）试件的配合比及掺量设计见表 4-27

（2）试验步骤

① 试件制备。试件采用圆柱体，直径 3.91cm，高度 8cm。将无熟料铝渣固化剂、土样、水按比例充分搅拌均匀后，按抗压和抗拉试验对应的干密度，采用三轴剪切压缩试验专用三瓣模和压实工具将混合料分层装入并压实，静置 24h 后脱模编号并放入水下养护。试件制备的具体步骤如下。

第一步，将三瓣模按顺序套在底座上，安上套环，模子下面放上不透水板。

第二步，模子用外支架固定好，分三次装拌合好的混合料，每次加完料后，用振动台对试件振捣 2min，使试件中气泡经振动后排除，土样处于相对密实状态，如图 4-21 所示。最后去顶抹平。

第三步，把支架去除，将带有套环的试模放在涂有机油的光滑玻璃板上，再盖上一块玻璃板，防止水分走失。静置 24h 后进行拆模养护，试件如图 4-22 所示。

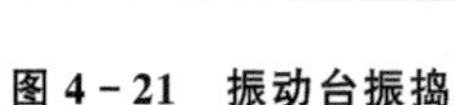

图 4－21　振动台振捣

图 4－22　拆模后试件

② 试验采用应变控制式三轴仪，按 14d、28d、90d 龄期分别在围压 100kPa、200kPa、400kPa 下进行试验。试验前先对试件利用反压力进行饱和处理，在施加一定围压后待试件中孔隙水压力消散至 $0.02\sigma_3$ 时进行不排水剪切。试验中控制三轴仪轴向应变速率为 1%/min（即 0.8mm/min），试件轴向应变每隔 0.2mm 记录测力计读数一次；当测力计读数出现峰值时，继续进行 3%～5%应变后停止试验。

（3）计算及结果处理

① 按下列公式计算试件轴向应变值与主应力

$$\varepsilon_1=\frac{\Delta h}{h_0};A_a=\frac{A_0}{1-\varepsilon_1};\sigma_1-\sigma_3=\frac{C\cdot R}{A_a}\times 10 \tag{4-7}$$

式中：h_0 、A_0 为试件原始高度和截面积；Δh 为试件轴向变形；A_a 为试件校正截面积；C 为测力计率定系数，取 39.466N/0.01mm；R 为测力计百分表读数。

② 用 Excel 软件绘制应力圆及强度包络线。以法向应力 σ 为横坐标、剪应力 τ 为纵坐标，根据作用在试件上的周围压力和破坏时的轴向压力绘制极限应力圆，作应力圆包络线，该包络线的倾角应为内摩擦角 φ，包络线上纵轴上的截距应为黏聚力 c。

③根据上述计算结果得到黏聚力 c，整理得到无熟料铝渣固化土应力—应变关系曲线、强度参数、变形模量等试验成果。

5. 抗压回弹模量试验（顶面法）

回弹模量是指路基、路面及筑路材料在荷载作用下产生的应力与其相应的回弹应变的比值。土基回弹模量表示土基在弹性变形阶段内，在垂直荷载作用下抵抗竖向变形的能力，如果垂直荷载为定值，则土基回弹模量值越大，所产生的垂直位移就越小；如果竖向位移是定值，则回弹模量值越大，土基承受外荷载作用的能力就越大。因此，在路面设计中采用回弹模量作为土基抗压强度的指标。根据《公路水泥混凝土路面设计规范》（JTG D40—2011）中水泥混凝土路面设计方法与《公路沥青路面设计规范》（JTG D50—2017）中沥青路面设计方法，在路面结构设计中，路基力学性能参数都采用土基回弹模量，即土基回弹模量是我国路面设计的重要力学参数，它的确定直接影响到其他参数的选择与结构设计的结果。土基的受力特性是由土基构成的物理性质与土受力时的非线性决定的，土基的应力—应变关系呈非线性，相应的弹性模量是一个条件变量，随应力—应变关系的改变而变化。为了使设计方法不复杂化，必须根据土基在路面结构中的实际工作状态对其非线性性质作相应的修正或简化处理。土基回弹模量是土基弹性模量的简化与修正，受土基物理性质、环境因素的影响，是一个牵涉土的类型、含水率、压实度以及荷载类型、作用时间等的复杂函数。回弹模量通常采用承载板加载试验测定，其试验装置如图4-23所示。

(1) 试件制备

根据《公路工程无机结合料稳定材料试验规程》(JTG E51—2009)，将搅拌后的固化土制备成 ϕ100mm×100mm 尺寸试件，养护到一定龄期后采用路面材料强度试验仪测定其抗压回弹模量。

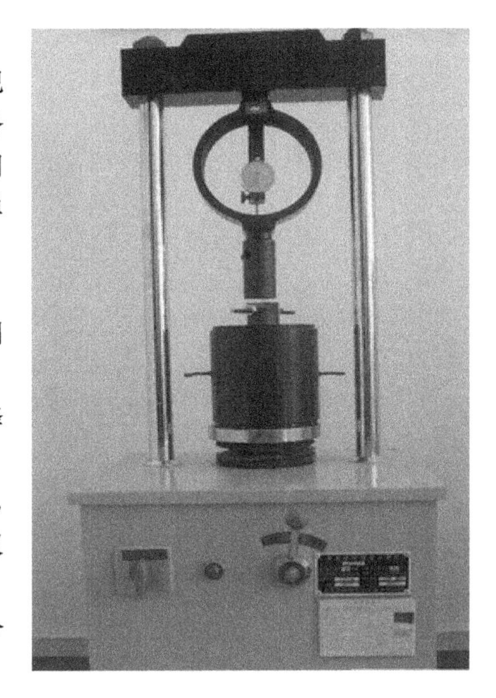

图4-23 路面材料回弹模量试验仪

(2) 试验步骤

① 在试验仪上安装量程为0～50kN的测力环。

② 将试件和试筒的底面放在试验仪的升降台上。

③ 将百分表支架固定在试筒两侧的螺孔内，将承载板放在试件表面中央位置，并与试验仪的贯入杆对正。

④ 将百分表和表头安在支杆上，并将百分表测头安放在承载板两侧的支架上。

⑤ 将预定的最大压力分为4～6份，作为每级加载的压力。施加第一级荷载（为预定荷载的1/5)，待荷载作用达60s时记录百分表的读数；然后即时卸去荷载，当试件的形变恢复到30s时记录百分表读数。

⑥ 施加第二级荷载（为预定荷载的2/5)，待荷载作用1min记录百分表的读数；同时卸去荷载，到卸荷后30s时记录百分表读数；随后施加第三级荷载。如此逐级进行，直到做完最后一次试验。

⑦ 试验结果计算公式为

$$一级荷载下的回弹形变 I=加荷时读数-卸荷时读数(mm) \tag{4-8}$$

以单位压力 P 为横坐标（向右)，回弹形变为纵坐标（向下)，绘制 P 与 I 的关系曲线。若开始段出现凹现象，需进行修正，一般情况下将第一点和第二点连成直线，并延长此直线与纵坐标相交，此交点为新原点。

按下式计算回弹模量 E

$$E=\frac{\pi PD}{4I}\times(1-\mu^2)\times10^3 \tag{4-9}$$

式中：E 为回弹模量（kPa)；D 为承载板直径（mm)；I 为相对于单位压力 P（Pa）的回弹形变（mm)；μ 为泊松比，对于土路基取0.45，对于路面材料取0.25。

6. 铝渣固化土水稳定性试验

水稳定性是指某种物质受水影响的程度，也叫物质的防水性能或抗水性能。固化土路基、地基工程中经常遇到在水中浸泡的情况，土壤经过固化以后长期遇水出现二次泥化现象是工程中必须解决的问题，为此，试验室中常选择有代表性的6组试件进行不同龄期的水稳定性试验。水稳定性系数以不同龄期浸水抗压强度与干抗压强度的比值表示，用以表征水稳定性，该系数越大，则水稳定性越好，计算公式为

$$K_w = \frac{R_2}{R_1} \tag{4-10}$$

式中：R_2 为浸水抗压强度（MPa）；R_1 为干抗压强度（MPa）。

4.2.4 试验结果分析

1. 无侧限抗压强度试验结果分析

根据上述试验方法和计算结果，不同龄期和掺入比下铝渣固化淤泥土和铝渣固化粉质黏土的无侧限抗压强度见表4-28和表4-29。

表4-28 铝渣固化淤泥土无侧限抗压强度 （单位：MPa）

龄期	不同掺入比下的无侧限抗压强度				
	10%	13%	16%	19%	22%
14d	0.02	0.06	0.12	0.2	0.26
28d	0.14	0.29	0.45	0.71	0.94
90d	0.83	0.94	1.17	1.45	1.49

表4-29 铝渣固化粉质黏土无侧限抗压强度 （单位：MPa）

龄期	不同掺入比下的无侧限抗压强度				
	10%	13%	16%	19%	22%
14d	0.12	0.19	0.23	0.28	0.47
28d	0.41	0.55	0.75	0.93	1.17
90d	0.93	1.14	1.29	1.51	1.68

铝渣固化土无侧限抗压强度与掺入比的关系如图4-24和图4-25所示。

从图4-24和图4-25中可以看出：①对铝渣固化土而言，掺入比越高，龄期越长，则其固化土的无侧限抗压强度越高，并且增长是非线性的。对于不同土质而言，铝渣固化粉质黏土的无侧限抗压强度随龄期和掺入比的增长比固化淤泥土更快，无侧限抗压强度也更高。②当龄期较短（14d）时，铝渣固化土无侧限抗压强度较低，特别是低掺入

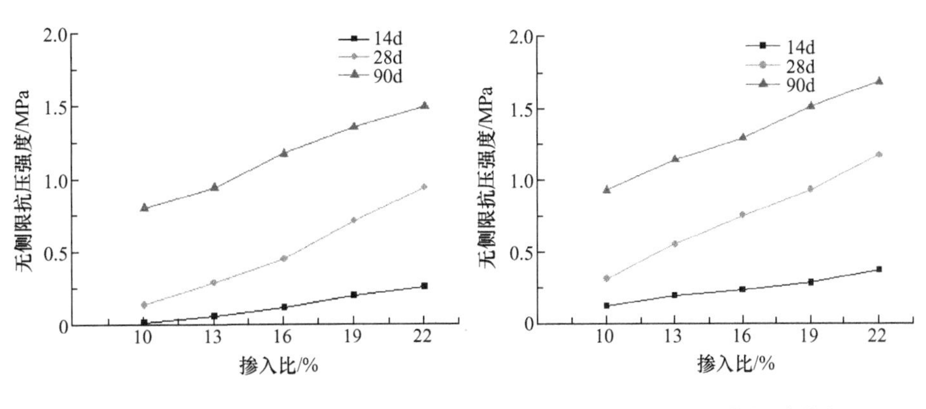

图 4-24 铝渣固化淤泥土无侧限抗压强度

图 4-25 铝渣固化粉质黏土无侧限抗压强度

比铝渣固化淤泥土基本没有强度；并且铝渣固化土的无侧限抗压强度随掺量增长的幅度不大，即使铝渣固化剂掺入比达到22%，两种铝渣固化土的14d无侧限抗压强度也都达不到0.4MPa。③当龄期达到28d时，铝渣固化土无侧限抗压强度有明显的提高，无侧限抗压强度随掺入比增长的增长幅度较大，特别是当掺入比达到16%后，无侧限抗压强度的增长幅度明显增大。掺入比为16%的铝渣固化土无侧限抗压强度已能达到掺入比10%时的2～3倍。④当龄期达到90d时，铝渣固化土无侧限抗压强度增长明显，掺入比10%的90d固化粉质黏土的无侧限抗压强度达到近1MPa，是14d无侧限抗压强度的7倍，90d固化淤泥土的无侧限抗压强度甚至能达到14d无侧限抗压强度的40倍。上述分析表明，铝渣固化剂到养护后期才能较完全地发挥胶结骨架作用，达到较好的固化效果。

2. 压缩试验结果分析

(1) 铝渣固化土物理性质试验

① 铝渣固化土相对密度。用比重瓶法测定不同掺入比下铝渣固化土的相对密度，结果见表4-30。

表 4-30 铝渣固化土的相对密度

类型	龄期	不同掺入比下的相对密度				
		10%	13%	16%	19%	22%
淤泥土	14d	2.605	2.612	2.626	2.639	2.651
	28d	2.609	2.618	2.631	2.644	2.659
	90d	2.612	2.622	2.635	2.651	2.668
粉质黏土	14d	2.704	2.709	2.715	2.721	2.728
	28d	2.708	2.716	2.723	2.729	2.733
	90d	2.711	2.719	2.727	2.738	2.744

② 铝渣固化土的密度。铝渣固化剂浆体的密度与原状土密度相近，形成的固化土重度与天然软土重度相差不大，实验表明当掺入比 a_w＝22％时，固化土重量仅比天然软土增加 3.5％左右，所以固化土密度可近似采用原状土密度。由此可见，用铝渣固化剂加固软土地基、路基时，其加固部分对下卧层不致产生过大的附加荷载，也不会引起较大的附加沉降。

③ 铝渣固化土含水率。铝渣固化土在硬化凝结过程中，由于铝渣固化剂水化等反应，使部分自由水以结晶水的形式固定下来，即固化土的含水率低于原土样的含水率，减少5～25％，且随着铝渣固化剂掺入比的增加而变小，见表 4－31。

表 4－31　铝渣固化土含水率

类型	龄期	不同掺入比下的含水率				
		10%	13%	16%	19%	22%
淤泥土	14d	53.4％	51.5％	48.4％	45.2％	41.1％
	28d	45.4％	41.5％	37.5％	34.6％	31.6％
	90d	33.9％	31.7％	28.6％	26.5％	24.1％
粉质黏土	14d	23.4％	22.1％	20.8％	19.6％	18.7％
	28d	20.1％	18.4％	17％	15.8％	14.2％
	90d	18.8％	16.5％	15.1％	14.2％	12.8％

④ 铝渣固化土初始孔隙比。根据式（4－2），得到不同铝渣固化剂掺入比、不同龄期下的固化土初始孔隙比，见表 4－32。

表 4－32　铝渣固化土初始孔隙比

类型	龄期	不同掺入比下的初始孔隙比				
		10%	13%	16%	19%	22%
淤泥土	14d	1.257	1.235	1.201	1.164	1.113
	28d	1.141	1.092	1.043	1.01	0.976
	90d	0.975	0.95	0.914	0.894	0.87
粉质黏土	14d	0.784	0.768	0.753	0.74	0.731
	28d	0.739	0.719	0.703	0.689	0.669
	90d	0.722	0.693	0.678	0.672	0.655

（2）铝渣固化土压缩系数和压缩模量

由压缩试验结果和以上固化土物理性质，得到各龄期、各配合比的铝渣固化土压缩系数和压缩模量，见表 4－33 和表 4－34。

表 4－33 铝渣固化土压缩系数 （单位：MPa^{-1}）

类型	龄期	不同掺入比下的压缩系数				
		10%	13%	16%	19%	22%
淤泥土	14d	1.46	1.08	0.8	0.631	0.492
	28d	1.109	0.789	0.575	0.443	0.182
	90d	0.472	0.276	0.179	0.128	0.092
粉质黏土	14d	0.278	0.215	0.173	0.146	0.132
	28d	0.214	0.145	0.117	0.092	0.071
	90d	0.077	0.062	0.054	0.047	0.041

表 4－34 铝渣固化土压缩模量 （单位：MPa）

类型	龄期	不同掺入比下的压缩模量				
		10%	13%	16%	19%	22%
淤泥土	14d	1.66	2.07	2.75	3.43	4.29
	28d	1.93	2.65	3.55	5.85	10.81
	90d	5.46	7.06	10.66	14.83	20.12
粉质黏土	14d	6.42	8.25	10.17	11.97	13. 19
	28d	8.12	11.8	14.53	18.21	23.43
	90d	22.2	26.91	30.62	35.14	39.61

表 4－34 的数据可转化为图示曲线，如图 4－26 和图 4－27 所示。

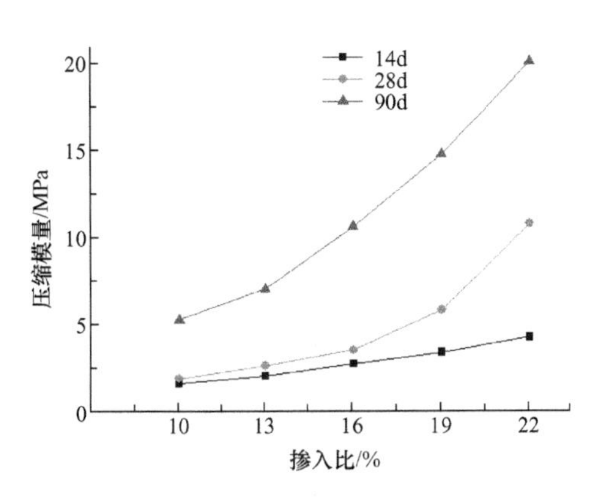

图 4－26 铝渣固化淤泥土压缩模量

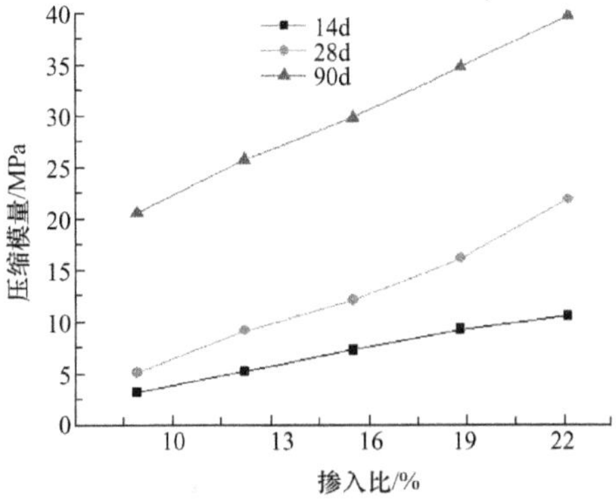

图 4－27 铝渣固化粉质黏土压缩模量

从图 4－26 和图 4－27 中可以看出：①铝渣固化土的压缩模量随着铝渣固化剂的掺入比和龄期的增长而增长，增长趋势基本一致且呈非线性增长。这证明土体经铝渣固化剂处理后，骨架的硬度提高，铝渣固化剂水化后填充了土体原本的空隙，使土的孔隙变小、土体变得更密实，因此在相同的压力作用下，铝渣固化土承受外荷载的能力增强，抵抗变形的能力随之提高。还可以看出，铝渣固化淤泥土和粉质黏土的压缩性呈现明显不同的规律。②14d龄期的两种铝渣固化土压缩模量都较低，且基本与掺入比呈线性关系；随着铝渣固化剂掺入比的增加，压缩模量增长幅度变小，两种铝渣固化土压缩模量的变化趋势相似。③28d龄期的两种铝渣固化土压缩模量出现了明显不同的变化规律：对于淤泥土，当铝渣固化剂掺入比小于16%时，28d固化淤泥土压缩模量较14d龄期有小幅增长，且呈线性增长；当铝渣固化剂掺入比大于16%时，压缩模量的增长曲线出现拐点，随着铝渣固化剂掺入比的增加，压缩模量有较大增幅，且呈现非线性增长；对于粉质黏土，28d龄期的固化土压缩模量增长较平缓，没有明显的增长拐点。④90d龄期的两种固化土压缩模量较养护前期都有较大幅度提升，但两者的变化规律也有所不同。随着铝渣固化剂掺入比增加，90d龄期的固化淤泥土的压缩模量呈现非线性增长，且增长幅度较大；而90d龄期的固化粉质黏土的压缩模量增长基本呈线性，且增长幅度较固化淤泥土小。

3. 三轴剪切压缩试验结果分析

将两种铝渣固化土成型养护后进行常规三轴剪切压缩试验。对不同龄期、不同固化剂掺入比的铝渣固化土进行4个土圆柱形试件试验，分别在不同的恒定围压下施加轴向压力进行剪切，直至破坏。采集数据后，以法向应力σ为横坐标、剪应力τ为纵坐标，根据作用在试件上的不同周围压力和破坏时的轴向应力绘制出不同围压下的应力圆，然后做各圆的公切线，则该切线的倾角即为内摩擦角φ，纵轴上的截距为黏聚力c。试验数据处理时，计算绘图工作量大，需要做大量的重复性工作，且作图法易引入一些人为误差。为此，本试验结果采用非线性规划的方法，对三轴剪切压缩试验的强度包络线进行模拟，建立了由目标函数和约束条件方程组构成的数学模型，利用Excel对其进行求解并绘图，实现试验数据的自动处理和自动绘图。固化淤泥土和固化粉质黏土的三轴剪切压缩试验参数见表4－35。

表4－35 铝渣固化土三轴剪切压缩试验结果

类型	龄期	不同掺入比下的试验结果									
		10%		13%		16%		19%		22%	
		c/kPa	φ/（°）	c/kPa	φ/（°）	c/kPa	φ/（°）	c/kPa	φ/（°）	c/kPa	φ/（°）
固化淤泥土	14d	14.85	9.76	30.21	10.65	45.53	13.74	68.07	15.53	97.81	16.27
	28d	65.99	12.50	84.5	14.95	112	17.16	137.41	19.64	169.2	21.90
	90d	113.4	18.97	158.2	21.91	196.6	23.44	233.46	27.13	275.4	27.55
固化粉质黏土	14d	30.76	15.56	54.53	16.13	71.63	17.68	93.49	18.58	121.2	19.53
	28d	99.22	18.01	120.26	19.91	142.5	21.1	161.02	21.67	185.2	21.78
	90d	164.08	24.46	198.18	26.76	230.96	26.86	270.27	27.46	304.7	28.28

从表4－35中可以看出，铝渣固化土的黏聚力随着铝渣固化剂掺入比和龄期的增长呈现逐渐增长的趋势，且递增规律明显。内摩擦角也随着铝渣固化剂掺入比和龄期的增长而增长，但其变化规律存在明显的阶段性；内摩擦角在达到20°前递增幅度较大，达到20°之后则递增趋势变缓，且在达到28°之后就基本不再增长。同时可以看出，铝渣固化土三轴剪切压缩试验参数受土质影响很大，固化淤泥土的内摩擦角受铝渣固化剂掺入比和龄期的

影响，明显大于铝渣固化粉质黏土所受的相关影响。

铝渣固化土在不同的围压、配合比、龄期下呈现加工软化、加工硬化和脆性材料特征等三种应力—应变关系。根据实物试件可以看出：

① 当铝渣固化土的应力—应变关系呈加工软化时，其试件的破坏形式一般为剪切破坏，且剪切角比原状土大，如图 4－28（a）所示；

② 当铝渣固化土的应力—应变关系呈加工硬化时，其试件破坏为碎块状，呈现无规律性的多面破坏，如图 4－28（b）所示。当从三轴仪上取下试件时，其基本上已裂解成许多块状，称为塑性剪切破坏；

③ 当铝渣固化土的应力—应变关系呈脆性材料特征时，其试件整体较完整，其破坏主要因固化土试件中出现纵向缝所致，纵向缝的产生和发展导致固化土的环向和纵向应变增加，当环向应变达到或超过固化土的极限应变时，试件就发生了破坏，如图 4－28（c）所示。

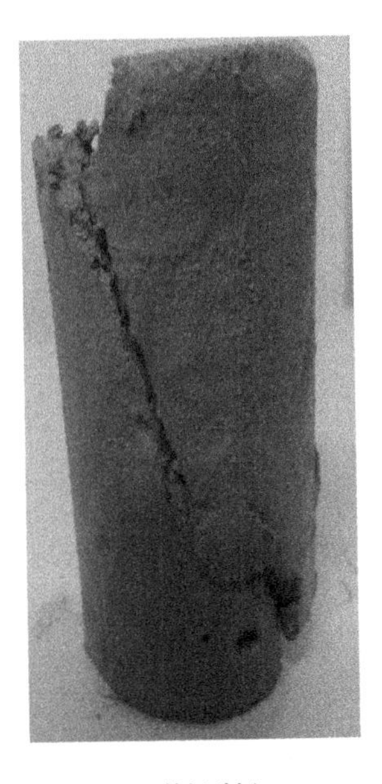

(a) 剪切破坏

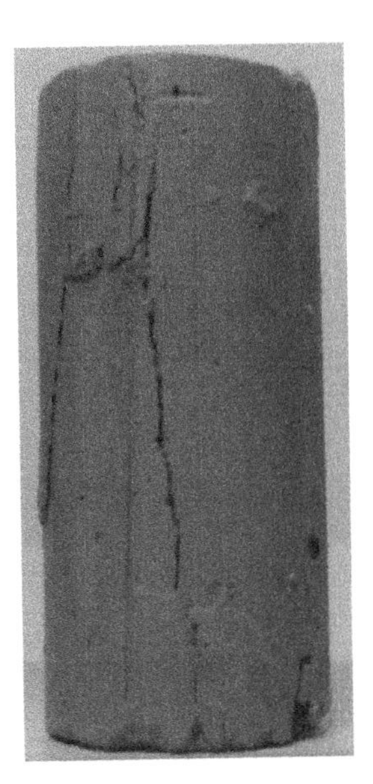

(b) 塑性剪切破坏

(c) 纵向破坏

图 4－28　铝渣固化土试件的剪切破坏类型

铝渣固化淤泥土和铝渣固化粉质黏土的应力—应变规律相似，因此只以铝渣固化淤泥土的应力—应变关系曲线说明此规律，后者 14d、28d 和 90d 龄期的剪切应力圆和应力—应变曲线如图 4－29～图 4－37 所示。

从图 4－29～图 4－37 中可以看出以下规律。

（1）铝渣固化剂掺入比的影响

① 随着铝渣固化剂掺入比的提高，固化土的破坏主应力也随之提高。龄期 14d，铝渣固化剂掺入比 10%的固化土破坏主应力为 150kPa 左右，而铝渣固化剂掺入比 22%的固化土破坏主应力则达到 400kPa 左右；龄期 90d，铝渣固化剂掺入比 10%的固化土破坏主应力为 600kPa 左右，而铝渣固化剂掺入比 22%的固化土破坏主应力则达到 1200kPa 左右，强度明显提升。

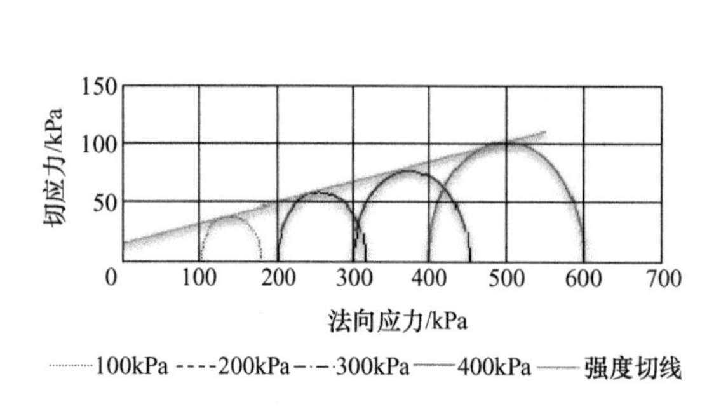

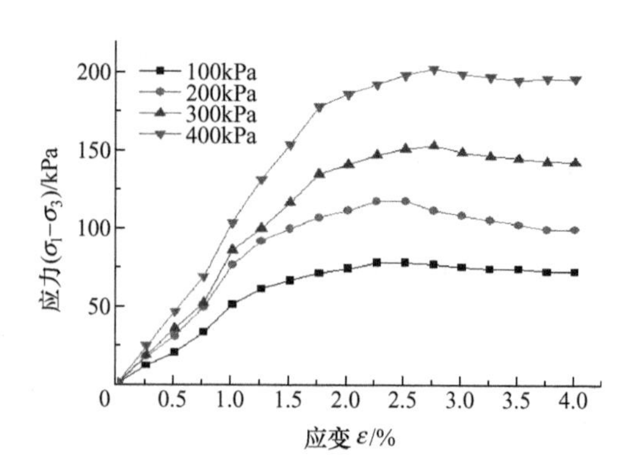

图 4-29　10%铝渣固化淤泥土三轴剪切压缩试验应力圆和应力—应变曲线（14d）

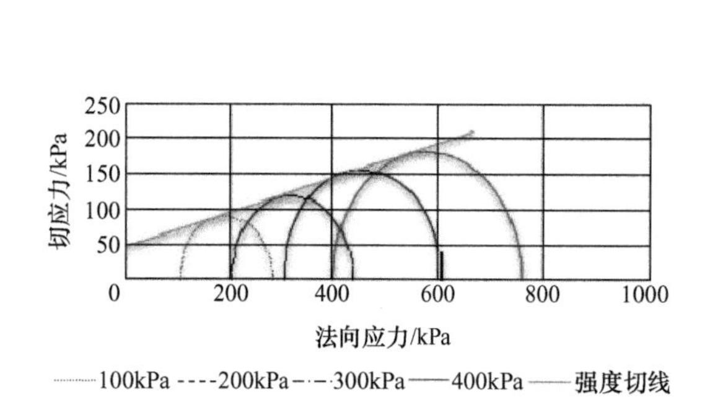

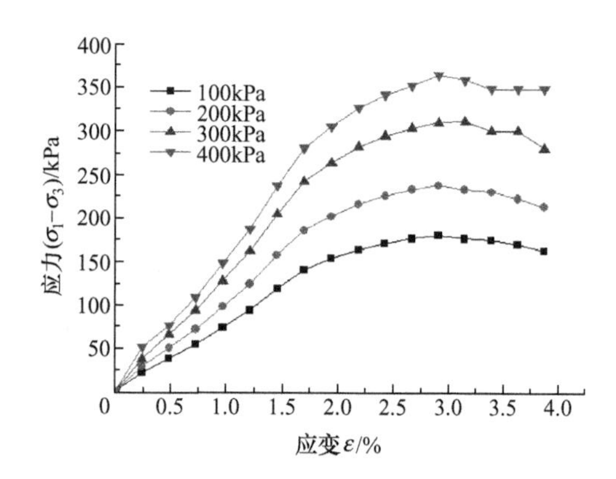

图 4-30　16%铝渣固化淤泥土三轴剪切压缩试验应力圆和应力—应变曲线（14d）

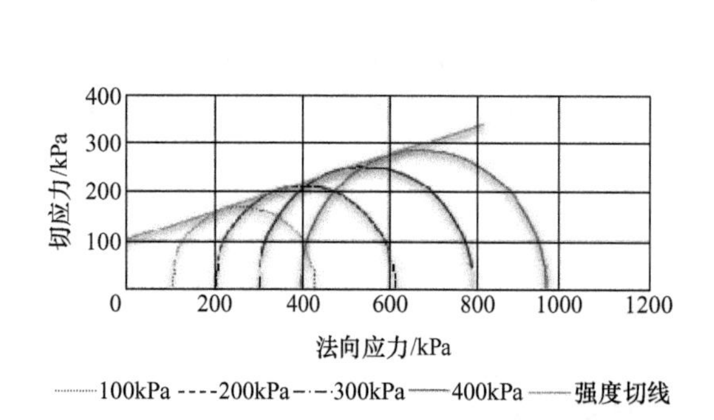

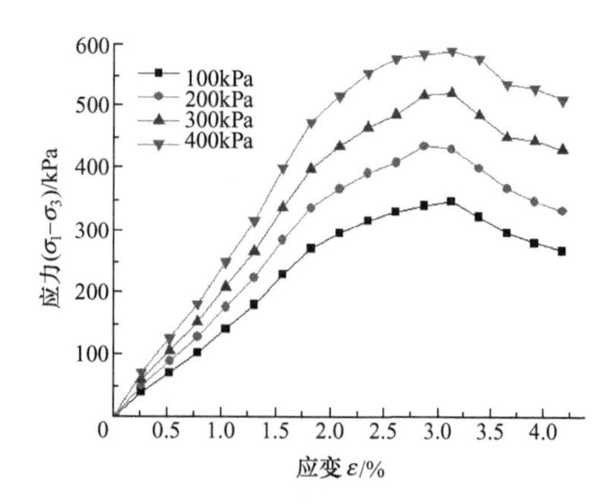

图 4-31　22%铝渣固化淤泥土三轴剪切压缩试验应力圆和应力—应变曲线（14d）

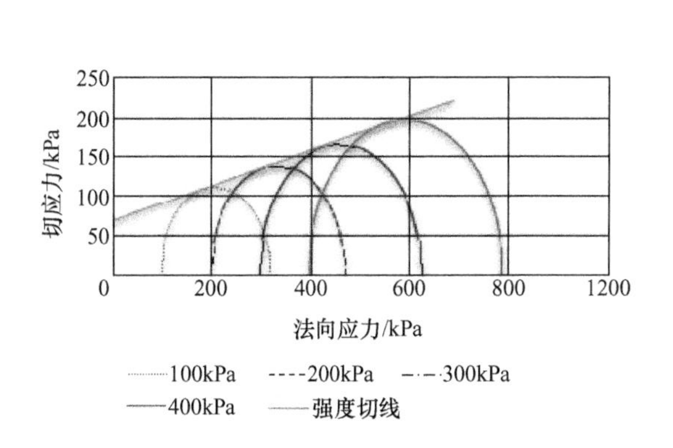

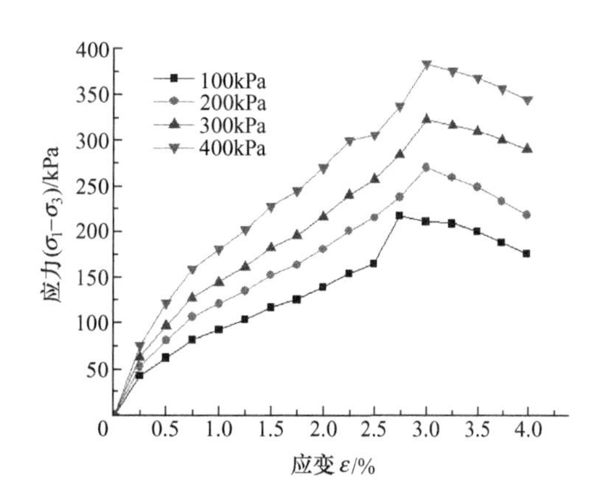

图 4-32　10%铝渣固化淤泥土三轴剪切压缩试验应力圆和应力—应变曲线（28d）

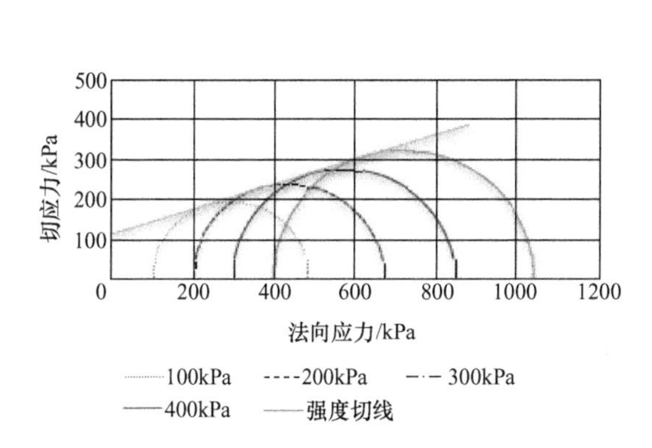

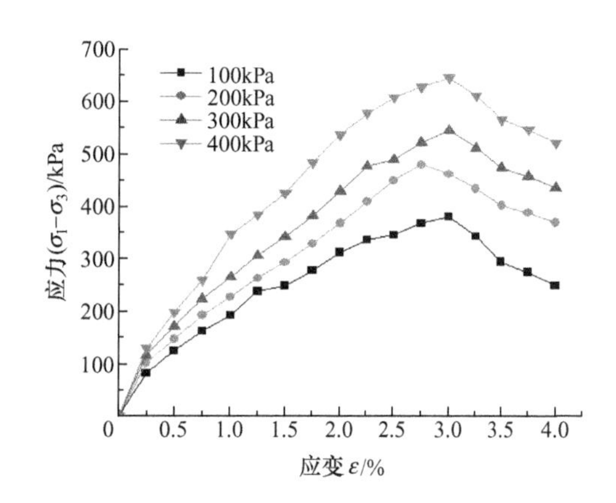

图 4-33　16%铝渣固化淤泥土三轴剪切压缩试验应力圆和应力—应变曲线（28d）

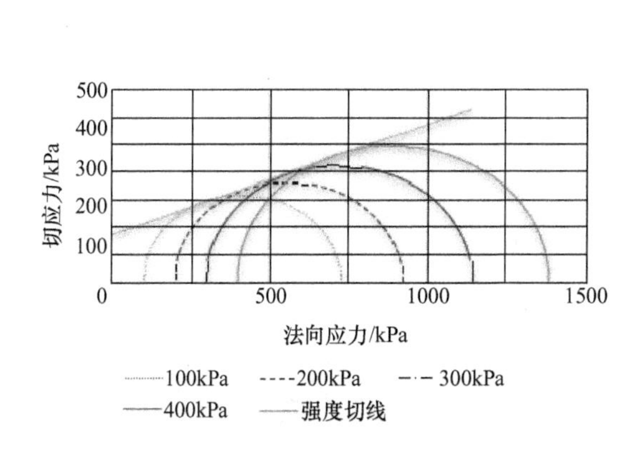

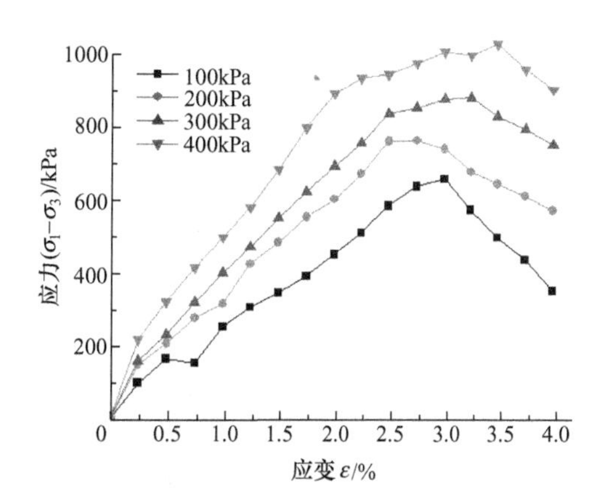

图 4-34　22%铝渣固化淤泥土三轴剪切压缩试验应力圆和应力—应变曲线（28d）

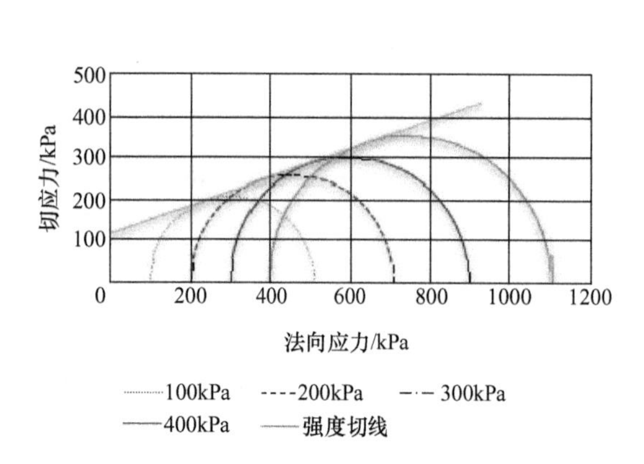

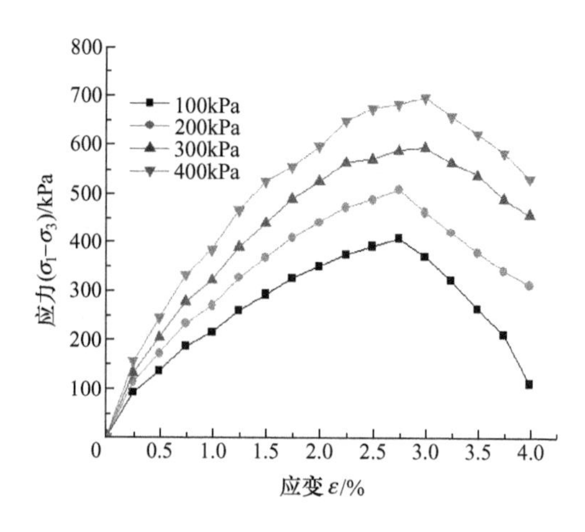

图 4－35　10%铝渣固化淤泥土三轴剪切压缩试验应力圆和应力—应变曲线（90d）

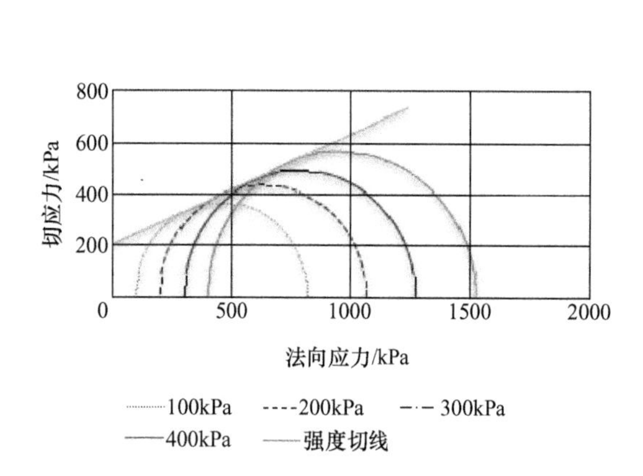

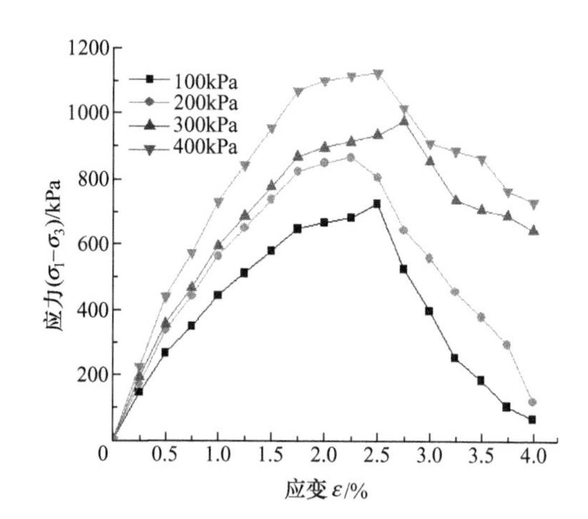

图 4－36　16%铝渣固化淤泥土三轴剪切压缩试验应力圆和应力—应变曲线（90d）

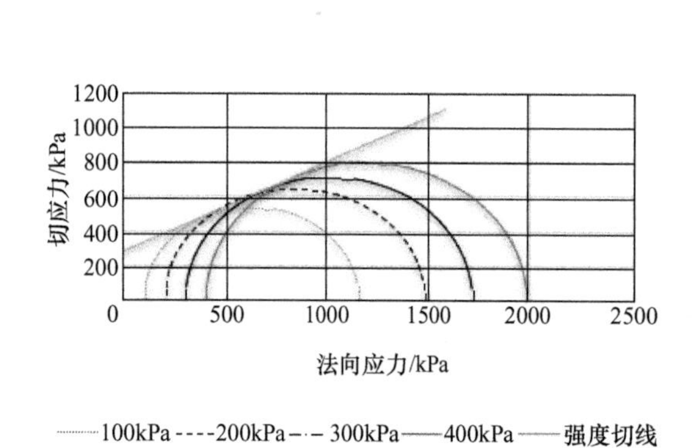

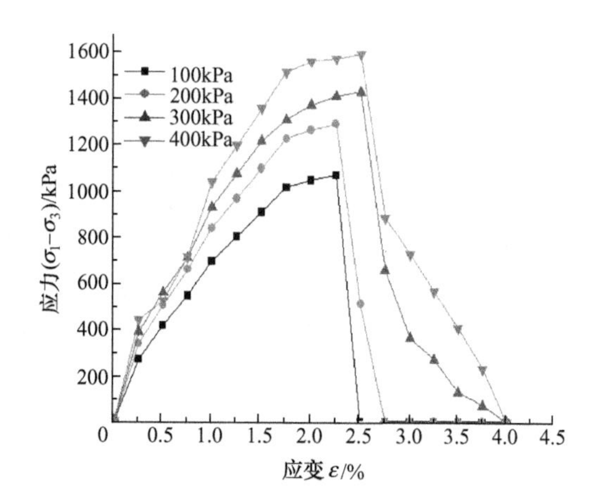

图 4－37　22%铝渣固化淤泥土三轴剪切压缩试验应力圆和应力—应变曲线（90d）

② 随着铝渣固化剂掺入比的提高，铝渣固化土的极限应变逐渐减小，说明铝渣固化土的应力—应变关系从应变软化逐渐向脆性发展。即便龄期只有14d的铝渣固化土，在铝渣固化剂掺入比达到22%时，也呈现出脆性破坏的趋势；龄期达到90d时，应力—应变图中的极限应变拐点已非常明显，此时达到极限应变后，试件迅速破坏不再具有强度，呈现明显脆性破坏的现象。

③ 不同的龄期下，铝渣固化剂掺入比对固化土强度的影响是不同的。龄期越长，铝渣固化剂掺入比对剪切强度的影响越大。

(2) 养护时间 T 的影响

① 龄期越长，固化土的破坏主应力也越高。当铝渣固化剂掺入比为10%时，龄期14d的破坏主应力为150kPa左右，龄期28d的破坏主应力为300kPa左右，而龄期90d的破坏主应力则达到600kPa左右。

② 随着养护龄期的增长，应力—应变曲线的初始直线段越来越陡，即铝渣固化土的初始模量值越来越大。

③ 随着养护龄期的增长，铝渣固化土越来越呈现脆性特征，其应力—应变关系曲线上的拐点越来越突兀，掺入比较大的铝渣固化土的这种特征更加明显。

(3) 围压作用

围压对铝渣固化土的应力—应变关系起着非常大的影响。

① 从应力—应变曲线可以看出，随着围压的增大，铝渣固化土的破坏主应力和极限应变都有明显提升，应力圆增大，说明其劈裂抗拉强度增加明显。

② 随着围压的增加，铝渣固化土破坏时的极限应变呈增加趋势，即固化土有逐渐从脆性转变为塑性破坏的趋势。对于养护时间较短的铝渣固化土，上述变化更加明显。

③ 随着围压的增加，铝渣固化土的应力—应变关系明显地从应变软化转变为应变硬化，该转变过程是一个渐变过程，且对于不同的养护时间、不同的掺入比是不同的。

两种固化土的劈裂抗拉强度如图4-38和图4-39所示。

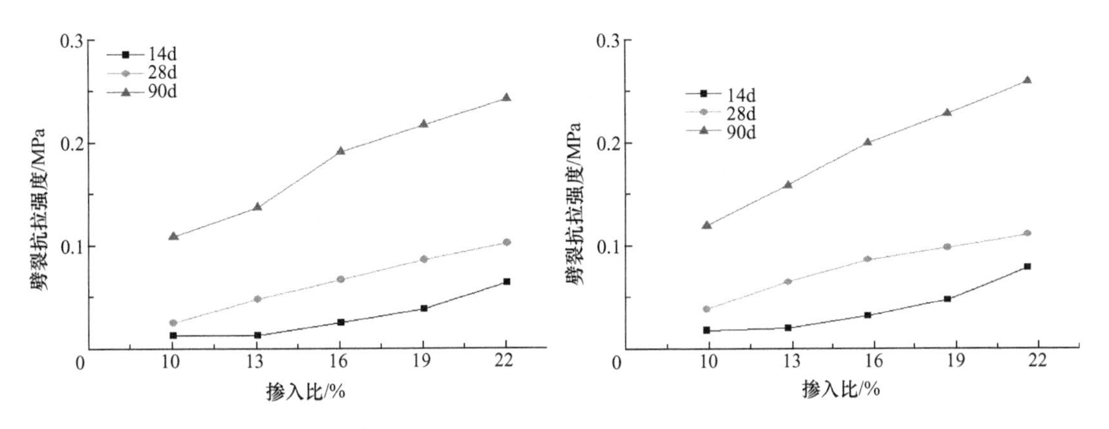

图4-38 铝渣固化淤泥土劈裂抗拉强度

图4-39 铝渣固化粉质黏土劈裂抗拉强度

从图4-38和图4-39中可以看出，铝渣固化淤泥土和铝渣固化粉质黏土的劈裂抗拉强度变化规律相似，因此土质对固化土劈裂抗拉强度的影响不大，且强度都较低。铝渣固化剂掺入比越大，龄期越长，其固化土的劈裂抗拉强度越高；并且该强度变化规律与无侧限抗压强度变化规律相似，劈裂抗拉强度随着无侧限抗压强度的增长而增长。在铝渣固化剂掺入比在达到13%之后，劈裂抗拉强度有较大幅度的增长。进一步分析可以得知，当掺量较低、龄期较短时，土本身黏结力占固化土总黏结力的比重大，所以其劈裂抗拉强度与无侧限抗压强度比值较大；当掺量较高、龄期较长时，劈裂抗拉强度 q_1 与无侧限抗压强度 q_u 之间基本上呈现较稳定的比例关系，即 $q_1 =$ （10%～16%） q_u。

4. 抗压回弹模量试验结果分析

根据《公路工程无机结合料稳定材料试验规程》（JTG E51—2009）测得铝渣固化土抗压回弹模量，见表 4－36。

表 4－36　铝渣固化土抗压回弹模量　（单位：MPa）

类型	龄期	不同掺入比下的抗压回弹模量				
		10%	13%	16%	19%	22%
固化淤泥土	14d	142.48	168.87	203.44	231.98	257.06
	28d	209.8	259.56	313.6	369.85	426.7
	90d	357.26	419.41	474.46	518.45	577.08
固化粉质黏土	14d	159.96	169.05	180.73	195.43	221.61
	28d	220.42	279.7	348.81	401.48	463.45
	90d	401.48	446.48	522.73	586.98	636.62

从表 4－36 中可以看出，铝渣固化土抗压回弹模量随着铝渣固化剂掺入比和龄期的增长而增长。铝渣固化土 14d 龄期的抗压回弹模量增长较缓慢，掺入 22%铝渣固化剂的固化淤泥土抗压回弹模量比掺入 10%时提高了 80.4%，掺入 22%铝渣固化剂的固化粉质黏土抗压回弹模量比掺入 10%时提高了 38.5%；28d 龄期后，铝渣固化土抗压回弹模量增长迅速，掺入 22%铝渣固化剂的固化淤泥土抗压回弹模量比掺入 10%时提高了 103.4%，掺入 22%铝渣固化粉质黏土抗压回弹模量比掺入 10%时提高了 110.3%。铝渣固化剂掺入比在 13%～19%时，固化土抗压回弹模量的增长最快，说明铝渣固化剂在土粒间较完全水化发挥填充空隙和骨架的作用，大概需要 20 天的时间。

将抗压回弹模量数据转化为图形，如图 4－40 和图 4－41 所示。

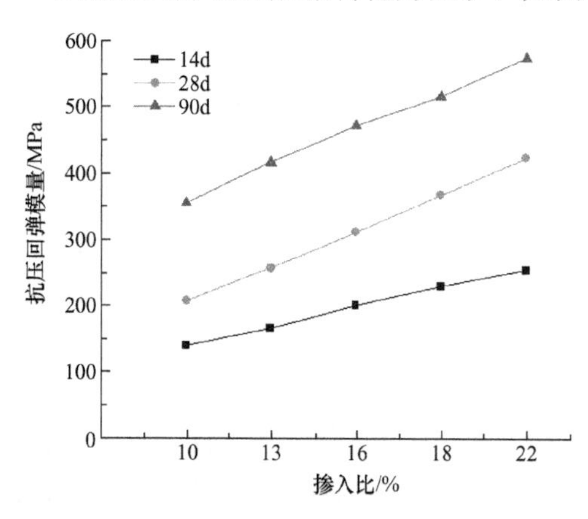

图 4－40　铝渣固化淤泥土抗压回弹模量

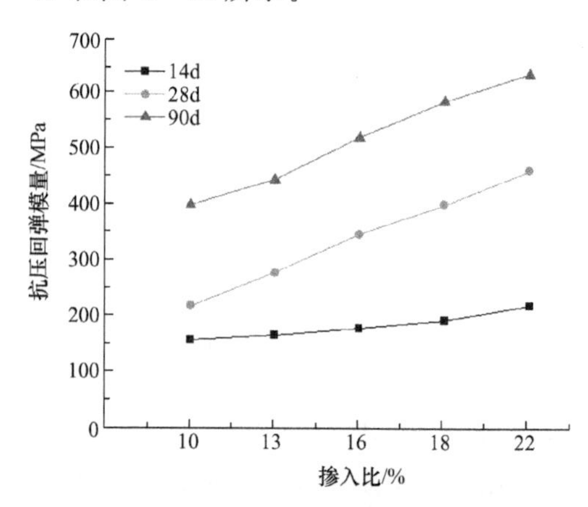

图 4－41　铝渣固化粉质黏土抗压回弹模量

从图 4-40 和图 4-41 中可以看出，铝渣固化粉质黏土抗压回弹模量在各掺入比和各龄期基本都比固化淤泥土高，但两者随龄期和掺入比的变化规律相似，土质对铝渣固化土抗压回弹模量有一定影响。另外，抗压回弹模量试验是运用了材料的弹性变形区段，以此来衡量试件在弹性阶段力学性能的好坏；无侧限抗压强度试验则进入了材料的塑性变形区段，并超越该区段直至材料开始破坏的瞬间为止。抗压回弹弹量是在规定最大加载值的前提下，通过逐级加载、卸载来确定在材料的弹性范围内其可承受的最大压力；无侧限抗压强度是在保持变形速率为定值的前提下连续加载直至材料破坏，用于确定材料的最大承载力。无论是受力范围还是变形范围，无侧限抗压强度试验都涵盖了抗压回弹模量的区间，因此铝渣固化土的抗压回弹模量随龄期和固化剂掺入比的变化规律与之有相似之处。

5. 铝渣固化土水稳定性试验结果分析

铝渣固化淤泥土和铝渣固化粉质黏土在标准养护条件下养护 28d 后，把试件分为两个对比组，其中一组分别浸水 3d、7d 和 10d，另一组则继续标准养护至相应龄期。试件浸水前后的无侧限抗压强度见表 4-37，水稳定性能见表 4-38。

表 4-37　铝渣固化土无侧限抗压强度　（单位：MPa）

掺入比	浸水前强度						浸水后强度					
	固化淤泥土			固化粉质黏土			固化淤泥土			固化粉质黏土		
	3d	7d	10d	3d	7d	10d	3d	7d	10d	3d	7d	10d
10%	0.16	0.18	0.21	0.42	0.47	0.42	0.14	0.15	0.18	0.29	0.43	0.47
13%	0.42	0.46	0.4	0.56	0.59	0.63	0.28	0.41	0.45	0.51	0.53	0.56
16%	0.48	0.52	0.57	0.77	0.8	0.83	0.42	0.45	0.5	0.7	0.72	0.74
19%	0.75	0.79	0.83	0.95	0.98	1.03	0.67	0.69	0.73	0.87	0.88	0.92
22%	0.96	0.99	1.04	1.19	1.22	1.25	0.86	0.87	0.92	1.09	1.1	1.13

表 4-38　铝渣固化土的水稳定性能

掺入比	水稳定性系数/%					
	固化淤泥土			固化粉质黏土		
	龄期			龄期		
	3d	7d	10d	3d	7d	10d
10%	89.2	88.1	87.9	91.2	90.1	89.8
13%	89.4	88.4	88.1	91.4	90.4	90
16%	89.5	88.4	88.2	91.5	90.4	90.2
19%	89.7	88.6	88.4	91.7	90.6	90.2
22%	90	88.7	88.5	92	90.7	90.4

将无侧限抗压强度数据转化为图形，如图4-42所示。

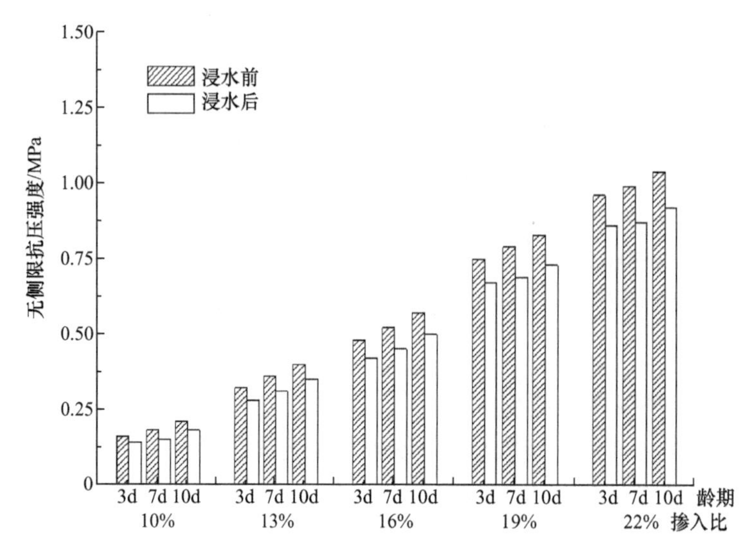

图4-42 铝渣固化淤泥土浸水前后无侧限抗压强度对比

从表4-38和图4-42中可以看出，铝渣固化土在标准养护28d后，浸水3d和浸水7d的抗压强度损失较大，但浸水10d后强度损失已变小，说明随着固化土在水中浸泡时间的增加，铝渣固化土水稳定性系数降低的幅度越来越小，并逐渐趋于稳定。铝渣固化土的水稳定性系数基本都在90%左右，且铝渣固化剂掺入比越大，其固化土的水稳定性系数越高，表明铝渣固化剂对防止固化土的二次泥化有较好效果。对两种软土而言，粉质黏土固化后的水稳定性略好于淤泥土，说明土质对铝渣固化土的水稳定性有一定影响。

4.3 复合水泥固化土性能对比分析研究

为了更直观地了解铝渣固化土性能，现采用复合水泥在相同试验条件下固化同种淤泥土，测得其无侧限抗压强度、劈裂抗拉强度、压缩性、三轴剪切压缩试验数据、抗压回弹模量等物理力学性能，并与铝渣固化土的同项性能作对比分析。由此能更直观、全面地了解铝渣固化土的性能，为其在实际工程中推广应用提供理论依据。

4.3.1 试验材料

1. 试验用土

采用与上一节相同的试验用淤泥土，其物理力学性能见表4-39。

表4-39 试验用淤泥土的物理力学性能

土样	含水率 ω/%	土粒重度	孔隙比	液限 ω_L /%	塑限 ω_P /%	塑性指数 I_P	液性指数 I_L	压缩系数 a/MPa	固结快剪参数	
									c/kPa	φ/(°)
淤泥土	65.3	17.7	1.65	47.3	18.1	29.2	1.62	1.84	5.8	1.3

2. 固化剂

本节采用的固化剂为复合水泥，其物理力学性能见表4-40。

表4-40 复合水泥的主要物理力学性能

标准稠度/g	凝结时间/min		抗折强度/MPa		抗压强度/MPa	
	初凝	终凝	3d	28d	3d	28d
158	135	205	4.7	7.8	17.8	45.6

4.3.2 无侧限抗压强度试验结果对比分析

复合水泥固化土无侧限抗压强度试验按照《水泥土配合比设计规程》(JGJ/T 233—2011)进行，所得数据见表4-41和图4-43。

表4-41 铝渣固化土和复合水泥固化土无侧限抗压强度 (单位：MPa)

类型	龄期	不同掺入比下的无侧限抗压强度				
		10%	13%	16%	19%	22%
铝渣固化土	14d	0.02	0.06	0.12	0.2	0.26
	28d	0.14	0.29	0.45	0.71	0.94
	90d	0.8	0.94	1.17	1.35	1.49
复合水泥固化土	14d	0.66	0.84	1.04	1.22	1.38
	28d	0.8	0.98	1.19	1.34	1.55
	90d	1.24	1.41	1.58	1.82	2.01

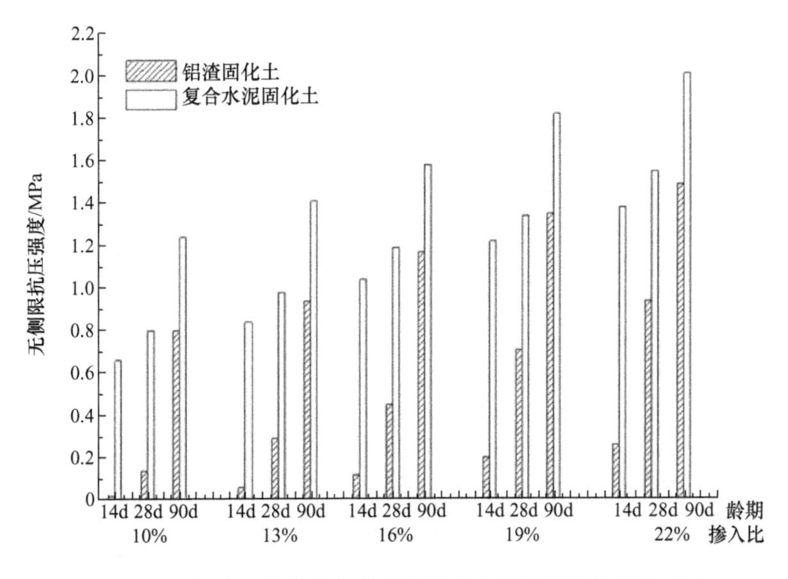

图4-43 铝渣固化土和复合水泥固化土无侧限抗压强度对比

从试验结果可以看出，复合水泥固化土与铝渣固化土强度发展规律有所不同。复合水泥固化土前期强度较高，其强度随龄期的增长较平缓，而铝渣固化土前期强度较低，后期随养护时间强度增长幅度较大。按照《水泥土配合比设计规程》(JGJ/T 233—2011) 的规定，固化土的性能指标宜以 90d 龄期的试验结果为准，则掺入比 16%的铝渣固化土 90d 无侧限抗压强度能近似达到掺入比为 10%的复合水泥固化土 90d 无侧限抗压强度的效果，掺入比 19%的铝渣固化土 90d 无侧限抗压强度能近似达到掺入比 13%的复合水泥固化土 90d 无侧限抗压强度的效果。

4.3.3 劈裂抗拉强度试验结果对比分析

复合水泥固化土劈裂抗拉强度试验亦按照《水泥土配合比设计规程》(JGJ/T 233—2011) 进行，所得数据见表 4-42 和图 4-44。

表 4-42 铝渣固化土和水泥固化土劈裂抗拉强度 (单位：MPa)

类型	龄期	不同掺入比下的劈裂抗拉强度				
		10%	13%	16%	19%	22%
铝渣固化土	14d	0.013	0.013	0.025	0.038	0.064
	28d	0.025	0.048	0.067	0.086	0.102
	90d	0.109	0.137	0.191	0.217	0.242
复合水泥固化土	14d	0.038	0.115	0.127	0.153	0.165
	28d	0.077	0.143	0.159	0.191	0.204
	90d	0.178	0.268	0.331	0.37	0.395

从图 4-44 中可以看出，不论是铝渣固化土还是复合水泥固化土，劈裂抗拉强度都较低。复合水泥固化土后期劈裂抗拉强度增长较铝渣固化土大。掺入 16%铝渣固化剂的固化土 90d 劈裂抗拉强度，与掺入 10%复合水泥的固化土 90d 劈裂抗拉强度相当。

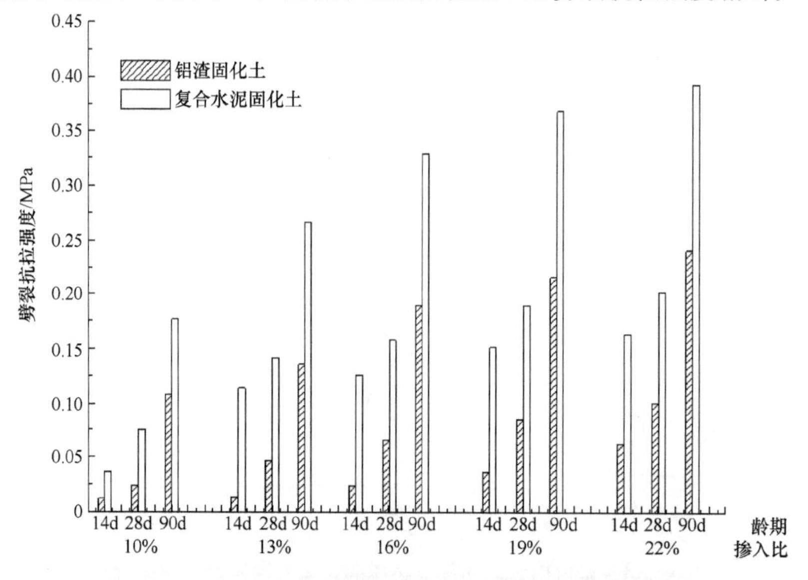

图 4-44 铝渣固化土和复合水泥固化土劈裂抗拉强度对比

4.3.4 压缩试验结果对比分析

复合水泥固化土压缩试验也按照《水泥土配合比设计规程》(JGJ/T 233—2011) 进行，所得数据见表 4-43、表 4-44 和图 4-45。

表 4-43 铝渣固化土和复合水泥固化土压缩系数 (单位：MPa^{-1})

类型	龄期	不同掺入比下的压缩系数				
		10%	13%	16%	19%	22%
铝渣固化土	14d	1.54	1.23	0.92	0.73	0.58
	28d	1.27	0.92	0.68	0.41	0.22
	90d	0.43	0.32	0.21	0.15	0.11
复合水泥固化土	14d	0.41	0.22	0.18	0.14	0.12
	28d	0.3	0.16	0.12	0.1	0.09
	90d	0.15	0.11	0.08	0.07	0.06

表 4-44 铝渣固化土和复合水泥固化土压缩模量 (单位：MPa)

类型	龄期	不同掺入比下的压缩模量				
		10%	13%	16%	19%	22%
铝渣固化土	14d	1.66	2.07	2.75	3.43	4.29
	28d	1.93	2.65	3.55	5.85	10.81
	90d	5.3	7.06	10.66	14.8	20.12
复合水泥固化土	14d	6.3	11.6	14.1	17.9	20.7
	28d	8.2	15.3	20.1	24	26.4
	90d	15.2	20.5	28	31.7	36.7

从试验结果可以得知，不同掺入比下的复合水泥固化土压缩模量随掺入比和龄期的增长趋势与铝渣固化土基本一致。掺入比 16%的铝渣固化土 90d 压缩模量基本与掺入比 13%的复合水泥固化土 14d 压缩模量相当。

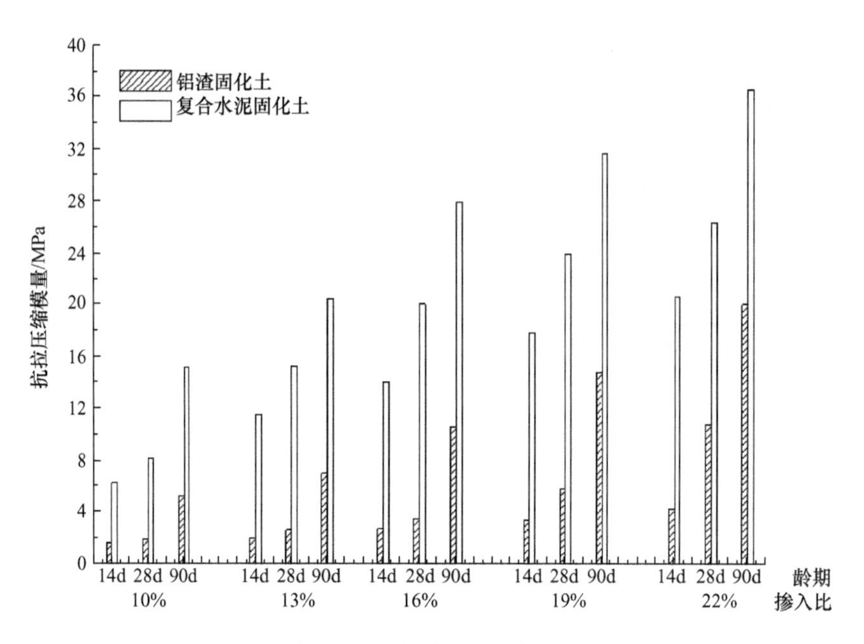

图 4-45　铝渣固化土和复合水泥固化土压缩模量对比

4.3.5　三轴剪切压缩试验结果对比分析

复合水泥固化土三轴剪切压缩试验按照《水泥土配合比设计规程》(JGJ/T 233—2011) 进行，试验结果见表 4-45 和图 4-46～图 4-54。

表 4-45　铝渣固化土和水泥固化土三轴剪切压缩试验结果

类型	龄期	不同掺入比下的试验结果									
		10%		13%		16%		19%		22%	
		c/kPa	φ/(°)	c/kPa	φ/(°)	c/kPa	φ/(°)	c/kPa	φ/(°)	c/kPa	φ/(°)
复合水泥固化土	14d	52.0	11.6	65.4	14.7	92.5	18.0	130.4	21.7	151.3	25.1
	28d	134.6	25.8	166.4	25.6	186.2	26.7	214.7	26.9	247.0	26.9
	90d	239.6	25.1	274.6	25.8	303.7	27.4	337.5	27.8	364.1	27.9
铝渣固化土	14d	14.9	9.8	30.2	10.7	45.5	13.7	68.1	15.5	97.8	16.3
	28d	66.0	12.5	84.6	14.9	112.0	17.2	137.3	19.6	169.2	21.9
	90d	113.3	19.0	158.2	21.9	196.6	23.3	233.4	27.1	275.4	27.6

从表 4-45 中可以看出，铝渣固化土前期的内摩擦角较小，当龄期达到 28d 后才有较大幅度增长，而复合水泥固化土前期的内摩擦角就达到较大值，28d 龄期掺入比 10%的复合水泥固化土内摩擦角已达到 25.8°；但复合水泥固化土 28d 后的内摩擦角增长幅度较小，当内摩擦角达到 28°左右时，已基本不再增长；复合水泥固化土黏聚力随着龄期和水泥掺入比的增加而稳步提升，且提升幅度一直较平缓。掺入比为 19%的铝渣固化土的 14d 抗剪

强度，与掺入比为13%的复合水泥固化土的14d抗剪强度（综合黏聚力和内摩擦角两项因素）相当。

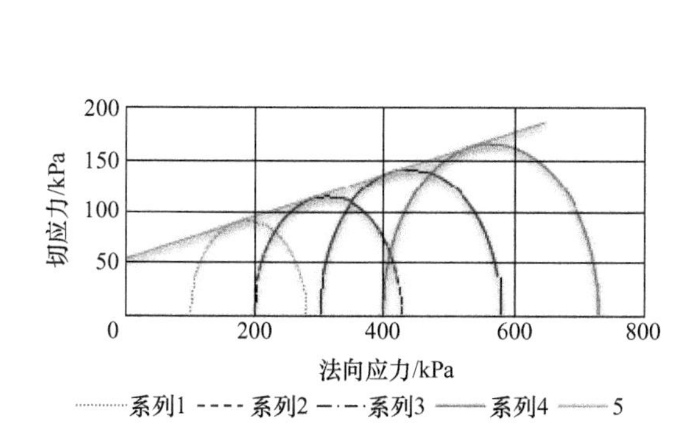

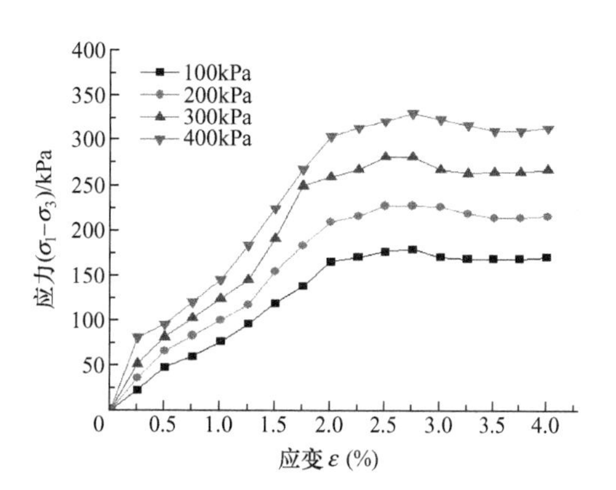

图4-46　10%复合水泥固化土三轴剪切压缩试验应力圆和应力—应变曲线（14d）

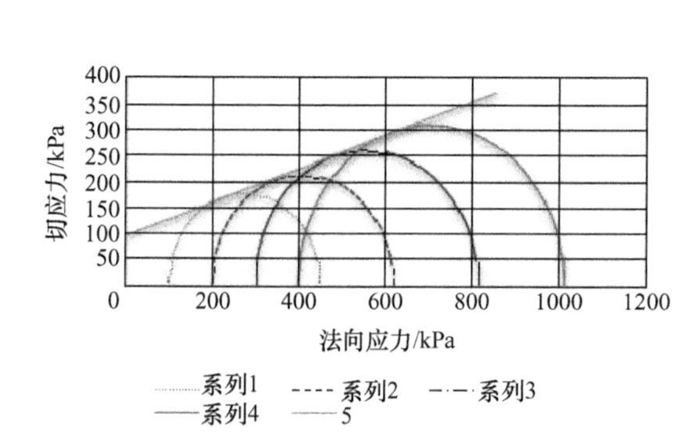

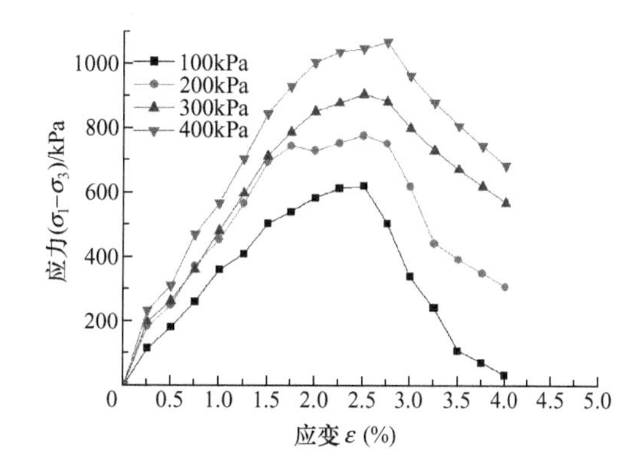

图4-47　16%复合水泥固化土三轴剪切压缩试验应力圆和应力—应变曲线（14d）

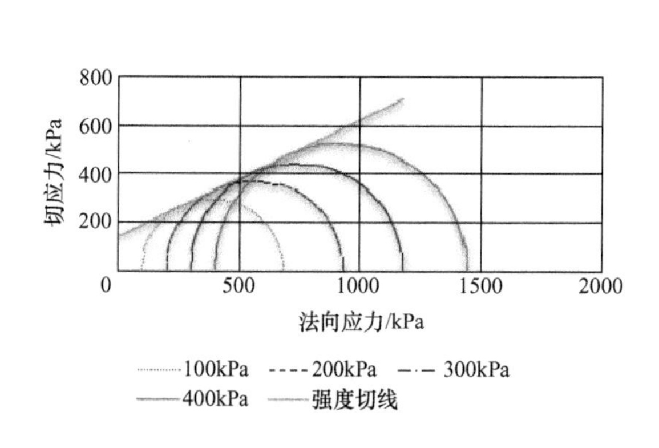

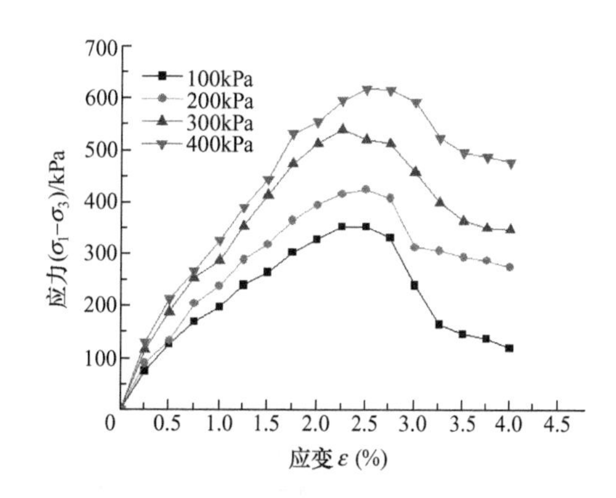

图4-48　22%复合水泥固化土三轴剪切压缩试验应力圆和应力—应变曲线（14d）

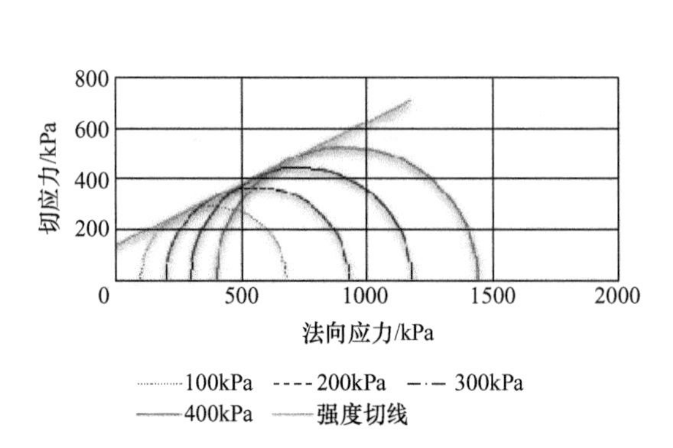

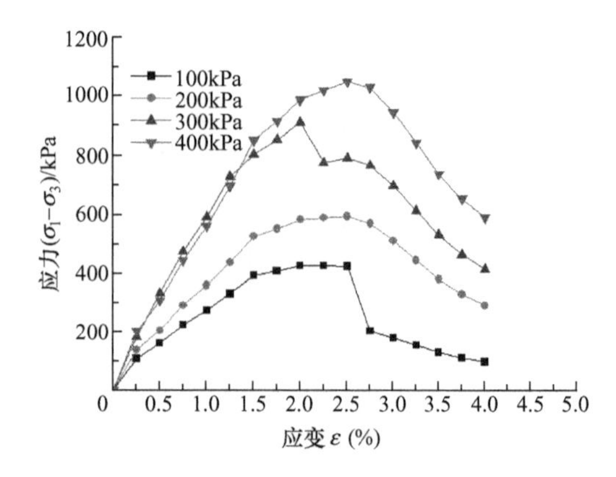

图 4-49　10%复合水泥固化土三轴剪切压缩试验应力圆和应力—应变曲线（28d）

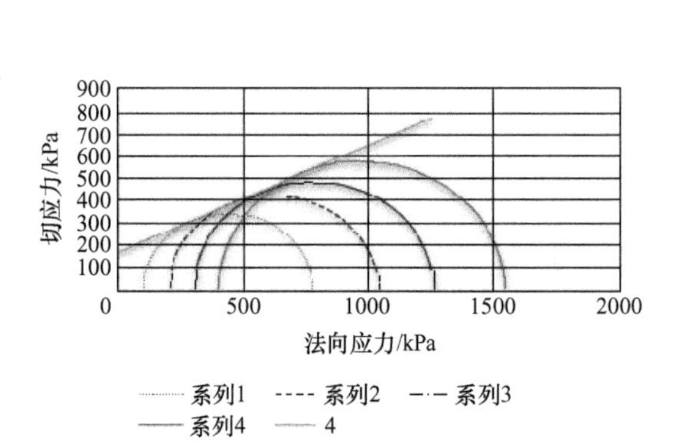

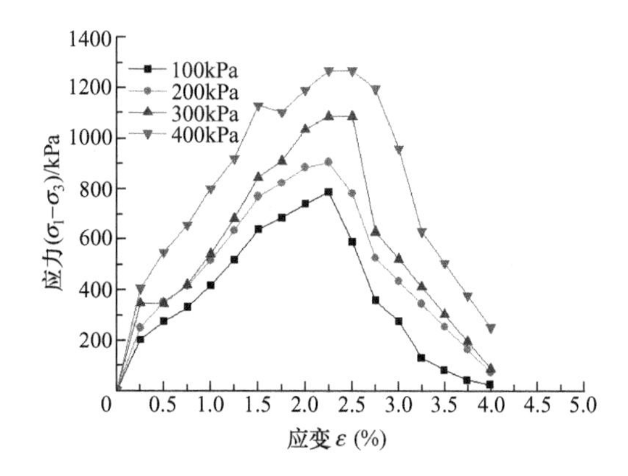

图 4-50　16%复合水泥固化土三轴剪切压缩试验应力圆和应力—应变曲线（28d）

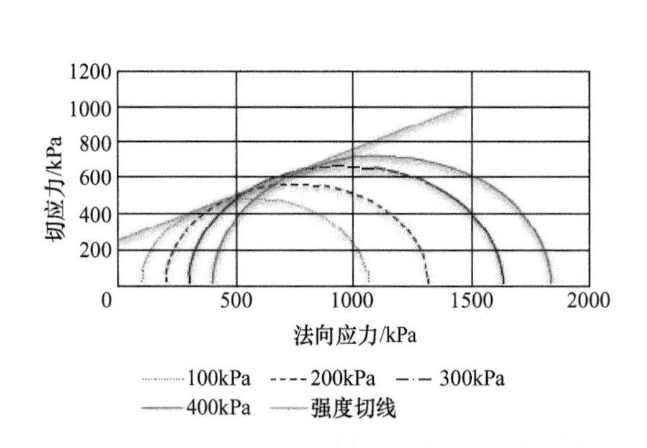

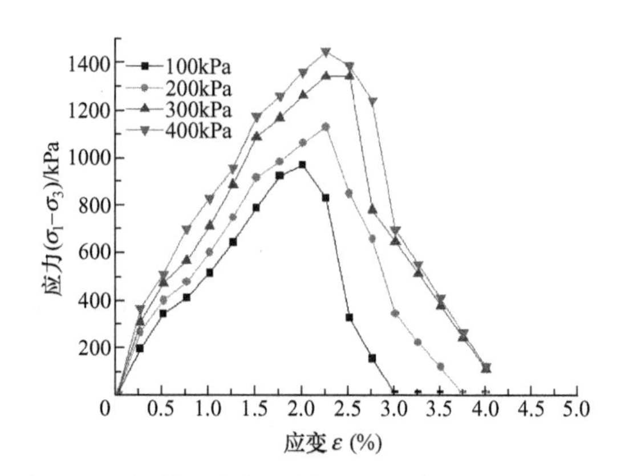

图 4-51　22%复合水泥固化土三轴剪切压缩试验应力圆和应力—应变曲线（28d）

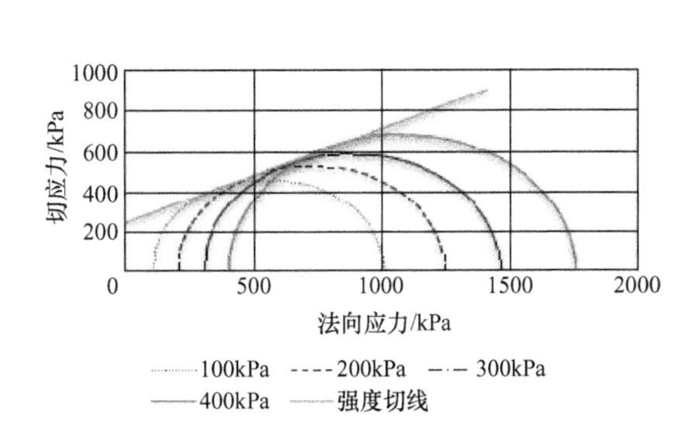

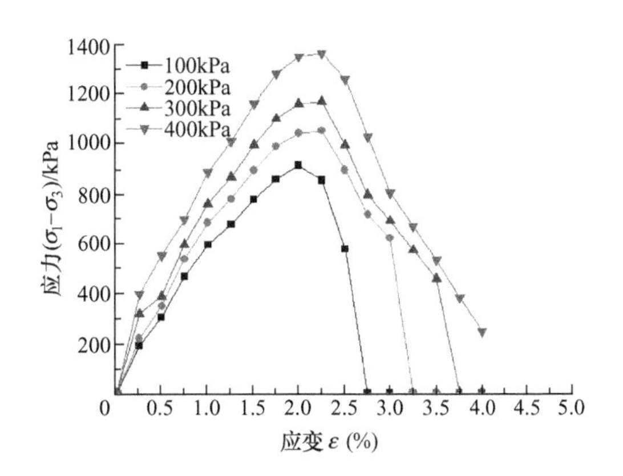

图 4－52　10％复合水泥固化土三轴剪切压缩试验应力圆和应力—应变曲线（90d）

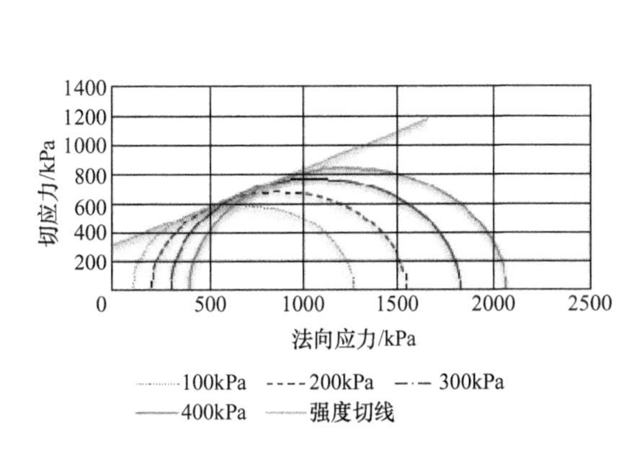

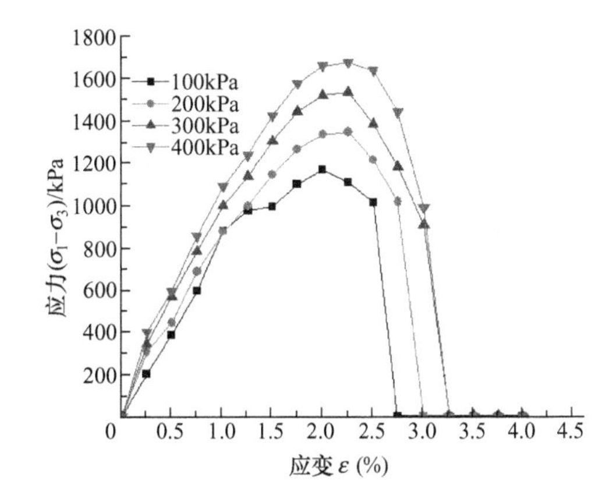

图 4－53　16％复合水泥固化土三轴剪切压缩试验应力圆和应力—应变曲线（90d）

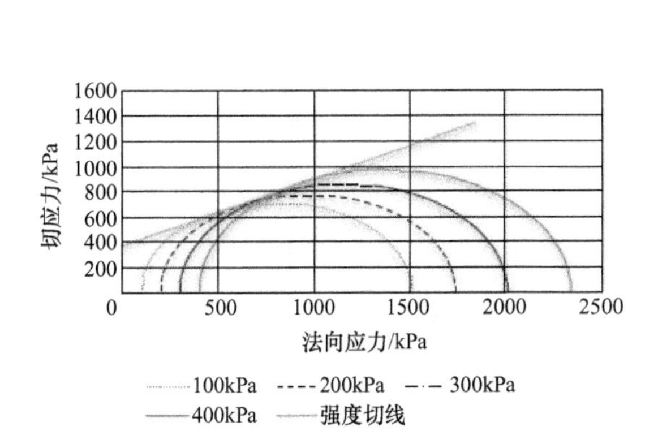

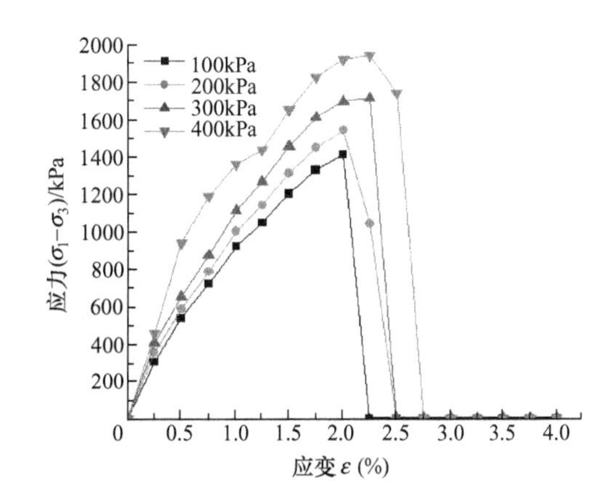

图 4－54　22％复合水泥固化土三轴剪切试验应力圆和应力—应变曲线（90d）

从图 4－46～图 4－54，再对比复合水泥固化土与铝渣固化土的应力圆和应力—应变曲线，可以看出两种固化土有以下相似的变化规律。

① 两种固化土的破坏主应力都随着固化剂掺入比的提高和龄期的增长而提高。

② 随着固化剂掺入比的提高和龄期的增长，两种固化土的极限应变逐渐减小，两者的应力—应变关系都从应变软化逐渐向脆性发展。特别是掺入比较高和龄期较长时，两者都呈现明显的脆性破坏特征。

③ 随着养护时间的增长，两种固化土的应力—应变曲线的初始直线段越来越陡，即固化土的初始模量值越来越大。

④ 随着围压 σ_3 的增大，从应力—应变曲线可以看出两种固化土的破坏主应力和极限应变都有明显的提升，应力圆显著增大，这说明强度增加明显，且两种固化土有逐渐从脆性破坏转变为塑性破坏的趋势。随着围压的增加，两种固化土的应力—应变关系明显地从应变软化转变为应变硬化，是一个渐变过程，且对于不同的养护时间、不同的掺入比是有差别的。

两种固化土既有相似的变化规律，也存在不同之处，主要表现在：①复合水泥固化土更早出现脆性破坏的特征，14d 龄期水泥掺入比为 16%的固化土已经出现明显的脆性破坏特征，而铝渣固化土出现明显的脆性破坏是在龄期达到 28d 后。②水泥掺入比对复合水泥固化土三轴剪切强度的影响较稳定，其影响随龄期的变化不大；但铝渣固化剂掺入比对固化土强度的影响程度在不同的龄期下是不同的，龄期越长，铝渣固化剂掺入比对三轴剪切强度的影响越大。

4.3.6 抗压回弹模量对比试验

复合水泥固化土和铝渣固化土抗压回弹模量试验按照《公路工程无机结合料稳定材料试验规程》（JTG E51—2009）进行，所得数据见表 4-46 和图 4-55。

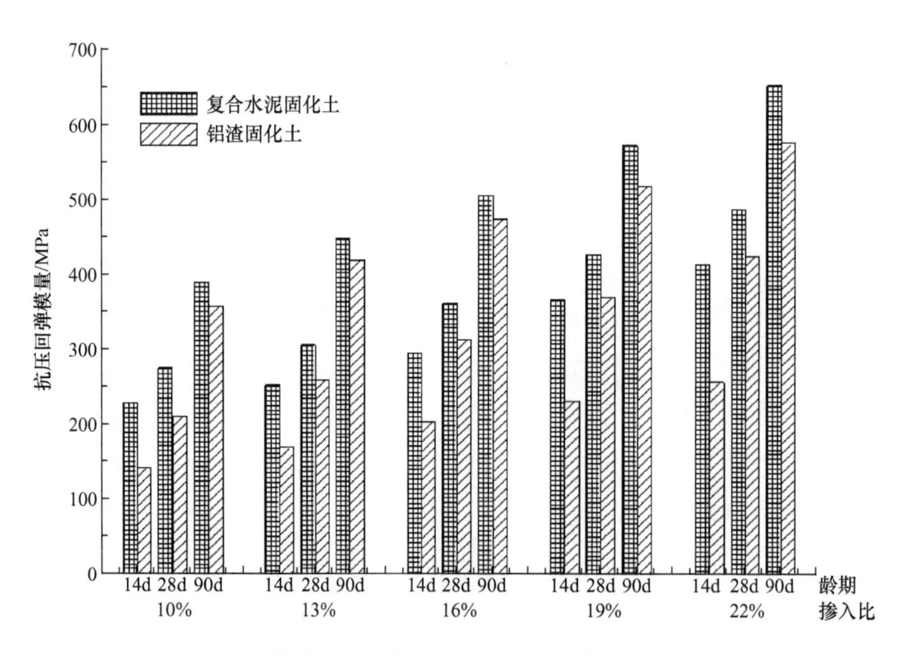

图 4-55　复合水泥固化土和铝渣固化土的抗压回弹模量

表 4-46 复合水泥固化土和铝渣固化土抗压回弹模量 (单位：MPa)

类型	龄期	不同掺入比下的抗压回弹模量				
		10%	13%	16%	19%	22%
复合水泥固化土	14d	228.39	252.43	295.84	366.62	414.70
	28d	274.97	306.19	361.91	427.73	488.33
	90d	390.57	448.41	506.25	574.27	654.23
铝渣固化土	14d	142.38	168.87	203.34	231.98	257.06
	28d	209.80	259.56	313.60	369.85	426.70
	90d	357.26	419.31	474.36	518.35	577.08

从试验结果可以得知，不同掺入比下的复合水泥固化土压缩模量随掺入比和龄期增长的趋势与铝渣固化土基本一致，但复合水泥固化土前期抗压回弹模量较高，后期增长幅度较小且增长平稳；而铝渣固化土的前期抗压回弹模量较低，但其随龄期增长的幅度较复合水泥固化土大。90d 龄期时，掺入比 16%的铝渣固化土抗压回弹模量与掺入比 13%的复合水泥固化土抗压回弹模量相当。

第5章 无熟料碱渣固化剂研制及其固化土力学性能研究

5.1 无熟料碱渣固化剂研制

碱渣是氨碱法制碱过程中排放的废渣，脱硫石膏、矿渣是有活性成分的工业废渣。目前，碱渣和脱硫石膏都有多年在水泥和混凝土中使用的历史，然而在以前的研究中，都是以碱渣或脱硫石膏单独掺入到现有的水泥基材料中，掺入量很有限，且脱硫石膏也多是替代石膏充当缓凝剂。本文以碱渣、脱硫石膏为主要原材料，通过对激发剂的合理比选以及对各矿物组分不同配合比的正交试验研究，确定各组分原材料对无熟料碱渣固化剂物理力学性能贡献的大小，并通过微观分析揭示该固化剂材料的水化机理，为无熟料碱渣固化土研究提供了理论基础。

5.1.1 正交试验研究

1. 正交试验设计

为了进一步研究各材料掺量对无熟料碱渣固化剂强度、凝结时间、标准稠度需水量等物理力学性能的影响，设计了如下A组和B组两组三因素、三水平正交试验。表5-1所示为A组试验的正交试验的三因素、三水平表，表5-2为A组对应的正交试验表各材料的质量百分比。表5-3所示为B组试验的正交试验的三因素、三水平表，表5-4为B组对应的正交试验表各材料的质量百分比，其中激发剂用量为5%。

表 5-1　A组正交试验因素水平表

水平	因素		
	脱硫石膏/%	碱渣/%	矿渣/%
1	12	20	20
2	15	30	30
3	18	40	40

表 5-2　A组正交试验表

编号	脱硫石膏/%	碱渣/%	矿渣/%	粉煤灰/%
#1	1 (12)	1 (20)	1 (20)	43
#2	1 (12)	2 (30)	2 (30)	23
#3	1 (12)	3 (40)	3 (40)	3
#4	2 (15)	1 (20)	2 (30)	30
#5	2 (15)	2 (30)	3 (40)	10
#6	2 (15)	3 (40)	1 (20)	20
#7	3 (18)	1 (20)	3 (40)	17
#8	3 (18)	2 (30)	1 (20)	27
#9	3 (18)	3 (40)	2 (30)	7

表 5-3　B组正交试验因素水平表

水平	因素		
	脱硫石膏/%	碱渣/%	粉煤灰/%
1	12	20	20
2	15	30	30
3	18	40	40

表 5-4　B组正交试验表

编号	脱硫石膏/%	碱渣/%	粉煤灰/%	矿渣/%
#1	1 (12)	1 (20)	1 (20)	43
#2	1 (12)	2 (30)	2 (30)	23
#3	1 (12)	3 (40)	3 (40)	3
#4	2 (15)	1 (20)	2 (30)	30
#5	2 (15)	2 (30)	3 (40)	10
#6	2 (15)	3 (40)	1 (20)	20
#7	3 (18)	1 (20)	3 (40)	17
#8	3 (18)	2 (30)	1 (20)	27
#9	3 (18)	3 (40)	2 (30)	7

2. 正交试验结果

表 5-5 所列为《通用硅酸盐水泥》(GB 175—2007) 中复合水泥在不同龄期下的强

度。无熟料碱渣固化剂主要由脱硫石膏、碱渣、粉煤灰、矿渣及激发剂组成。试验A组（#1～#9）配合比的物理力学性能见表5-6，B组（#1～#9）配合比的物理力学性能见表5-7。

表5-5　复合水泥不同龄期的强度　（单位：MPa）

强度等级	抗压强度		抗折强度	
	3d	28d	3d	28d
32.5	10.0	32.5	2.5	5.5
32.5R	15.0	32.5	3.5	5.5
42.5	15.0	42.5	3.5	6.5

表5-6　A组（#1～#9）配合比无熟料碱渣固化剂的物理力学性能表

编号	安定性	标准稠度需水量	凝结时间		抗折强度/MPa		抗压强度/MPa	
			初凝	终凝	3d	28d	3d	28d
#1	合格	29.60%	1h10min	2h05min	2.23	6.00	6.90	30.10
#2	合格	29.60%	1h21min	2h10min	2.33	6.03	9.00	36.67
#3	合格	29.80%	1h15min	2h	2.20	5.80	7.30	32.54
#4	合格	29.80%	1h17min	2h18min	3.57	7.00	12.57	40.50
#5	合格	28.60%	1h20min	2h55min	2.54	6.50	9.30	39.13
#6	合格	29.90%	1h10min	2h30min	1.78	5.40	5.50	27.65
#7	合格	29.80%	1h58min	2h31min	1.93	5.60	6.15	28.78
#8	合格	29.60%	1h20min	2h15min	1.40	4.00	4.00	22.30
#9	合格	29.60%	1h30min	2h30min	1.10	3.40	3.90	20.10

从表5-6中可以看出，采用A组试验的无熟料碱渣固化剂的早期强度较低，而后期强度（28d）相对较高。其3d抗压强度最大为12.57MPa，抗折强度最大为3.57MPa；28d抗压强度最大为40.50MPa，抗折强度最大为7.00MPa。此外，无熟料碱渣固化剂安定性合格，凝结时间比普通水泥短。按照《通用硅酸盐水泥》（GB 175—2007），对比表5-5得知，仅#4的强度达到32.5复合水泥的水泥强度技术要求。

表5-7　B组（#1～#9）配合比无熟料碱渣固化剂的物理力学性能表

编号	安定性	标准稠度需水量	凝结时间		抗折强度/MPa		抗压强度/MPa	
			初凝	终凝	3d	28d	3d	28d
#1	合格	29.60%	1h08min	2h10min	2.93	6.60	12.22	40.20
#2	合格	29.20%	1h28min	2h26min	2.89	6.40	11.36	35.22
#3	合格	29.90%	1h35min	2h24min	2.17	5.20	6.44	30.80
#4	合格	29.80%	1h30min	2h32min	3.17	7.00	12.37	41.30
#5	合格	29.00%	1h20min	2h55min	0.57	2.50	1.11	10.33
#6	合格	29.90%	1h10min	2h30min	1.78	5.40	5.50	27.65

续表

编号	安定性	标准稠度需水量	凝结时间		抗折强度/MPa		抗压强度/MPa	
			初凝	终凝	3d	28d	3d	28d
#7	合格	28.80%	1h41min	2h35min	1.23	4.50	2.36	16.54
#8	合格	28.60%	1h35min	2h21min	1.07	3.30	3.34	25.77
#9	合格	29.20%	1h30min	2h10min	0.33	2.30	0.82	7.35

从表5-7中可以看出，采用B组#4试验的无熟料碱渣固化剂早期强度有一定程度提高，其3d抗压强可达12.37MPa，抗折强度也达3.17MPa，而28d抗压强度可达41.30MPa，抗折强度也达7.00MPa；且该固化剂安定性合格，初凝时间最快为1h08min，终凝时间最快为2h10min。按照《通用硅酸盐水泥》(GB 175—2007)，对比表5-5得知，#1、#2、#4三组配合比均达到32.5复合水泥的水泥强度技术要求。

3. 正交试验极差分析

无熟料碱渣固化剂A、B组正交试验抗折强度极差分析结果见表5-8和表5-9，抗压强度极差分析结果见表5-10和表5-11，凝结时间极差分析结果见表5-12和表5-13，标准稠度需水量极差分析结果见表5-14和表5-15。

表5-8 A组抗折强度极差分析表 (单位：MPa)

水平	3d抗折强度			28d抗折强度		
	脱硫石膏	碱渣	粉煤灰	脱硫石膏	碱渣	粉煤灰
1	2.253	2.577	1.803	5.943	6.200	5.133
2	2.630	2.090	2.333	6.300	5.510	5.477
3	1.477	1.693	2.223	4.333	4.867	5.967
极差	0.777	0.487	0.110	1.967	1.333	0.833

表5-9 B组抗折强度极差分析表 (单位：MPa)

水平	3d抗折强度			28d抗折强度		
	脱硫石膏	碱渣	粉煤灰	脱硫石膏	碱渣	粉煤灰
1	2.663	2.443	1.927	6.067	6.033	5.100
2	1.840	1.510	2.130	4.967	4.067	5.233
3	0.877	1.427	1.323	3.367	4.300	4.067
极差	1.787	1.017	0.807	2.700	1.733	1.167

从表5-8和表5-9中可以看出，对抗折强度的贡献由大到小依次为脱硫石膏、碱渣和粉煤灰。其中，脱硫石膏含量越高，抗折强度越高。

表 5-10 A 组抗压强度极差分析表 (单位：MPa)

水平	3d 抗压强度			28d 抗压强度		
	脱硫石膏	碱渣	矿渣	脱硫石膏	碱渣	矿渣
1	7.733	8.540	5.467	33.103	33.127	26.683
2	9.123	7.433	8.490	35.760	32.700	32.423
3	4.683	5.567	7.583	23.727	26.763	33.483
极差	4.440	2.973	3.023	12.033	6.363	6.800

表 5-11 B 组抗压强度极差分析表 (单位：MPa)

水平	3d 抗压强度			28d 抗压强度		
	脱硫石膏	碱渣	粉煤灰	脱硫石膏	碱渣	粉煤灰
1	10.007	8.983	7.020	35.407	32.680	31.207
2	6.327	5.270	8.183	26.427	23.773	27.957
3	2.173	4.253	3.303	16.553	21.933	19.223
极差	7.833	4.730	4.880	18.853	10.747	11.983

从表 5-10 和表 5-11 中可以看出，对抗压强度的贡献由大到小依次为脱硫石膏、矿渣、粉煤灰和碱渣。其中，脱硫石膏含量越高，抗压强度越高；碱渣含量越高，抗压强度越低；矿渣和粉煤灰的比例越接近，抗压强度越高。

表 5-12 A 组凝结时间极差分析表 (单位：min)

水平	初凝			终凝		
	脱硫石膏	碱渣	矿渣	脱硫石膏	碱渣	矿渣
1	75	88	73	125	138	137
2	75	80	83	144	147	139
3	96	78	91	145	140	149
极差	20	8	18	20	7	12

表 5-13 B 组凝结时间极差分析表 (单位：min)

水平	初凝			终凝		
	脱硫石膏	碱渣	粉煤灰	脱硫石膏	碱渣	粉煤灰
1	83	86	77	140	152	140
2	80	88	89	162	154	146
3	95	85	92	145	141	161
极差	15	3	14	22	13	21

从表 5-12 和表 5-13 中可以看出，对初凝和终凝的影响由大到小依次为脱硫石膏、矿渣、粉煤灰和碱渣。其中，脱硫石膏含量越高，初凝、终凝时间均越长。

表 5-14 A组标准稠度需水量极差分析表

水平	脱硫石膏/%	碱渣/%	矿渣/%
1	29.767	29.733	29.700
2	29.433	29.267	29.667
3	29.667	29.667	29.400
极差	0.233	0.467	0.267

表 5-15 B组标准稠度需水量极差分析表

水平	脱硫石膏/%	碱渣/%	粉煤灰/%
1	29.567	29.400	29.367
2	29.567	28.933	29.400
3	28.867	29.667	29.233
极差	0.700	0.733	0.133

从表 5-14 和表 5-15 中可以看出，对无熟料碱渣固化剂需水量的影响由大到小依次为碱渣、矿渣、脱硫石膏和粉煤灰。其中，碱渣含量越高，需水量越大。

在本次正交试验中，初凝和终凝时间都符合要求，因此在选择最佳配合比时主要考虑抗折和抗压强度这两项指标。

在正交试验结果极差分析中得出：矿渣和粉煤灰的比例越接近，抗压和抗折强度越高，且矿渣含量高、碱渣含量低的无熟料碱渣固化剂抗压、抗折强度较大，因此 B#4 这一配合比的各项指标均为最好，但是为了使碱渣等固体废弃物利用最大化，所以选取 B#2 作为最佳配合比。B#2 配合比的无熟料碱渣固化剂既能够将废物利用最大化，又符合《通用硅酸盐水泥》(GB 175—2007) 要求。

5.1.2 无熟料碱渣固化剂最佳配合比选择

1. 物理力学性能

根据工程需求，本节重点研究 B#2 组的各项物理力学性能，为固结土的研究奠定一个良好的理论基础。B#2 组的配合比见表 5-16，其各项物理力学性能见表 5-17。

表 5-16 B#2 配合比组成

编号	脱硫石膏	碱渣	粉煤灰	矿渣
B#2	12%	30%	30%	23%

表 5-17 B#2 配合比的物理力学性能

编号	安定性	标准稠度需水量	凝结时间		抗折强度/MPa		抗压强度/MPa	
			初凝	终凝	3d	28d	3d	28d
B#2	合格	29.20%	1h28min	2h26min	2.89	6.4	11.36	35.22

2. 耐久性研究

为确保无熟料碱渣固化剂在不同环境条件下的安全使用，我们拟对其耐水性能、抗硫酸盐侵蚀性能、抗干湿循环性能及耐高温性能等方面的耐久性进行研究。无熟料碱渣固化剂的耐水性能可以通过在淡水中浸泡一段时间后的强度变化来表征；抗硫酸盐侵蚀性能通过在 5%硫酸钠溶液中浸泡一段时间后的强度变化来表征；抗干湿循环性能通过试件的干湿循环一段时间后的强度变化来表征；耐高温性能通过放入 80℃烘箱一段时间后试件的强度变化来表征。为此，将最佳配合比 B#2 组在拆模后全部放在标准养护条件下养护 28d，再将试件分别放在不同养护条件下继续养护 28d 测其强度，研究该固化剂物理力学性能变化情况，试验结果见表 5－18。

表 5－18　不同养护条件下 B#2 的 28d 强度　（单位：MPa）

强度	养护条件			
	淡水	5%硫酸钠溶液	干湿循环	80℃烘箱中
抗折强度	11.37	7.94	13.28	2.8
抗压强度	47.39	25.93	40.11	11.6

从图 5－1 中可以看出，无熟料碱渣固化剂在淡水养护条件下的抗压强度>在干湿循环养护条件下的抗压强度>在 5%硫酸钠溶液养护条件下的抗折和抗压强度>在 80℃烘箱养护条件下的抗折和抗压强度，由此可见，无熟料碱渣固化剂耐水性能相对最好，抗干湿循环性能次之，再其次为抗硫酸盐侵蚀性能，耐高温性能最差。这是由于在水化龄期初期，无熟料碱渣固化剂产生的水化产物比较少，而随着养护时间延长，形成的水化产物对石膏的包裹逐步密实；随着龄期继续延长和固化剂不断水化，剩余石膏被水化产物包裹得更密实，溶解越来越慢，最终停止，因此其耐水性能不断提高。大量文献资料还表明，碱激发矿渣体系具有较好的抗硫酸盐侵蚀性能，由于水化产物的碱度降低和硬化浆体的密实度提高，无熟料碱渣固化剂的抗硫酸盐侵蚀性能也得到显著提高。

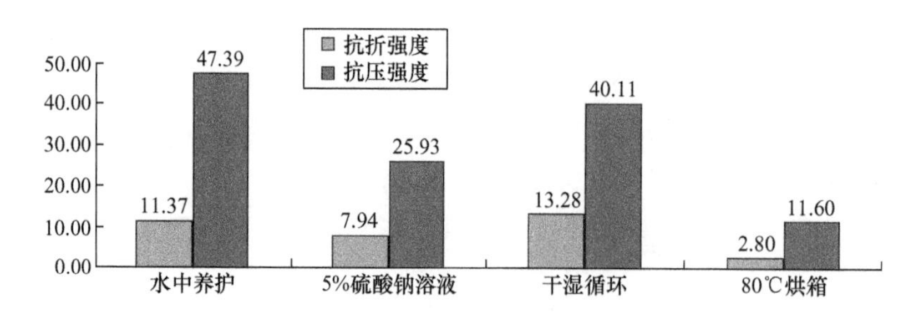

图 5－1　不同养护条件下 B#2 的 28d 强度（单位：MPa）

3. 水化热研究

图 5－2 所示为四种胶凝材料水化热曲线图，表 5－19～表 5－22 所列为四种胶凝材料的水化热情况，其中通道 1 为无熟料钢渣水泥，通道 2 为无熟料碱渣固化剂，通道 3 为 42.5 普通水泥，通道 4 为 32.5 复合水泥。

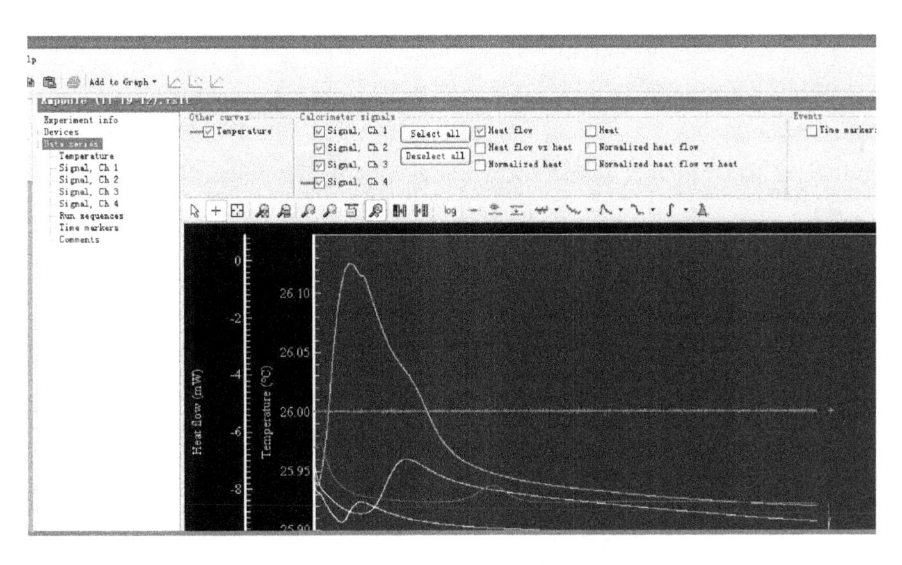

图 5-2　四种水泥材料水化热曲线

表 5-19　无熟料钢渣水泥水化热情况

Name	No. of data	Duration	Mean mW	Slope nW/s	Integral J	Peak Area kJ
Initial baseline	26	30min	0.015	-674.645	0.019	
Main	5715	4d 15h 38min 23s	-3.649	19.741	-1433.265	-1.436
Final baseline	26	30min 1s	0.001	11.894	0.001	

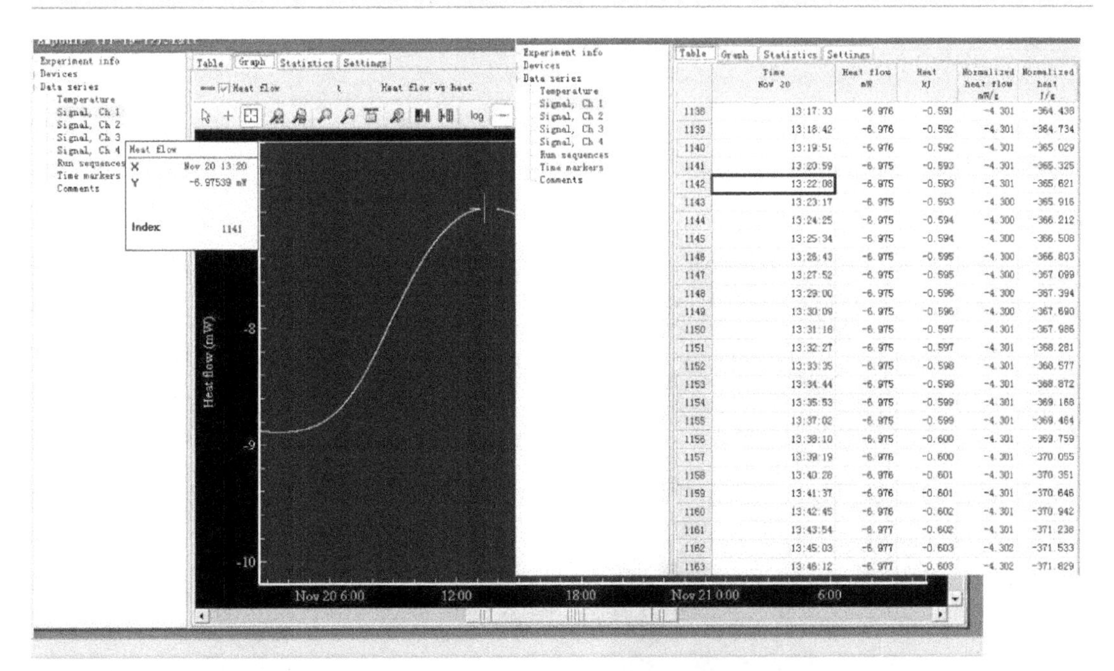

表 5－20　无熟料碱渣固化剂水化热情况

	Name	No. of data	Duration	Mean mW	Slope nW/s	Integral J	Peak Area kJ
1	Initial baseline	26	30min	0.015	-676.419	0.019	
2	Main	5715	4d 15h 38min 23s	-4.372	22.529	-1717.075	-1.720
3	Final baseline	26	30min 1s	0.001	20.591	0.001	

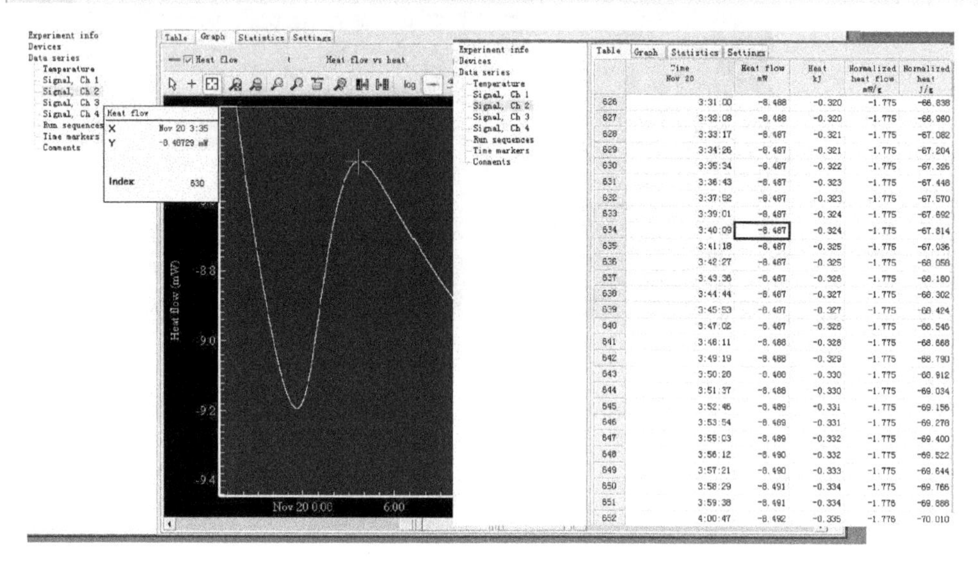

表 5－21　42.5 普通水泥水化热情况

Name	No. of data	Duration	Mean μW	Slope nW/s	Integral J	Peak Area J
Initial baseline	26	30min	11.961	-568.427	0.016	
Main	5715	4d 15h 38min 23s	-2435.737	10.945	-956.587	-959.151
Final baseline	26	30min 1s	0.802	22.678	0.001	

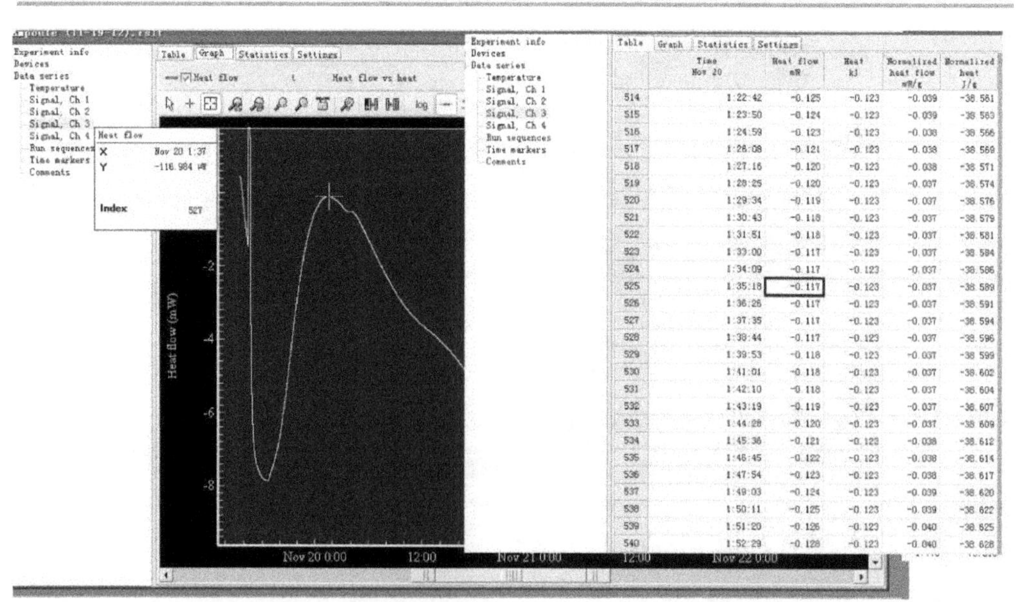

表 5－22　32.5 复合水泥水化热情况

Name	No. of data	Duration	Mean mW	Slope nW/s	Integral J	Peak Area kJ
Initial baseline	26	30min	0.015	-687.293	0.022	
Main	5715	4a 15n 38min 23s	-3.892	20.772	-1528.474	-1.532
Final baseline	26	30min 1s	0.001	21.353	0.001	

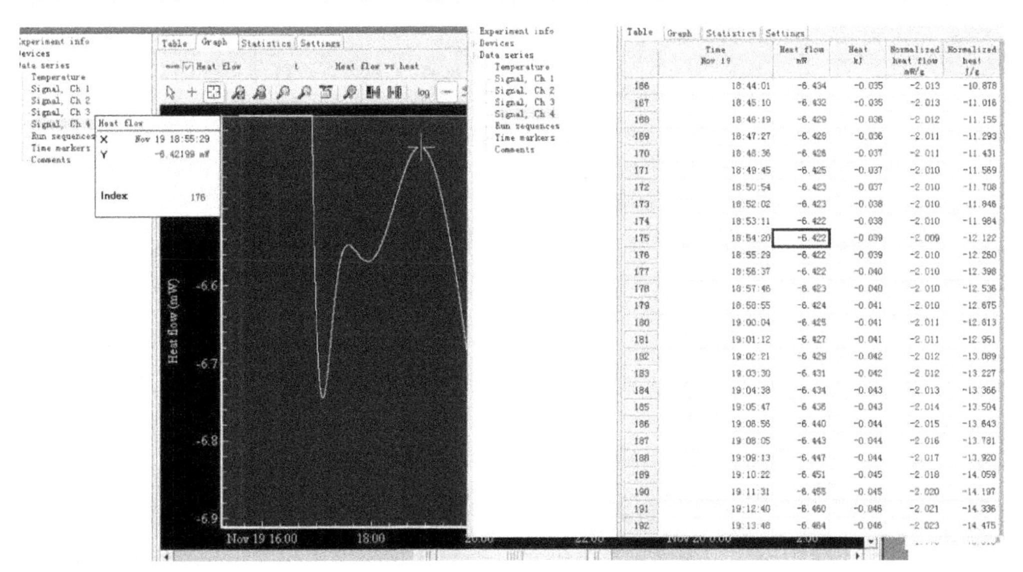

从图 5－2 以及表 5－19～表 5－22 中可以看出：

① 根据图中的峰值情况，可以得知其放热量情况为：42.5 普通水泥>32.5 复合水泥>无熟料钢渣水泥>无熟料碱渣固化剂；

② 根据产生的第一个峰值情况，可以说明其凝结时间长短为：42.5 普通水泥<32.5 复合水泥<无熟料钢渣水泥<无熟料碱渣固化剂。

5.1.3 无熟料碱渣固化剂微观分析

1. X 射线衍射结构分析

X 射线衍射法适用于研究固态的相关系。常温常压下以 X 射线衍射法研究静态法的相关系，可以得到该试件的相组成与相结构，是利用 X 射线在晶体、非晶体中衍射与散射效应，进行物相的定性和定量分析、结构类型完整性分析的一项技术，也是目前应用最广泛的一项结构分析技术。

其工作原理为：晶体是原子或原子集团等按照一定规律在空间规则排列而构成的固体，X 射线照射后被各个原子散射，散射线符合相干条件即可产生干涉现象，也就得到了晶体的 X 射线衍射图谱。不同的晶体结构原子排列是不同的，只有满足 Bragg 条件的散射线才能产生衍射线；不同的晶体结构衍射花样是不同的，衍射线条的位置和强度是不同的。分析衍射线条的位置可以确定物相的组成，这是定性分析；分析衍射线条的位置和强度可以确定物相的数量，这是定量分析。图 5－3 所示为无熟料碱渣固化剂 28d 的 X 射线衍射结构分析图。

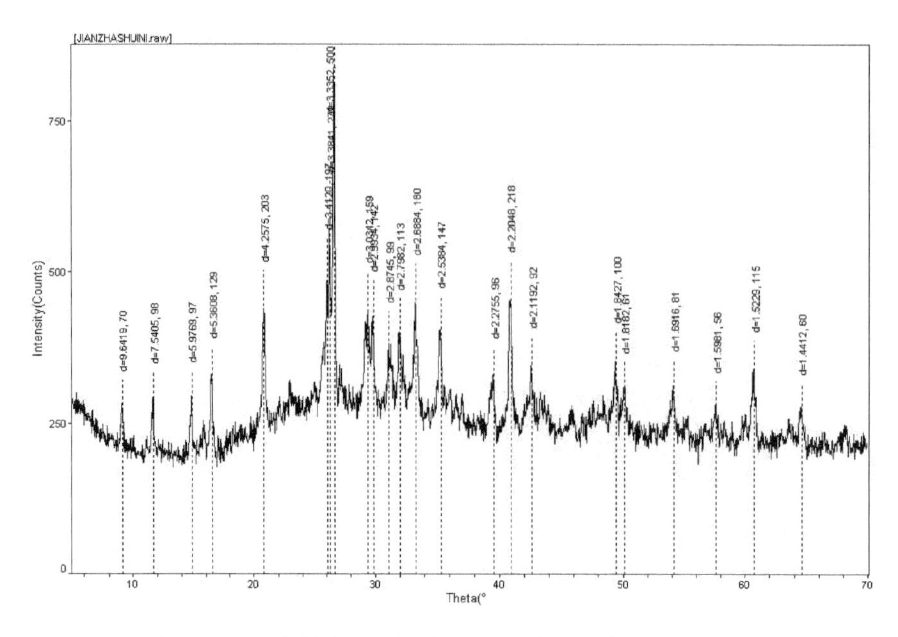

图 5-3　无熟料碱渣固化剂 28d 的 X 射线衍射结构分析图

对照标准图谱，从图 5-3 中可以看出，无熟料碱渣固化剂的主要水化产物为氢氧化钙、碳酸钙、水化硅酸钙、二氧化硅等。

2. SEM 分析

为了解最佳配合比的无熟料碱渣固化剂的形貌特征，我们对其进行了 SEM 分析。基于 SICCAS 型场发射扫描电镜，相关产物 28d 龄期 1.00μm、10.0μm、50.0μm、1.00mm 的 SEM 分析典型图片如图 5-4 所示。

通过对最佳配合比的无熟料碱渣固化剂进行 SEM 分析，从图中可以看出，其 28d 龄期的形貌特征基本与 32.5 复合水泥相似。

(a) 1.00μm

(b) 10.0μm

图 5-4　28d 龄期 1.00μm、10.0μm、50.0μm、1.00mm SEM 分析典型图片

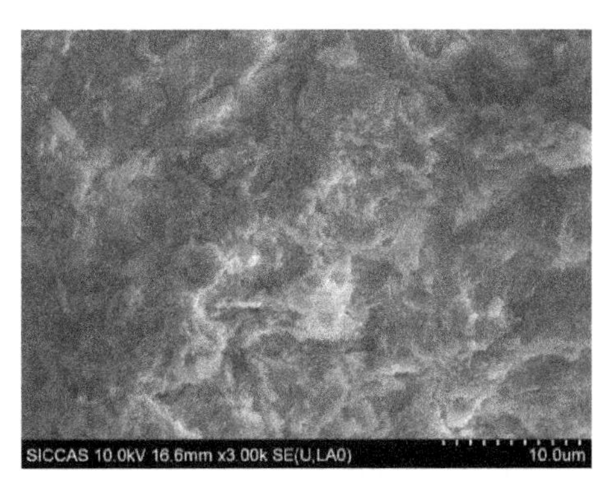

(c) 10.0μm

(d) 50.0μm

(e) 1.00mm

图 5－4　28d 龄期 1.00μm、10.0μm、50.0μm、1.00mm 的 SEM 分析典型图片（续）

5.2　无熟料碱渣固化土的工程性能研究

为了解无熟料碱渣固化土的工程性能，我们分别对无熟料碱渣固化剂（简称碱渣固化剂）掺入比 8％、10％、12％、15％、20％的五种固结土进行了 14d、28d、90d 三种龄期下的无侧限抗压强度试验、劈裂抗拉强度试验、压缩试验和三轴剪切压缩试验，并对无熟料碱渣固化土的无侧限抗压强度、劈裂抗拉强度、抗剪强度等方面的试验结果进行了分析，为该固化剂材料在实际工程方面的应用提供理论支撑。

5.2.1　试验材料与方法

1. 试验材料

(1) 试验用土

试验用土为宁波裘村围海项目的淤泥土质，其主要物理性质见表 5－23。

表 5-23 试验用土的主要物理力学性能

含水率/%	土粒重度	孔隙比	液限/%	塑限/%	塑性指数	液性指数	黏聚力/kPa	摩擦角/(°)
63.1	17.6	1.69	46.9	18.2	28.7	1.56	5.8	1.4

（2）固化剂

试验所用固化剂为无熟料碱渣固化剂，其配合比和物理力学性能分别见表 5-24 和表 5-25。

表 5-24 无熟料碱渣固化剂配合比组成

激发剂	脱硫石膏	碱渣	粉煤灰	矿渣
5%	12%	30%	30%	23%

表 5-25 无熟料碱渣固化剂物理力学性能

安定性	标准稠度需水量	凝结时间		抗折强度/MPa		抗压强度/MPa	
		初凝	终凝	3d	28d	3d	28d
合格	29.20%	1h28min	2h26min	2.89	6.4	11.36	35.22

2. 试验方法

试验方法同 4.2.1。

5.2.2 无侧限抗压强度试验结果分析

根据相关国家标准试验方法和计算结果处理，本试验所测得的不同掺入比下的无熟料碱渣固化土无侧限抗压强度见表 5-26。

表 5-26 无熟料碱渣固化土无侧限抗压强度 （单位：MPa）

龄期	不同掺入比下的无侧限抗压强度				
	8%	10%	12%	15%	20%
14d	0.02	0.04	0.08	0.14	0.28
28d	0.06	0.1	0.18	0.24	0.44
90d	0.1	0.16	0.27	0.41	0.63

1. 无熟料碱渣固化土无侧限抗压强度与无熟料碱渣固化剂掺入比的关系

根据表 5-26，绘制每组试件的无侧限抗压强度与无熟料碱渣固化剂掺入比之间的关系，如图 5-5 所示。

从图 5-5 可以看出，随着无熟料碱渣固化剂掺入比的增加，各个相同龄期的固化土无侧限抗压强度都在增长，增加趋势基本一致且呈非线性增长。

2. 无熟料碱渣固化土无侧限抗压强度与龄期的关系

根据表 5-26，绘制每组试件的无侧限抗压强度与龄期的关系，如图 5-6 所示。

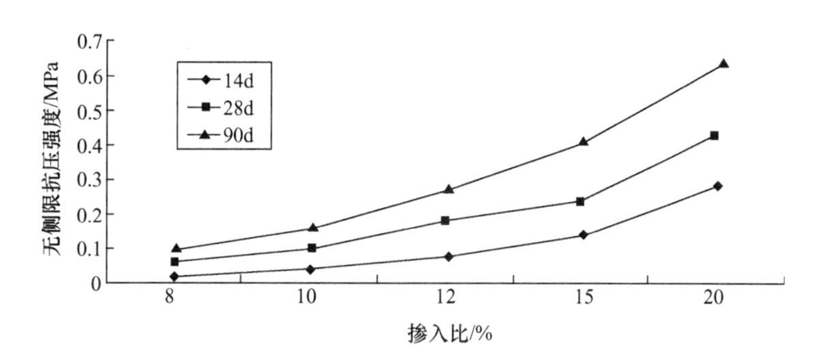

图 5-5　无侧限抗压强度随无熟料碱渣固化剂掺入比的变化

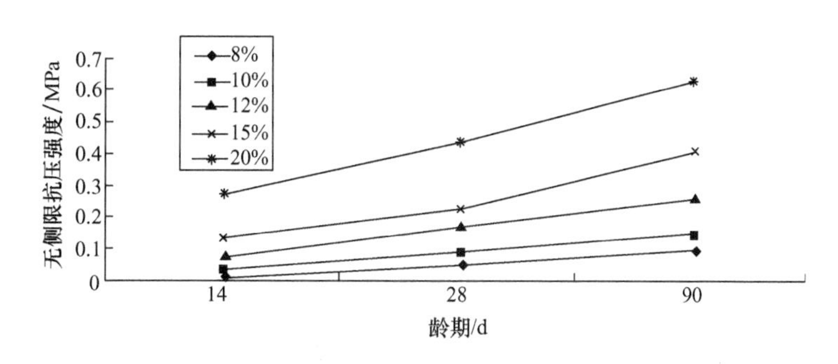

图 5-6　无侧限抗压强度随龄期的变化

从图 5-6 中可以看出，不同配合比下无熟料碱渣固化土的无侧限抗压强度随着龄期的增加，同配合比固化土的抗压强度都在增长，增加趋势基本一致且呈非线性增长。龄期小于 28d 时，强度的增长幅度较小，曲线较平缓；龄期大于 28d 后，强度增长有加快趋势。这是因为在试验的初期，稳定土中固化材料含量多，土颗粒表面的液体环境中存在的阳离子浓度最高，但无熟料碱渣固化剂早期强度低，发生物理化学反应的速度较慢；试件养护到 28d 后，各种结合料含量变少，无熟料碱渣固化剂的反应消耗也开始加快，离子浓度降低，从而使得固化土中的反应速度加快，表现为后期强度的增长幅度较快。

5.2.3 劈裂抗拉强度试验结果分析

根据国家相关标准的试验方法和计算结果处理，所测得的无熟料碱渣固化土劈裂抗拉强度见表 5-27。

表 5-27　无熟料碱渣固化土劈裂抗拉强度　（单位：MPa）

龄期	不同掺入比下的劈裂抗拉强度				
	8%	10%	12%	15%	20%
14d	—	—	0.013	0.025	0.051
28d	—	0.013	0.025	0.038	0.076
90d	0.013	0.038	0.051	0.076	0.102

1. 无熟料碱渣固化土劈裂抗拉强度与固化剂掺入比的关系

根据表 5-27，绘制每组试件的劈裂抗拉强度与无熟料碱渣固化剂掺入比之间的关系，如图 5-7 所示。

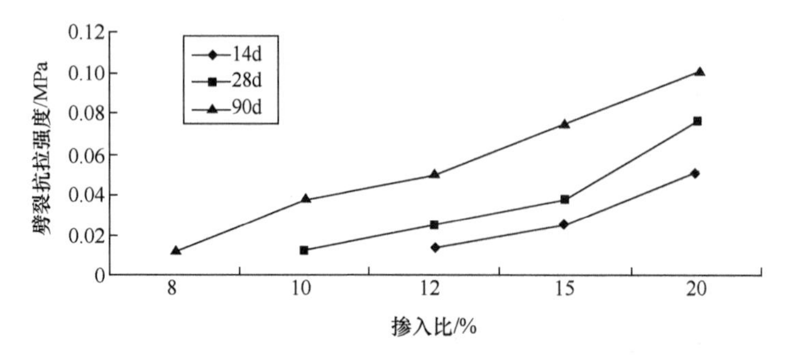

图 5-7　劈裂抗拉强度随无熟料碱渣固化剂掺入比的变化

从图 5-7 中可以看出，不同龄期下无熟料碱渣固化土随着无熟料碱渣固化剂掺入比的增加，各个相同龄期的固化土劈裂抗拉强度都在增长，增加趋势基本一致且呈非线性增长。

2. 无熟料碱渣固化土劈裂抗拉强度与龄期的关系

根据表 5-23，绘制每组试件的劈裂抗拉强度与龄期关系，如图 5-8 所示。

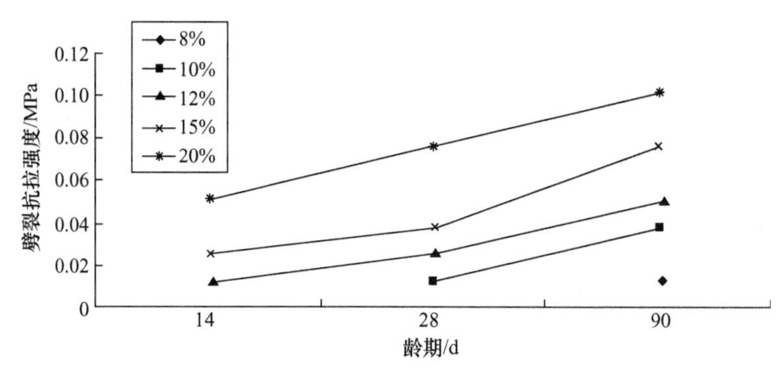

图 5-8　劈裂抗拉强度随龄期的变化

从图 5-8 中可以看出，无熟料碱渣固化土随着龄期的增加，同配合比固化土的劈裂抗拉强度都在增长，增加趋势基本一致且呈非线性增长。14—28d 的时间段内曲线较缓，说明劈裂抗拉强度增长比较慢；28—90d 的时间段内曲线相对较陡，说明劈裂抗拉强度增长的程度较前时间段有所加快。掺入比为 20%的无熟料碱渣固化土 28d 龄期的劈裂抗拉强度最高，但是整体增长趋势较缓。这主要取决于无熟料碱渣固化剂，其随龄期增长产生了较多的胶凝状物质，使得土颗粒之间的联结更紧密。

3. 无熟料碱渣固化土劈裂抗拉强度与无侧限抗压强度的关系

无熟料碱渣固化土抗拉性能远远低于其抗压性能，但是劈裂抗拉强度随着无侧限抗压强度的增长而增长，且两者之间存在一定的相关性。在本试验范围内，经分析可知该无熟料碱渣固化土的抗拉强度与抗压强度的比例基本上处于 5%～8%。

5.2.4 压缩试验结果分析

压缩系数计算公式为

$$a_{1-2}=\frac{e_1-e_2}{p_2-p_1} \tag{5-1}$$

式中：p_1和p_2分别取为0.1MPa和0.2MPa；e_1和e_2分别为p_1和p_2对应的孔隙比。

压缩模量计算公式为

$$E_{s1-2}=\frac{1+e_0}{a_{1-2}} \tag{5-2}$$

式中：e_0为试验前固化土试件的孔隙比，精确至0.01。

根据式（5-1）和式（5-2）计算得到无熟料碱渣固化土的压缩系数和压缩模量，见表5-28和表5-29。

表5-28　无熟料碱渣固化土压缩系数　（单位：MPa^{-1}）

龄期	不同掺入比下的压缩系数				
	8%	10%	12%	15%	20%
14d	1.96	1.78	1.50	1.03	0.85
28d	1.46	1.39	0.82	0.58	0.41
90d	1.35	1.29	0.68	0.41	0.27

表5-29　无熟料碱渣固化土压缩模量　（单位：MPa）

龄期	不同掺入比下的压缩模量				
	8%	10%	12%	15%	20%
14d	1.36	1.49	1.74	2.56	2.39
28d	1.86	2.02	3.18	4.42	6.35
90d	2.07	2.30	3.78	6.13	9.53

1. 无熟料碱渣固化土压缩系数、压缩模量与固化剂掺入比的关系

根据实验结果，绘制每组试件的压缩系数与无熟料碱渣固化剂掺入比之间的关系，如图5-9所示；绘制每组试件的压缩模量与无熟料碱渣固化剂掺入比之间的关系，如图5-10所示。

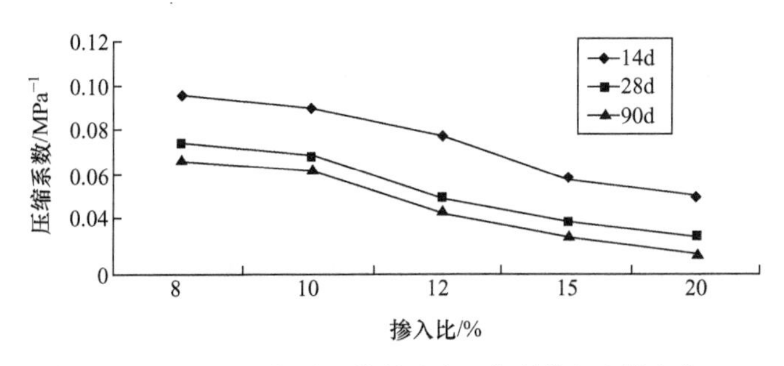

图5-9　压缩系数随无熟料碱渣固化剂掺入比的变化

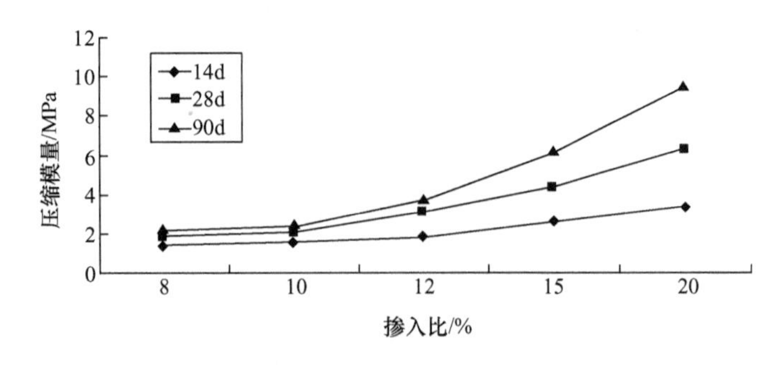

图 5-10 压缩模量随无熟料碱渣固化剂掺入比的变化

从图 5-9 和图 5-10 中可以看出，不同龄期下无熟料碱渣固化土的压缩性能有如下特点：在相同龄期下，随着无熟料碱渣固化剂掺入比的增加，不同配合比的固化土的压缩系数均减少，而相应固化土的压缩模量均增长。这进一步证明黏土经该固化剂处理后，土的孔隙变小，水化产物填充了孔隙，从而使土体变得更密实，土体骨架的坚硬性得到提高。

2. 无熟料碱渣固化土压缩系数、压缩模量与龄期的关系

根据实验结果，绘制每组试件的压缩系数与龄期之间的关系，如图 5-11 所示；绘制每组试件的压缩模量与龄期之间的关系，如图 5-12 所示。

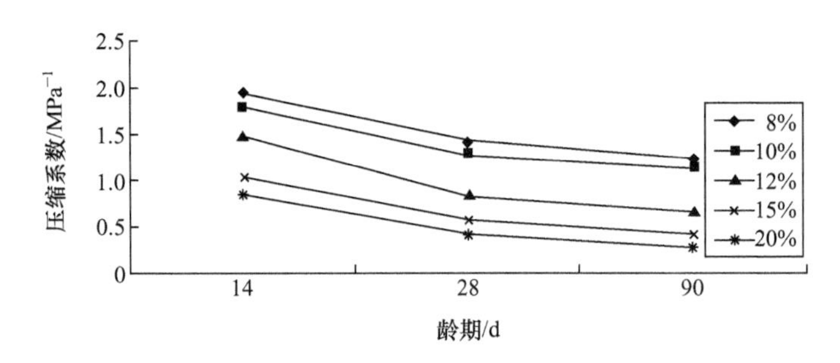

图 5-11 压缩系数随龄期的变化

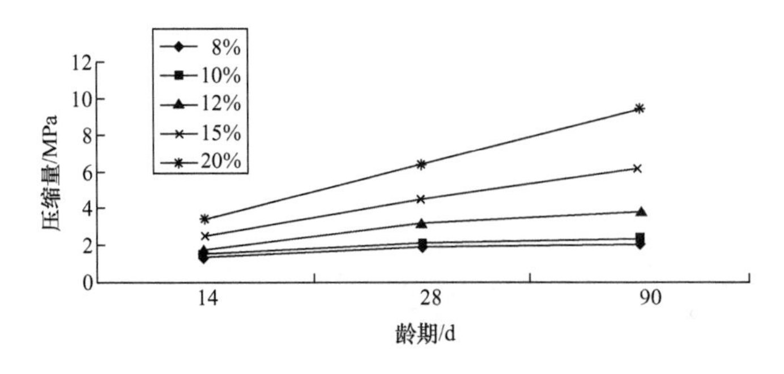

图 5-12 压缩模量随龄期的变化

从图 5－11 和图 5－12 可以看出，不同掺入比下的无熟料碱渣固化土的压缩性能有如下特点：随着龄期的增加，同配合比的固化土的压缩系数都在减少，而相应固化土的压缩模量都在增长。

5.2.5 三轴剪切压缩试验结果分析

1. 无熟料碱渣固化土的抗剪强度参数

通过在不同围压下获得无熟料碱渣固化土试件的破坏应力数据，以 $q=(\sigma_1-\sigma_3)/2$ 为纵轴、$p=(\sigma_1+\sigma_3)/2$ 为横轴绘制破坏包络线，破坏包络线与纵轴截距为 d，倾角为 α。利用土体强度包络线与破坏包络线的关系，可以得出其不固结不排水剪切的总应力强度参数 c（黏聚力）、φ（内摩擦角）：$c=d/\cos\varphi$，$\varphi=\sin^{-1}\tan\alpha$，见表 5－30。

表 5－30　无熟料碱渣固化土试件的抗剪强度参数

龄期	不同掺入比下的抗剪强度参数									
	8%		10%		12%		15%		20%	
	c/kPa	φ/(°)	c/kPa	φ/(°)	c/kPa	φ/(°)	c/kPa	φ/(°)	c/kPa	φ/(°)
14d	9.58	1.60	9.78	2.31	10.09	2.39	28.12	3.09	42.72	5.98
28d	11.78	1.94	13.46	2.71	15.98	7.94	81.56	9.77	97.55	13.64
90d	12.98	3.61	19.29	4.96	41.91	10.11	115.84	15.91	125.35	18.42

从表 5－30 中可以得出如下结论。

（1）无熟料碱渣固化土的黏聚力、内摩擦角与固化剂掺入比的关系

在相同龄期下，无熟料碱渣固化土的抗剪性能随着固化剂掺入比的增加，不同配合比固化土的黏聚力、内摩擦角都在增长。

（2）无熟料碱渣固化土的黏聚力、内摩擦角与龄期的关系

随着龄期的增加，不同配合比固化土的黏聚力、内摩擦角均逐渐增加。14～28d 的时间段内，固化土的黏聚力、内摩擦角的增长程度较大；28～90d 的时间段内，固化土的黏聚力、内摩擦角的增长程度相对变小。

2. 无熟料碱渣固化土的应力—应变关系

14d 龄期不同配合比的无熟料碱渣固化土在不同围压下的应力—应变关系如图 5－13～图 5－15 所示。总体上，随着轴向应变的增加，不同配合比下无熟料碱

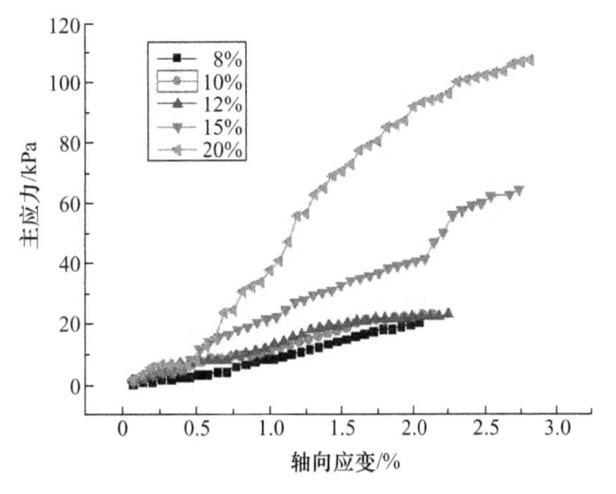

图 5－13　无熟料碱渣固化土主应力与轴向应变的关系曲线（100kPa，14d）

渣固化土试件的主应力值在不断提高；随着围压的提高，不同配合比下无熟料碱渣固化土试件的破坏应力和破坏应变均逐渐增加；随着无熟料碱渣固化剂掺入比的提高，固化土试件在不同围压下的破坏应力均有所提高。

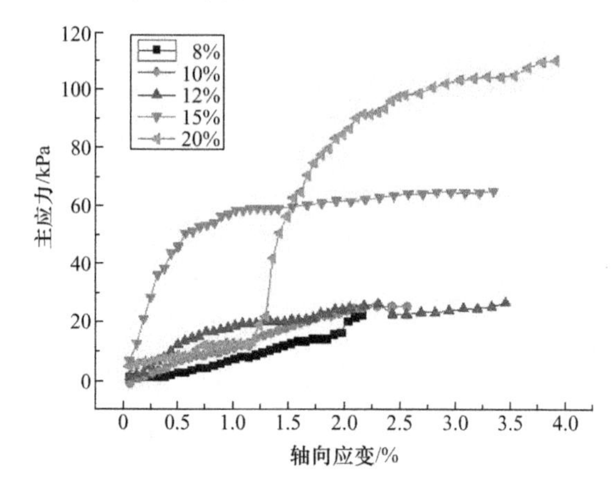

图 5-14　无熟料碱渣固化土主应力与轴向应变的关系曲线（200kPa，14d）

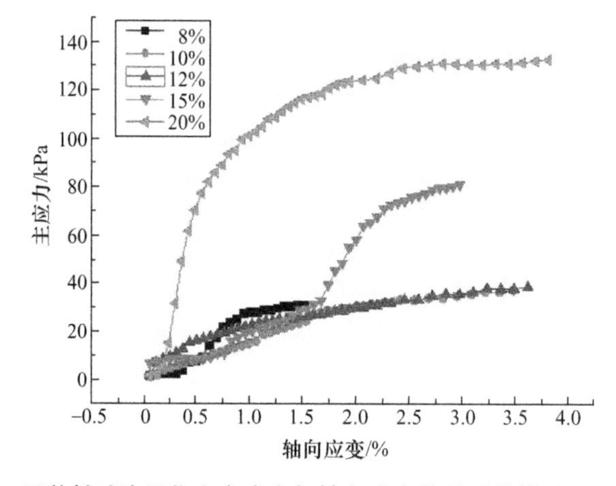

图 5-15　无熟料碱渣固化土主应力与轴向应变的关系曲线（400kPa，14d）

28d 龄期不同配合比下无熟料碱渣固化土在不同围压下的应力—应变关系如图 5-16～

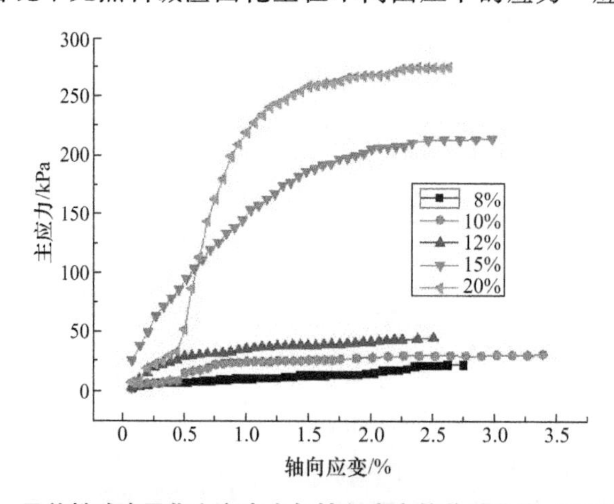

图 5-16　无熟料碱渣固化土主应力与轴向应变的关系曲线（100kPa，28d）

图 5－18 所示。总体上，应力－应变曲线在上升阶段初期呈现出更多的线性关系，然后进入屈服上升阶段，但随着无熟料碱渣固化剂掺入比的增加，其固化土屈服应力均有不同程度的提高。28d 龄期不同配合比固化土的破坏应力点比 14d 龄期同条件试件更明显。不同配合比固化土的破坏应力仍随围压的提高而增大。在某一级围压下，28d 龄期固化土随着无熟料碱渣固化剂掺入比的增大，固化土试件破坏应力增高。

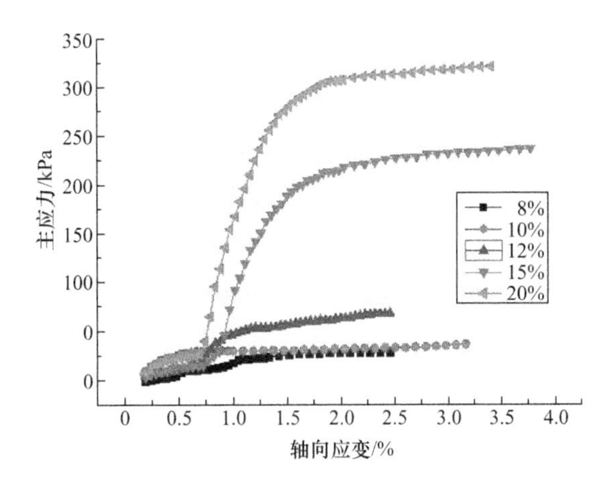

图 5－17　无熟料碱渣固化土主应力与轴向应变的关系曲线（200kPa，28d）

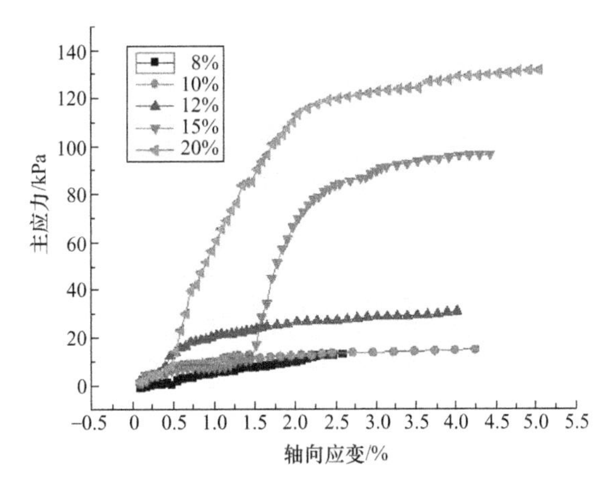

图 5－18　无熟料碱渣固化土主应力与轴向应变的关系曲线（400kPa，28d）

90d 龄期不同配合比下无熟料碱渣固化土在各种围压下的应力－应变关系如图 5－19～图5－21 所示。总体上，90d 龄期同条件试件的屈服应力大于 14d 和 28d 龄期试件，塑性变形阶段相对略短，曲线的上升段和平缓段的斜率均比 14d 和 28d 龄期有较大的增加，破坏应力点也更明显；达到破坏应力后，在应变增加不是很大的情况下，应力迅速减小，材料逐渐趋向脆性。90d 龄期无熟料碱渣固化土试件破坏应力高于 14d 和 28d 龄期的同条件无熟料碱渣固化土试件。随着围压的提高，不同配合比无熟料碱渣固化土试件的破坏应力均有一定幅度的增加，破坏应变随围压的提高，其增长幅度减小。因此，无熟料碱渣固化剂对 90d 龄期的固化土仍有较好的增强作用，增强效果同样受无熟料碱渣固化剂掺入比的影响。

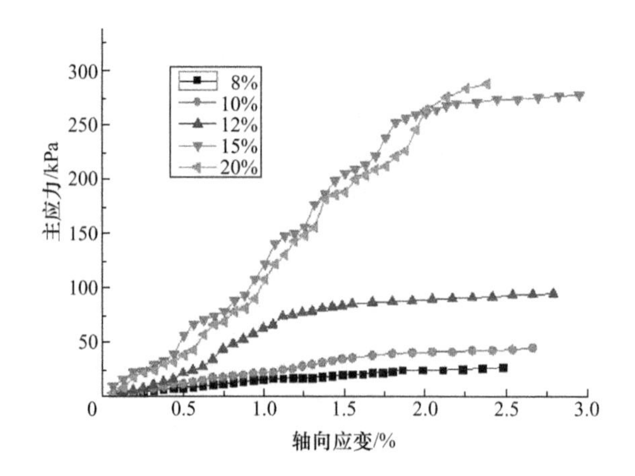

图 5-19　无熟料碱渣固化土主应力与轴向应变的关系曲线（100kPa，90d）

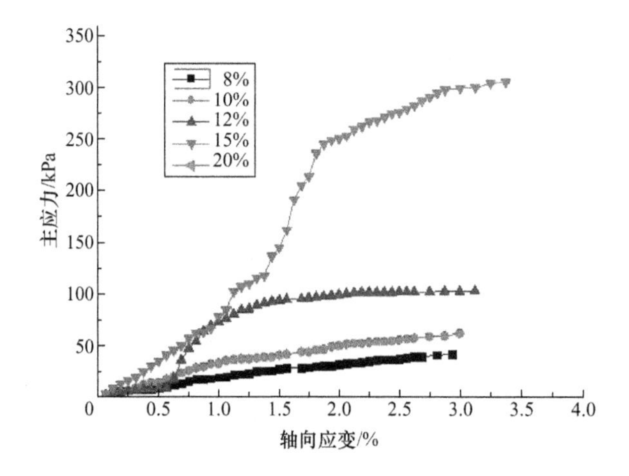

图 5-20　无熟料碱渣固化土主应力与轴向应变的关系曲线（200kPa，90d）

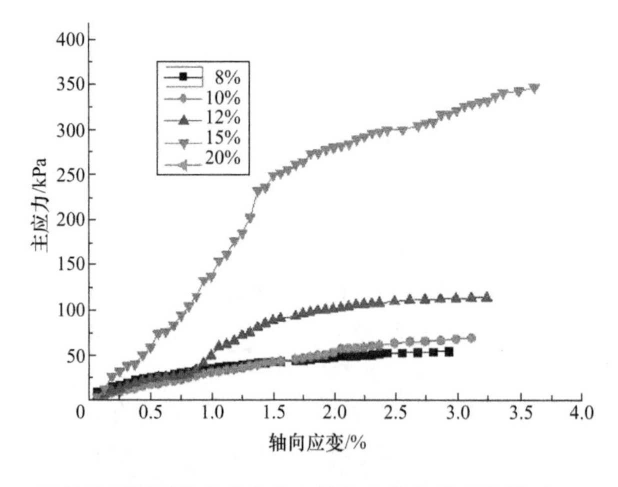

图 5-21　无熟料碱渣固化土主应力与轴向应变的关系曲线（400kPa，90d）

总体来说，不同围压和龄期下掺有无熟料碱渣固化剂的固化土试件主要呈现出非线性变形的特点，但随着无熟料碱渣固化剂掺入比的增大，无熟料碱渣固化土的屈服应力、破坏应力与破坏应变均有不同程度的提高，特别是随着龄期增长表现得更加明显。

5.2.6 固化土强度形成机理分析

土中掺入无熟料碱渣固化剂后，土体强度大幅度提高，且掺入量越大、强度越高。无熟料碱渣固化剂与土经搅拌而产生的加固效果，与无熟料碱渣固化剂遇水后所产生的一系列化学反应及其与土发生复杂的化学反应有关。无熟料碱渣固化土的形成过程中产生的反应，主要分为以下几部分。

1. 碱渣的强碱性作用

碱渣具有强碱性，而有机质土呈酸性，把无熟料碱渣固化剂及水掺入到有机质土中时，发生酸碱中和反应，生成的水有利于无熟料碱渣固化剂进一步水化。

2. 土颗粒与无熟料碱渣固化剂的水化作用

无熟料碱渣固化剂与水接触后，发生水解和水化反应，生成一系列水化物，这些水化物迅速溶于水，使无熟料碱渣固化剂颗粒表面继续暴露、继续与水反应，生成的水化物继续溶于水，直至溶液达到饱和，进而成为凝胶微粒悬浮于溶液中。此后，这种凝胶微粒的一部分逐渐自身凝结硬化，形成水泥石骨架。

3. 碱渣对矿渣的激发作用

无熟料碱渣固化剂主要水化产物有氢氧化钙 $Ca(OH)_2$ 和水化硅酸钙(CSH)。$Ca(OH)_2$ 作为激发剂与矿渣进行“二次反应”，生成具有胶凝作用的水化硅酸钙(CSH)和水化铝酸(CAH)凝胶。在无熟料碱渣固化土孔隙水处于饱和碱性状态时，$Ca(OH)_2$的减少又进一步促使 C_2S 和 C_3S 的水化，形成了有利于无熟料碱渣固化剂水化的良性循环。而且随着水化的深入，水化反应不断向颗粒内部进行，生成更多的水化物并不断填充无熟料碱渣固化土的孔隙，从而改善了无熟料碱渣固化土的性能。矿渣的这种水化活性效应是矿渣微粉效应中最重要的行为和作用，其活性成分越多，火山灰效应越好，对无熟料碱渣固化土的强度增长越有利。因此加入矿渣微粉后，可以显著增加强度。

5.3 复合水泥固化土性能对比分析研究

为进一步了解无熟料碱渣固化土的工程适用可行性，本节通过无侧限抗压强度试验、劈裂抗拉强度试验、压缩试验和三轴剪切压缩试验，分析 8%、10%、12%、15%、20% 五种无熟料碱渣固化剂掺入比的固化土，以及五种相同掺入比的 32.5 复合水泥土在 14d、28d、90d 龄期下的无侧限抗压强度、劈裂抗拉强度、抗剪强度等。

5.3.1 无侧限抗压强度试验结果对比分析

固化土的无侧限抗压强度是衡量固化剂加固土效果的主要指标，本节通过掺入比分别为8%、10%、12%、15%、20%的五种32.5复合水泥土来进行无侧限抗压强度对比试验。

不同掺入比下复合水泥土无侧限抗压强度见表5－31。

表5－31　复合水泥土无侧限抗压强度　（单位：MPa）

龄期	不同掺入比下的无侧限抗压强度				
	8%	10%	12%	15%	20%
14d	0.24	0.47	0.55	0.87	1.01
28d	0.39	0.78	0.91	1.52	1.77
90d	0.45	0.82	1.08	1.78	1.92

根据表5－26和表5－31，绘制出90d无熟料碱渣固化土和复合水泥土五种掺入比的无侧限抗压强度柱状图，如图5－22所示。

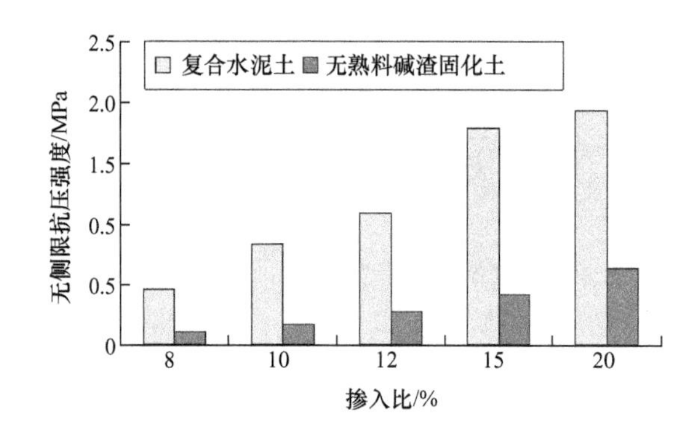

图5－22　90d无熟料碱渣固化土和复合水泥土无侧限抗压强度的变化

从图5－22中可以看出，不同掺入比下，无熟料碱渣固化土的无侧限抗压强度随掺入比的增长趋势与复合水泥土基本一致，且呈非线性增长。在本试验范围内，掺入比大于15%的无熟料碱渣固化土无侧限抗压强度可以达到掺入比8%的复合水泥土的无侧限抗压强度所要求的效果。

5.3.2 劈裂抗拉强度试验结果对比分析

材料的劈裂抗拉强度反映了固化土中颗粒之间的连接强度，劈裂抗拉强度越大，说明材料颗粒间的黏结作用越强。本节通过五种32.5复合水泥土掺入比来进行劈裂抗拉强度对比试验。

不同掺入比下复合水泥土劈裂抗拉强度见表5－32。

表 5-32 复合水泥土劈裂抗拉强度 (单位：MPa)

龄期	不同掺入比下的劈裂抗拉强度				
	8%	10%	12%	15%	20%
14d	0.024	0.045	0.066	0.082	0.103
28d	0.047	0.079	0.101	0.137	0.231
90d	0.052	0.091	0.117	0.156	0.247

根据表 5-27 和表 5-32，绘制出 90d 无熟料碱渣固化土和复合水泥土五种掺入比的劈裂抗拉强度，如图 5-23 所示。

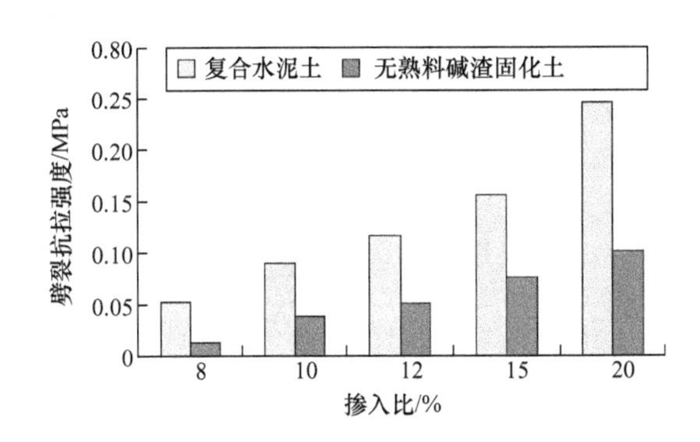

图 5-23 90d 无熟料碱渣固化土和复合水泥土劈裂抗拉强度的变化

从图 5-23 中可以看出，随掺入比的增长，无熟料碱渣固化土和复合水泥土的劈裂抗拉强度均呈非线性增长。在本试验范围内，掺入比 12%的无熟料碱渣固化土的劈裂抗拉强度能达到掺入比 8%的复合水泥土的劈裂抗拉强度所要求的效果，掺入比 20%的无熟料碱渣固化土的劈裂抗拉强度可达到复合水泥掺入比 10%的效果。

5.3.3 压缩试验结果对比分析

土的压缩性是指土在压力作用下体积压缩变小的性能。在荷载作用下，土发生压缩变形的过程就是土体积缩小的过程。本节通过五种 32.5 复合水泥土掺入比来进行土在外压力作用下压缩性能的变化对比试验。

不同掺入比下复合水泥土压缩系数和压缩模量分别见表 5-33 和表 5-34。

表 5-33 复合水泥土压缩系数 (单位：MPa^{-1})

龄期	不同掺入比下的压缩系数				
	8%	10%	12%	15%	20%
14d	1.41	1.15	0.82	0.76	0.42
28d	1.22	0.93	0.67	0.49	0.26
90d	0.69	0.51	0.41	0.28	0.18

表 5-34　复合水泥土压缩模量　(单位：MPa)

龄期	不同掺入比下的压缩模量				
	8%	10%	12%	15%	20%
14d	1.87	2.31	3.17	3.44	6.33
28d	2.14	2.79	3.87	5.27	10.09
90d	3.73	4.99	6.3	9.23	14.11

根据表 5-28 和 5-33、表 5-29 和 5-34，绘制出 90d 无熟料碱渣固化土和复合水泥土五种掺入比的压缩系数和压缩模量，如图 5-24 和图 5-25 所示。

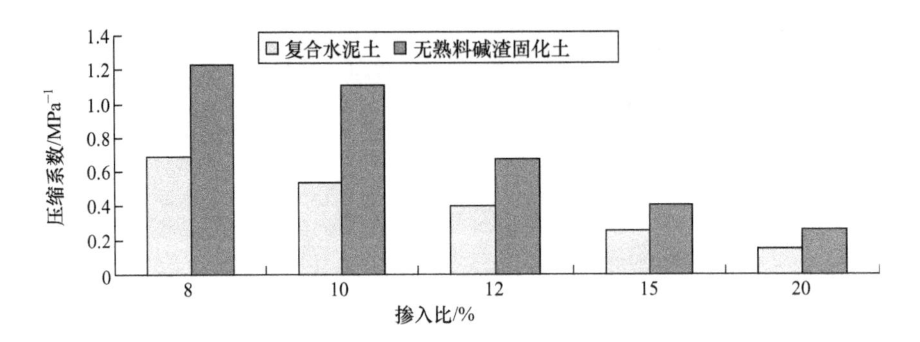

图 5-24　90d 无熟料碱渣固化土和复合水泥土压缩系数的变化

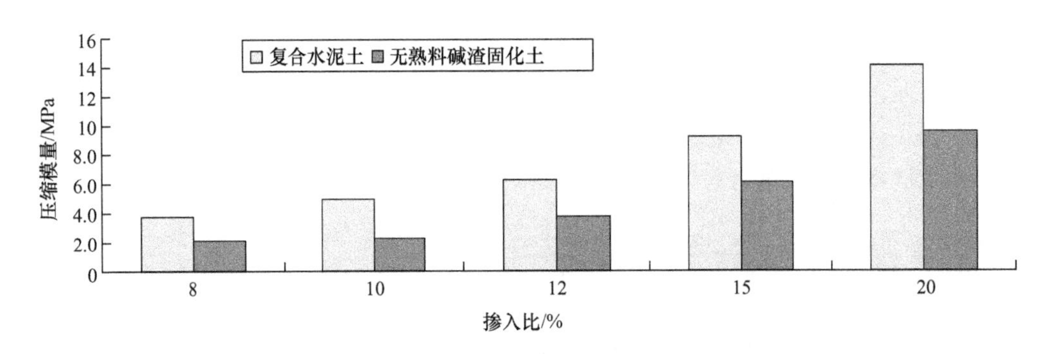

图 5-25　90d 无熟料碱渣固化土和复合水泥土压缩模量的变化

从图 5-24 和图 5-25 中可以看出：无熟料碱渣固化土的压缩模量随掺入比的增长趋势和增长幅度与复合水泥土类似，呈非线性增长；无熟料碱渣固化土的压缩系数随掺入比的减少趋势和减少幅度与复合水泥土类似，呈非线性减少。在本试验范围内，掺入比 15%的无熟料碱渣固化土的压缩模量可达到复合水泥掺入比 12%的效果，掺入比 20%的无熟料碱渣固化土的压缩模量可达到复合水泥掺入比 12%及 15%的效果。

5.3.4 三轴剪切压缩试验结果对比分析

三轴剪切压缩试验可以在不同的应力条件下测定试件的应力—应变关系及抗剪强度等指标，更好地反映出固化土的强度与变形特点，更加真实地反映土样的实际情况，从而更具实用价值。本节采用不固结不排水剪切方法对 32.5 复合水泥土进行了常规的三轴剪切压缩试验，分析了在不同的围压与龄期下，无熟料碱渣固化土与 32.5 复合水泥土在抗剪强度、破坏应力、破坏应变及变形特性的影响等方面的对比状况。

1. 两种固化土的抗剪强度参数

通过不同围压下复合水泥固化土试件的破坏应力数据，以 $q=(\sigma_1-\sigma_3)/2$ 为纵轴、$p=(\sigma_1+\sigma_3)/2$ 为横轴绘制破坏包络线，破坏包络线与纵轴截距为 d，倾角为 α。利用土体强度包络线与破坏包络线的关系，可以得出其不固结不排水剪切的总应力强度参数 c、φ：$c=d/\cos\varphi$，$\varphi=\sin^{-1}\tan\alpha$，见表 5-35。

表 5-35 复合水泥土试件的抗剪强度参数

龄期	不同掺入比下的抗剪强度参数									
	8%		10%		12%		15%		20%	
	c/kPa	φ/(°)	c/kPa	φ/(°)	c/kPa	φ/(°)	c/kPa	φ/(°)	c/kPa	φ/(°)
14d	47.6	5.34	91.7	6.57	102.4	6.99	236.8	7.77	213.9	9.76
28d	112.3	7.89	297.5	8.45	345.7	9.11	534.9	9.98	465.7	17.16
90d	142.2	10.64	425.49	13.02	546.75	14.84	744.82	15.47	529.66	25.16

根据表 5-30 和表 5-35，绘制出 90d 无熟料碱渣固化土和复合水泥土五种掺入比的抗剪强度参数，如图 5-26 和图 5-27 所示。

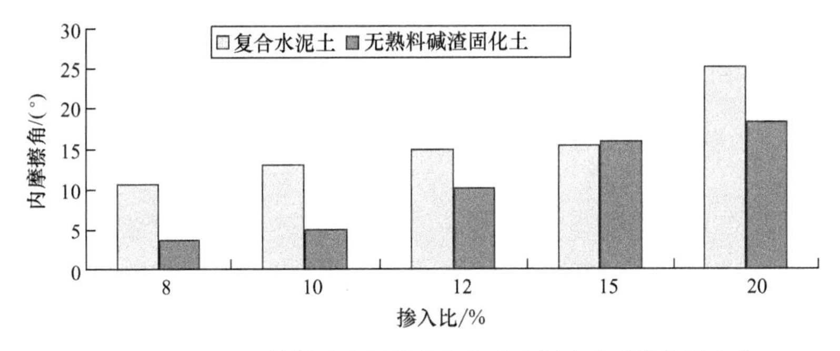

图 5-26 90d 无熟料碱渣固化土和复合水泥土内摩擦角的变化

从图 5-27 中可以看出，随掺入比的增长，无熟料碱渣固化土与复合水泥土的抗剪强度参数（内摩擦角 φ 和固化土黏聚力 c）均呈非线性增长趋势。在本试验范围内，掺入比 12%的无熟料碱渣固化土的内摩擦角能达到复合水泥掺入比 8%的效果，掺入比 15%或 20%的无熟料碱渣固化土的内摩擦角能达到复合水泥掺入比 10%、12%及 15%的效果，而掺入比 20%无熟料碱渣固化土的黏聚力能达到复合水泥掺入比 8%的效果。

2. 两种固化土的应力—应变关系

90d 龄期不同配合比的复合水泥土在不同围压下的应力—应变关系如图 5-28、图 5-30、图 5-32 所示，而 90d 龄期不同配合比的无熟料碱渣固化土在不同围压下的应力—应变关系如图 5-29、图 5-31、图 5-33 所示。

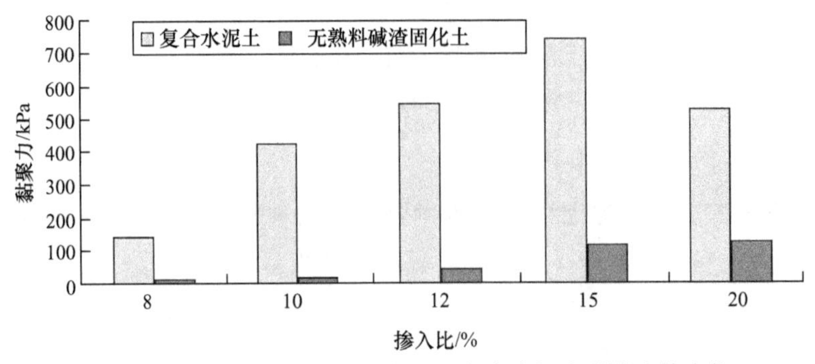

图 5-27 90d 无熟料碱渣固化土和复合水泥土黏聚力的变化

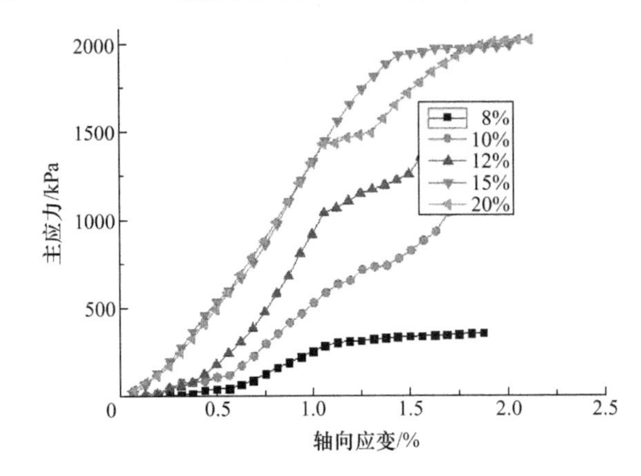

图 5-28 复合水泥土主应力与轴向应变的关系曲线（100kPa，90d）

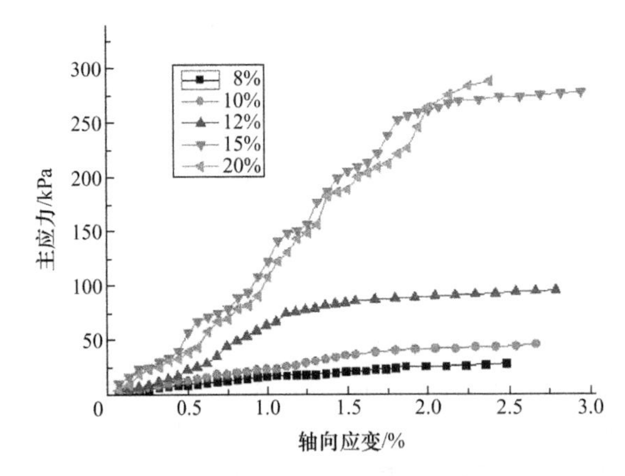

图 5-29 无熟料碱渣固化土主应力与轴向应变的关系曲线（100kPa，90d）

从图 5-28～图 5-33 中可以看出：随着轴向应变的增加，不同配合比的无熟料碱渣固化土和复合水泥土试件的主应力值都在不断增长且呈非线性增长趋势；随着围压的提高，不同配合比的无熟料碱渣固化土和复合水泥土试件的破坏应力和破坏应变均逐渐增加；随着掺入无熟料碱渣固化剂和复合水泥的程度提高，固化土试件在不同围压下的破坏应力均有所提高。

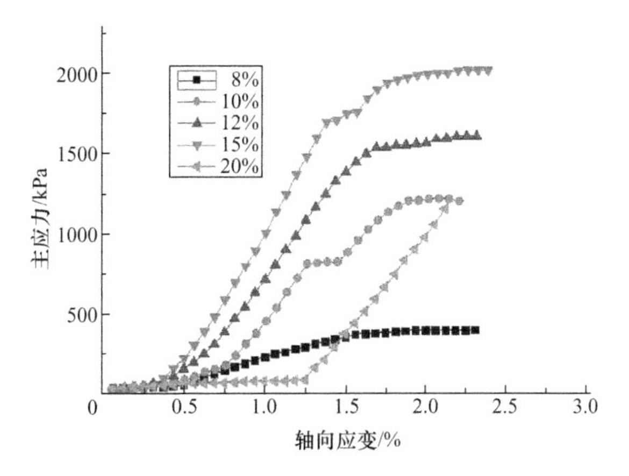

图 5-30　复合水泥土主应力与轴向应变的关系曲线（200kPa，90d）

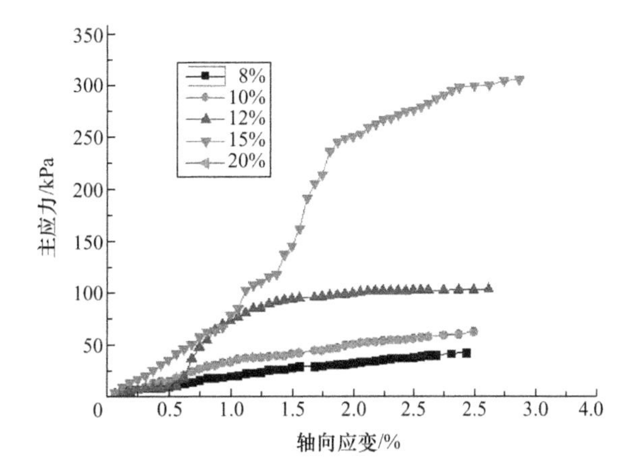

图 5-31　无熟料碱渣固化土主应力与轴向应变的关系曲线（200kPa，90d）

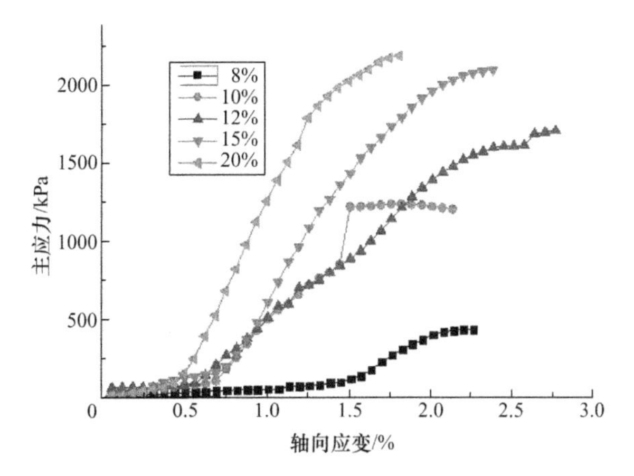

图 5-32　复合水泥土主应力与轴向应变的关系曲线（400kPa，90d）

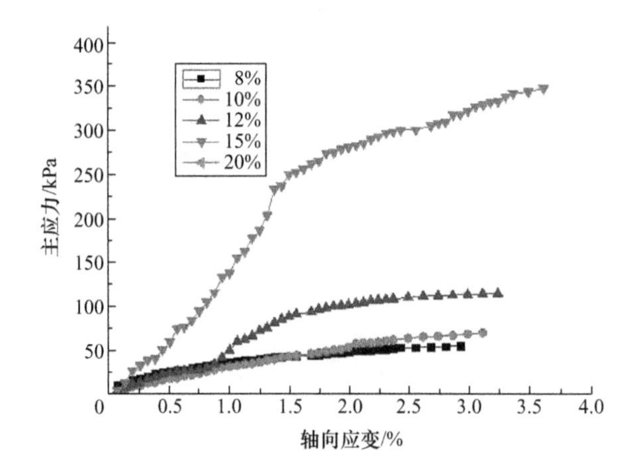

图 5-33　无熟料碱渣固化土主应力与轴向应变的关系曲线（400kPa，90d）

第6章 无熟料再生微粉钢渣胶凝材料研制及其固化土力学性能研究

6.1 无熟料再生微粉钢渣胶凝材料研制

6.1.1 再生微粉活性研究

固体废渣微粉是否具有潜在的水硬性，主要看其能否在水环境中发生水化硬化反应。《用于水泥混合材的工业废渣活性试验方法》(GB/T 12957—2005) 给出了潜在水硬性检测的试验方法，其原理为将固体废渣微粉与石膏细粉混合均匀再与水混合后，潜在的水硬性材料能在湿空气中凝结硬化，并在水中继续硬化，这样的固体废渣微粉便具有潜在的水硬性。试验步骤如下。

① 将固体废渣微粉和二水石膏细粉按质量比 80∶20 (或 90∶10) 充分混合均匀，配制成试验样品。

② 测定该样品的标准需水量。

③ 称取制备好的试验样品 (300±1)g，再加入标准需水量的水，制成净浆试饼。

④ 将试饼在标准环境 [温度 (20±1)℃、相对湿度大于 90%] 下养护 7d。

⑤ 再将养护好的试饼放入温度 (20±1)℃的水中浸水 3d。

⑥ 观察浸水 3d 后试饼形状的完整程度，若试饼边缘保持清晰完整，即认为该固体废渣微粉具有潜在的水硬性。

探究固体废渣微粉的潜在水活性，需了解各相关固体废渣微粉的活性大小，对此本文使用《用于水泥混合材的工业废渣活性试验方法》(GB/T 12957—2005) 和《用于水泥和混凝土中的粉煤灰》(GB/T 1596—2017) 中提出的强度活性指数概念，即在硅酸盐水泥中掺入30%的固体废渣微粉，用其28d抗压强度与该硅酸盐水泥28d抗压强度进行比较来确定相关固体废渣微粉的活性大小。所得数据见表6-1。

表6-1 试验用固体废渣微粉的活性

废渣	性质			
	比表面积/(m^2/kg)	28d水泥胶砂强度/MPa	28d试验胶砂强度/MPa	抗压强度比/%
钢渣	410	45.3	—	—
脱硫石膏	400	45.3	—	—
矿渣	420	45.3	44.8	98.9
再生微粉	430	45.3	31.3	69.1

6.1.2 正交试验研究

1. 初步配合比试验

(1) 确定矿渣和再生微粉的比例优选范围

为了确定矿渣和再生微粉（废弃混凝土生产集料过程中产生的颗粒尺寸小于0.15mm的粉状材料经粉磨）的比例优选范围，先设计一组只有矿渣和再生微粉掺量改变，而其他组分掺量不变的试验。根据之前做的一些研究，由于研制的是无熟料再生微粉钢渣胶凝材料（简称再生微粉胶凝材料），所以激发剂A和激发剂B的总掺量取为5%。初步确定钢渣掺量10%，脱硫石膏掺量15%，激发剂总掺量5%，其中激发剂复掺比（A∶B)为2.5∶2.5。配合比设计见表6-2，3d和28d强度试验结果见表6-3。

表6-2 配合比设计一

编号	脱硫石膏/%	激发剂复掺比（A∶B)/%	钢渣/%	再生微粉/%	矿渣/%
C1	15	2.5∶2.5	10	55	15
C2	15	2.5∶2.5	10	45	25
C3	15	2.5∶2.5	10	35	35
C4	15	2.5∶2.5	10	25	45
C5	15	2.5∶2.5	10	15	55

分别对C1～C5样品进行3d和28d抗折、抗压强度试验，结果见表6-3。

表 6-3　C组各龄期的强度试验结果一　(单位：MPa)

编号	抗折强度		抗压强度	
	3d	28d	3d	28d
C1	1.1	3	3.9	13.3
C2	1.5	4.4	7.2	23.5
C3	2.7	6	10.4	27.7
C4	3.5	7.4	13.7	34.6
C5	4.1	7.3	14.6	34.8

从表 6-3 中可以看出，矿渣对本胶凝材料强度的贡献大于再生微粉的贡献。当再生微粉的掺量多于矿渣掺量时，胶凝材料强度较低；当矿渣掺量超过再生微粉掺量时，胶凝材料的抗折强度和抗压强度都有明显的提升。同时也可看到，当矿渣的掺量达到一定程度时，其对强度的提升作用有所降低。综合考虑胶凝材料的经济性，初步确定矿渣和再生微粉的优选掺量均分别为 35%左右。

(2) 确定脱硫石膏和钢渣的比例优选范围

为确定脱硫石膏和钢渣的比例优选范围，在第一组试验的基础上，设计一组只改变脱硫石膏和钢渣掺量的试验组，以确定两者优选的掺量比例。先选定矿渣掺量 35%，再生微粉掺量 35%，激发剂总掺量 5%，其中激发剂复掺比 (A∶B)为 2.5∶2.5。配合比设计见表 6-4。

表 6-4　配合比设计二

编号	脱硫石膏/%	激发剂复掺比 (A∶B)/%	钢渣/%	再生微粉/%	矿渣/%
C6	5	2.5∶2.5	20	35	35
C7	7.5	2.5∶2.5	17.5	35	35
C8	10	2.5∶2.5	15	35	35
C9	12.5	2.5∶2.5	12.5	35	35
C10	15	2.5∶2.5	10	35	35

分别对 C6～C10 样品进行 3d 和 28d 抗折、抗压强度试验，结果见表 6-5。

表 6-5　C组各龄期的强度试验结果二　(单位：MPa)

编号	抗折强度		抗压强度	
	3d	28d	3d	28d
C6	2	4	7	17.2
C7	3.1	4.8	9.5	21.8
C8	3.3	5.4	12.3	28
C9	3.4	6	12.5	32.9
C10	3.3	5.8	12.2	32.7

从表 6－5 中可以看出，随着脱硫石膏掺量增大与钢渣掺量减少，胶凝材料的强度变化趋势存在明显的拐点。开始阶段，即在脱硫石膏的掺量增加到 12.5％且钢渣的掺量降低到 12.5％之前，胶凝材料的强度呈递增趋势；在脱硫石膏掺量为 12.5％、钢渣掺量为 12.5％时，胶凝材料的强度达到峰值，在此之后，胶凝材料的强度呈下降趋势。脱硫石膏的掺量和钢渣的掺量同时改变，通过这组试验暂无法判断这两种组分与胶凝材料强度变化的具体规律，但可以确定两者的掺量优选范围，即脱硫石膏为 12.5％左右，钢渣亦为 12.5％左右。

（3）确定两种激发剂比例关系的优选范围

激发剂总掺量确定为 5％，为确定激发剂 A 和激发剂 B 之间的优选比例关系，在第一组配合比和第二组配合比的基础上设计第三组只改变两种激发剂比例的试验，相应配合比设计见表 6－6。

表 6－6　配合比设计三

编号	脱硫石膏/％	激发剂复掺比 (A∶B)/％	钢渣/％	再生微粉/％	矿渣/％
C11	12.5	1∶4	12.5	35	35
C12	12.5	2∶3	12.5	35	35
C13	12.5	2.5∶2.5	12.5	35	35
C14	12.5	3∶2	12.5	35	35
C15	12.5	4∶1	12.5	35	35

分别对 C11～C15 样品进行 3d 和 28d 抗折、抗压强度试验，结果见表 6－7。

表 6－7　C 组各龄期的强度试验结果三　（单位：MPa）

编号	抗折强度		抗压强度	
	3d	28d	3d	28d
C11	2	6.2	7	17.2
C12	3.1	5.9	9.5	21.8
C13	3.3	6.5	12.3	28
C14	3.4	5.6	12.5	32.9
C15	3.3	6.2	12.2	32.7

根据极差分析，从第三组的试验结果（表 6－7）可知，激发剂复掺比为 2∶3、2.5∶2.5、3∶2时的抗折和抗压强度的综合效果较好。

2. D 组正交试验设计

为了进一步研究各原材料掺量对该胶凝材料强度的影响，设计了 D 组的四因素、三水平正交试验，其中因素水平见表 6－8，正交试验配合比见表 6－9。

表 6-8　D组正交试验因素水平表

水平	因素			
	脱硫石膏/%	激发剂复掺比（A∶B)/%	钢渣/%	矿渣/%
1	10	3∶2	10	30
2	12.50	2.5∶2.5	12.50	35
3	15	2∶3	15	40

表 6-9　D组正交试验配合比

编号	脱硫石膏/%	激发剂复掺比（A∶B)/%	钢渣/%	矿渣/%	再生微粉/%
D1	10	3.0∶2.0	10	30	45
D2	10	2.5∶2.5	12.5	35	37.5
D3	10	2.0∶3.0	15	40	30
D4	12.5	3.0∶2.0	12.5	40	30
D5	12.5	2.5∶2.5	15	30	37.5
D6	12.5	2.0∶3.0	10	35	37.5
D7	15	3.0∶2.0	15	35	30
D8	15	2.5∶2.5	10	40	30
D9	15	2.0∶3.0	12.5	30	37.5

3. D组正交试验结果

D组正交试验结果见表 6-10。

表 6-10　D组正交试验结果　（单位：MPa)

编号	抗折强度		抗压强度	
	3d	28d	3d	28d
D1	2.9	6	9.9	28.7
D2	3.3	6.4	11.3	30
D3	3.5	6.5	12.5	35
D4	3.5	6.8	12.1	33.7
D5	3.2	6.1	10.4	27.2
D6	3	6.3	11.4	34
D7	2.9	6	11.3	31.3
D8	3.2	7	13.1	37
D9	2.8	6.2	9.5	32.1

4. D组正交试验极差分析

D组正交试验 3d 和 28d 抗折强度极差分析结果见表 6-11。

表 6-11　D 组抗折强度极差分析　(单位：MPa)

水平	3d 抗折强度				28d 抗折强度			
	脱硫石膏	激发剂	钢渣	矿渣	脱硫石膏	激发剂	钢渣	矿渣
1	3.23	3.1	3.03	2.97	6.3	6.27	6.43	6.1
2	3.23	3.23	3.2	3.07	6.4	6.5	6.47	6.23
3	2.97	3.1	3.2	3.4	6.4	6.33	6.2	6.77
极差	0.26	0.13	0.17	0.43	0.1	0.23	0.27	0.67

从表 6-11 中可以看出：3d 抗折强度的影响大小依次为矿渣>脱硫石膏>钢渣>激发剂；28d 抗折强度的影响大小依次为矿渣>钢渣>激发剂>脱硫石膏。综合 3d 和 28d 抗折强度的极差结果可以看出：无论前期还是后期，矿渣对抗折强度的影响都是最大的，脱硫石膏对抗折强度的前期影响较大，钢渣和激发剂对抗折强度的后期影响较大。将数据形成图形，如图 6-1 和图 6-2 所示。

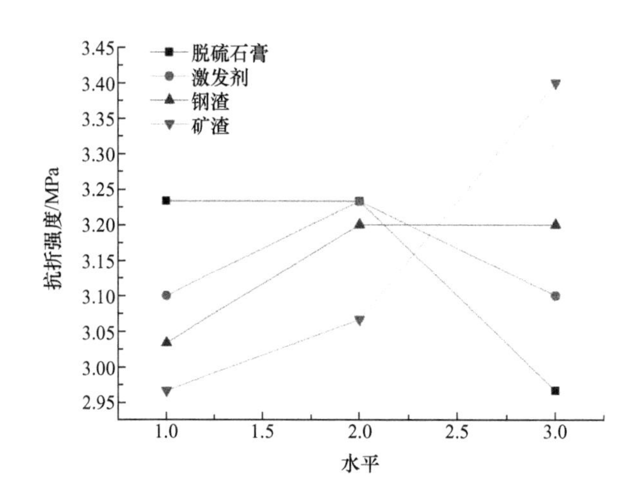

图 6-1　D 组 3d 抗折强度极差分析图

从图 6-1 中可以看出，从对 3d 抗折强度的影响来看，随着脱硫石膏掺量的增加，对其影响程度呈现逐渐下降的趋势；随着激发剂复掺比的改变，对其影响程度呈现先增加再趋平缓的趋势；随着钢渣掺量的增加，对其影响程度呈现先增加再趋平缓的趋势；随着矿渣掺量的增加，对其影响程度呈现逐步增加的趋势。

从图 6-2 中可以看出，从对 28d 抗折强度的影响来看，随着脱硫石膏掺量的增加，对其影响程度呈现逐渐上升的趋势；随着激发剂复掺比的改变，对其影响程度呈现先增加再减小的趋势；随着钢渣掺量的增加，对其影响程度呈现出先平缓增加再下降的趋势；随着矿渣掺量的增加，对其影响程度呈现出逐步增加的趋势。

D 组正交试验 3d 和 28d 抗压强度极差分析见表 6-12。

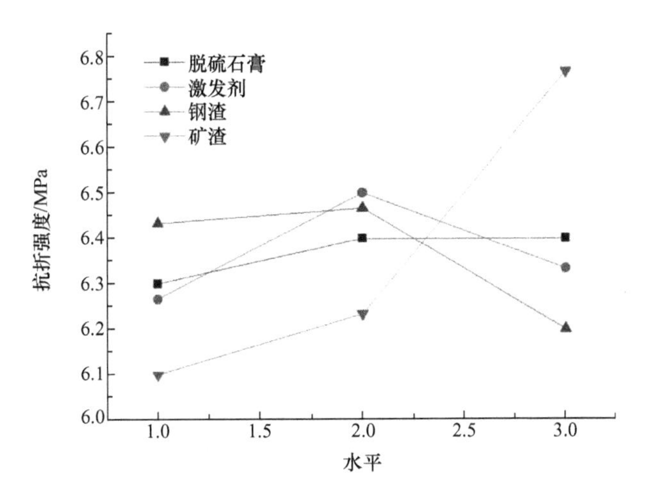

图 6-2 D组28d抗折强度极差分析图

表 6-12 D组抗压强度极差分析 (单位：MPa)

水平	3d抗压强度				28d抗压强度			
	脱硫石膏	激发剂	钢渣	矿渣	脱硫石膏	激发剂	钢渣	矿渣
1	11.23	11.1	11.47	9.93	31.23	31.23	33.23	29.33
2	11.3	11.6	10.97	11.33	31.63	31.4	31.93	31.77
3	11.3	11.13	11.4	12.57	33.47	33.7	31.17	35.23
极差	0.07	0.5	0.5	2.64	2.24	2.47	2.06	5.9

从表6-12中可以看出：3d抗压强度的影响大小依次为矿渣>激发剂=钢渣>脱硫石膏；28d抗压强度的影响大小依次为矿渣>激发剂>脱硫石膏>钢渣。综合3d和28d抗压强度的极差结果可以看出：无论前期还是后期，矿渣对抗压强度的影响都是最大的，激发剂和钢渣对抗折强度的前期影响较大，激发剂和脱硫石膏对抗折强度的后期影响较大。将数据形成图形，如图6-3和图6-4所示。

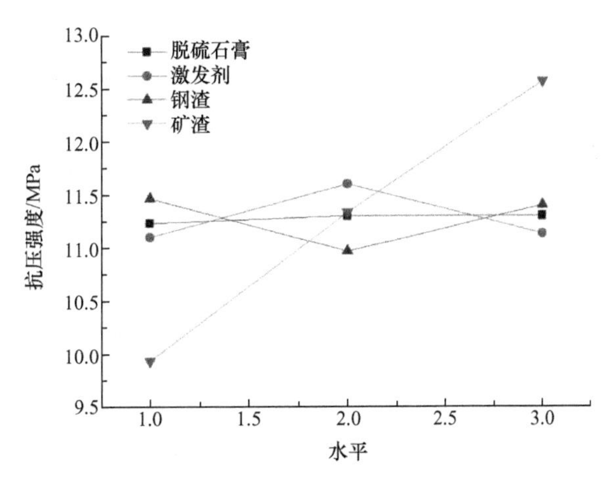

图 6-3 D组3d抗压强度极差分析图

从图 6－3 中可以看出，从对 3d 抗压强度的影响来看，随着脱硫石膏掺量的增加，对其影响程度呈现缓慢增加的趋势；随着激发剂复掺比的改变，对其影响程度呈现先增加再减小的趋势；随着钢渣掺量的增加，对其影响程度呈现先减小再增加的趋势；随着矿渣掺量的增加，对其影响程度呈现逐步增加的趋势。

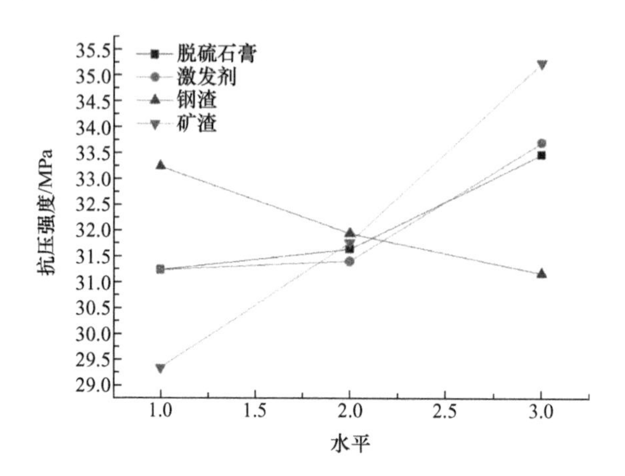

图 6－4　D 组 28d 抗压强度极差分析图

从图 6－4 中可以看出，从对 28d 抗压强度的影响来看，随着脱硫石膏掺量的增加，对其影响程度呈现逐渐增加的趋势；随着激发剂复掺比的改变，对其影响程度呈现逐步增加的趋势；随着钢渣掺量的增加，对其影响程度呈现逐渐减小的趋势；随着矿渣掺量的增加，对其影响程度呈现逐步增加的趋势。

5. E 组正交试验设计

D 组正交试验得出了矿渣、钢渣、激发剂和脱硫石膏的影响大小程度的关系，但再生微粉的影响大小还不清楚。从 D 组试验结果可知矿渣是对强度影响最大的因素，所以再设计 E 组的四因素、三水平正交试验，其中因素水平见表 6－13，正交试验配合比见 6－14。

表 6－13　E 组正交试验因素水平表

水平	因素			
	脱硫石膏/%	激发剂复掺比（A∶B）/%	钢渣/%	再生微粉/%
1	10	3∶2	10	30
2	12.50	2.5∶2.5	12.50	35
3	15	2∶3	15	40

表 6－14　E 组正交试验配合比

编号	脱硫石膏/%	激发剂复掺比（A∶B）/%	钢渣/%	再生微粉/%	矿渣/%
E1	10	3∶2	10	30	45
E2	10	2.5∶2.5	12.5	35	37.5

续表

编号	脱硫石膏/%	激发剂复掺比（A∶B)/%	钢渣/%	再生微粉/%	矿渣/%
E3	10	2∶3	15	40	30
E4	12.5	3∶2	12.5	40	30
E5	12.5	2.5∶2.5	15	30	37.5
E6	12.5	2∶3	10	35	37.5
E7	15	3∶2	15	35	30
E8	15	2.5∶2.5	10	40	30
E9	15	2∶3	12.5	30	37.5

6. E组正交试验结果

E组正交试验结果见表6-15。

表6-15　E组正交试验结果　（单位：MPa）

编号	抗折强度		抗压强度	
	3d	28d	3d	28d
E1	3.7	6.5	11.3	31.8
E2	3.5	6.4	11.7	30.3
E3	3.2	5.8	10.8	30
E4	3	6	10.5	26.9
E5	3.6	6.4	11.7	31.2
E6	3	6.9	11.4	34.5
E7	2.8	5.7	11	30.5
E8	2.5	6.4	9.8	32.9
E9	3.2	6.1	12.4	35.7

7. E组正交试验直观极差分析

E组正交试验3d和28d抗折强度极差分析结果见表6-16。

表6-16　E组抗折强度极差分析　（单位：MPa）

水平	3d抗折强度				28d抗折强度			
	脱硫石膏	激发剂	钢渣	再生微粉	脱硫石膏	激发剂	钢渣	再生微粉
1	3.47	3.17	3.07	3.5	6.23	6.07	6.6	6.33
2	3.2	3.2	3.23	3.1	6.43	6.4	6.17	6.33
3	2.83	3.13	3.2	2.9	6.07	6.27	5.97	6.07
极差	0.64	0.07	0.16	0.6	0.36	0.33	0.63	0.26

从表 6－16 中可以看出，3d 抗折强度的影响大小依次为脱硫石膏＞再生微粉＞钢渣＞激发剂；28d 抗折强度的影响大小依次为钢渣＞脱硫石膏＞激发剂＞再生微粉。综合 3d 和 28d 抗折强度的极差结果可以看出：脱硫石膏和再生微粉对抗折强度的前期影响较大，钢渣对抗折强度的后期影响较大。将数据转化为图形，如图 6－5 和图 6－6 所示。

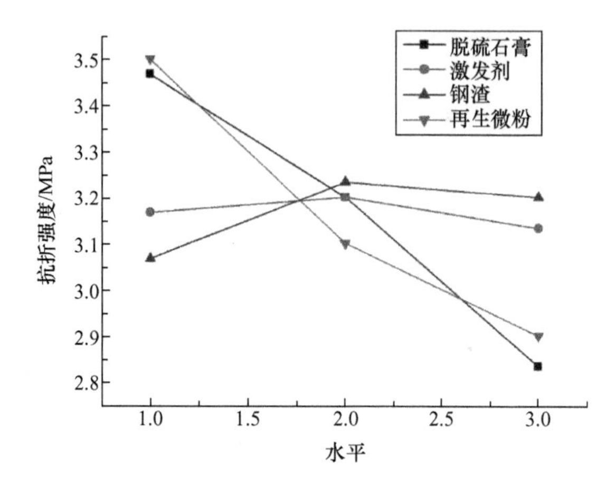

图 6－5　E 组 3d 抗折强度极差分析图

从图 6－5 中可以看出，从对 3d 抗折强度的影响来看，随着脱硫石膏掺量的增加，对其影响程度呈现出逐步减小的趋势；随着激发剂复掺比的改变，对其影响程度呈现先增加再减小的趋势；随着钢渣掺量的增加，对其影响程度呈现先增加再减小的趋势；随着再生微粉掺量的增加，对其影响程度呈现逐步减小的趋势。

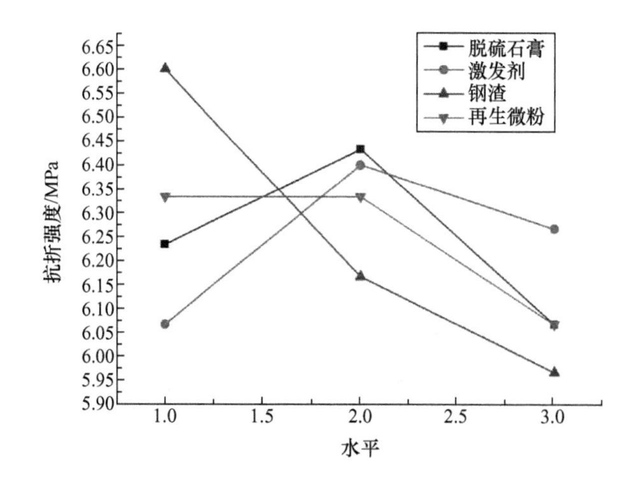

图 6－6　E 组 28d 抗折强度极差分析图

从图 6－6 中可以看出，从对 28d 抗折强度的影响来看，随着脱硫石膏掺量的增加，对其影响程度呈现出先增加再减小的趋势；随着激发剂复掺比的改变，对其影响程度呈现出先增加再减小的趋势；随着钢渣掺量的增加，对其影响程度呈现出逐渐减小的趋势；随着再生微粉掺量的增加，对其影响程度呈现出逐步减小的趋势。

E组正交试验3d和28d抗压强度极差分析见表6-17。

表6-17 E组抗压强度极差分析 (单位：MPa)

水平	3d抗压强度				28d抗压强度			
	脱硫石膏	激发剂	钢渣	再生微粉	脱硫石膏	激发剂	钢渣	再生微粉
1	11.27	10.93	10.83	11.8	30.7	29.73	33.07	32.9
2	11.2	11.07	11.53	11.37	30.87	31.47	30.97	31.77
3	11.07	11.53	11.17	10.37	33.03	33.4	30.57	29.93
极差	0.2	0.6	0.34	1.43	2.63	3.67	2.5	2.97

从表6-17中可以看出，3d抗压强度的影响大小依次为再生微粉＞激发剂＞钢渣＞脱硫石膏；28d抗压强度的影响大小依次为激发剂＞再生微粉＞脱硫石膏＞钢渣。综合3d和28d抗压强度的极差结果可以看出：再生微粉对抗压强度的前期影响较大，激发剂对抗压强度的后期影响较大。将数据形成图形，如图6-7和图6-8所示。

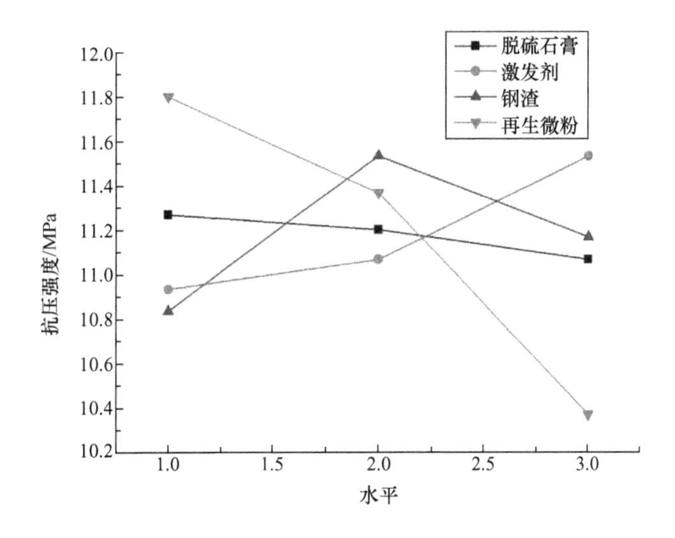

图6-7 E组3d抗压强度极差分析图

从图6-7中可以看出，从对3d抗压强度的影响来看，随着脱硫石膏掺量的增加，对其影响程度呈现出逐步减小的趋势；随着激发剂复掺比的改变，对其影响程度呈现出逐步增加的趋势；随着钢渣掺量的增加，对其影响程度呈现出先增加再减小的趋势；随着再生微粉掺量的增加，对其影响程度呈现出逐步减小的趋势。

从图6-8中可以看出，从对28d抗压强度的影响来看，随着脱硫石膏掺量的增加，对其影响程度呈现出逐步增加的趋势；随着激发剂复掺比的改变，对其影响程度呈现出逐步增加的趋势；随着钢渣掺量的增加，对其影响程度呈现出逐步减小的趋势；随着再生微粉掺量的增加，对其影响程度呈现出逐渐减小的趋势。

综合D和E两组正交试验结果可知：矿渣在前期和后期对强度的影响都是最大的，脱硫石膏在前期对抗折强度的贡献较大，钢渣在后期对抗折强度的贡献较大，激发剂在前期和后期对抗压强度的贡献均较大。无熟料再生微粉钢渣胶凝材料生产时，矿渣和钢渣可适当增加，再生微粉可适当减少。根据以上研究分析，初步确定无熟料再生微粉钢渣胶凝材料的配合比为脱硫石膏 15%、激发剂 5%（A:B=2.5:2.5）、钢渣 10%、矿渣 40%、再生微粉 30%。

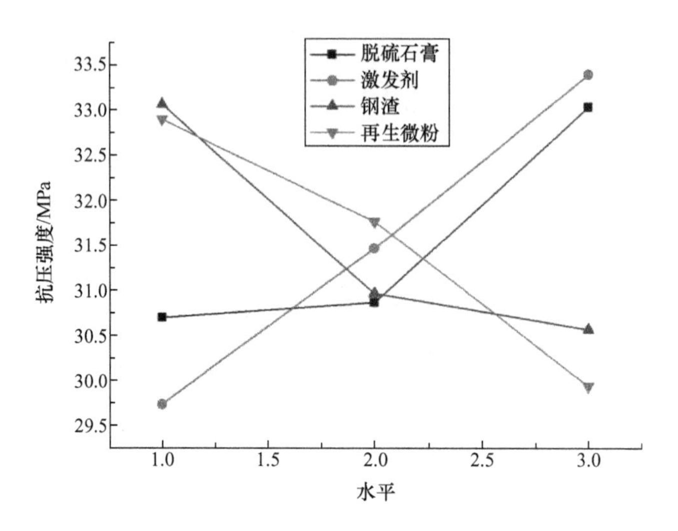

图 6-8　E 组 28d 抗压强度极差分析图

6.1.3　无熟料再生微粉钢渣胶凝材料最佳配合比选择

1. 无熟料再生微粉钢渣胶凝材料物理力学性能

按照《水泥胶砂强度检验方法（ISO 法）》（GB/T 17671—2021）对初步配合比的无熟料再生微粉钢渣胶凝材料的安定性、标准稠度需水量、初凝和终凝时间进行试验，结果见表 6-18。

表 6-18　无熟料再生微粉钢渣胶凝材料物理力学性能

安定性	标准稠度需水量/g	凝结时间/min		抗折强度/MPa		抗压强度/MPa	
		初凝	终凝	3d	28d	3d	28d
合格	157.5	115	240	3.2	7	13.1	37

从表 6-18 中可以看出，初步配合比的无熟料再生微粉钢渣胶凝材料安定性合格，凝结时间也符合 32.5 水泥的技术要求。由此确定脱硫石膏 15%、激发剂 5%（A:B=2.5:2.5）、钢渣 10%、矿渣 40%、再生微粉 30%作为无熟料再生微粉钢渣胶凝材料的最优配合比。

2. 水灰比对无熟料再生微粉钢渣胶凝材料的影响

本文研制的无熟料再生微粉钢渣胶凝材料是以固体废弃物循环利用以及应用到软土处理上为背景的。但无熟料再生微粉钢渣胶凝材料要替代传统水泥应用到软土处理上，胶凝材料首先需有一定的流动性，而与流动性大小密切相关的就是水灰比。水灰比越小，流动性就越差；水灰比越大，流动性就越好；但水灰比的取值不同又使得胶凝材料的胶砂强度会有变化。本文研究了两者的关系，如图 6-9 所示。

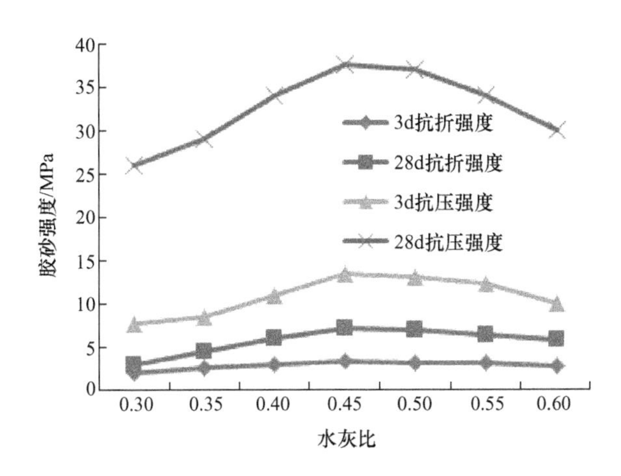

图 6-9　水灰比对无熟料再生微粉钢渣胶凝材料强度的影响

从图 6-9 中可以看出，水灰比为 0.45 时，无熟料再生微粉钢渣胶凝材料的胶砂强度最佳；随着水灰比减小，无熟料再生微粉钢渣胶凝材料的胶砂强度下降较快，从试验状况能看出当水灰比减小的时候，在振动成型时可明显看到无熟料再生微粉钢渣胶凝材料的胶砂表面没有覆盖一层水膜，比较“干巴巴”的，这应该就是其胶砂强度下降较快的原因；在水灰比增加的时候，其强度呈现出先缓慢减小后加速下降的趋势，这可能是因为在水灰比增加时，胶凝材料的量相应变少，包裹在胶砂周围的胶凝材料就随之减少，这样使得胶凝材料的胶结作用减弱，从而导致胶砂强度随着水灰比增加也趋于减小。

3. 养护条件对无熟料再生微粉钢渣胶凝材料的影响

规范中胶砂强度的确定，是胶砂试件在标准养护条件下所得到的强度值。但现场施工不可能达到标准养护条件，随着环境不同、气候不同，养护条件或多或少都是有差异的。本文研究了标准条件、湿气条件［温度（20±1)℃，空气相对湿度≥95%］、自然条件（当时温度大概为 10～20℃，空气相对湿度大概在 40%～70%）三种养护条件下无熟料再生微粉钢渣胶凝材料的强度情况，见表 6-19 和图 6-10。

表 6-19　不同养护条件下无熟料再生微粉钢渣胶凝材料强度　（单位：MPa）

养护条件	抗折强度		抗压强度	
	3d	28d	3d	28d
标准条件	3.2	7	13.1	37
湿气条件	3	6.7	12.1	36.5
自然条件	1.95	3.8	8.1	25.3

从图 6-10 中可以看出，标准养护和湿气养护的结果很接近，而在自然养护下，结果要比标准养护差得多，说明湿度和温度对胶砂强度的形成作用比较大。

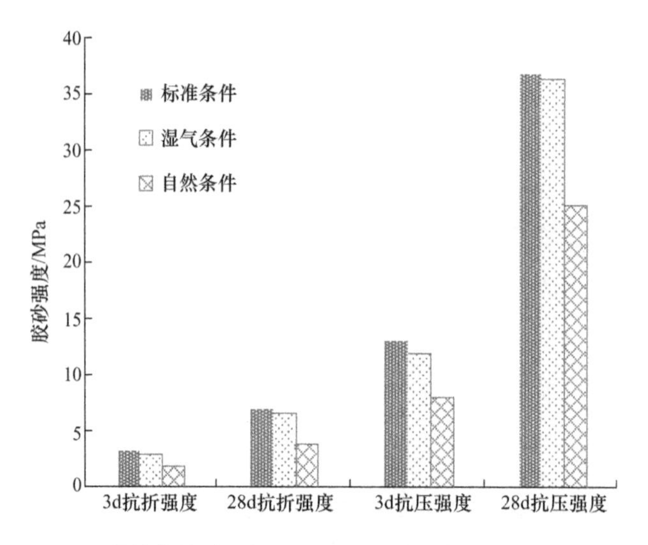

图 6-10　养护条件对无熟料再生微粉钢渣胶凝材料强度的影响

4. 无熟料再生微粉钢渣胶凝材料的耐久性研究

对该无熟料再生微粉钢渣胶凝材料进行不同环境下的耐久性研究，分别做了耐水性能、抗硫酸盐侵蚀性能、耐高温性能以及抗干湿循环性能四个方面的试验。将无熟料再生微粉钢渣胶凝材料拆模标准养护 28d 后，将试件分别放在不同的养护条件下继续养护 28d 后测其强度，结果见表 6-20 和图 6-11。

表 6-20　不同养护条件下 56d 强度　　（单位：MPa）

强度	养护条件			
	淡水	5%硫酸钠溶液	干湿循环	80℃烘箱
抗折强度	9.3	7.4	7.8	3.5
抗压强度	41.4	40.5	38.6	29.1

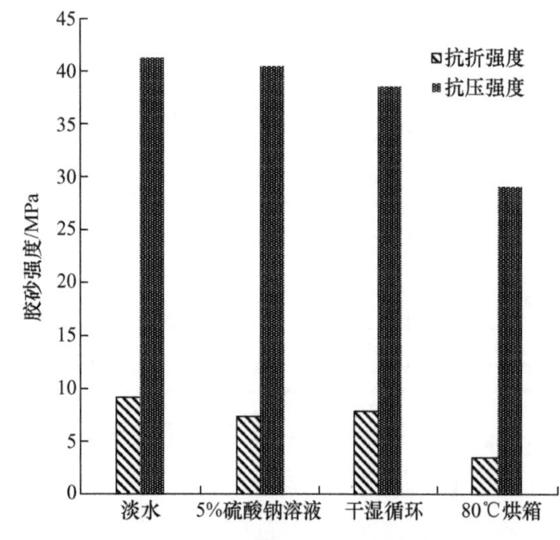

图 6-11　不同条件下养护 56d 的强度

从图 6-11 中可以看出，无熟料再生微粉钢渣胶凝材料的耐水、抗硫酸盐侵蚀和抗干湿循环的性能均较好，但耐高温的性能较差。继续养护 28d 后，在淡水条件下抗折抗压强度增长幅度较大，其中抗折强度增长了 32.9%，抗压强度增长了 11.9%；在 5%硫酸钠溶液条件下抗折强度增长较小，增长了 5.7%，抗压强度也增加较小，增加了 9.5%；在干湿循环条件下抗折抗压强度增长较小，其中抗折强度增长了 11.4%，抗压强度增长了 4.3%；在 80℃高温条件下，抗折抗压强度均有所下降。

5. 粉磨工艺对无熟料再生微粉钢渣胶凝材料的影响

粉磨工艺有两种：一种是先磨再混，即将各个材料先磨好，再按照各成分对应的比例称量，再混合搅匀；另一种是先混再磨，即先将各成分按对应的比例称量混合，再进行粉磨。本文对无熟料再生微粉钢渣胶凝材料的最佳配合比进行这两种工艺的强度试验，结果如图 6-12 所示。

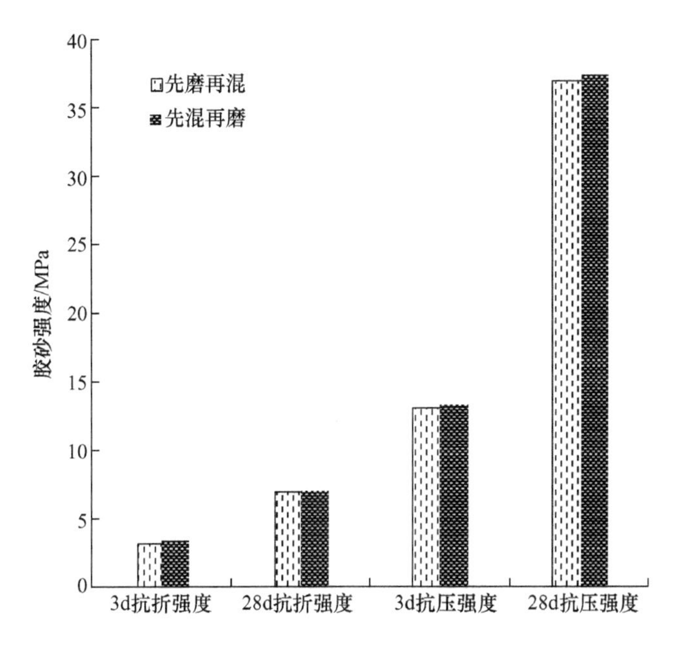

图 6-12 两种不同工艺的强度试验结果

从图 6-12 中可以看出，先混再磨工艺得到的无熟料再生微粉钢渣胶凝材料的抗折和抗压强度均比先磨再混工艺提高一点。这可能有两点原因：一是混合粉磨能使得各材料之间相互充分接触，各材料的晶体之间发生相互镶嵌；二是先混再磨可以使材料搅拌更加均匀，使得水化更充分。

6. 无熟料再生微粉钢渣胶凝材料的水化热研究

本文采用八通道空气域微量热仪（TAM Air）分别测试了 42.5 普通水泥、32.5 复合水泥和无熟料再生微粉钢渣胶凝材料的水化热，结果如图 6-13 所示。

对于普通水泥的水化热状况，Mostafa 教授提出有五个阶段，即起始阶段、诱导阶段、加速阶段、减速阶段、继续缓慢反应阶段（即稳定阶段）。图 6-13 只测取了后三个阶段，结果表明无熟料再生微粉钢渣胶凝材料的热流量峰值远远小于 42.5 普通水泥和 32.5 复合水泥。从图 6-13 中可以看到 42.5 普通水泥水化反应 9h 左右达到峰值，32.5 复合水泥水化反应 17h 左右达到峰值，而无熟料再生微粉钢渣胶凝材料的峰值形态很不明显，几乎没有峰值，在水化反应 42h 左右达到峰值。由此可以进一步证明，无熟料再生微粉钢渣胶凝材料早期强度低。

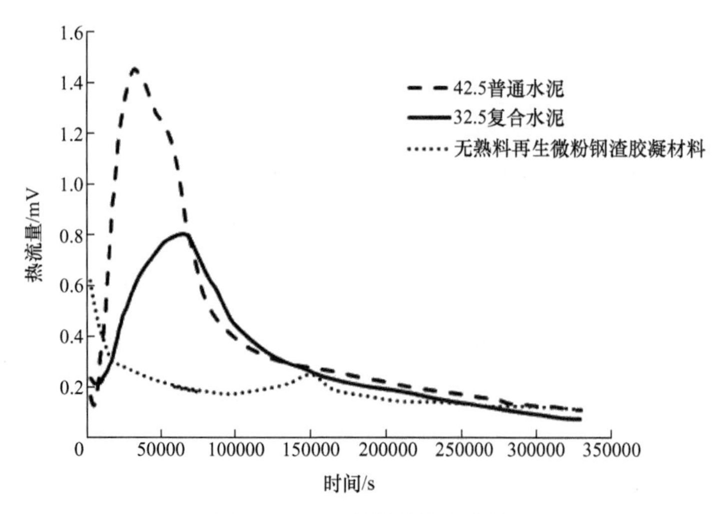

图 6-13　三种材料的水化热

6.1.4　无熟料再生微粉钢渣胶凝材料的细观和微观分析

为了进一步了解无熟料再生微粉钢渣胶凝材料的水化反应情况，本文对胶砂试件进行了细观和微观的分析。

1. 细观分析

本文采用罗兰（Roland）三维激光扫描仪对反映了 3d、7d、14d、28d 胶砂试件的正面、侧面和正截面分别进行扫描，进行相应分析。

① 正面扫描结果如图 6-14 所示。

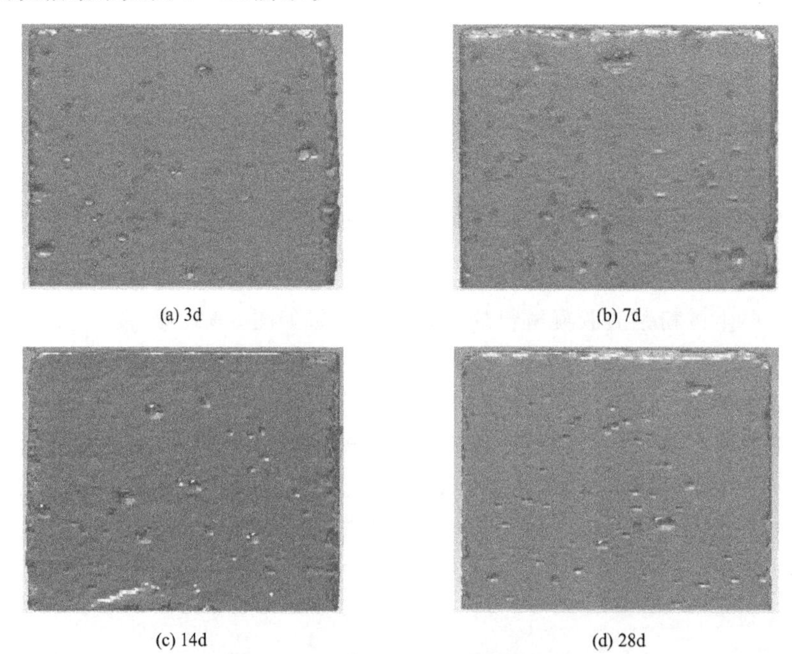

(a) 3d　(b) 7d　(c) 14d　(d) 28d

图 6-14　不同龄期正面扫描图

② 侧面扫描结果如图 6－15 所示。

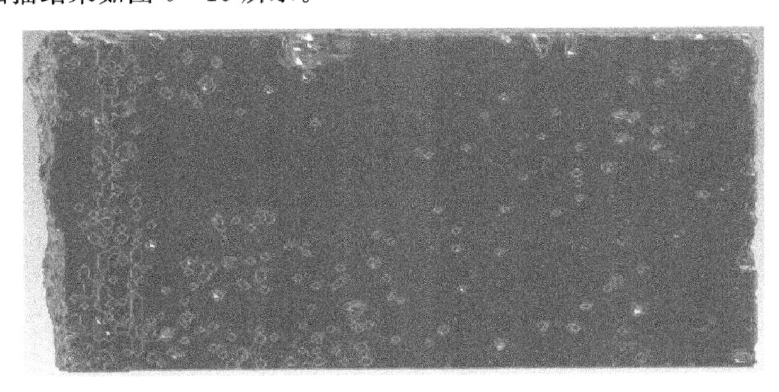

(a) 3d

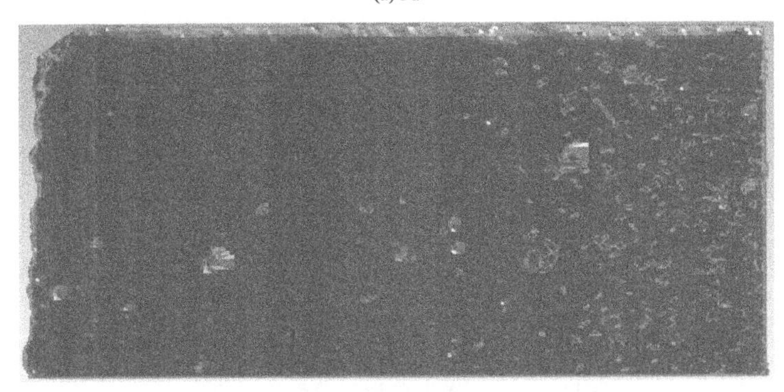

(b) 7d

(c) 14d

(d) 28d

图 6－15　不同龄期侧面扫描图

③ 正截面扫描结果如图 6－16 所示。

(a) 3d (b) 7d

(c) 14d (d) 28d

图 6－16　不同龄期正截面扫描图

从正面、侧面和正截面的不同龄期扫描图片可以看出：3d 和 7d 龄期的空隙很多，14d 和 28d 龄期的空隙就变得很少了。这说明前期水化的速度比较慢，等后期水化比较充分时，前面的空隙就慢慢被水化产物填充，空隙就减少了，从而使强度得到了提高。

2. 微观分析

本文采用扫描电子显微镜，对无熟料再生微粉钢渣胶凝材料在 3d 和 28d 龄期分别进行放大 5000 倍和 20000 倍扫描成像，如图 6－17 和图 6－18 所示。

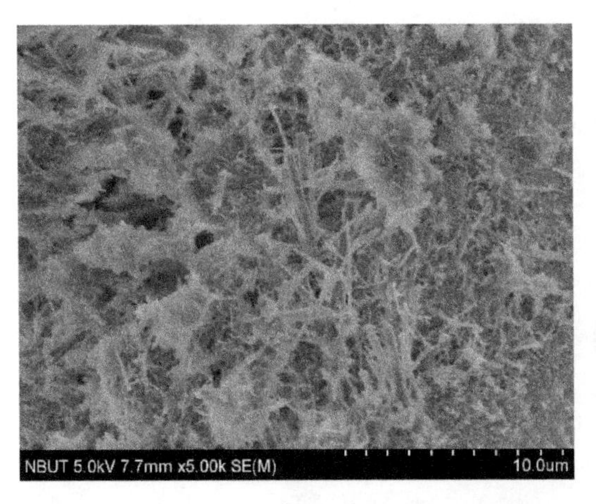

图 6－17　3d 龄期的无熟料再生微粉钢渣胶凝材料的电镜扫描图

图 6-18 28d 龄期的无熟料再生微粉钢渣胶凝材料的电镜扫描图

从图 6-17 中可以看到，3d 龄期时产物主要是絮凝状和绉状的水化硅酸钙（C-S-H）、针状的高硫型水化硫铝酸钙 AFt（$3CaO \cdot Al_2O_3 \cdot 3CaSO_4 \cdot 32H_2O$）和未水化的针状脱硫石膏；随着龄期增长，到了 28d 时，针状的高硫型水化硫铝酸钙 AFt 和未水化的针状脱硫石膏基本消失，针状的高硫型水化硫铝酸钙 AFt 逐渐转变为层状的单硫型水化硫铝酸钙 AFm（$3CaO \cdot Al_2O_3 \cdot CaSO_4 \cdot 12H_2O$），絮凝状和绉状的水化硅酸钙也逐渐转变为层叠状的水化硅酸钙，从而令结构更加致密，强度更高。这也验证了前面用罗兰三维激光扫描仪扫描时，发现各截面的空隙随着龄期增长而逐渐变少。

6.2 再生微粉胶凝材料固化土的工程性能研究

本文研制的再生微粉胶凝材料，主要作为固化剂应用到软土处理方面。为了进一步了解其效果，设计了再生微粉胶凝材料为 9%、13%、17%、21%、25%五种掺入比的固化土，分别在 14d、28d 和 90d 三种不同龄期下进行无侧限抗压强度试验、劈裂抗拉强度试验、压缩试验和三轴剪切压缩试验，为实际工程的应用提供理论支撑。

6.2.1 试验材料与方法

1. 试验材料

（1）试验土样

试验用土为宁波裘村围海项目的淤泥土，其主要物理性质见表 6-21。该土位图在 CL、CLO 范围内，属于低塑性黏土。

表 6-21 试验用土的主要物理力学性能

含水率 /%	土粒重度	孔隙比	液限 /%	塑限 /%	塑性指数	液性指数	黏聚力 /kPa	摩擦角 /(°)
63.1	17.6	1.69	46.9	18.2	28.7	1.56	5.8	1.4

（2）固化剂

试验所用固化剂为第 6.1 节得出的最佳配合比再生微粉胶凝材料，其配合比和物理力学性能分别见表 6-22 和表 6-23。

表 6-22 试验用固化剂最佳配合比

脱硫石膏/%	激发剂复掺比 (A:B)/%	钢渣/%	矿渣/%	再生微粉/%
15	2.5:2.5	10	40	30

表 6-23 试验用固化剂物理力学性能

编号	安定性	标准稠度需水量/g	凝结时间/min		抗折强度/MPa		抗压强度/MPa	
			初凝	终凝	3d	28d	3d	28d
D8	合格	157.5	115	240	3.2	7	13.1	37

2. 试验方法

试验方法同 4.2.1。

6.2.2 无侧限抗压强度试验结果对比分析

借鉴水泥固化剂试验规范，对五种不同掺入比再生微粉胶凝材料固化土进行无侧限抗压强度试验，结果见表 6-24。

表 6-24 再生微粉胶凝材料固化土无侧限抗压强度 (单位：MPa)

龄期	不同掺入比下的无侧限抗压强度				
	9%	13%	17%	21%	25%
14d	0.02	0.06	0.14	0.25	0.34
28d	0.15	0.29	0.49	0.92	1.15
90d	0.81	0.94	1.25	1.47	1.6

再生微粉胶凝材料固化土的无侧限抗压强度与掺入比的关系如图 6-19 所示。

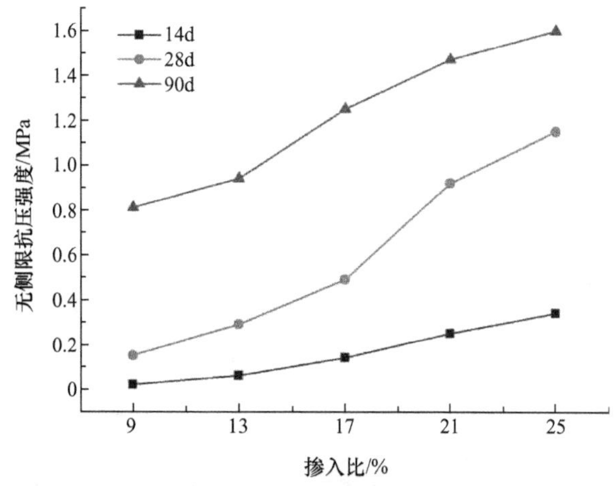

图 6-19 再生微粉胶凝材料固化土的无侧限抗压强度与掺入比的关系

从图 6－19 中可以看出，再生微粉胶凝材料固化土的无侧限抗压强度随着掺入比的增加而增加，并且呈非线性加速增加。在 14d 龄期时，增加速度较缓慢，而到 28d 和 90d 龄期时的增加速度明显快于 14d 龄期。再生微粉胶凝材料固化土无侧限抗压强度与龄期的关系如图 6－20 所示。

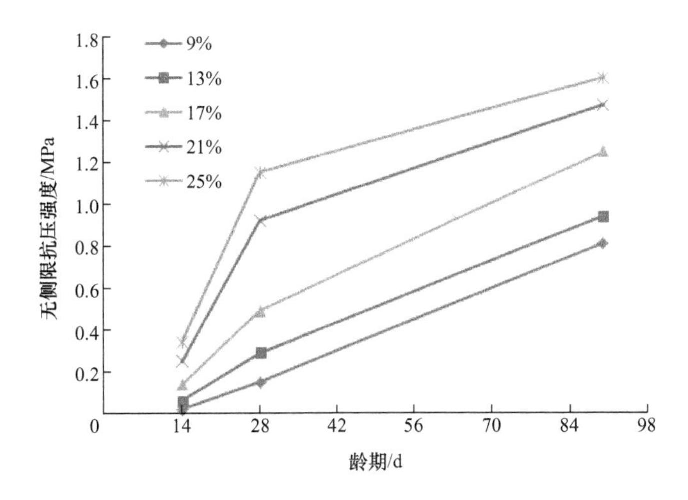

图 6－20　再生微粉胶凝材料固化土无侧限抗压强度与龄期的关系

从图 6－20 中可以看出，再生微粉胶凝材料固化土的无侧限抗压强度随着龄期的增加而增加，并且呈非线性减速增加。掺入比在 17%以下时，再生微粉胶凝材料固化土的无侧限抗压强度随着龄期的增加接近于线性增长；掺入比大于 17%时，其龄期在 28d 前，该强度的增长速度明显大于后期增长速度，28d 龄期的相应强度是 14d 龄期的 3～4 倍。推测原因，应是试验前期固化土中胶凝材料的含量较高，随着胶凝材料与土体之间反应的进行，到 28d 龄期后大部分胶凝材料已经反应完毕，所以后期无侧限抗压强度的增长速度开始放缓。

6.2.3　劈裂抗拉强度试验结果对比分析

由规范试验方法，对五种不同掺入比的再生微粉胶凝材料固化土进行劈裂抗拉强度试验，结果见表 6－25 和图 6－21、图 6－22。

表 6－25　再生微粉胶凝材料固化土劈裂抗拉强度　（单位：MPa）

龄期	不同掺入比下的劈裂抗拉强度				
	9%	13%	17%	21%	25%
14d	0.013	0.017	0.026	0.044	0.064
28d	0.023	0.048	0.069	0.097	0.114
90d	0.105	0.138	0.201	0.251	0.273

从图 6－21 中可看出，再生微粉胶凝材料固化土的劈裂抗拉强度随着掺入比的增加而增加。当掺量为 13%时，该强度增速变快；但是当掺入比为 21%时，该强度的增速又开始放缓。

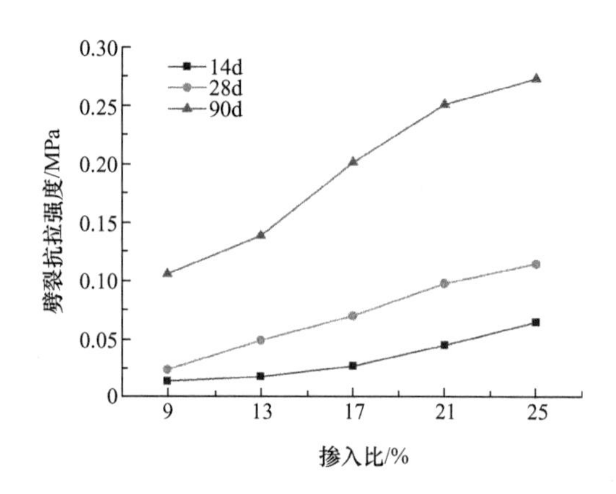

图 6-21 再生微粉胶凝材料固化土劈裂抗拉强度与掺入比的关系

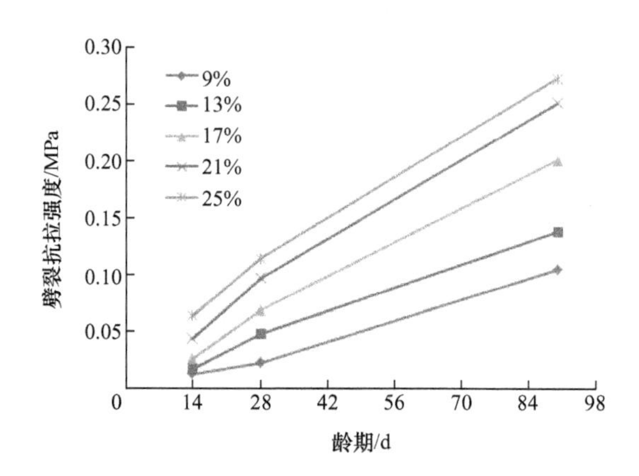

图 6-22 再生微粉胶凝材料固化土劈裂抗拉强度与龄期的关系

从图 6-22 中可以看出，再生微粉胶凝材料固化土劈裂抗拉强度随着龄期的增加而增加，且增长趋势较均匀。掺入比为 9%时，28d 前再生微粉胶凝材料固化土劈裂抗拉强度的增速小于后期的增速；当掺入比大于 13%时，28d 前该强度的增速略大于 28d 后的增速。这可能是由于胶凝材料掺入比少的时候，胶结作用比较弱，再加上胶凝材料前期水化速度较慢，所以胶凝材料掺入比少时，28d 前劈裂抗拉强度增速较慢。

6.2.4 压缩试验结果对比分析

由规范试验方法，对五种不同掺入比的再生微粉胶凝材料固化土进行压缩试验，所测得的不同掺入比及不同龄期下的固化土孔隙比见表 6-26，固化土压缩系数见表 6-27，固化土压缩模量见表 6-28。

从表 6-26 中可以看出，再生微粉胶凝材料固化土的孔隙比随着掺入比和龄期的增加而不断减小，从对比可得出，再生微粉胶凝材料固化土 90d 龄期的孔隙比要比 14d 龄期的减少 20%以上。这是因为随着胶凝材料的水化反应不断进行，水化产物不断填充了土体的空隙。

表 6-26　再生微粉胶凝材料固化土孔隙比

龄期	不同掺入比下的孔隙比				
	9%	13%	17%	21%	25%
14d	1.25	1.22	1.19	1.14	1.09
28d	1.15	1.09	1.03	0.98	0.91
90d	0.99	0.95	0.9	0.87	0.84

表 6-27　再生微粉胶凝材料固化土压缩系数　（单位：MPa^{-1}）

龄期	不同掺入比下的压缩系数				
	9%	13%	17%	21%	25%
14d	1.55	1.24	0.93	0.73	0.57
28d	1.28	0.93	0.61	0.41	0.24
90d	0.44	0.33	0.21	0.15	0.09

表 6-28　再生微粉胶凝材料固化土压缩模量　（单位：MPa）

龄期	不同掺入比下的压缩模量				
	9%	13%	17%	21%	25%
14d	1.45	1.79	2.35	2.93	3.67
28d	1.68	2.25	3.33	4.83	7.96
90d	4.52	5.91	9.05	12.47	20.44

将数据形成图形，如图 6-23～图 6-26 所示。

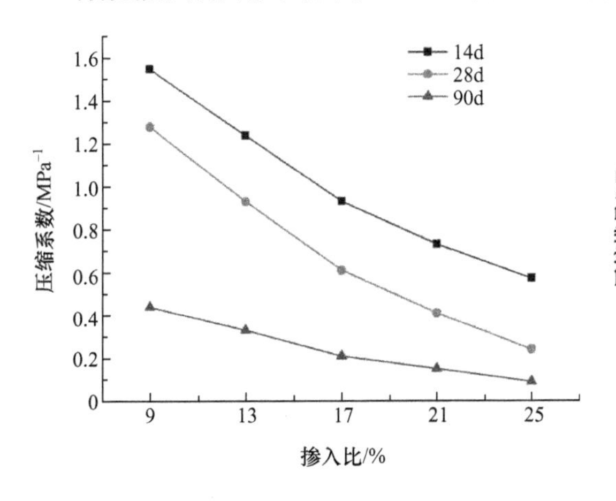

图 6-23　再生微粉胶凝材料固化土压缩系数与掺入比的关系

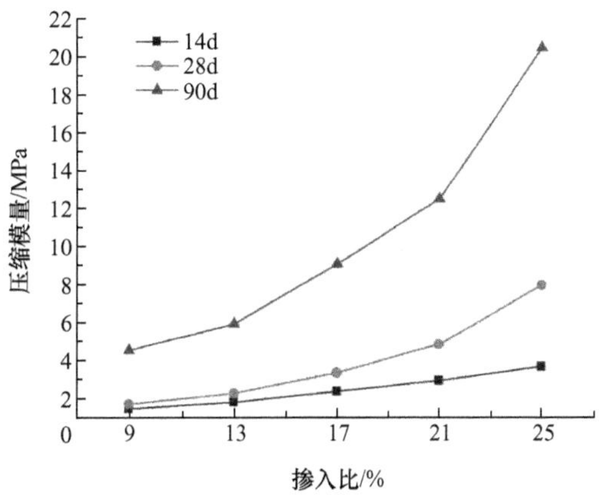

图 6-24　再生微粉胶凝材料固化土压缩模量与掺入比的关系

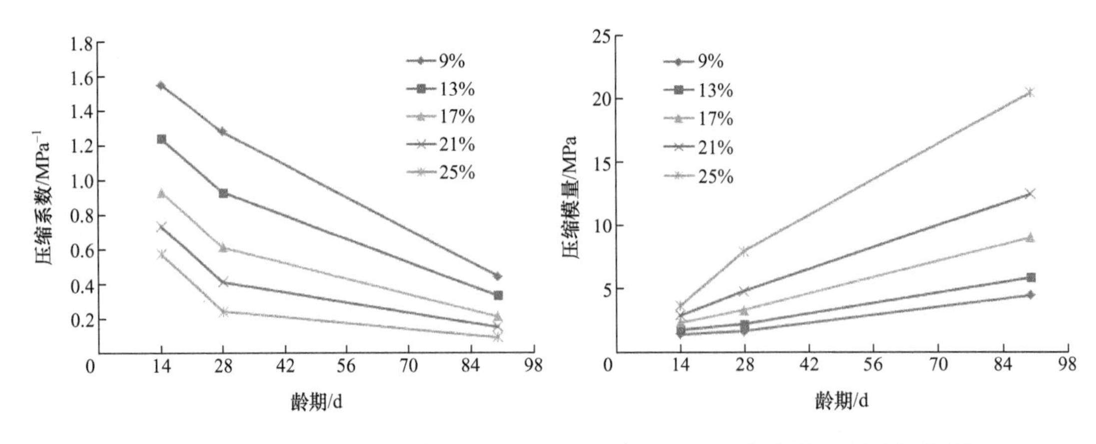

图 6-25　再生微粉胶凝材料固化土压缩系数与龄期的关系

图 6-26　再生微粉胶凝材料固化土压缩模量与龄期的关系

从图 6-23 和图 6-24 中可以看出，再生微粉胶凝材料固化土压缩系数随着掺入比的增加而减小，且呈现非线性减小；压缩模量随着掺入比的增加而增加，且呈现非线性增加。14d 龄期时的压缩系数减少趋势和压缩模量增加趋势不显著，接近于线性；而龄期 28d 以上时压缩系数减少趋势和压缩模量增加趋势已经非常显著，呈现出指数形态。

从图 6-25 和图 6-26 中可以看出，再生微粉胶凝材料固化土压缩系数随着龄期的增长而减小，且呈非线性减小；压缩模量随着龄期的增长而增加，且呈线性增加。压缩系数在每种掺入比下，都是前期的减小趋势大于后期的减小趋势；只有当掺入比大于 21%时，压缩模量前期的增加趋势才快于后期的增加趋势。

随着掺入比和龄期的增加，再生微粉胶凝材料固化土的孔隙比不断减小，压缩系数不断减小，压缩模量不断增加。这说明淤泥土经过胶凝材料处理后，胶凝材料水化产物不断填充了土体的空隙，再加上胶凝材料的胶结作用随着水化的进行而越来越明显，使得土体的整体性越来越好，其骨架作用不断增强。

6.2.5　三轴剪切压缩试验结果对比分析

由规范试验方法，对五种不同掺入比的再生微粉胶凝材料固化土进行三轴剪切压缩试验，结果见表 6-29、表 6-30 和图 6-27～图 6-41。

表 6-29　再生微粉胶凝材料固化土黏聚力　　(单位：kPa)

龄期	不同掺入比下的黏聚力				
	9%	13%	17%	21%	25%
14d	14.4	26.4	43.3	81.6	89.3
28d	57.5	71.7	93.1	159.4	171.4
90d	109.5	149.8	186.9	262.7	343.3

从表 6-29 中可以看出，随着掺入比和龄期的增加，再生微粉胶凝材料固化土的黏聚力也逐渐增加。14d 和 28d 龄期，随着掺入比的增加，黏聚力先快速增加后速度放缓；90d 龄期，随着掺入比的增加，黏聚力快速增加。这可能是因为再生微粉胶凝材料的水化胶结作用在前期较弱、后期较强。

表 6-30 再生微粉胶凝材料固化土内摩擦角 （单位：°）

龄期	不同掺入比下的内摩擦角				
	9%	13%	17%	21%	25%
14d	9.71	11.5	14.09	17.57	19.12
28d	12.39	14.98	18.68	21.33	26.65
90d	18.98	21.44	23.68	26.99	28.14

从表 6-30 中可以看出，随着掺入比和龄期的增加，再生微粉胶凝材料固化土的内摩擦角也逐渐增加。相同龄期下，随着掺入比的增加，内摩擦角均相似地呈现出线性增加的趋势；相同掺入比下，28d 龄期前内摩擦角的增大速度较快，28d 龄期后的增大速度放缓。这可能是因为土样都是过 2mm 筛，使颗粒级配不佳。

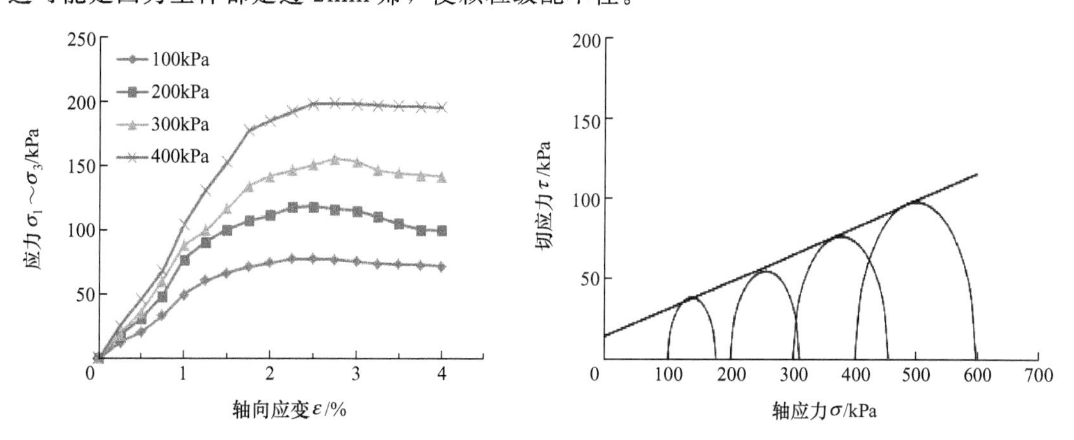

图 6-27 掺入比 9%下再生微粉胶凝材料固化土应力—应变曲线及其对应摩尔圆（14d）

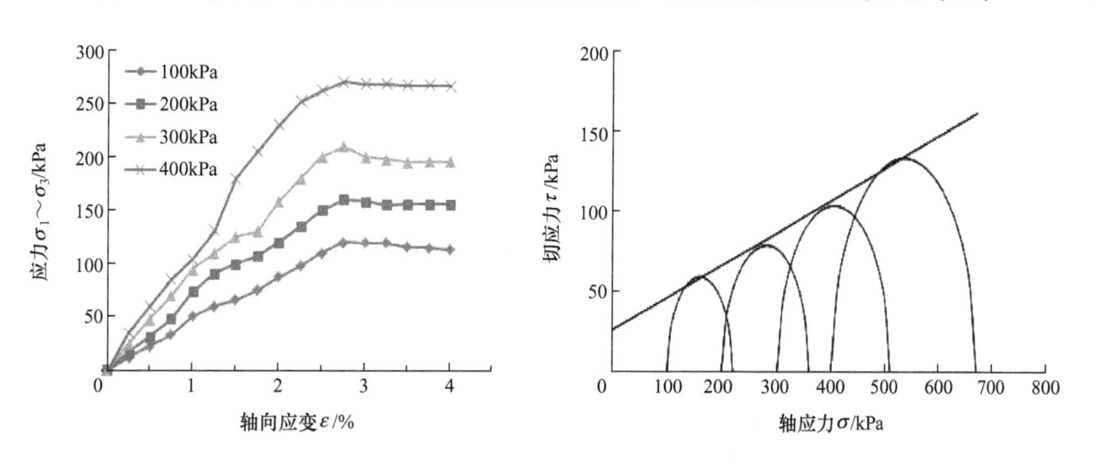

图 6-28 掺入比 13%下再生微粉胶凝材料固化土应力—应变曲线及其对应摩尔圆（14d）

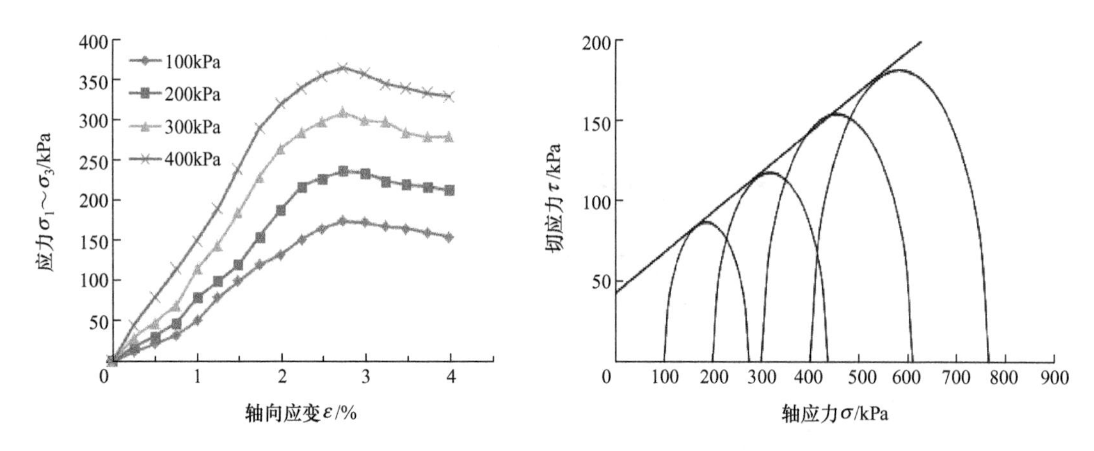

图 6-29　掺入比 17%下再生微粉胶凝材料固化土应力—应变曲线及其对应摩尔圆（14d）

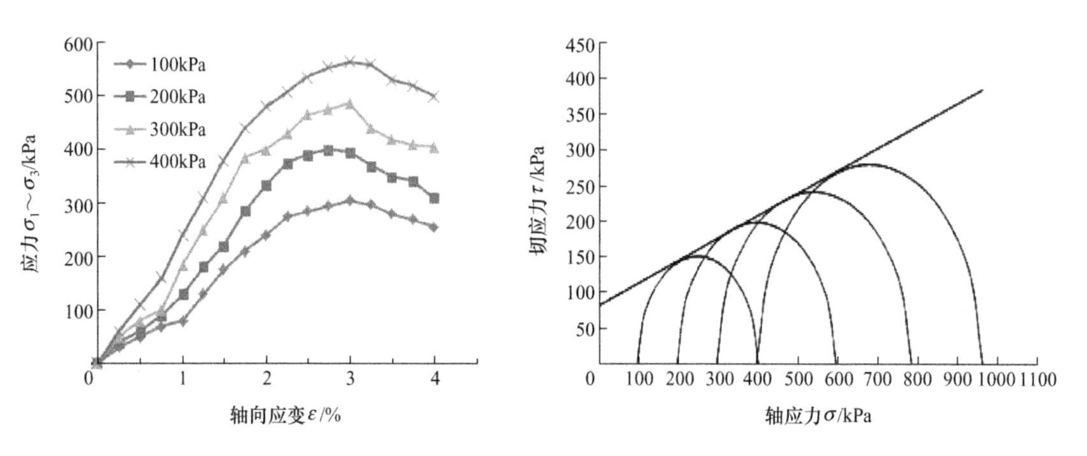

图 6-30　掺入比 21%下再生微粉胶凝材料固化土应力—应变曲线及其对应摩尔圆（14d）

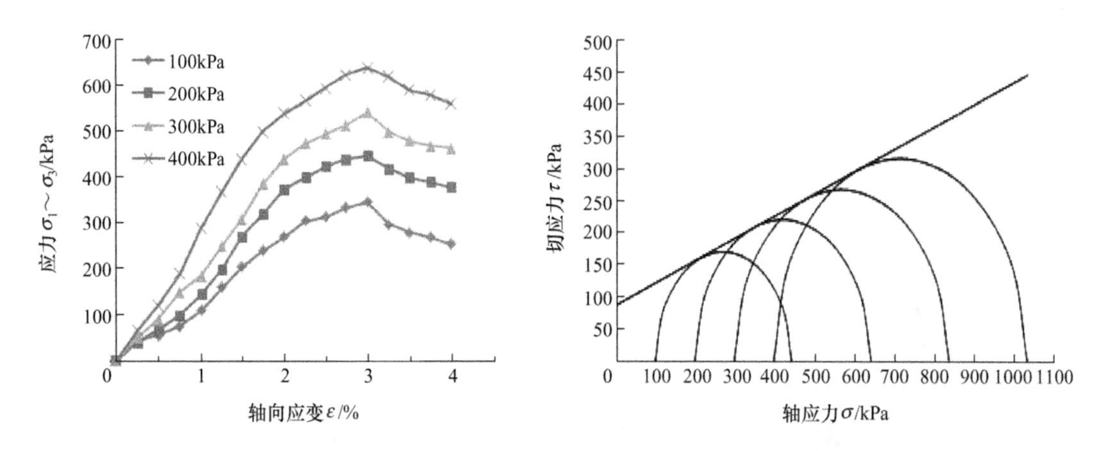

图 6-31　掺入比 25%下再生微粉胶凝材料固化土应力—应变曲线及其对应摩尔圆（14d）

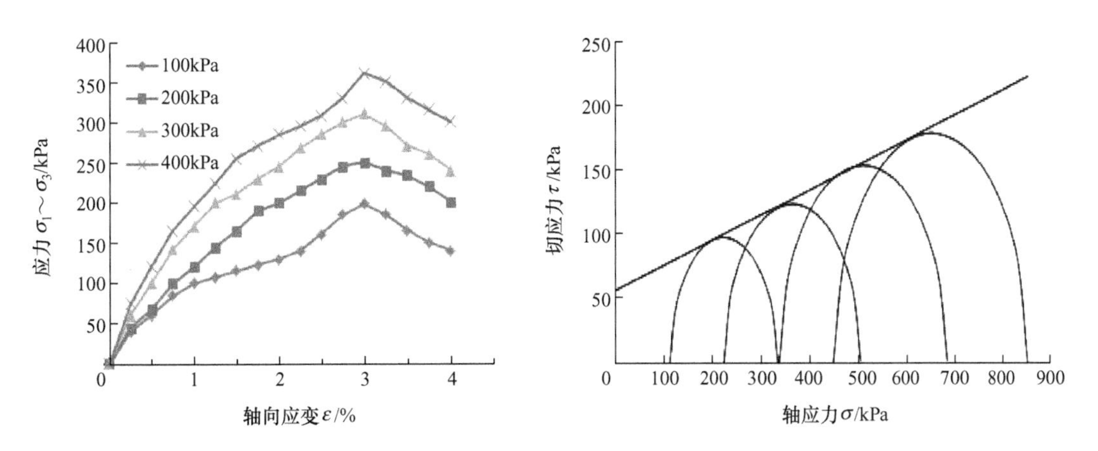

图 6-32 掺入比 9%下再生微粉胶凝材料固化土应力—应变曲线及其对应摩尔圆（28d）

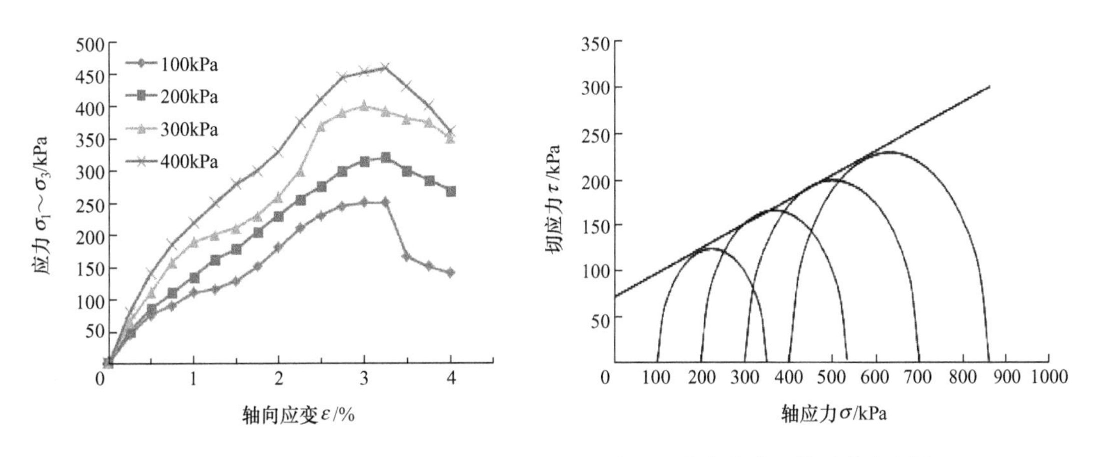

图 6-33 掺入比 13%下再生微粉胶凝材料固化土应力—应变曲线及其对应摩尔圆（28d）

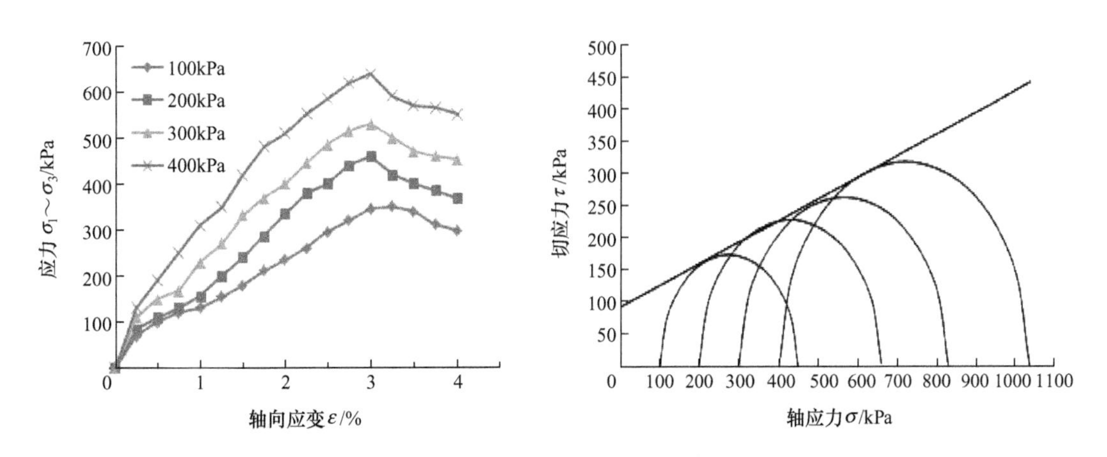

图 6-34 掺入比 17%下再生微粉胶凝材料固化土应力—应变曲线及其对应摩尔圆（28d）

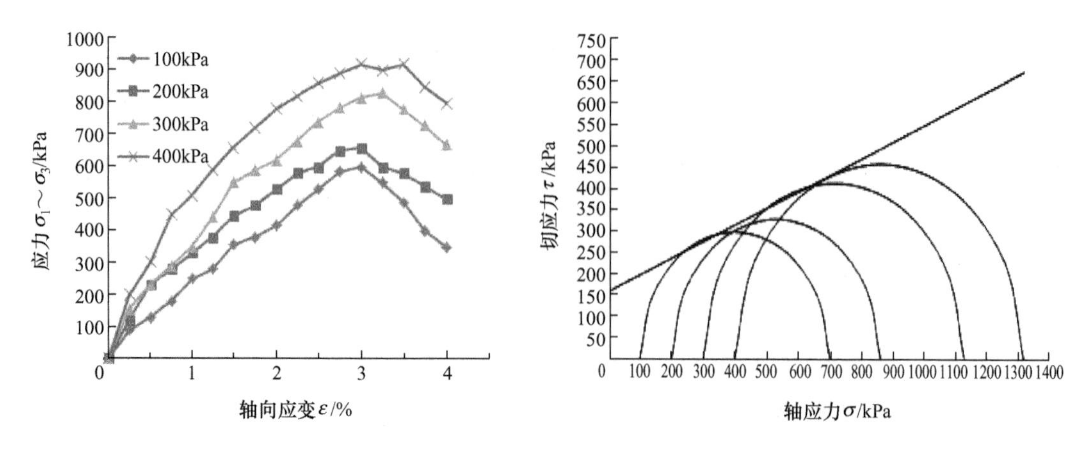

图 6-35　掺入比 21%下再生微粉胶凝材料固化土应力—应变曲线及其对应摩尔圆（28d）

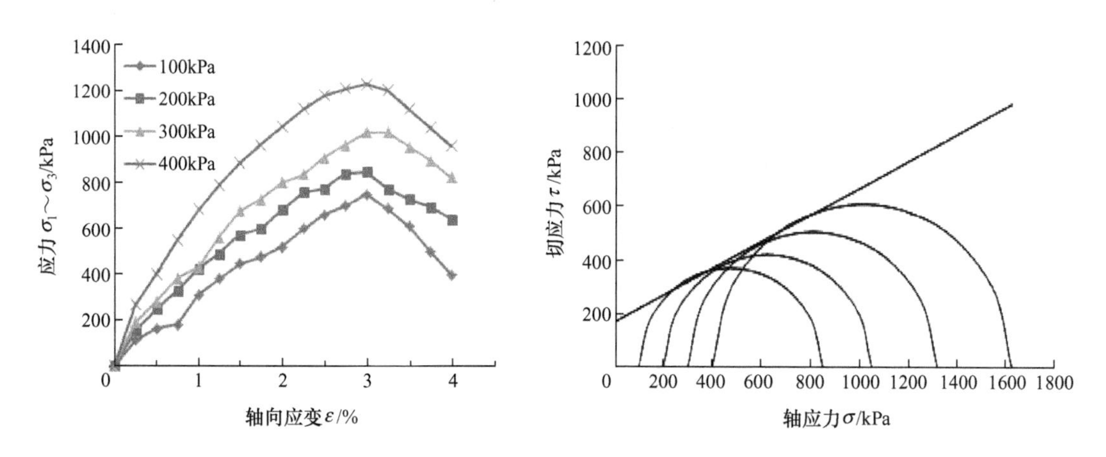

图 6-36　掺入比 25%下再生微粉胶凝材料固化土应力—应变曲线及其对应摩尔圆（28d）

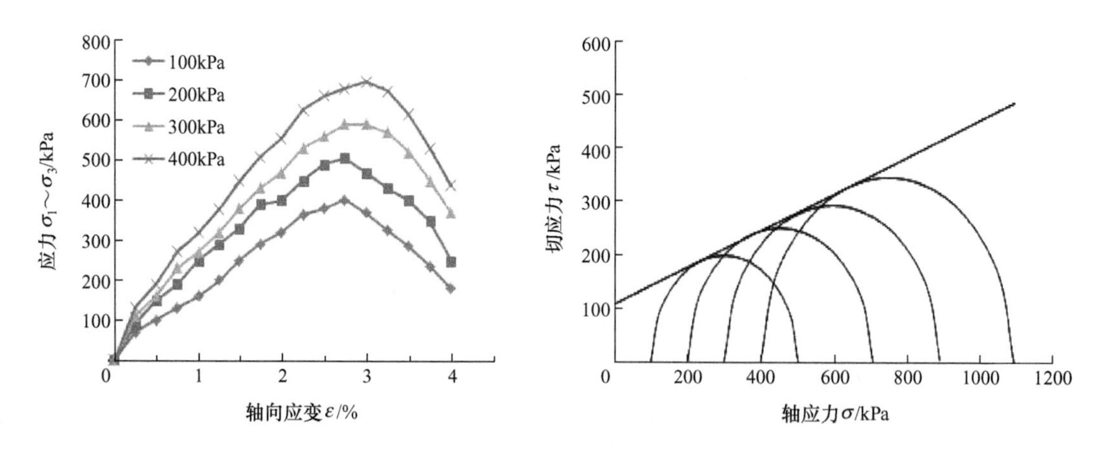

图 6-37　掺入比 9%下再生微粉胶凝材料固化土应力—应变曲线及其对应摩尔圆（90d）

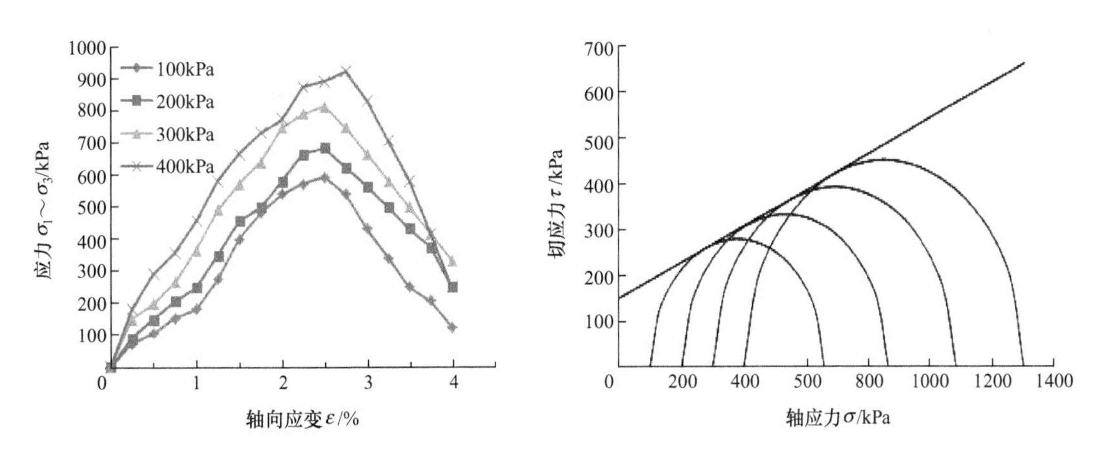

图 6-38 掺入比 13%下再生微粉胶凝材料固化土应力—应变曲线及其对应摩尔圆（90d）

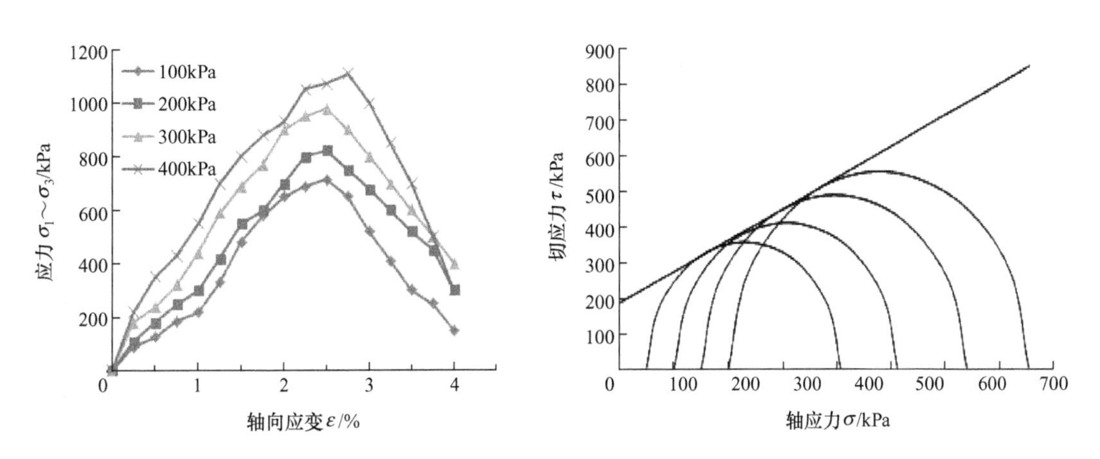

图 6-39 掺入比 17%下再生微粉胶凝材料固化土应力—应变曲线及其对应摩尔圆（90d）

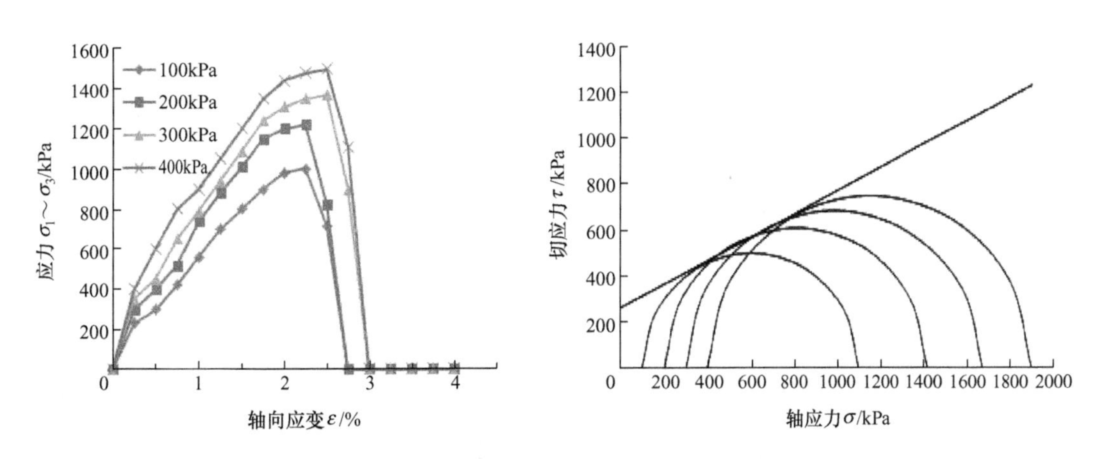

图 6-40 掺入比 21%下再生微粉胶凝材料固化土应力—应变曲线及其对应摩尔圆（90d）

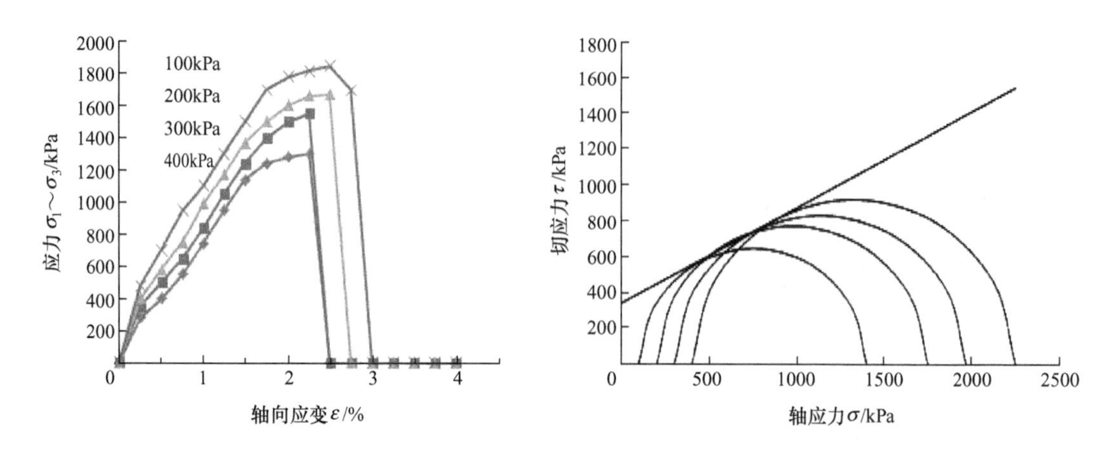

图 6-41　掺入比 25%下再生微粉胶凝材料固化土应力—应变曲线及其对应摩尔圆（90d）

从图 6-27～图 6-41 中可看出，随着掺入比和龄期的增加，试件的破坏点应力—应变曲线从平缓逐渐过渡到突凸，也就是说试件从柔性破坏逐渐转变为脆性破坏；随着围压和龄期的增长，应力—应变曲线图的斜率逐渐升高，摩尔圆的半径也逐渐增大；同种龄期下，随着掺入比的增加，不同围压下应力差值逐渐减小，如 14d 时，9%掺入比下 400kPa 应力差值是 100kPa 的 2.55 倍，而 25%掺入比下 400kPa 应力差值仅为 100kPa 的 1.84 倍；同种掺入比下，随着龄期增加应力差值也逐渐增加，并且前期增加较大，后期增加速度放缓。

6.3　复合水泥固化土性能对比分析研究

为了进一步了解再生微粉胶凝材料固化土的工程性能，现与同标号 32.5 复合水泥进行对比，对两者于 9%、13%、17%、21%、25%五种掺入比在 14d、28d、90d 三种龄期下的无侧限抗压强度、劈裂抗拉强度、压缩性能和三轴剪切压缩性能作对比分析。由此可以更加直观了解新型胶凝材料的性能及其经济性。

6.3.1　无侧限抗压强度对比

由上述试验方法，对五种不同掺入比的复合水泥固化土和再生微粉胶凝材料固化土进行无侧限抗压强度对比试验，结果见表 6-31 和图 6-42～图 6-44。

表 6-31　无侧限抗压强度对比　（单位：MPa）

类型	龄期	不同掺入比下的无侧限抗压强度				
		9%	**13%**	**17%**	**21%**	**25%**
再生微粉胶凝材料固化土	14d	0.02	0.06	0.14	0.25	0.34
	28d	0.15	0.29	0.49	0.92	1.15
	90d	0.81	0.94	1.25	1.47	1.60

续表

类型	龄期	不同掺入比下的无侧限抗压强度				
		9%	13%	17%	21%	25%
复合水泥固化土	14d	0.64	0.85	1.08	1.28	1.48
	28d	0.76	0.99	1.23	1.39	1.61
	90d	1.21	1.42	1.65	1.90	2.11

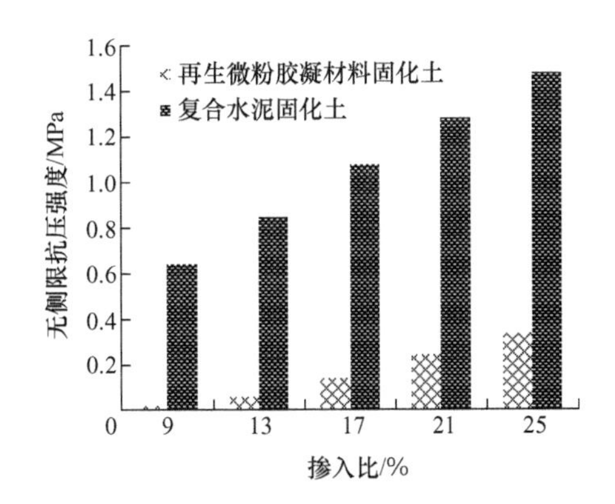

图6-42 14d各掺入比下无侧限抗压强度对比

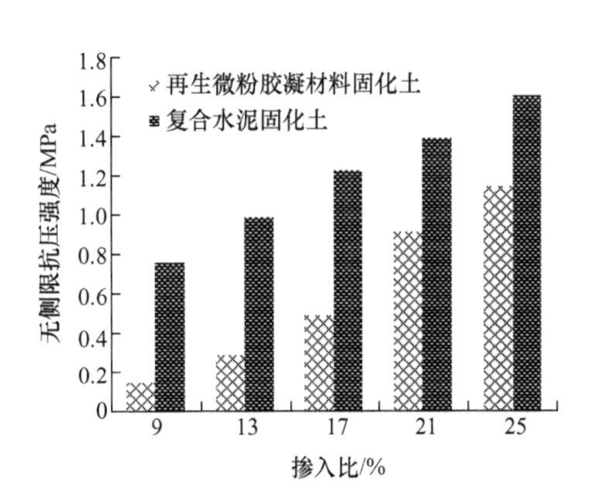

图6-43 28d各掺入比下无侧限抗压强度对比

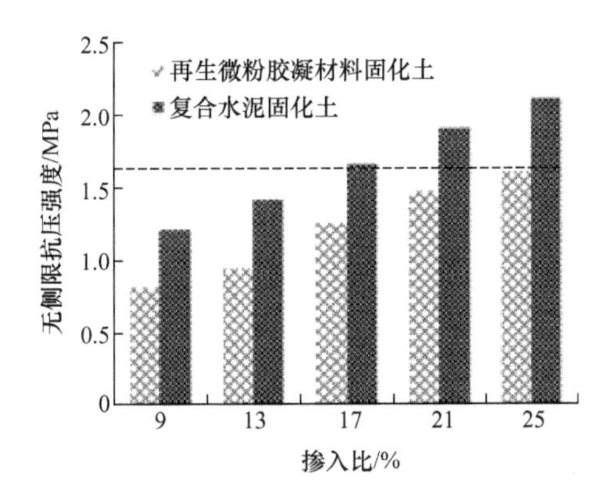

图6-44 90d各掺入比下无侧限抗压强度对比

从图6-42～图6-44中可以看出，复合水泥固化土无侧限抗压强度形成较快，而再生微粉胶凝材料固化土无侧限抗压强度形成较慢，但后者的强度增长速度远远大于前者。14d龄期下，复合水泥固化土无侧限抗压强度随着掺入比增加的趋势小于再生微粉胶凝材料固化土；随着龄期的增加，这种趋势差异慢慢减小。《水泥土配合比设计规程》(JGJ/T 233—2011)中建议以90d龄期固化土无侧限抗压强度为准，从90d龄期来看，掺入比25%的再生微粉胶凝材料固化土无侧限抗压强度与掺入比17%的复合水泥固化土差不多。总体来看，当再生微粉胶凝材料比复合水泥多掺8%时，两种固化土无侧限抗压强度的效果相当。

6.3.2 劈裂抗拉强度对比

由上述试验方法，对五种不同掺入比的复合水泥固化土和再生微粉胶凝材料固化土进行劈裂抗拉强度对比试验，结果见表 6-32 和图 6-45～图 6-47。

表 6-32 劈裂抗拉强度对比 （单位：MPa）

类型	龄期	不同掺入比下的劈裂抗拉强度				
		9%	13%	17%	21%	25%
再生微粉胶凝材料固化土	14d	0.013	0.017	0.026	0.044	0.064
	28d	0.023	0.048	0.069	0.097	0.114
	90d	0.105	0.138	0.201	0.251	0.273
复合水泥固化土	14d	0.037	0.116	0.13	0.159	0.171
	28d	0.076	0.142	0.161	0.196	0.213
	90d	0.177	0.259	0.335	0.388	0.402

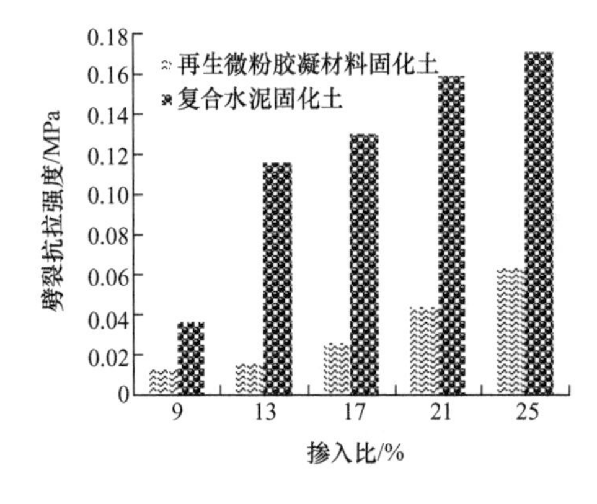

图 6-45 14d 各掺入比下劈裂抗拉强度对比

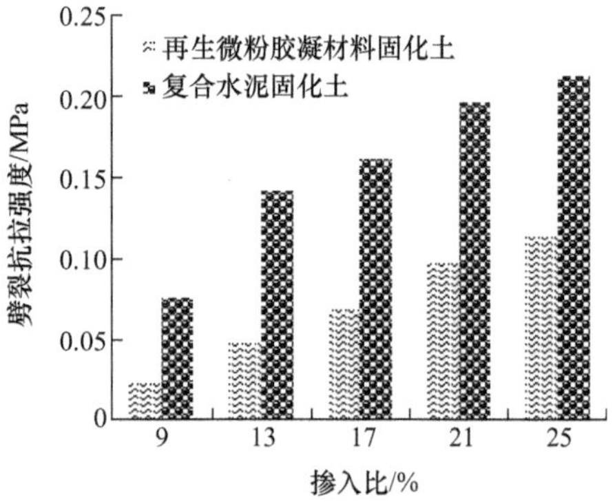

图 6-46 28d 各掺入比下劈裂抗拉强度对比

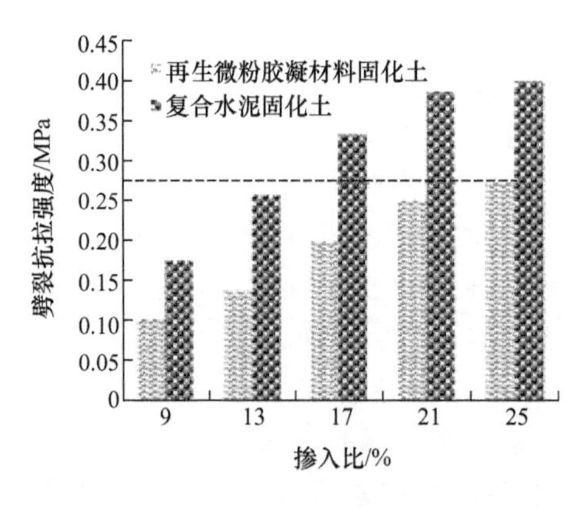

图 6-47 90d 各掺入比下劈裂抗拉强度对比

从图 6-45～图 6-47 中可以看出，复合水泥固化土劈裂抗拉强度形成较快，而再生微粉胶凝材料固化土劈裂抗拉强度形成较慢，但后者的强度增长速度远远大于前者。14d 龄期下，复合水泥固化土劈裂抗拉强度随着掺入比的增加呈现出先加速后减缓的趋势，而再生微粉胶凝材料固化土随着掺入比的增加，劈裂抗拉强度呈现出加速增加的趋势；随着龄期的增加，复合水泥固化土劈裂抗拉强度先加速然后增加的趋势慢慢放缓，而再生微粉胶凝材料固化土的劈裂抗拉强度随着掺入比的增加呈现出减缓的趋势。《水泥土配合比设计规程》(JGJ/T 233—2011) 中建议以 90d 龄期固化土劈裂抗拉强度为准，从 90d 龄期来看，掺入比 25%的再生微粉胶凝材料固化土劈裂抗拉强度与掺入比 15%的复合水泥固化土差不多。总体来看，当再生微粉胶凝材料比复合水泥多掺 10%时，两种固化土劈裂抗拉强度的效果相当。

6.3.3 压缩特性对比

由上述试验方法，对五种不同掺入比的复合水泥固化土和再生微粉胶凝材料固化土进行压缩对比试验，结果见表 6-33、表 6-34 和图 6-48～图 6-50。

表 6-33 压缩系数对比 （单位：MPa^{-1}）

类型	龄期	不同掺入比下的压缩系数				
		9%	13%	17%	21%	25%
再生微粉胶凝材料固化土	14d	1.55	1.24	0.93	0.73	0.57
	28d	1.28	0.93	0.61	0.41	0.24
	90d	0.44	0.33	0.21	0.15	0.09
复合水泥固化土	14d	0.42	0.23	0.19	0.15	0.12
	28d	0.31	0.17	0.13	0.11	0.08
	90d	0.16	0.12	0.09	0.07	0.06

表 6-34 压缩模量对比 （单位：MPa）

类型	龄期	不同掺入比下的压缩模量				
		9%	13%	17%	21%	25%
再生微粉胶凝材料固化土	14d	1.45	1.79	2.35	2.93	3.67
	28d	1.68	2.25	3.33	4.83	7.96
	90d	4.52	5.91	9.05	12.47	20.44
复合水泥固化土	14d	6.1	11.7	14.5	19.5	23.1
	28d	8	15.4	20.7	25.8	30.1
	90d	14.9	20.6	28.6	35.7	42.7

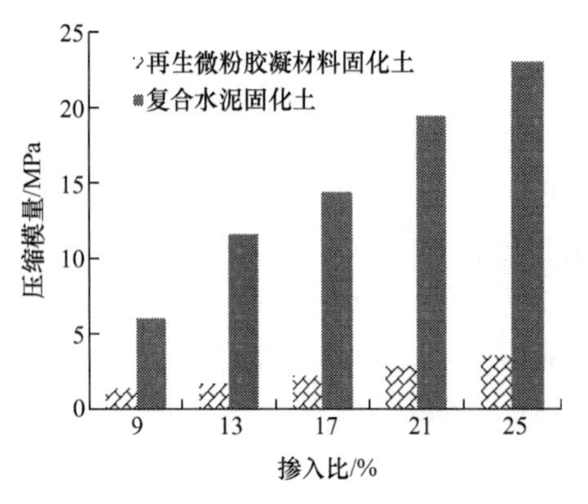

图 6-48　14d 各掺入比下压缩模量对比

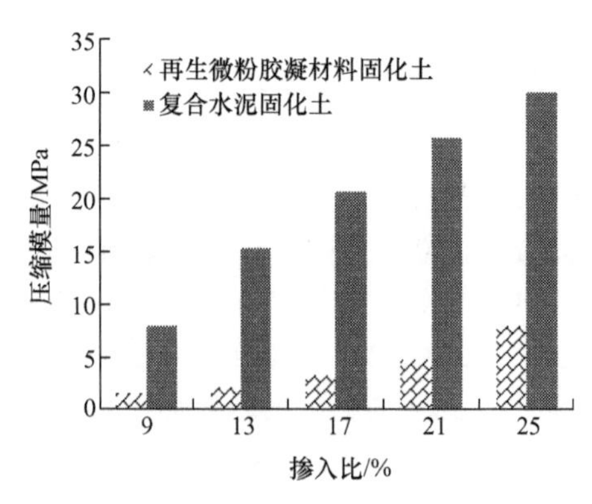

图 6-49　28d 各掺入比下压缩模量对比

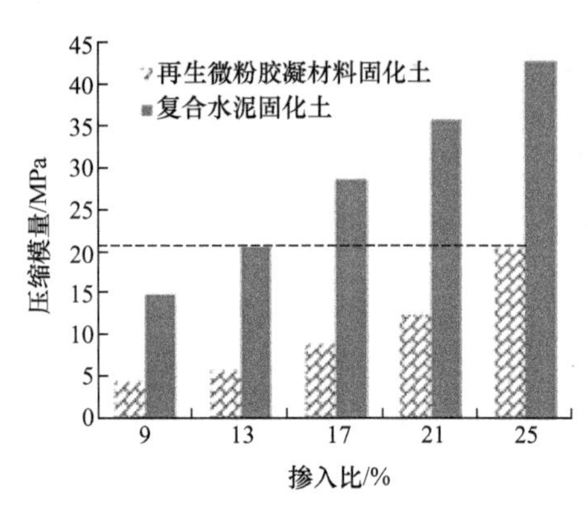

图 6-50　90d 各掺入比下压缩模量对比

从图 6-48～图 6-50 中可以看出，复合水泥固化土压缩模量形成较快，而再生微粉胶凝材料固化土压缩模量形成较慢，但后者压缩模量的增长速度远远大于前者。《水泥土配合比设计规程》(JGJ/T 233—2011) 中建议以 90d 龄期固化土压缩模量和压缩系数为准，从 90d 龄期来看，掺入比 25％的再生微粉胶凝材料固化土压缩系数与掺入比 17％的复合水泥固化土差不多，掺入比 25％的再生微粉胶凝材料固化土压缩模量与掺入比 13％的复合水泥固化土差不多。总体来看，当再生微粉胶凝材料比复合水泥多掺 10％时，两种固化土的压缩性能相当。

6.3.4　三轴剪切压缩试验对比

由上述试验方法，对五种不同掺入比的复合水泥固化土和再生微粉胶凝材料固化土进行三轴剪切压缩试验对比，结果见表 6-35、表 6-36 和图 6-51～图 6-56。

表 6-35　两种固化土黏聚力对比　(单位：kPa)

类型	龄期	不同掺入比下的黏聚力				
		9%	13%	17%	21%	25%
再生微粉胶凝材料固化土	14d	14.4	26.4	43.3	81.6	89.3
	28d	57.5	71.7	93.1	159.4	171.4
	90d	109.5	149.8	186.9	262.7	343.3

续表

类型	龄期	不同掺入比下的黏聚力				
		9%	13%	17%	21%	25%
复合水泥固化土	14d	45.88	65.38	92.55	151.26	184.16
	28d	119.11	166.44	186.21	246.98	298.25
	90d	216.76	274.58	303.68	364.12	410.01

表 6-36 两种固化土内摩擦角对比 (单位：°)

类型	龄期	不同掺入比下的内摩擦角				
		9%	13%	17%	21%	25%
再生微粉胶凝材料固化土	14d	9.71	11.5	14.09	17.57	19.12
	28d	12.39	14.98	18.68	21.33	26.65
	90d	18.98	21.44	23.68	26.99	28.14
复合水泥固化土	14d	11.03	14.73	18.96	23.95	25.52
	28d	24.56	25.61	26.69	26.9	27.01
	90d	25.09	25.77	26.45	27.88	28.22

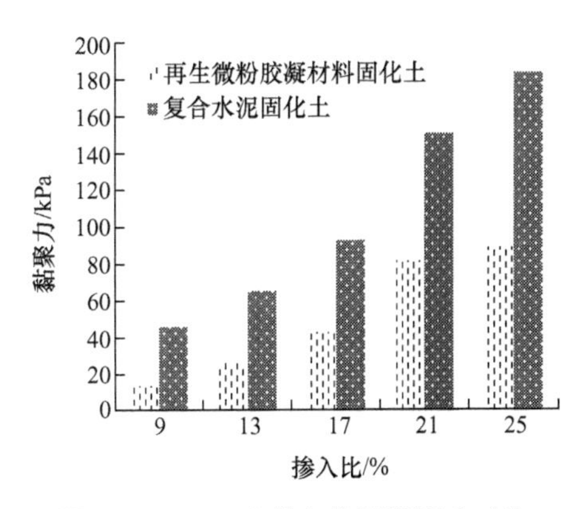

图 6-51 14d 各掺入比下黏聚力对比

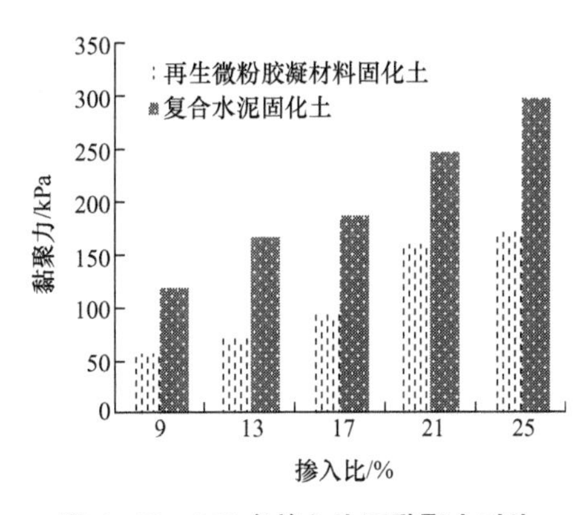

图 6-52 28d 各掺入比下黏聚力对比

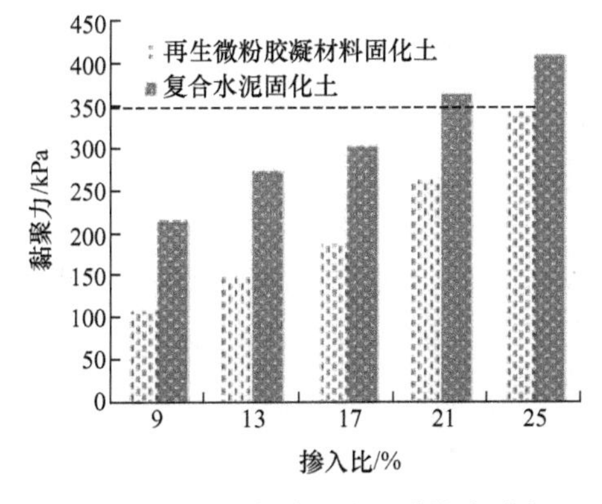

图 6-53 90d 各掺入比下黏聚力对比

从图 6－51～图 6－53 中可以看出，复合水泥固化土黏聚力形成较快，且均好于再生微粉胶凝材料固化土。在 14d 龄期时，同种掺入比下，复合水泥固化土的黏聚力为再生微粉胶凝材料的 2～3 倍；随着龄期的增加，这种差异逐渐减小，到 90d 时仅为 1.1～2 倍，减小了一半左右。

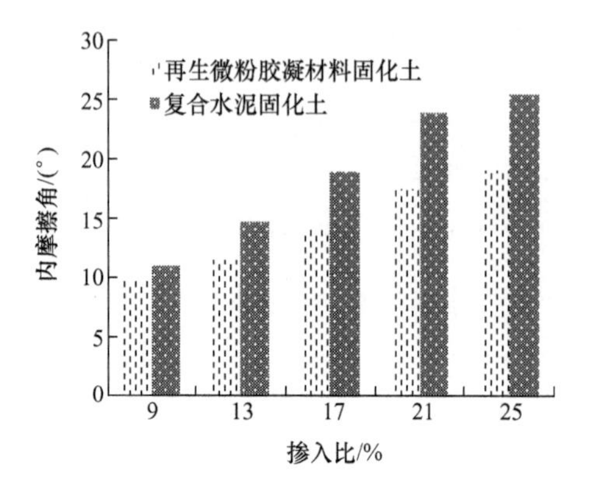

图 6－54　14d 各掺入比下内摩擦角对比

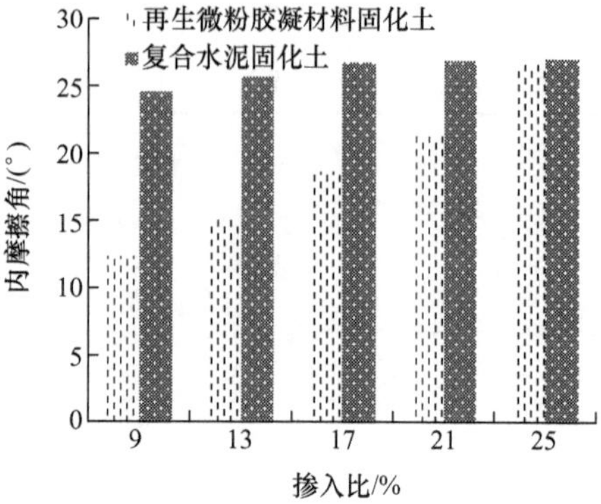

图 6－55　28d 各掺入比下内摩擦角对比

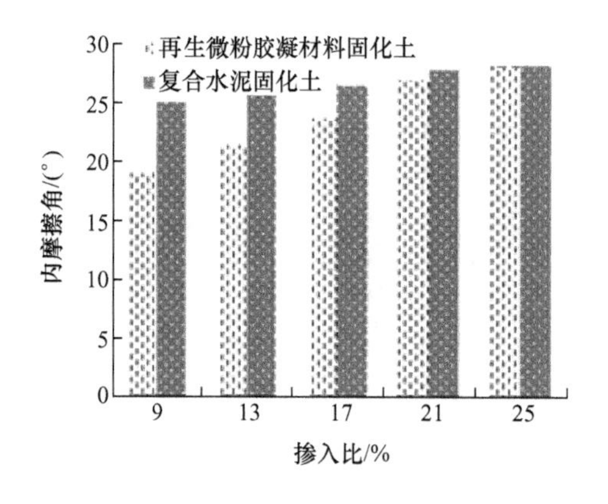

图 6－56　90d 各掺入比下内摩擦角对比

从图 6－54～图 6－56 中可以看出，14d 龄期时，复合水泥固化土的内摩擦角随着掺入比而增加较快，但到 28d 龄期后，这种增加变得平缓。对比再生微粉胶凝材料固化土的结果可以看出，内摩擦角的形成优势并没有其他性能优势大，可以发现到 90d 龄期、25％掺入比下两种固化土的内摩擦角表现基本一致，当内摩擦角达到 27°时，增长非常缓慢。这可能因为土样都是过 2mm 筛，使颗粒级配不佳。

《水泥土配合比设计规程》(JGJ/T 233—2011) 中建议以 90d 龄期固化土的黏聚力和内摩擦角为准，从 90d 龄期来看，掺入比 25％的再生微粉胶凝材料固化土黏聚力与掺入比 19％的复合水泥固化土差不多，掺入比 25％的再生微粉胶凝材料固化土内摩擦角与掺入比 25％的复合水泥固化土差不多。总体来看，当再生微粉胶凝材料比复合水泥多掺 6％时，两种固化土三轴试验的效果相当。

第7章 无熟料垃圾焚烧底灰胶凝材料研制及其固化土力学性能研究

7.1 无熟料垃圾焚烧底灰胶凝材料研制

根据相关标准对垃圾焚烧底灰（简称底灰）进行试验就可以得出其是否具有潜在水硬性活性，并且还可以分析各固体废渣细粉的活性大小（表 7-1），最终确定无熟料垃圾焚烧底灰胶凝材料的水硬性活性高低。

表 7-1 试验固体废渣细粉的活性指数

废渣	性质			
	比表面积/(m^2/kg)	28d 水泥胶砂强度/MPa	28d 试验胶砂强度/MPa	抗压强度比/%
底灰	425	45.3	25.9	57.20
脱硫石膏	400	45.3	—	—
矿渣	420	45.3	44.8	98.90
粉煤灰	410	45.3	28.9	63.90

本文通过大量的探索性试验，综合比较后，最终选择了以激发剂 A 和 B 复合激发的化学激发方法。

7.1.1 初步配合比试验

1. 确定矿渣和粉煤灰的比例优选范围

为了确定矿渣和粉煤灰的比例优选范围，先设计一组只有矿渣和粉煤灰掺量改变，而其他组分掺量不变的试验。根据前期研究经验，由于研制的是无熟料复合胶凝材料，所以激发剂A和激发剂B的总量取为5%。初步确定底灰掺量30%，脱硫石膏掺量10%，激发剂总掺量5%，其中激发剂复掺比（A:B)为2.5:2.5。配合比设计见表7-2。

表7-2 配合比设计一

编号	脱硫石膏/%	激发剂复掺比（A:B)/%	底灰/%	粉煤灰/%	矿渣/%
A1	10	2.5:2.5	30	40	15
A2	10	2.5:2.5	30	30	25
A3	10	2.5:2.5	30	25	30
A4	10	2.5:2.5	30	20	35
A5	10	2.5:2.5	30	15	40

分别对A1～A5样品进行3d和28d抗折、抗压强度试验，结果见表7-3。

表7-3 A组试验各龄期的强度结果一 （单位：MPa）

编号	抗折强度		抗压强度	
	3d	28d	3d	28d
A1	0.49	0.81	1.84	4.59
A2	1.44	4.64	5.38	11.63
A3	1.66	4.61	6.16	12.63
A4	1.74	6.26	6.88	16.47
A5	2.15	5.79	7.69	14.13

从表7-3中可以看出，矿渣对胶凝材料强度的贡献大于粉煤灰的贡献。当粉煤灰的掺量多于矿渣掺量时，胶凝材料强度较低；当矿渣掺量超过粉煤灰掺量时，胶凝材料的抗折强度和抗压强度都有明显的提升。同时也可看到，当矿渣的掺量达到一定程度后，其抗压强度反而有所降低。由此初步确定粉煤灰和矿渣的优选掺量分别为20%左右和35%左右。

2. 确定底灰和矿渣的比例优选范围

为确定底灰和矿渣的优选范围，在第一组试验的基础上，设计一组只改变底灰和矿渣掺量的试验组，以确定两者优选的掺量比例。先选定粉煤灰掺量20%，脱硫石膏掺量10%，激发剂总掺量5%，其中激发剂复掺比（A∶B)为2.5∶2.5。配合比设计见表7-4。

表7-4 配合比设计二

编号	脱硫石膏/%	激发剂复掺比（A∶B)/%	底灰/%	粉煤灰/%	矿渣/%
A6	10	2.5∶2.5	30	20	35
A7	10	2.5∶2.5	25	20	40
A8	10	2.5∶2.5	20	20	45
A9	10	2.5∶2.5	15	20	50
A10	10	2.5∶2.5	10	20	55

分别对A6～A10样品进行3d和28d抗折、抗压强度试验，结果见表7-5。

表7-5 A组试验各龄期的强度结果二 （单位：MPa）

编号	抗折强度		抗压强度	
	3d	28d	3d	28d
A6	2.1	5.61	8.77	26.53
A7	2.5	5.3	10.16	29.78
A8	2.99	6.32	11.56	32.03
A9	3.06	6.59	12.44	33.56
A10	3.3	6.73	13.03	34.56

从表7-5中可以看出，随着矿渣掺量增大与底灰掺量减少，胶凝材料的强度逐步上升，但上升得越来越缓慢。开始阶段，即在矿渣的掺量增加到45%，且底灰的掺量降低到20%之前，胶凝材料的强度呈猛烈增长趋势；在此之后，胶凝材料的强度仅呈小幅增长。由于矿渣和底灰的掺量同时改变，综合考虑胶凝材料的经济性，初步确定矿渣的优选掺量为45%，底灰的优选掺量为20%。

3. 确定粉煤灰与脱硫石膏的比例优选范围

为确定粉煤灰与脱硫石膏的比例优选范围，在前两组试验的基础上，设计一组只改变粉煤灰和脱硫石膏掺量的试验组，以确定两者优选的掺量比例。先选定底灰掺量20%，矿渣掺量45%，激发剂总掺量5%，其中激发剂复掺比（A∶B)为2.5∶2.5。配合比设计见表7-6。

表7-6 配合比设计三

编号	脱硫石膏/%	激发剂复掺比（A∶B)/%	底灰/%	粉煤灰/%	矿渣/%
A11	5	2.5∶2.5	20	25	45
A12	10	2.5∶2.5	20	20	45
A13	15	2.5∶2.5	20	15	45
A14	20	2.5∶2.5	20	10	45
A15	25	2.5∶2.5	20	5	45

分别对 A11～A15 样品进行 3d 和 28d 抗折、抗压强度试验，结果见表 7-7。

表 7-7　A 组试验各龄期的强度结果三　　　　（单位：MPa）

编号	抗折强度		抗压强度	
	3d	28d	3d	28d
A11	1.99	4.08	7.11	15.16
A12	2.88	6.81	10.55	29.63
A13	2.49	7.26	10.3	36.09
A14	2.31	5.58	9.5	34.56
A15	2.15	6.22	8.97	33.53

从表 7-7 中可以看出，随着脱硫石膏掺量增大与粉煤灰掺量减少，胶凝材料的强度先上升后降低。开始阶段，即在脱硫石膏的掺量增加到 15%，且粉煤灰的掺量降低到 15%之前，胶凝材料的强度增加趋势明显；在此之后，胶凝材料的强度则呈小幅降低。初步确定脱硫石膏的优选掺量为 15%，粉煤灰的优选掺量为 15%。

4. 确定两种激发剂比例关系的优选范围

激发剂总掺量确定为 5%，为确定激发剂 A 和激发剂 B 之间的优选比例，在之前研究成果的基础上设计第四组只改变两种激发剂比例的试验，配合比设计见表 7-8。

表 7-8　配合比设计四

编号	脱硫石膏/%	激发剂复掺比 (A:B)/%	底灰/%	粉煤灰/%	矿渣/%
A16	15	1:4	20	15	45
A17	15	2:3	20	15	45
A18	15	2.5:2.5	20	15	45
A19	15	3:2	20	15	45
A20	15	4:1	20	15	45

分别对 A16～A20 样品进行 3d 和 28d 抗折、抗压强度试验，结果见表 7-9。

表 7-9　A 组试验各龄期的强度结果四　　　　（单位：MPa）

编号	抗折强度		抗压强度	
	3d	28d	3d	28d
A16	3.33	6.23	11.14	27.66
A17	3.15	6.66	11.17	35.19
A18	2.72	6.64	10.98	39
A19	2.16	5.85	8.25	41.03
A20	0.76	5.92	2.77	35

从第四组的试验结果可知，激发剂复掺比取 2:3、2.5:2.5、3:2三种时，胶凝材料抗折和抗压强度的综合效果较好。

7.1.2 正交试验研究

1. B组正交试验设计

为了进一步研究各原材料掺量对无熟料垃圾焚烧底灰胶凝材料强度的影响，设计了B组的如下四因素、三水平正交试验，其中因素水平见表7－10，正交试验配合比见表7－11。

表7－10 B组正交试验因素水平表

水平	因素			
	脱硫石膏/%	矿渣/%	底灰/%	激发剂复掺比（A∶B)/%
1	12	35	15	2∶3
2	15	40	20	2.5∶2.5
3	18	45	25	3∶2

表7－11 B组正交试验配合比 （单位：%）

编号	脱硫石膏/%	激发剂复掺比（A∶B)/%	矿渣/%	底灰/%	粉煤灰/%
B1	1（12）	1（2∶3）	1（35）	1（15）	33
B2	1（12）	2（2.5∶2.5）	2（40）	2（20）	23
B3	1（12）	3（3∶2）	3（45）	3（25）	13
B4	2（15）	1（2∶3）	2（40）	3（25）	15
B5	2（15）	2（2.5∶2.5）	3（45）	1（15）	20
B6	2（15）	3（3∶2）	1（35）	2（20）	25
B7	3（18）	1（2∶3）	3（45）	2（20）	12
B8	3（18）	2（2.5∶2.5）	1（35）	3（25）	17
B9	3（18）	3（3∶2）	2（40）	1（15）	22

2. B组正交试验结果

表7－12为B组正交试验结果。

表7－12 B组正交试验结果 （单位：MPa）

编号	抗折强度		抗压强度	
	3d	28d	3d	28d
B1	2.49	6.3	9.36	29.19
B2	2.61	6.71	9.27	32.69
B3	1.27	6.86	4.36	30.34
B4	2.3	5.8	8.52	28.28

续表

编号	抗折强度		抗压强度	
	3d	28d	3d	28d
B5	2.86	5.81	10.95	36.03
B6	1.81	6.43	6.86	35.19
B7	2.59	5.83	9.3	30.13
B8	1.95	4.94	7.14	28.94
B9	2.03	6.53	7.78	39.06

3. B组正交试验极差分析

B组正交试验3d、28d抗折强度极差分析结果见表7-13，3d、28d抗压强度极差分析见表7-14。

表7-13　B组抗折强度极差分析　（单位：MPa）

水平	3d抗折强度				28d抗折强度			
	脱硫石膏	激发剂	矿渣	底灰	脱硫石膏	激发剂	矿渣	底灰
1	2.12	2.46	2.08	2.46	6.62	5.98	5.89	6.21
2	2.32	2.47	2.31	2.34	6.02	5.82	6.35	6.33
3	2.19	1.7	2.24	1.84	5.77	6.61	6.17	5.87
极差	0.2	0.77	0.23	0.62	0.85	0.79	0.464	0.47

从表7-13中可以看出，3d抗折强度受因素影响大小依次为激发剂＞底灰＞矿渣＞脱硫石膏，28d抗折强度受因素影响大小依次为脱硫石膏＞激发剂＞底灰＞矿渣。综合3d和28d抗折强度的极差结果可以看出：矿渣已处于优选范围，在该范围内影响不是很大。激发剂对抗折强度的影响较大，脱硫石膏对后期的抗折强度影响比较大。

表7-14　B组抗压强度极差分析　（单位：MPa）

水平	3d抗压强度				28d抗压强度			
	脱硫石膏	激发剂	矿渣	底灰	脱硫石膏	激发剂	矿渣	底灰
1	7.66	9.06	7.79	9.36	30.74	29.2	31.1	34.76
2	8.78	9.12	8.52	8.48	33.17	32.55	33.34	32.67
3	8.07	6.33	8.2	6.67	32.71	34.86	32.17	29.19
极差	1.11	2.79	0.74	2.69	2.43	5.67	2.24	5.57

从表7-14中可以看出，3d抗压强度受因素影响大小依次为激发剂＞底灰≥脱硫石膏＞矿渣，28d抗压强度受因素影响大小依次为激发剂＞底灰≥脱硫石膏＞矿渣。综合3d和28d抗压强度的极差结果可以看出：无论前期还是后期，激发剂对抗压强度的影响都是

最大的；除了激发剂外，底灰和脱硫石膏也影响较大；矿渣已处于优选范围，故影响较小。

4. C组正交试验设计

B组正交试验得出了矿渣、底灰、激发剂和脱硫石膏的影响大小次序，但对粉煤灰的影响大小还不清楚。所以再设计如下C组的四因素、三水平正交试验，其中因素水平见表7-15，正交试验配合比见表7-16，试验结果见表7-17。

表7-15 C组正交试验因素水平表

水平	因素			
	脱硫石膏/%	矿渣/%	粉煤灰/%	激发剂复掺比（A:B)/%
1	12	35	10	2:3
2	15	40	15	2.5:2.5
3	18	45	20	3:2

表7-16 C组正交试验配合比

编号	脱硫石膏/%	激发剂复掺比（A:B)/%	矿渣/%	粉煤灰/%	底灰/%
C1	1（12）	1（2:3）	1（35）	1（10）	38
C2	1（12）	2（2.5:2.5）	2（40）	2（15）	28
C3	1（12）	3（3:2）	3（45）	3（20）	13
C4	2（15）	1（2:3）	2（40）	3（20）	18
C5	2（15）	2（2.5:2.5）	3（45）	1（10）	25
C6	2（15）	3（3:2）	1（35）	2（15）	30
C7	3（18）	1（2:3）	3（45）	2（15）	17
C8	3（18）	2（2.5:2.5）	1（35）	3（20）	22
C9	3（18）	3（3 : 2）	2（40）	1（10）	27

5. C组正交试验结果

表7-17为C组正交试验结果。

表7-17 C组正交试验结果 （单位：MPa）

编号	抗折强度		抗压强度	
	3d	28d	3d	28d
C1	2.43	5.75	8.13	28.72
C2	2.2	6.34	7.69	27.97
C3	2.44	7.29	9.25	37
C4	2.77	6.36	9.3	29.28

续表

编号	抗折强度		抗压强度	
	3d	28d	3d	28d
C5	1.99	6.13	7.58	31.81
C6	1.66	6.75	5.64	37.69
C7	3.01	6.05	10.42	32.56
C8	2.02	5.93	7.31	29.53
C9	1.42	5.91	4.84	41.1

6. C组正交试验极差分析

C组正交试验3d、28d抗折强度极差分析结果见表7－18，3d、28d抗压强度极差分析见表7－19。

表7－18　C组抗折强度极差分析　(单位：MPa)

水平	3d抗折强度				28d抗折强度			
	脱硫石膏	激发剂	矿渣	粉煤灰	脱硫石膏	激发剂	矿渣	粉煤灰
1	2.36	2.74	2.04	1.95	6.46	6.05	6.14	5.93
2	2.14	2.07	2.13	2.29	6.41	6.13	6.2	6.38
3	2.15	1.84	2.48	2.41	5.96	6.65	6.49	6.52
极差	0.22	0.9	0.44	0.46	0.49	0.6	0.35	0.6

从表7－18中可以看出，3d抗折强度受因素影响大小依次为激发剂＞粉煤灰＞矿渣＞脱硫石膏，28d抗折强度受因素影响大小依次为激发剂＞粉煤灰＞脱硫石膏＞矿渣。综合3d和28d抗折强度的极差结果可以看出：激发剂和粉煤灰对抗折强度的影响较大。

表7－19　C组抗压强度极差分析　(单位：MPa)

水平	3d抗压强度				28d抗压强度			
	脱硫石膏	激发剂	矿渣	粉煤灰	脱硫石膏	激发剂	矿渣	粉煤灰
1	8.36	9.28	7.03	6.85	31.23	30.19	31.98	33.88
2	7.51	7.53	7.28	7.92	32.93	29.77	32.78	32.74
3	7.52	6.58	9.08	8.62	34.4	38.6	33.79	31.94
极差	0.85	2.71	2.06	1.77	3.17	8.83	1.81	1.94

从表 7－19 中可以看出，3d 抗压强度受因素影响大小依次为激发剂＞矿渣＞粉煤灰＞脱硫石膏，28d 抗压强度受因素影响大小依次为激发剂＞脱硫石膏＞粉煤灰＞矿渣。综合 3d 和 28d 抗压强度的极差结果可以看出：除激发剂外，矿渣和粉煤灰对前期的抗压强度影响较大，脱硫石膏对后期的抗压强度影响较大。

综合 B、C 两组正交试验可知，激发剂在前期和后期对无熟料垃圾焚烧底灰胶凝材料强度的影响都是最大的，底灰和粉煤灰对抗压强度有相当的影响，矿渣在前期和后期对抗压、抗折强度的贡献均较大；该胶凝材料中可适当增加矿渣，适当降低底灰和粉煤灰用量，选取合适的脱硫石膏含量。根据以上研究，初步确定无熟料垃圾焚烧底灰胶凝材料的配合比为脱硫石膏 15%，激发剂 5%（A∶B＝2.5∶2.5），底灰 15%，矿渣 45%，粉煤灰 20%。

7.1.3 无熟料垃圾焚烧底灰胶凝材料最佳配合比选择

1. 无熟料垃圾焚烧底灰胶凝材料的物理力学性能

按照《水泥胶砂强度检验方法（ISO 法）》（GB/T 17671—2021），对初定配合比的无熟料垃圾焚烧底灰胶凝材料的安定性、标准稠度需水量、初凝和终凝时间进行试验，结果见表 7－20。

表 7－20 无熟料垃圾焚烧底灰胶凝材料物理力学性能

安定性	标准稠度需水量/g	凝结时间/min		抗折强度/MPa		抗压强度/MPa	
		初凝	终凝	3d	28d	3d	28d
合格	158.1	117	246	2.86	5.81	10.95	36.03

从表 7－20 中可以看出，初定配合比的无熟料垃圾焚烧底灰胶凝材料安定性合格，凝结时间也符合 32.5 水泥的技术要求。由此确定，以脱硫石膏 15%、激发剂 5%（A∶B＝2.5∶2.5）、底灰 15%、矿渣 45%、粉煤灰 20%作为无熟料垃圾焚烧底灰胶凝材料的最优配合比。

2. 养护条件对无熟料垃圾焚烧底灰胶凝材料的影响

现场施工不可能达到标准养护条件，随着环境、气候的不同，养护条件存在或多或少的差异。本文研究了标准条件、湿气条件、自然条件（当时温度大概为 10～20℃，空气相对湿度大概在 40%～70%）三种养护条件下无熟料垃圾焚烧底灰胶凝材料的强度，见表 7－21。

表 7－21 不同养护条件下无熟料垃圾焚烧底灰胶凝材料强度 （单位：MPa）

养护条件	抗折强度		抗压强度	
	3d	28d	3d	28d
标准条件	2.94	5.91	11.95	37.19
湿气条件	3.5	7.61	12.72	37.97
自然条件	2.07	3.35	11.73	17.13

从表 7－21 中可以看出，湿气条件养护的抗压强度比标准条件养护的略高，而抗折强度则有明显的提升。空气条件养护的结果要比标准条件养护的结果差得多，说明湿度和温度对底灰胶凝材料胶砂强度的形成作用比较大。

3. 无熟料垃圾焚烧底灰胶凝材料的耐久性

对该无熟料垃圾焚烧底灰胶凝材料进行不同环境下的耐久性研究，分别做了耐水性能、抗硫酸盐侵蚀性能、抗干湿循环性能以及耐高温性能四个方面的试验。将底灰胶凝材料拆模标准养护 28d 后，再将试件分别放在不同的养护条件下继续养护 28d 测其强度，结果见表 7－22。

表 7－22　不同养护条件下的 56d 强度　（单位：MPa）

强度	养护条件			
	淡水	5%硫酸钠溶液	干湿循环	80℃烘箱
抗折强度	6.92	7.31	3.93	4.63
抗压强度	44.38	44.25	36.52	45.34

从表 7－22 中可以看出，无熟料垃圾焚烧底灰胶凝材料的耐水性能、抗硫酸盐侵蚀性能均较好，但抗干湿循环和耐高温性能较差。继续养护 28d 后，淡水条件下抗折、抗压强度增长幅度较大，其中抗折强度增长了 19.1%，抗压强度增长了 23.2%；5%硫酸钠溶液条件下抗折强度增长最大，增长了 25.8%，而抗压强度的增加与在淡水条件中差不多，增加了 22.8%；干湿循环条件下抗折、抗压强度有所降低，其中抗折强度降低了 32.4%，抗压强度基本持平；在 80℃高温条件下，抗折强度下降了 20.3%，抗压强度增加了 25.8%。

4. 粉磨工艺对无熟料垃圾焚烧底灰胶凝材料的影响

如前所述，粉磨工艺有两种，一种是先磨再混，另一种是先混再磨。本文对该无熟料垃圾焚烧底灰胶凝材料的最佳配合比进行这两种工艺下的强度试验，结果如图 7－1 所示。

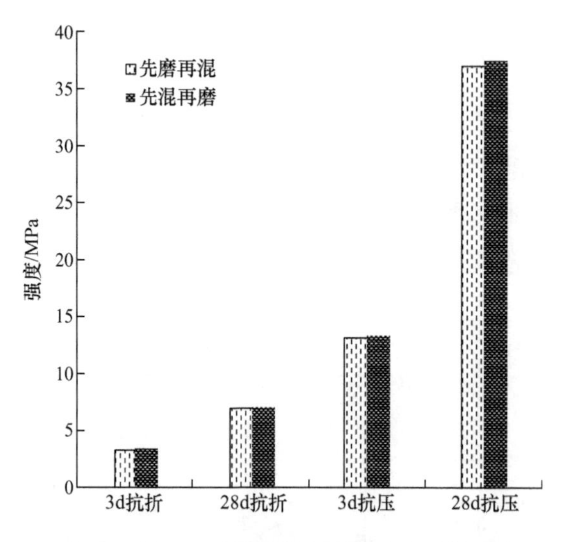

图 7－1　两种不同工艺的强度试验

从图7－1中可以看出，先混再磨工艺后的无熟料垃圾焚烧底灰胶凝材料的抗折、抗压强度均比先磨再混工艺略微提高一点。这可能有两点原因：一是共同粉磨能使得各材料之间接触更充分，各材料的晶体之间发生相互镶嵌；二是先混再磨可以使材料搅拌更均匀，这样使得水化反应更充分。但两种工艺的总体区别很小，鉴于先磨再混相对容易实现，故采用先磨再混方法。

7.1.4 无熟料垃圾焚烧底灰胶凝材料的微观分析

本文采用扫描电子显微镜，对无熟料垃圾焚烧底灰胶凝材料在3d、14d和28d龄期分别进行放大5000倍和20000倍的扫描成像分析。

图7－2～图7－4所示分别为3d、14d和28d龄期的无熟料垃圾焚烧底灰胶凝材料在不同放大倍率下的电镜扫描成像。

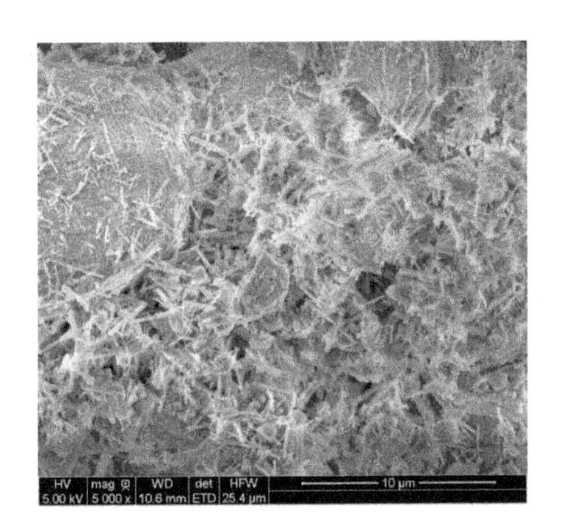

图7－2 3d龄期的无熟料垃圾焚烧底灰胶凝材料的电镜扫描图

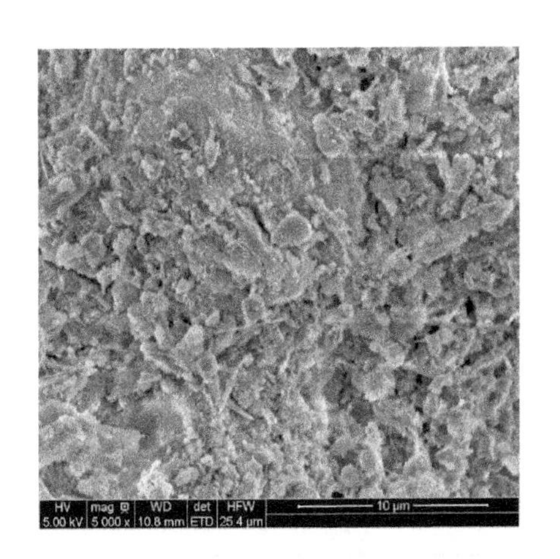

图7－3 14d龄期的无熟料垃圾焚烧底灰胶凝材料的电镜扫描图

从图7－4中可以看出，3d龄期时的产物主要是絮凝状和绉状的水化硅酸钙（C－S－H)、针状的高硫型水化硫铝酸钙AFt（$3CaO \cdot Al_2O_3 \cdot 3CaSO_4 \cdot 32H_2O$）和未水化的针状脱

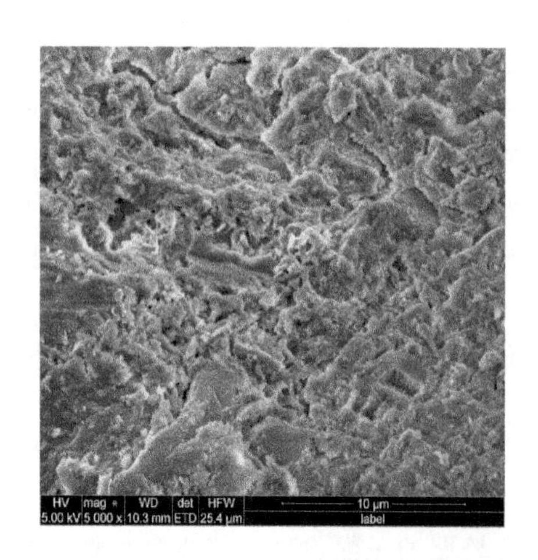

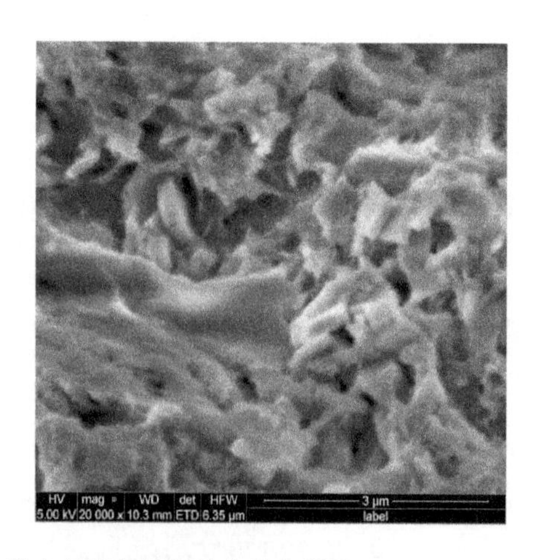

图 7－4　28d 龄期的无熟料垃圾焚烧底灰胶凝材料的电镜扫描图

硫石膏，随着龄期增长，到了 28d 时，针状的高硫型水化硫铝酸钙 AFt 和未水化的针状脱硫石膏基本消失，针状的高硫型水化硫铝酸钙 AFt 逐渐转变为层状的单硫型水化硫铝酸钙 AFm（$3CaO \cdot Al_2O_3 \cdot CaSO_4 \cdot 12H_2O$），絮凝状和绉状的水化硅酸钙也逐渐转变为层叠状的水化硅酸钙，从而令结构更加致密，强度更高。

7.1.5 无熟料垃圾焚烧底灰胶凝材料的环境安全性

根据城市生活垃圾焚烧底灰中毒性物质的判别，一般重金属污染可能性较大，而有机污染物等较小。矿渣、粉煤灰和脱硫石膏都属无机物，重金属污染可能性较小，故本节主要测试底灰胶凝材料的重金属浸出毒性。根据《危险废弃物鉴别标准 浸出毒性鉴别》（GB 5085.3—2007），采用《固体废物　浸出毒性浸出方法 水平振荡法》（HJ 557—2010）制样，使用 ICP－AES（电感耦合等离子发射光谱）进行重金属浸出量试验。表 7－23 为本试验所用无熟料垃圾焚烧底灰胶凝材料代表性重金属的检出浓度和危险废弃物的标准限值。

表 7－23　重金属检出量及标准限值

金属种类	检出值/(ng/L)	标准限值/(mg/L)
铜	<1	100
锌	2	100
镉	7	1
铅	0.5	5
镍	<1	5

从表 7－23 中可以看出，各项金属浸出率比危险废弃物的标准限值均小 6 个数量级，因此就重金属浸出方面，完全可以安全利用。

7.2 无熟料垃圾焚烧底灰胶凝材料固化土性能及与水泥固化土对比研究

7.2.1 试验材料与方法

1. 试验材料

试验用土为宁波宁海地区的海洋淤泥土和宁波鄞州地区的陆地粉质黏土，土体物理力学性能见表7-24。

表7-24 试验用土的主要物理力学性能

土的类型	含水率 ω/%	土粒重度	孔隙比	液限 ω_L/%	塑限 ω_P/%	塑性指数 I_P	液性指数 I_L	黏聚力 c/kPa	内摩擦角 φ/(°)
海洋淤泥土	66.2	17.3	1.6	47.1	17.9	29.2	1.65	5.6	1.3
陆地粉质黏土	26.7	18.1	0.81	32.1	16.9	15.2	0.64	24.4	15.3

从表7-24可知，海洋淤泥土塑性指数 $I_p=29.2$，液性指数 $I_l=1.65>1$，为流塑状态；陆地粉质黏土塑性指数 $I_p=15.2$，液性指数 $0.25<I_l=0.64<0.75$，为可塑状态。

试验所用固化剂为本文所制备的最佳配合比的无熟料垃圾焚烧底灰胶凝材料固化剂，其配合比为脱硫石膏15%、激发剂5%（A∶B=2.5∶2.5）、底灰15%、矿渣45%、粉煤灰20%。

本次试验使用的水泥为海螺牌32.5复合水泥，该水泥的主要物理力学性能见表7-25。

表7-25 水泥的主要物理力学性能

标准稠度需水量/g	凝结时间/min		抗折强度/MPa		抗压强度/MPa	
	初凝	终凝	3d	28d	3d	28d
145	135	220	11.4	36.1	3	6.1

2. 试验方法

本文通过8%、12%、16%、20%、24%五种底灰胶凝材料固化剂掺入比来进行无侧限抗压强度试验、劈裂抗拉强度试验、压缩试验和三轴剪切压缩试验。

结合工程实际及规范，固化剂的水灰比取0.5，固化剂的掺入比取8%、12%、16%、20%、24%五种。

7.2.2 无侧限抗压强度试验结果分析

1. 底灰胶凝材料固化淤泥土试验结果

由上述试验方法，测定底灰胶凝材料固化淤泥土在五种不同掺入比下的无侧限抗压强度，结果见表 7-26 所示。

表 7-26 底灰胶凝材料固化淤泥土无侧限抗压强度 （单位：MPa）

龄期	不同掺入比下的无侧限抗压强度				
	8%	12%	16%	20%	24%
14d	0.01	0.06	0.13	0.22	0.32
28d	0.14	0.3	0.47	0.85	1.08
90d	0.79	0.96	1.2	1.46	1.58

底灰胶凝材料固化淤泥土无侧限抗压强度与掺入比的关系如图 7-5 所示。

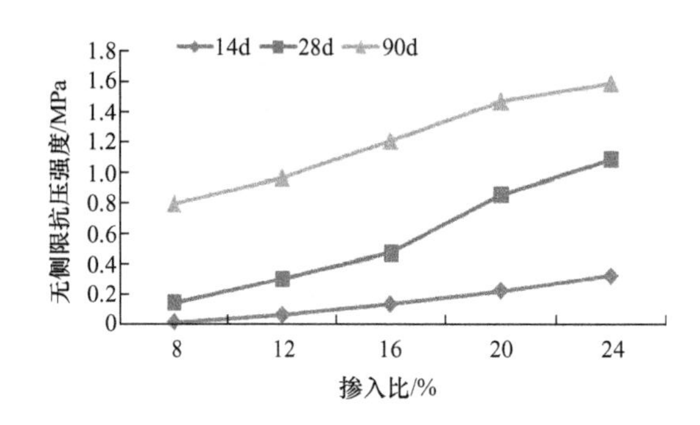

图 7-5 底灰胶凝材料固化淤泥土无侧限抗压强度与掺入比的关系

从图 7-5 中可以看出，底灰胶凝材料固化淤泥土的无侧限抗压强度随着掺入比的增加而增加，且具有非线性特性。在 14d 和 90d 龄期时，非线性特性表现不明显，而在 28d 龄期时非线性特性表现明显。初步解释为 14d 龄期下五种掺入比均未形成很好的固化效果，故强度只与掺入比有关；90d 龄期下五种掺入比均能较好地固化；而在 28d 龄期下，高掺入比的试件能较好地固化但低掺入比的却不能，所以表现出很强的非线性特性。所有试件的无侧限抗压强度均随掺入比的增加而增加，且龄期越长、强度越大。

图 7-6 所示为底灰胶凝材料固化淤泥土无侧限抗压强度与龄期的关系。

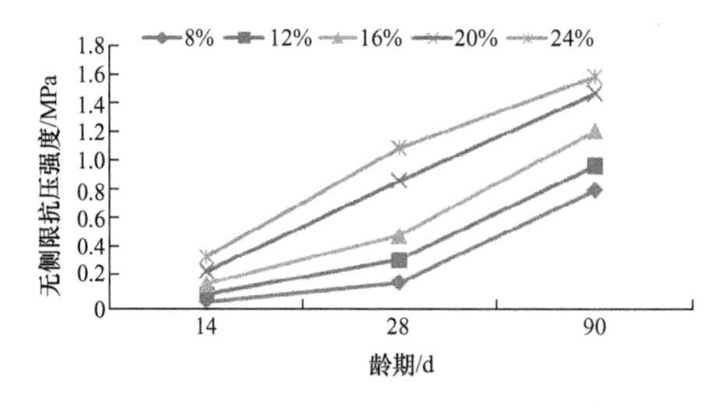

图 7-6 底灰胶凝材料固化淤泥土无侧限抗压强度与龄期的关系

从图 7-6 中可以看出，无论何种掺入比，龄期越大，无侧限抗压强度就越大。在低掺入比下 28d 后强度增加较快，而在高掺入比下强度接近于线性增长，在 24%掺入比下，更出现后期增长缓慢的情况。初步解释为低掺入比下，固化剂与土壤的固化反应前期进行较慢，到28d后才加速反应；而在高掺入比下，固化剂浓度较高，前期的固化反应处于一个相对快速的情况，随着反应的进行，后期的强度反而增长较慢。

2. 复合水泥固化淤泥土试验结果

根据上述试验方法，测定复合水泥固化淤泥土的无侧限抗压强度，结果见表7－27。

表7－27　复合水泥固化淤泥土无侧限抗压强度　（单位：MPa）

龄　期	不同掺入比下的无侧限抗压强度				
	8%	12%	16%	20%	24%
14d	0.71	0.9	1.09	1.27	1.44
28d	0.83	1.04	1.26	1.38	1.62
90d	1.32	1.55	1.73	1.85	1.99

从表7－27中可以看出，复合水泥固化淤泥土的无侧限抗压强度与掺入比及龄期的关系趋势均与底灰固化土相似，故不赘述。

3. 对比分析

根据表7－26与表7－27，绘制出底灰胶凝材料固化土与复合水泥固化土的效果对比，图7－7、图7－8、图7－9所示分别为两种固化土14d、28d和90d无侧限抗压强度对比图。

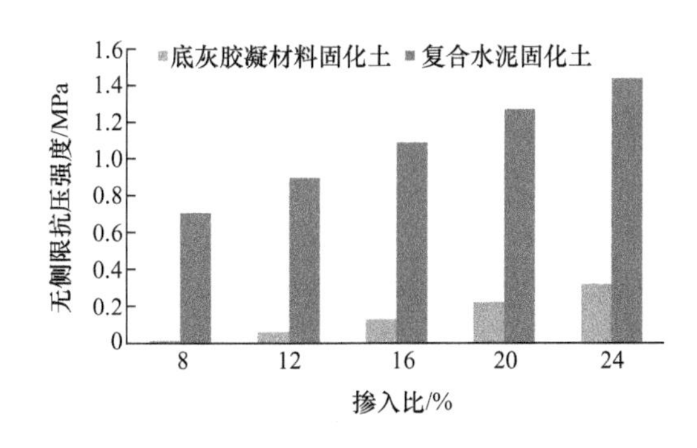

图7－7　14d无侧限抗压强度对比

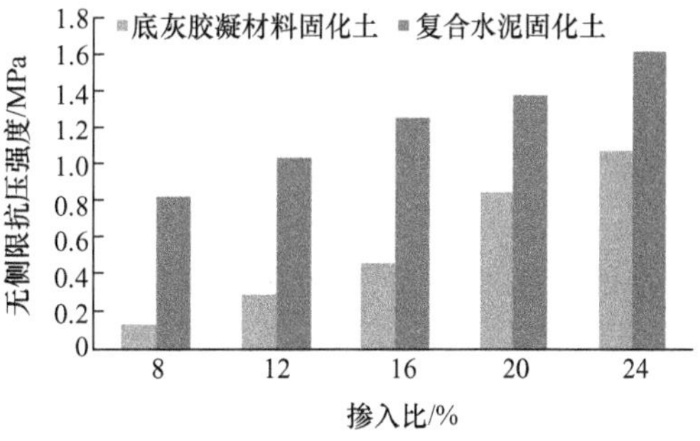

图7－8　28d无侧限抗压强度对比

从图7－7～图7－9中可以看出，复合水泥固化土无侧限抗压强度在早期的强度要好于底灰胶凝材料固化土，其强度形成较快。相比之下，底灰胶凝材料固化土早期强度形成较慢，但其强度增长速度远大于复合水泥固化土，在养护过程中，两者的强度差距逐渐缩小，在90d龄期、16%以上掺入比下，其强度低于复合水泥固化土约25%至15%。《水泥土配合比设计规程》（JGJ/T 233—2011）中建议试件以90d龄期下固化土的无侧限抗压强度为准。在90d龄期下，掺入比为24%的底灰胶凝材料固化淤泥土的无侧限抗压强度与掺入比为12%的复合水泥固化土强度相当。故在实际工程中，通过增加掺入比来替代复合水泥进行土体固化是行之有效的方法。

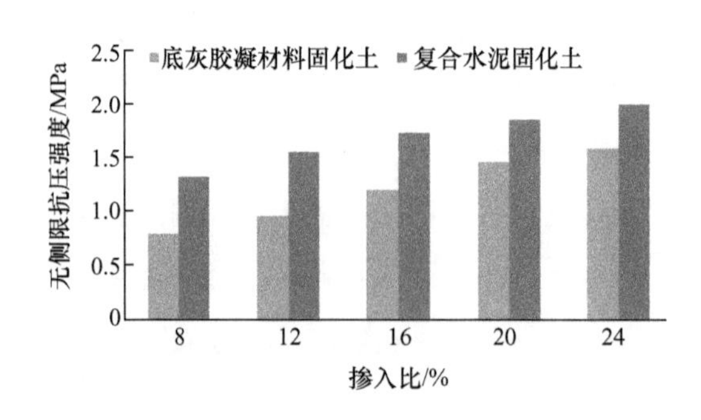

图 7-9 90d 无侧限抗压强度对比

7.2.3 劈裂抗拉强度试验结果分析

1. 底灰胶凝材料固化剂固化淤泥土试验结果

由上述试验方法，测定底灰胶凝材料固化淤泥土在五种不同掺入比下的劈裂抗拉强度，结果见表 7-28 所示。

表 7-28 底灰胶凝材料固化淤泥土劈裂抗拉强度 （单位：MPa）

龄期	不同掺入比下的劈裂抗拉强度				
	8%	12%	16%	20%	24%
14d	0	0	0.011	0.027	0.039
28d	0.013	0.037	0.051	0.093	0.122
90d	0.097	0.112	0.144	0.187	0.207

底灰胶凝材料固化淤泥土劈裂抗拉强度与掺入比的关系如图 7-10 所示。

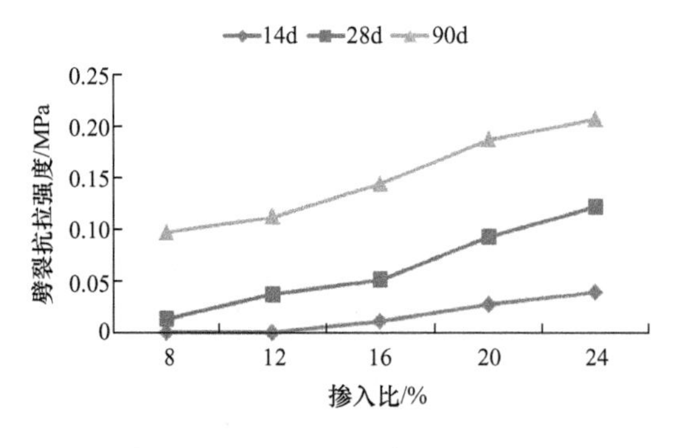

图 7-10 底灰胶凝材料固化淤泥土劈裂抗拉强度与掺入比的关系

从图 7-10 中可以看出，试件的劈裂抗拉强度随着掺入比的增加而增加，增加速度先快后慢，龄期越长，该趋势越明显，拐点出现在 16%的掺入比。该曲线与无侧限抗压强度的曲线呈现一定的相似性，故可认为该曲线代表固化效果与龄期的关系。

图 7-11 所示为底灰胶凝材料固化淤泥土劈裂抗拉强度与龄期的关系。

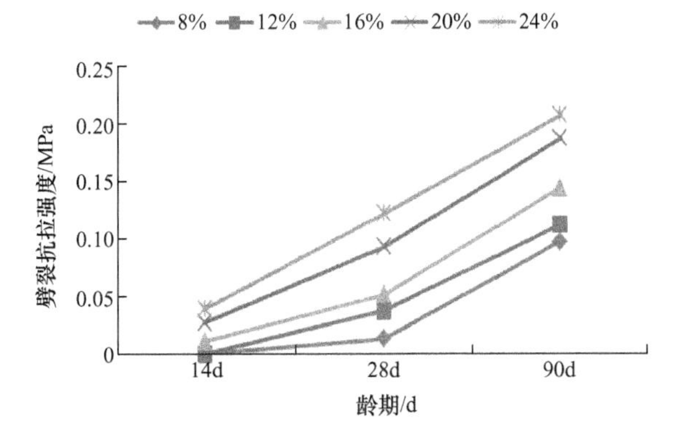

图7-11　底灰胶凝材料固化淤泥土劈裂抗拉强度与龄期的关系

图7-11的曲线同样与图7-6的曲线具有极高的相似性。无论何种掺入比下，劈裂抗拉强度均随龄期的增加而增加。同样在低掺入比下呈现非线性，后期增长速度快于前期；随着掺入比增加，非线性特征逐渐减小，在24%掺入比下，基本呈现线性增长，并可预测在更高掺入比下会呈现后期强度增长慢于前期的情况。对该现象的初步解释与图7-6的解释相同，在此不再赘述。

2. 复合水泥固化淤泥土试验结果

根据上述试验方法，测定复合水泥固化淤泥土的劈裂抗拉强度，结果见表7-29。

表7-29　复合水泥固化淤泥土劈裂抗拉强度　（单位：MPa）

龄期	不同掺入比下的劈裂抗拉强度				
	8%	12%	16%	20%	24%
14d	0.029	0.107	0.127	0.163	0.175
28d	0.067	0.135	0.164	0.205	0.22
90d	0.159	0.248	0.343	0.394	0.411

从表7-29中可以看出，复合水泥固化淤泥土的劈裂抗拉强度与掺入比及龄期的关系趋势均与底灰胶凝材料固化土相似，且其劈裂抗拉强度比底灰胶凝材料固化土稍高。

3. 对比分析

根据表7-12和表7-13，绘制出底灰胶凝材料固化剂与复合水泥固化剂两种固化剂的固化效果对比，图7-12、图7-13和图7-14所示分别为两种固化剂固化淤泥土14d、28d和90d劈裂抗拉强度对比图。

从图7-12～图7-14中可以看出，复合水泥固化土劈裂抗拉强度在早期的强度远好于底灰胶凝材料固化土，其强度形成较快并保持强度增长，虽然两者在后期的强度差距没有早期那么大，但是复合水泥固化土仍然保持一定的优势。底灰胶凝材料固化土早期强度形成较慢，即使在养护过程中保持了强度增长，仍无法明显缩小与复合水泥固化土的差距。相比无侧限抗压强度，两种固化剂在劈裂抗拉强度上显示了更大的固化效果差距。同样按《水泥土配合比设计规程》（JGJ/T 233—2011）建议，试件以90d龄期下固化土的劈裂抗拉强度为准。在 90d 龄期、16%以上掺入比下，底灰胶凝材料固化土的劈裂抗拉强度约为复合水泥固化土的 40%至 50%，掺入比为 20%的底灰胶凝材料固化土的劈裂抗拉强度与掺入比为 8%的复合水泥固化土强度水平相当。

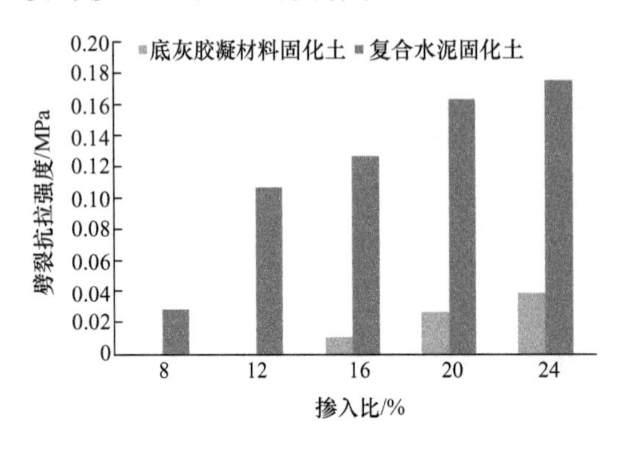

图 7-12　14d 劈裂抗拉强度对比

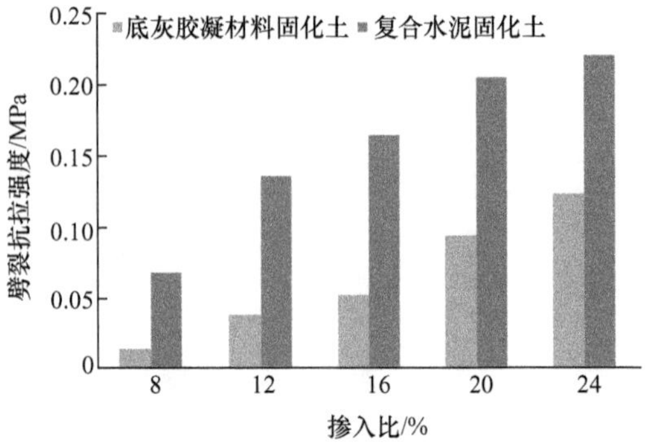

图 7-13　28d 劈裂抗拉强度对比

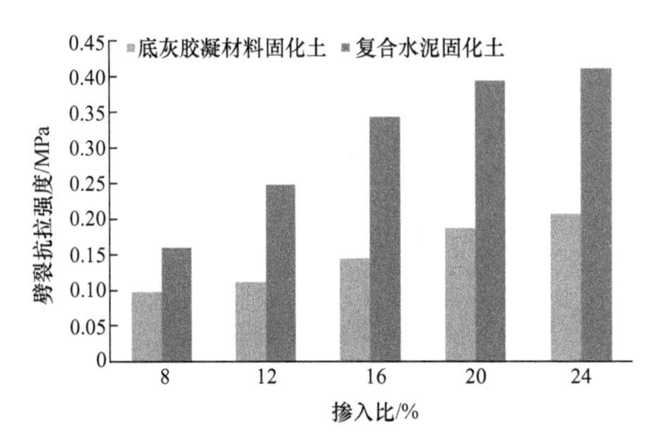

图 7-14　90d 劈裂抗拉强度对比

7.2.4 压缩试验结果分析

1. 底灰胶凝材料固化淤泥土试验结果

根据 7.4.1 节所述试验方法，对五种不同掺入比下的固化土进行压缩试验，测得的不同掺入比、不同龄期下底灰胶凝材料固化淤泥土的孔隙比、压缩系数和压缩模量，分别见表 7-30、表 7-31 和表 7-32。

表 7-30　底灰胶凝材料固化淤泥土孔隙比

龄期	不同掺入比下的孔隙比				
	8%	12%	16%	20%	24%
14d	1.28	1.25	1.2	1.16	1.1
28d	1.16	1.1	1.04	1.01	0.96
90d	0.99	0.96	0.91	0.89	0.85

表 7-31 底灰胶凝材料固化淤泥土压缩系数 （单位：MPa^{-1}）

龄期	不同掺入比下的压缩系数				
	8%	12%	16%	20%	24%
14d	1.61	1.33	0.97	0.73	0.51
28d	1.41	1.01	0.63	0.44	0.2
90d	0.5	0.35	0.21	0.15	0.1

表 7-32 底灰胶凝材料固化淤泥土压缩模量 （单位：MPa）

龄期	不同掺入比下的压缩模量				
	8%	12%	16%	20%	24%
14d	1.41	1.69	2.26	2.98	4.14
28d	1.53	2.08	3.24	4.6	9.65
90d	3.98	5.66	9.16	12.77	18.91

从表 7-30 中可以看出，底灰胶凝材料固化淤泥土的孔隙比呈现出随着掺入比和龄期的增大而减小的规律，这充分说明底灰胶凝材料在固化土中随着固化反应的进行，其水化产物不断密实，从而填充了土体的空隙。表 7-31 中压缩系数随着掺入比和龄期的发展规律与孔隙比一致，再次验证固化反应与这两个因素的规律关系。

根据表 7-32 可以做出图 7-15 和图 7-16，分别为不同龄期下底灰胶凝材料固化淤泥土压缩模量与掺入比的关系和不同掺入比下底灰胶凝材料固化淤泥土压缩模量与龄期的关系。

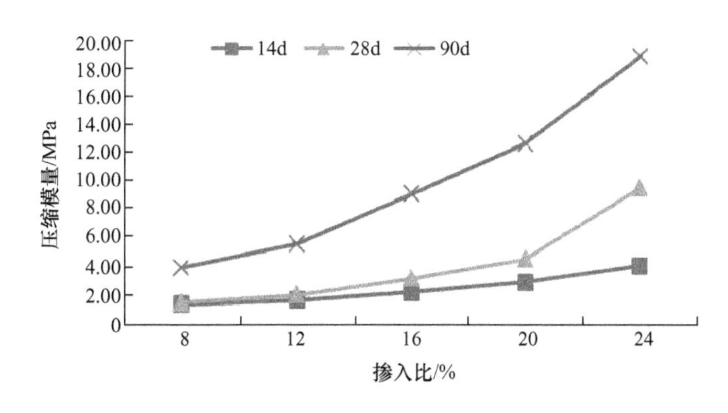

图 7-15 底灰胶凝材料固化淤泥土压缩模量与掺入比的关系

从图 7-15 和图 7-16 中可以看出：无论在何种龄期下，底灰胶凝材料固化淤泥土的压缩模量均随着掺入比的增加而增加，且增加得越来越快；龄期越长，非线性特征越明显。同样在不同掺入比下，底灰胶凝材料固化淤泥土的压缩模量与龄期也呈现相似的非线性增长趋势。

上述表格数据和图片趋势，反映出随着掺入比和龄期的增加，底灰胶凝材料固化淤泥土的孔隙比逐步减小、压缩系数逐步减小且压缩模量逐渐增加，又一次阐明经底灰胶凝材料固化后的淤泥土，胶凝材料水化后的水化产物不断填充土体的空隙，胶结了土体颗粒。

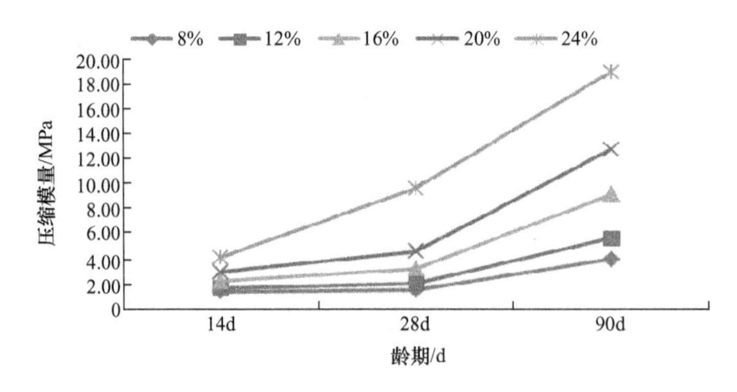

图 7-16　底灰胶凝材料固化淤泥土压缩模量与龄期的关系

2. 复合水泥固化淤泥土试验结果

根据上述试验方法，对复合水泥固化淤泥土进行压缩试验，结果见表 7-33 和表 7-34。

表 7-33　复合水泥固化淤泥土压缩系数　　(单位：MPa^{-1})

龄期	不同掺入比下的压缩系数				
	8%	12%	16%	20%	24%
14d	0.44	0.24	0.2	0.14	0.11
28d	0.32	0.17	0.14	0.1	0.09
90d	0.17	0.13	0.1	0.07	0.06

表 7-34　复合水泥固化淤泥土压缩模量　　(单位：MPa)

龄期	不同掺入比下的压缩模量				
	8%	12%	16%	20%	24%
14d	5.88	10.85	13.64	19.58	25.04
28d	7.94	14.87	19.19	26.67	31.76
90d	14.16	19.77	26.92	37.89	44.32

从表 7-33 和表 7-34 中可以看出，复合水泥固化淤泥土的压缩系数和压缩模量与掺入比、龄期的关系趋势均与底灰胶凝材料固化淤泥土相似。压缩系数均随着龄期和掺入比的增加而减小，压缩模量均随着龄期和掺入比的增加而增大，且其压缩模量均比底灰胶凝材料固化淤泥土高。

3. 对比分析

压缩系数和压缩模量实质上反映的是同一性质指标，本节均以压缩模量为代表，对底灰胶凝材料固化土和复合水泥固化剂固化淤泥土进行对比分析。根据表 7-32 和表 7-34 可做出对比图形，图 7-17、图 7-18 和图 7-19 所示分别为两种固化剂固化淤泥土 14d、28d 和 90d 压缩模量对比图。

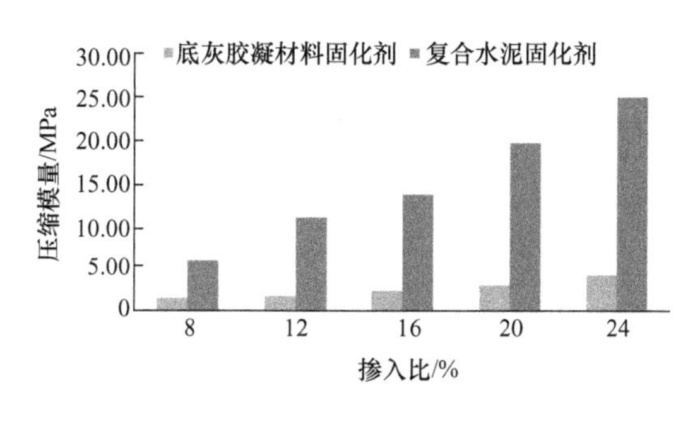

图 7-17　14d 压缩模量对比

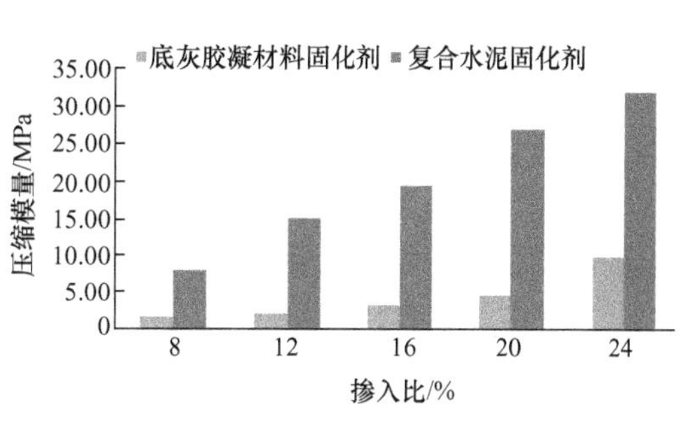

图 7-18　28d 压缩模量对比

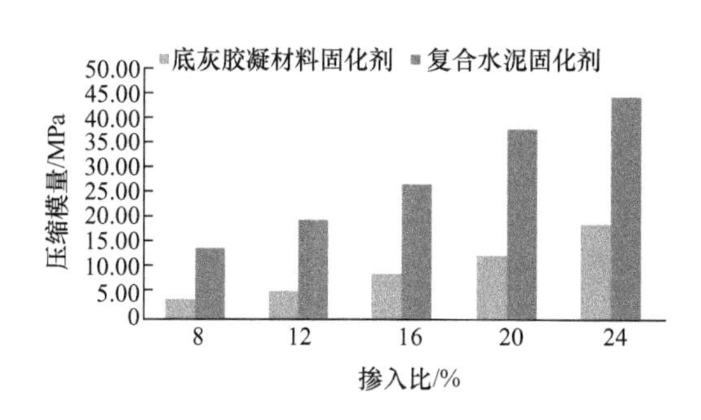

图 7-19　90d 压缩模量对比

从图 7-17～图 7-19 中可以看出，底灰胶凝材料固化土与复合水泥固化土压缩模量的差距随着龄期的增加而缩小。在 90d 龄期、16%以上掺入比下，底灰胶凝材料固化土的压缩模量约为复合水泥固化土的 40%～45%。故参考 90d 龄期的数据，掺入比为 24%的底灰胶凝材料固化土的压缩模量与掺入比为 12%的复合水泥固化土的压缩模量效果相当。

7.2.5 三轴剪切压缩试验结果对比分析

1. 底灰胶凝材料固化剂固化淤泥土试验结果

根据试验方法，对五种不同掺入比下的底灰胶凝材料固化淤泥土进行三轴剪切压缩试验，测得不同掺入比、不同龄期下的固化土的黏聚力和内摩擦角，见表 7-35 和表 7-36。

表 7-35　底灰胶凝材料固化剂固化淤泥土黏聚力　（单位：kPa）

龄期	不同掺入比下的黏聚力				
	8%	12%	16%	20%	24%
14d	13.7	23.6	39.8	79.8	80.5
28d	64.4	74.7	87.7	126.4	149.5
90d	101.3	116.3	156.4	223.4	261.4

表 7-36 底灰胶凝材料固化剂固化淤泥土内摩擦角 （单位：°）

龄期	不同掺入比下的内摩擦角				
	8%	12%	16%	20%	24%
14d	9.49	13.18	13.33	15.36	18.98
28d	11.02	16.11	18.57	20.26	24.54
90d	18.14	23.76	25.57	30.13	33

从表 7-35 和表 7-36 中可以看出，无论黏聚力还是内摩擦角，都随着龄期和掺入比的增加而增加，呈现单向递增趋势。但在此过程中，黏聚力随龄期增加的速度在后期略快于前期，黏聚力随掺入比增加的速度则先快后慢。初步解释为后期的水化固化反应在前期的基础上进入快车道，反应更加充分；掺入比的增加对黏聚力和内摩擦角的积极作用有一个拐点存在。内摩擦角随龄期变化的趋势与黏聚力相似，故还是可以用上述理由解释；内摩擦角随着掺入比而增大的速度却是越来越大，没有出现拐点，这是因为底灰胶凝材料的掺入改变了原来土体的颗粒级配，掺入比越高，级配越良好。

由于数据图片众多，故挑选具有代表性的呈现，图 7-20～图 7-28 所示为试件分别在 14d、28d、90d 龄期下掺入比为 8%、16%、24%的应力—应变曲线及对应的莫尔圆。

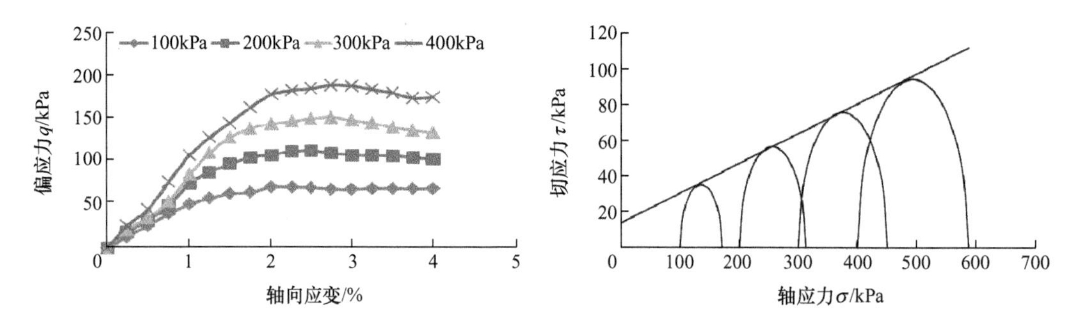

图 7-20 14d 龄期 8%掺入比下底灰胶凝材料固化淤泥土的应力—应变曲线及其对应莫尔圆

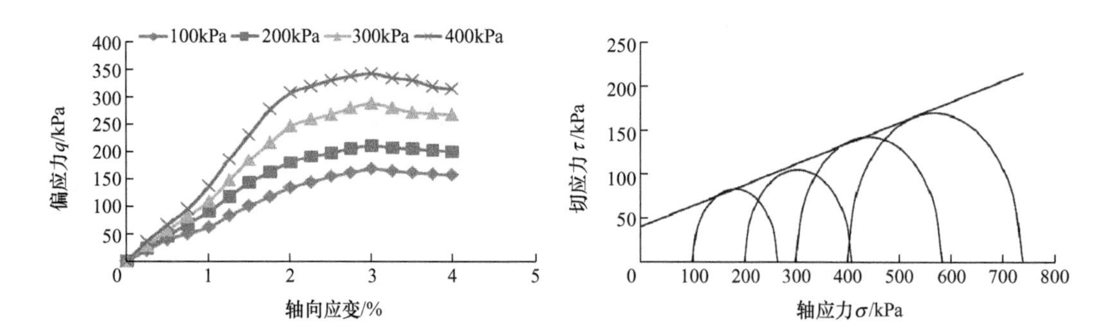

图 7-21 14d 龄期 16%掺入比下底灰胶凝材料固化淤泥土应力—应变曲线及其对应莫尔圆

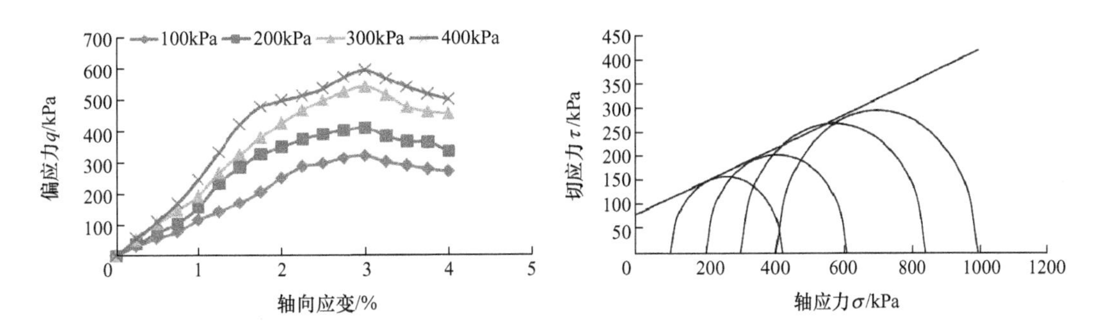

图 7-22　14d 龄期 24%掺入比下底灰胶凝材料固化淤泥土应力—应变曲线及其对应莫尔圆

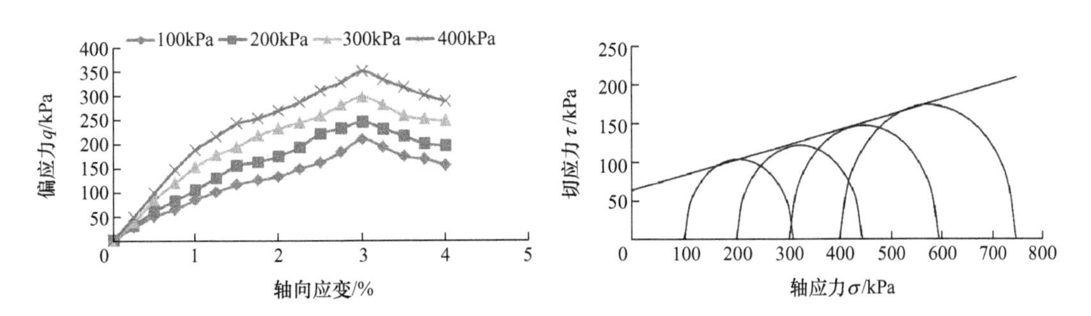

图 7-23　28d 龄期 8%掺入比下底灰胶凝材料固化淤泥土应力—应变曲线及其对应莫尔圆

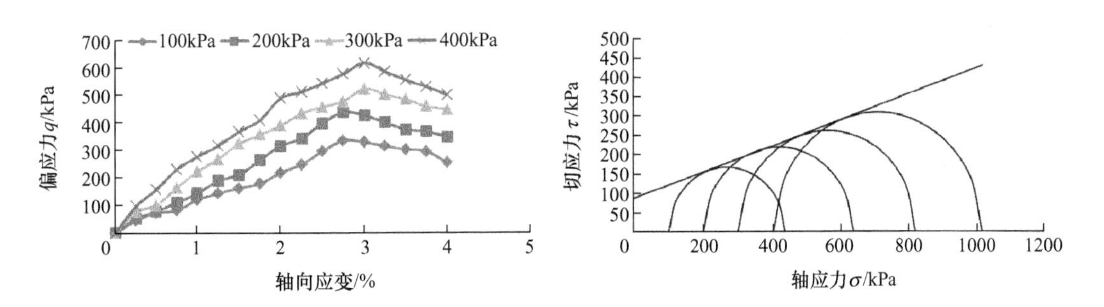

图 7-24　28d 龄期 16%掺入比下底灰胶凝材料固化淤泥土应力—应变曲线及其对应莫尔圆

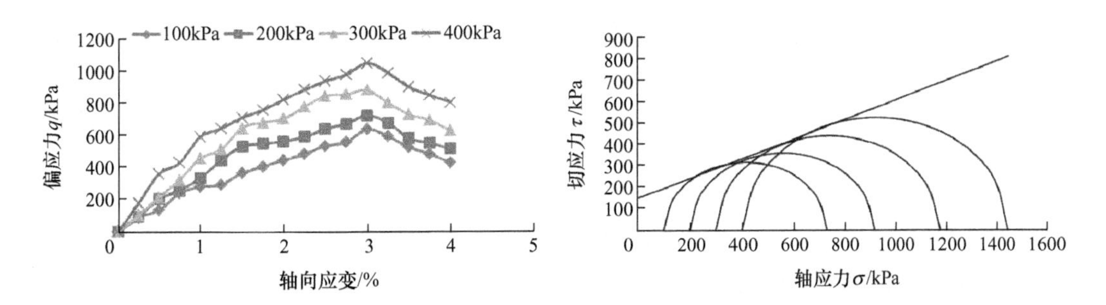

图 7-25　28d 龄期 24%掺入比下底灰胶凝材料固化淤泥土应力—应变曲线及其对应莫尔圆

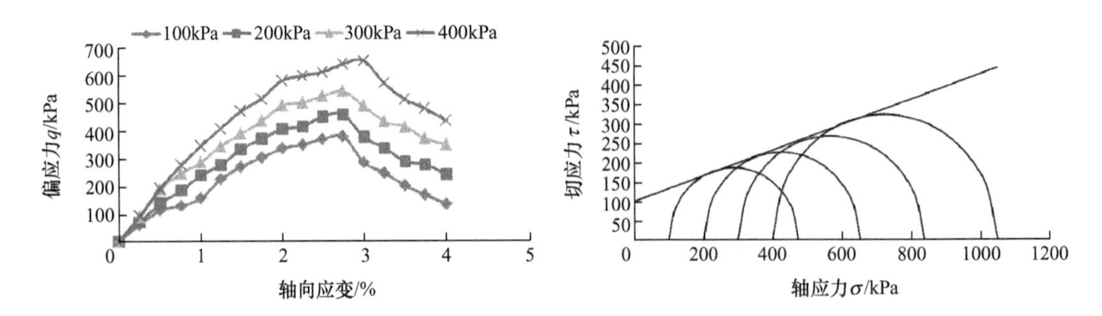

图 7－26　90d 龄期 8%掺入比下底灰胶凝材料固化淤泥土应力—应变曲线及其对应莫尔圆

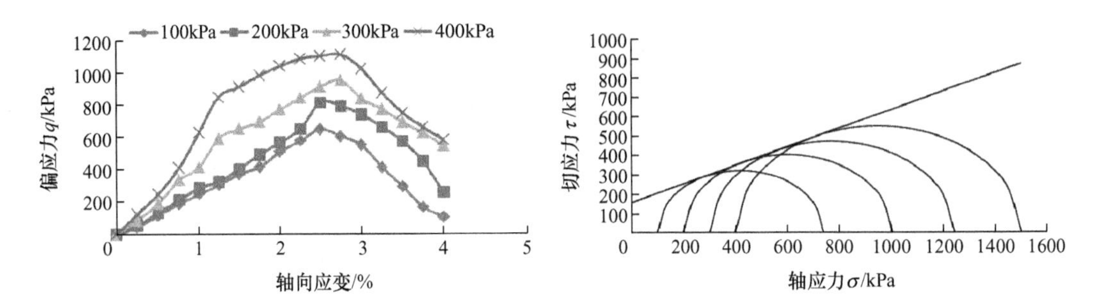

图 7－27　90d 龄期 16%掺入比下底灰胶凝材料固化淤泥土应力—应变曲线及其对应莫尔圆

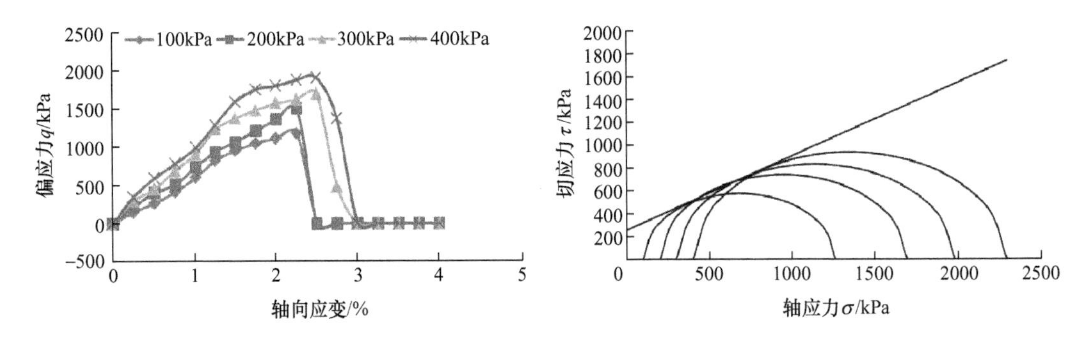

图 7－28　90d 龄期 24%掺入比下底灰胶凝材料固化淤泥土应力—应变曲线及其对应莫尔圆

从图 7－20～图 7－28 中可以看出，14d 龄期、28d 龄期、90d 龄期同条件试件的屈服应力逐渐增大，塑性变形率逐渐减小，破坏应力点更加明显。随着掺入比和龄期的增加，试件的应力—应变曲线从平缓向陡峭转变，即试件的破坏由韧性破坏变为脆性破坏；随着围压的增长，对应应变下应力逐渐增大，应力—应变曲线斜率逐渐升高，故莫尔圆的半径也相应增大。

随着底灰胶凝材料固化剂掺入比的增大，固化土的屈服应力、破坏应力与破坏应变均有不同程度的提高。并且随着龄期的增长，上述指标也明显增加。因此，底灰胶凝材料固化剂对养护 90d 的固化土仍有一定的固化作用。

2. 复合水泥固化淤泥土试验结果

同上述试验方法，对五种不同掺入比下的复合水泥固化淤泥土进行三轴剪切压缩试验，测得不同掺入比、不同龄期下的固化土的黏聚力和内摩擦角，见表7-37和表7-38。

表7-37 复合水泥固化剂固化淤泥土黏聚力 （单位：kPa）

龄期	不同掺入比下的黏聚力				
	8%	12%	16%	20%	24%
14d	49.86	63.87	91.12	138.96	172.53
28d	122.35	160.43	182.43	226.34	302.22
90d	221.89	268.99	298.87	351.54	421.32

表7-38 复合水泥固化剂固化淤泥土内摩擦角 （单位：°）

龄期	不同掺入比下的内摩擦角				
	8%	12%	16%	20%	24%
14d	11.27	14.25	18.24	22.87	25.44
28d	25.11	25.33	26.38	27.11	27.12
90d	25.13	25.47	26.46	27.34	27.68

复合水泥固化剂固化效果较底灰胶凝材料固化剂稍好，具体见下文分析。

3. 对比分析

对上述试验数据进行对比，可绘制出图7-29～图7-34。其中图7-29～图7-31所示分别为14d、28d和90d龄期下底灰胶凝材料固化剂和复合水泥固化剂的黏聚力在8%至24%掺入比范围内的对比图，图7-32～图7-34所示则分别为14d、28d和90d龄期下底灰胶凝材料固化剂和复合水泥固化剂的内摩擦角在8%至24%掺入比范围内的对比图。

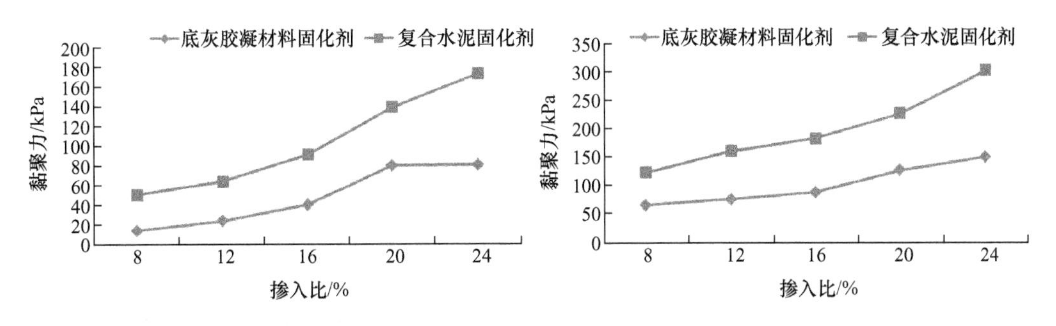

图7-29 14d黏聚力对比图

图7-30 28d黏聚力对比图

从图7-29～图7-31中可以看出，随着掺入比的增加，两种固化土的黏聚力都呈单向递增趋势。14d和28d龄期下，随着掺入比的增加，底灰胶凝材料固化土与复合水泥固化土相比，其黏聚力增长稍慢；而在90d龄期下，两者增长几乎同步。初步认为复合水泥固化剂在前期就开始充分的水化固化反应，而底灰胶凝材料固化剂则在后期才会开始充分的水化固化反应。

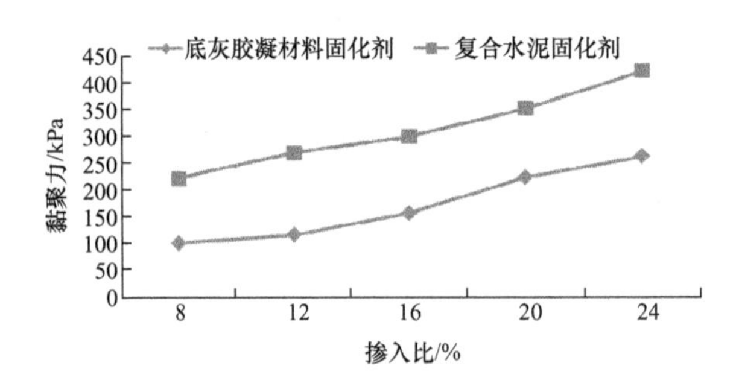

图 7－31　90d 黏聚力对比图

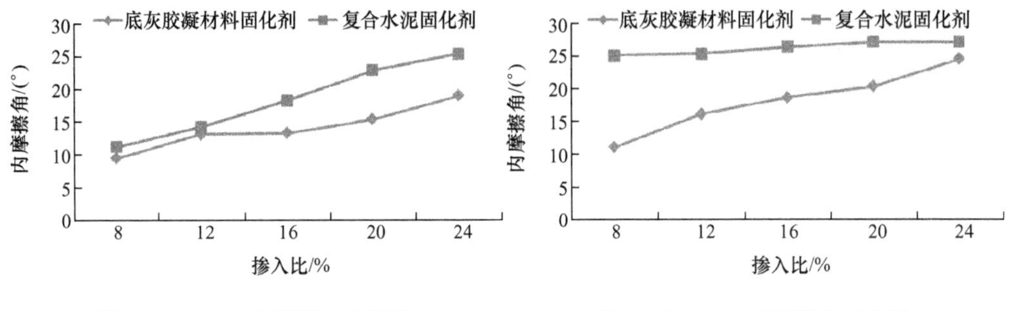

图 7－32　14d 内摩擦角对比图　　图 7－33　28d 内摩擦角对比图

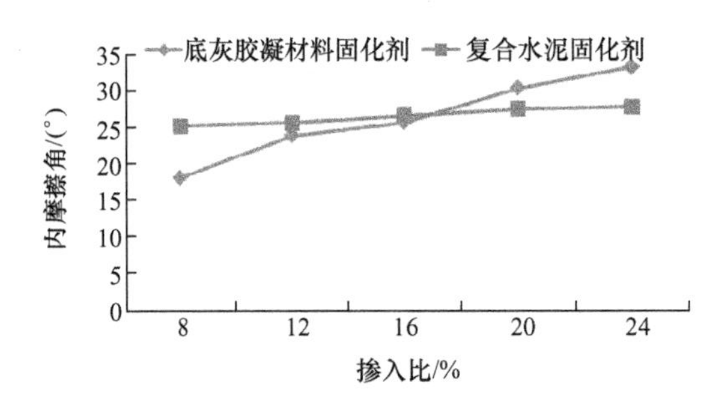

图 7－34　90d 内摩擦角对比图

从图 7－32～图 7－34 中可以看出，两种固化土的内摩擦角差距明显没有黏聚力的差距大。复合水泥固化土内摩擦角在 14d 龄期下随掺入比增加呈现增长趋势，并在 24％掺入比下已达到峰值；而到了 28d 和 90d 龄期，所有掺入比下的试件内摩擦角均稳定在 25°上下。然而底灰胶凝材料固化土的内摩擦角在 14d、28d 龄期下大幅增长，在 90d 龄期下随掺入比增加仍然呈现小幅增长，再次验证了底灰胶凝材料固化剂是属于后期固化效果优于前期的固化剂。

《水泥土配合比设计规程》(JGJ/T 233—2011) 中建议以 90d 龄期固化土黏聚力和内摩擦角为准，故以 90d 龄期下的试件为参照，底灰胶凝材料固化土的黏聚力与复合水泥固化土相比基本稳定在50％～65％，具体视掺入比而定；底灰胶凝材料固化土 24％的掺入比，与复合水泥固化土 12％的掺入比相当。至于内摩擦角，两者水平相当甚至底灰胶凝材料固化剂在高掺入比下效果更好，说明球磨后的底灰胶凝材料固化剂加入至淤泥土中时，两者结合的级配非常好。

7.3 无熟料垃圾焚烧底灰胶凝材料固化土工程特性

上一节对比了两种不同固化剂固化淤泥土的效果，本节则主要讨论同一种固化剂，即底灰胶凝材料固化剂固化两种不同的土体：淤泥土和粉质黏土，从而进一步验证底灰胶凝材料的工程应用可能性。

7.3.1 试验材料与方法

1. 试验材料

上文已经应用的材料不再重复叙述，本节新增材料为宁波鄞州地区的粉质黏土。

宁波鄞州地区黏土塑性指数 $I_p=15.2$，归为粉质黏土，液性指数 $0.25<I_l=0.64<0.75$，为可塑状态。

2. 试验方法

试验方法同上文。

7.3.2 无侧限抗压强度试验结果对比分析

1. 试验结果

对底灰胶凝材料固化粉质黏土进行无侧限抗压强度试验，表 7－39 为试验结果。

表 7－39 底灰胶凝材料固化粉质黏土无侧限抗压强度 （单位：MPa）

龄期	不同掺入比下的无侧限抗压强度				
	8%	12%	16%	20%	24%
14d	0.03	0.1	0.19	0.32	0.41
28d	0.17	0.39	0.56	0.94	1.23
90d	0.89	1.16	1.34	1.6	1.77

从表 7－39 中可以看出，底灰胶凝材料固化粉质黏土的无侧限抗压强度的演变，与固化淤泥土的趋势基本相同，故参考上一节，不过多叙述。

2. 对比分析

根据表 7－39 和表 7－24，分别绘制底灰胶凝材料固化剂固化粉质黏土和淤泥土在 14d、28d 和 90d 龄期下的无侧限抗压强度对比，如图 7－35～图 7－37 所示。

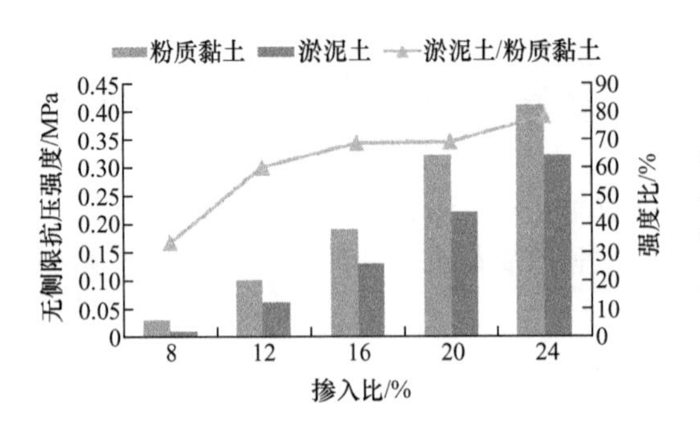

图 7-35　两种固化土 14d 无侧限抗压强度对比

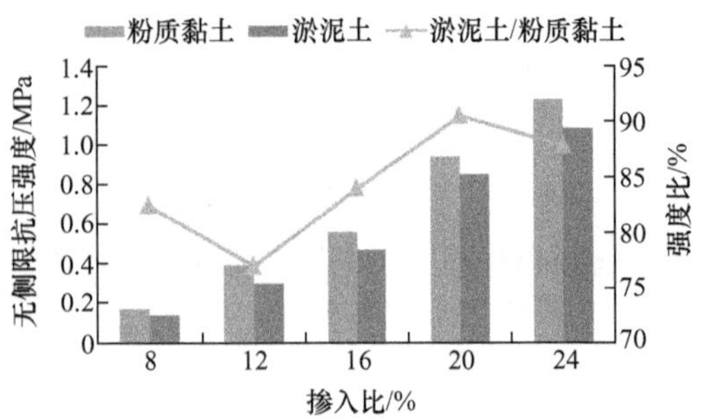

图 7-36　两种固化土 28d 无侧限抗压强度对比

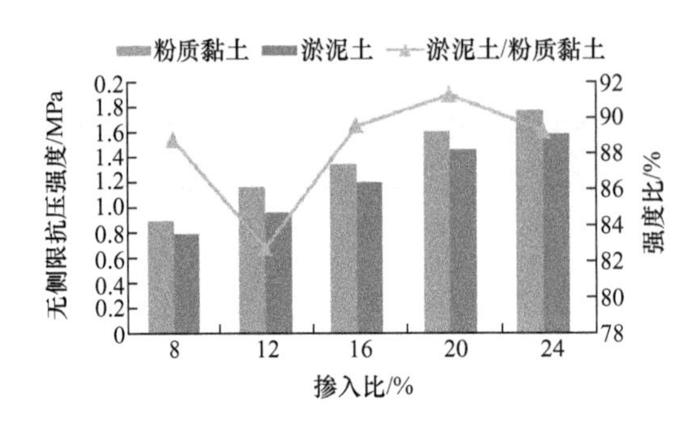

图 7-37　两种固化土 90d 无侧限抗压强度对比

从图 7-35～图 7-37 中可以看出，底灰胶凝材料固化剂固化淤泥土时的无侧限抗压强度比粉质黏土稍差，两种固化土的强度变化趋势基本相同，即随掺入比和龄期的增加而增长，且后期强度增速高于前期，与底灰胶凝材料固化剂的水化反应趋势相符。14d 龄期下，随着掺入比的增加，强度比从 30%攀升到 80%左右；但到了 28d 龄期及以后，龄期的作用基本消失，强度比基本都在 85%左右徘徊；90d 龄期下的强度比，总体上只比 28d 龄期下的强度比高了 5%。这说明由于粉质黏土的土体属性，相对来说更容易在早期形成强度。故以《水泥土配合比设计规程》(JGJ/T 233—2011) 的建议，在 90d 龄期下，底灰胶凝材料固化淤泥土的无侧限抗压强度比底灰胶凝材料固化粉质黏土低大约 10%。

7.3.3　劈裂抗拉强度试验结果对比分析

1. 试验结果

按上述方法对底灰胶凝材料固化粉质黏土进行劈裂抗拉强度试验，表 7-40 为试验结果。

表 7-40　底灰胶凝材料固化粉质黏土劈裂抗拉强度　　（单位：MPa）

龄期	不同掺入比下的劈裂抗拉强度				
	8%	12%	16%	20%	24%
14d	0.004	0.009	0.019	0.04	0.058
28d	0.017	0.042	0.061	0.11	0.145
90d	0.107	0.131	0.178	0.213	0.242

从表中可以看出，底灰胶凝材料固化粉质黏土的劈裂抗拉强度的演变，与固化淤泥土的趋势基本相同，故参考前文说明即可。

2. 对比分析

根据表 7－10 和表 7－22，分别绘制底灰胶凝材料固化剂固化粉质黏土和淤泥土在 14d、28d 和 90d 龄期下的劈裂抗拉强度对比，如图 7－38～图 7－40 所示。

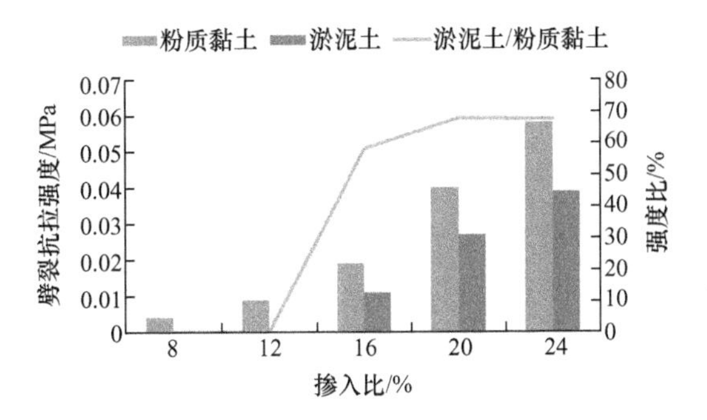

图 7－38　两种固化土 14d 劈裂抗拉强度对比

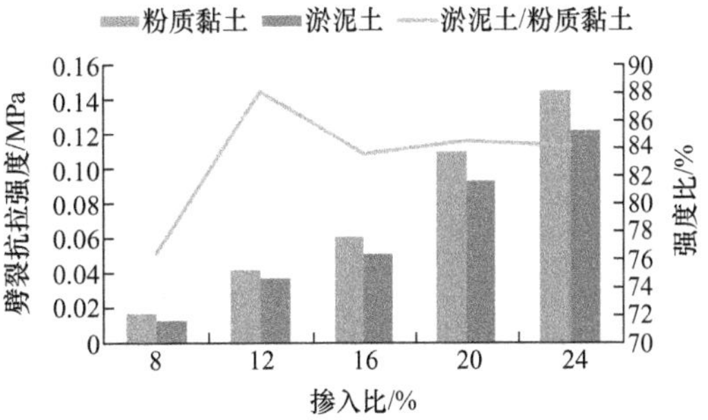

图 7－39　两种固化土 28d 劈裂抗拉强度对比

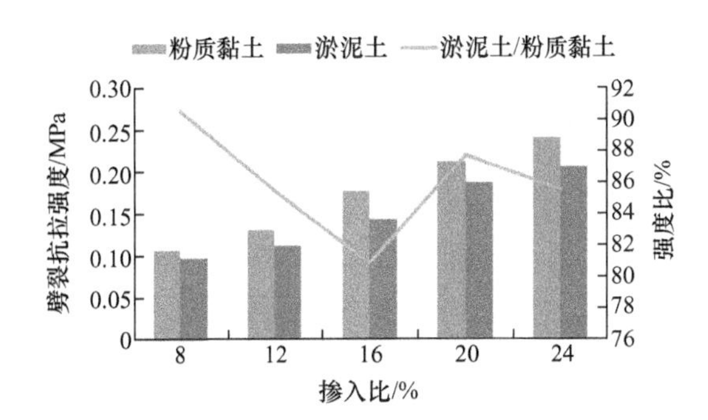

图 7－40　两种固化土 90d 劈裂抗拉强度对比

从图 7－38～图 7－40 中可以看出，两种固化土的劈裂抗拉强度随龄期和掺入比的增长趋势，均与无侧限抗压强度相似。14d 龄期下，8％和 12％掺入比的底灰胶凝材料固化淤泥土未能测出强度，而粉质黏土试件可测出，一定程度上再次说明底灰胶凝材料固化剂固化粉质黏土的效果比固化淤泥土稍好。劈裂抗拉强度比同样只在 14d 龄期下随着掺入比攀升，28d 龄期及以后，不管掺入比如何，劈裂抗拉强度比始终在 82％±10％范围内浮动。根据《水泥土配合比设计规程》（JGJ/T 233—2011）中建议，在 90d 龄期下，底灰胶凝材料固化淤泥土的劈裂抗拉强度比底灰固化粉质黏土低 10％～20％。

7.3.4 压缩试验结果对比分析

1. 试验结果

以上文相同的试验方法，对底灰胶凝材料固化粉质黏土进行压缩试验，测得不同掺入比、不同龄期下底灰胶凝材料固化粉质黏土的孔隙比、压缩系数和压缩模量，分别见

表 7-41、表 7-42 和表 7-43。

表 7-41　底灰胶凝材料固化粉质黏土孔隙比

龄期	不同掺入比下的孔隙比				
	8%	12%	16%	20%	24%
14d	0.78	0.76	0.75	0.73	0.72
28d	0.74	0.72	0.71	0.7	0.68
90d	0.73	0.71	0.69	0.68	0.67

表 7-42　底灰胶凝材料固化粉质黏土压缩系数　（单位：MPa^{-1}）

龄期	不同掺入比下的压缩系数				
	8%	12%	16%	20%	24%
14d	0.3	0.26	0.2	0.17	0.15
28d	0.26	0.19	0.15	0.13	0.11
90d	0.11	0.09	0.08	0.07	0.05

表 7-43　底灰胶凝材料固化粉质黏土压缩模量　（单位：MPa）

龄期	不同掺入比下的压缩模量				
	8%	12%	16%	20%	24%
14d	5.87	6.91	8.57	10.31	11.47
28d	6.65	9.13	11.65	12.95	15.58
90d	15.43	18.34	21.97	25.85	34

从表 7-41 中可以看出，底灰胶凝材料固化粉质黏土的孔隙比随掺入比和龄期的增大而减小，与底灰胶凝材料固化淤泥土的规律相同。表 7-43 中压缩模量随掺入比和龄期单向递增，同样与固化淤泥土的趋势相同。

2. 对比分析

同样，根据表 7-30 和表 7-41 可以做出图 7-41、图 7-42 和图 7-43，分别为不同龄期下底灰胶凝材料固化剂固化两种土体的孔隙比对比。

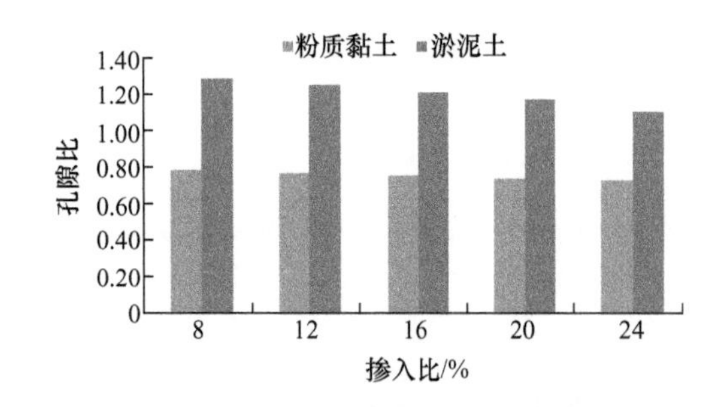

图 7-41　两种固化土 14d 孔隙比对比

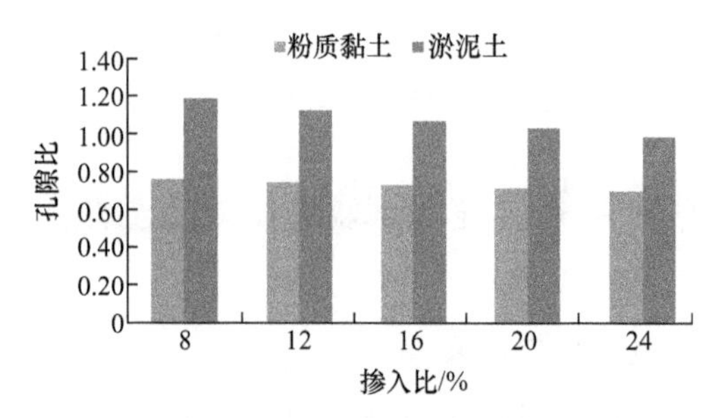

图 7-42　两种固化土 28d 孔隙比对比

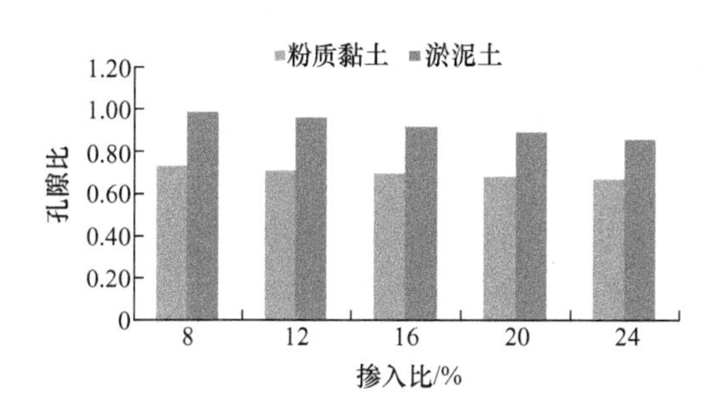

图 7-43 两种固化土 90d 孔隙比对比

从图 7-41～图 7-43 中可以看出，两种固化土孔隙比均随着龄期和掺入比增加而减小，具有单向递减趋势。在 90d 龄期下，底灰胶凝材料固化粉质黏土的孔隙比与底灰胶凝材料固化淤泥土相比少了 15%～20%。粉质黏土的土体性质决定了该固化土具有更小的孔隙比。

图 7-44、图 7-45 和图 7-46 分别为不同龄期下底灰胶凝材料固化剂固化两种土体的压缩模量对比。

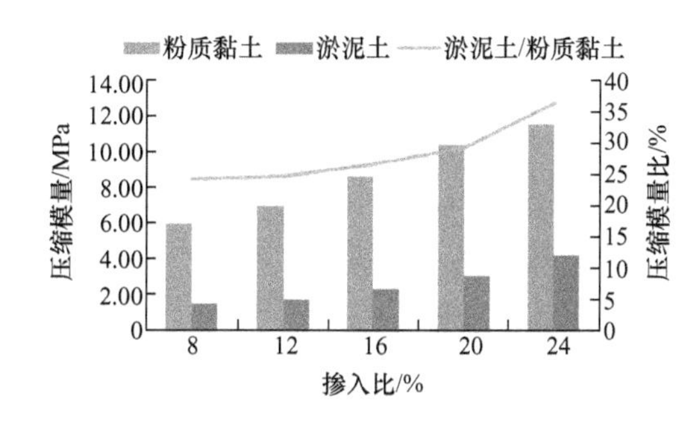

图 7-44 两种固化土 14d 压缩模量对比

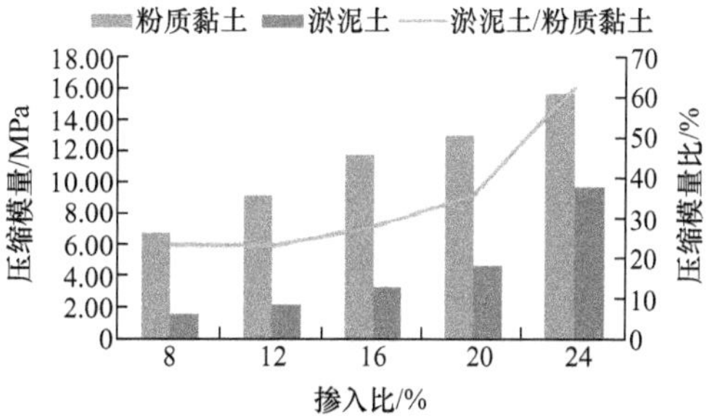

图 7-45 两种固化土 28d 压缩模量对比

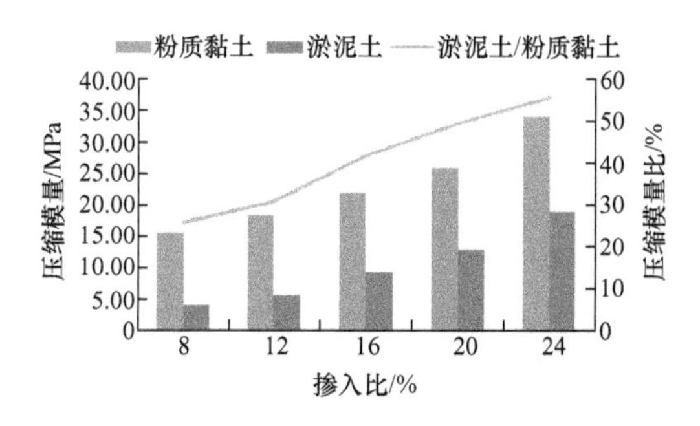

图 7-46 两种固化土 90d 压缩模量对比

从图 7-44～图 7-46 中可以看出，两种固化土的压缩模量均随龄期的增长而增长，增长速度同样是前期慢后期快。压缩模量随掺入比的增加也增加，掺入比在 16%以上时，增加速度有加快趋势。在相同条件下，淤泥固化土的压缩模量比粉质黏土固化土的压缩模量低。从压缩模量比曲线可以看出，压缩模量比随掺入比的增加而增加，在 14d、28d 龄期下具有明显的非线性性质，到 90d 龄期时，曲线增长逐渐向线性靠拢，这说明随着龄期的发展，比较难以固化的低掺入比淤泥固化土也得到了充分的固化。在 90d 龄期、16%以上掺入比下，底灰胶凝材料固化淤泥土的压缩模量为底灰胶凝材料固化粉质黏土的40%～55%。以《水泥土配合比设计规程》(JGJ/T 233—2011) 中建议的90d龄期为准，底灰胶凝材料固化淤泥土24%掺入比下的压缩模量与底灰胶凝材料固化粉质黏土12%掺入比下的水平相当。由此可见，淤泥固化土在压缩模量上与粉质黏土固化土相比还有一定差距。

7.3.5 三轴剪切压缩试验结果对比分析

1. 试验结果

根据上述相同的试验方法，对底灰胶凝材料固化粉质黏土进行三轴剪切压缩试验，得出不同龄期、不同掺入比下固化土的黏聚力和内摩擦角，见表7-43和表7-44。

表7-43　底灰胶凝材料固化剂固化粉质黏土黏聚力　(单位：kPa)

龄期	不同掺入比下的黏聚力				
	8%	12%	16%	20%	24%
14d	28.65	43.76	64.3	101.4	118.8
28d	92.4	103.66	118.94	156.7	177.9
90d	147.32	157.4	189.97	263.3	293.5

表7-44　底灰胶凝材料固化剂固化粉质黏土内摩擦角　(单位：°)

龄期	不同掺入比下的内摩擦角				
	8%	12%	16%	20%	24%
14d	14.14	16.87	17.13	18.89	20.74
28d	16.97	21.34	23.84	23.98	25.62
90d	23.6	28.12	29.05	28.43	31.57

底灰胶凝材料固化粉质黏土的黏聚力与内摩擦角演变规律均与底灰胶凝材料固化淤泥土相似，不再赘述，以下重点分析两者的数据对比规律。

2. 对比分析

根据表7-37和表7-43可绘制出图7-47～图7-49，分别为14d、28d和90d龄期下底灰胶凝材料固化淤泥土和底灰胶凝材料固化粉质黏土的黏聚力在8%至24%掺入比范围内的对比。同样，根据表7-38和表7-44绘制出图7-50至图7-52，分别为14d、28d和90d龄期下底灰胶凝材料固化淤泥土和底灰胶凝材料固化粉质黏土的内摩擦角在8%至24%掺入比范围内的对比。

显而易见，两种固化土体的黏聚力均随龄期、掺入比的增加而增加，其中底灰胶凝材料固化淤泥土的黏聚力无论在何种龄期、何种掺入比下，始终比底灰胶凝材料固化粉质黏土低一个近似恒定的值，由此可以推断该值为淤泥土和粉质黏土自身黏聚力的差距，但两种土体对于加入固化剂后黏聚力的增加值却影响不大。

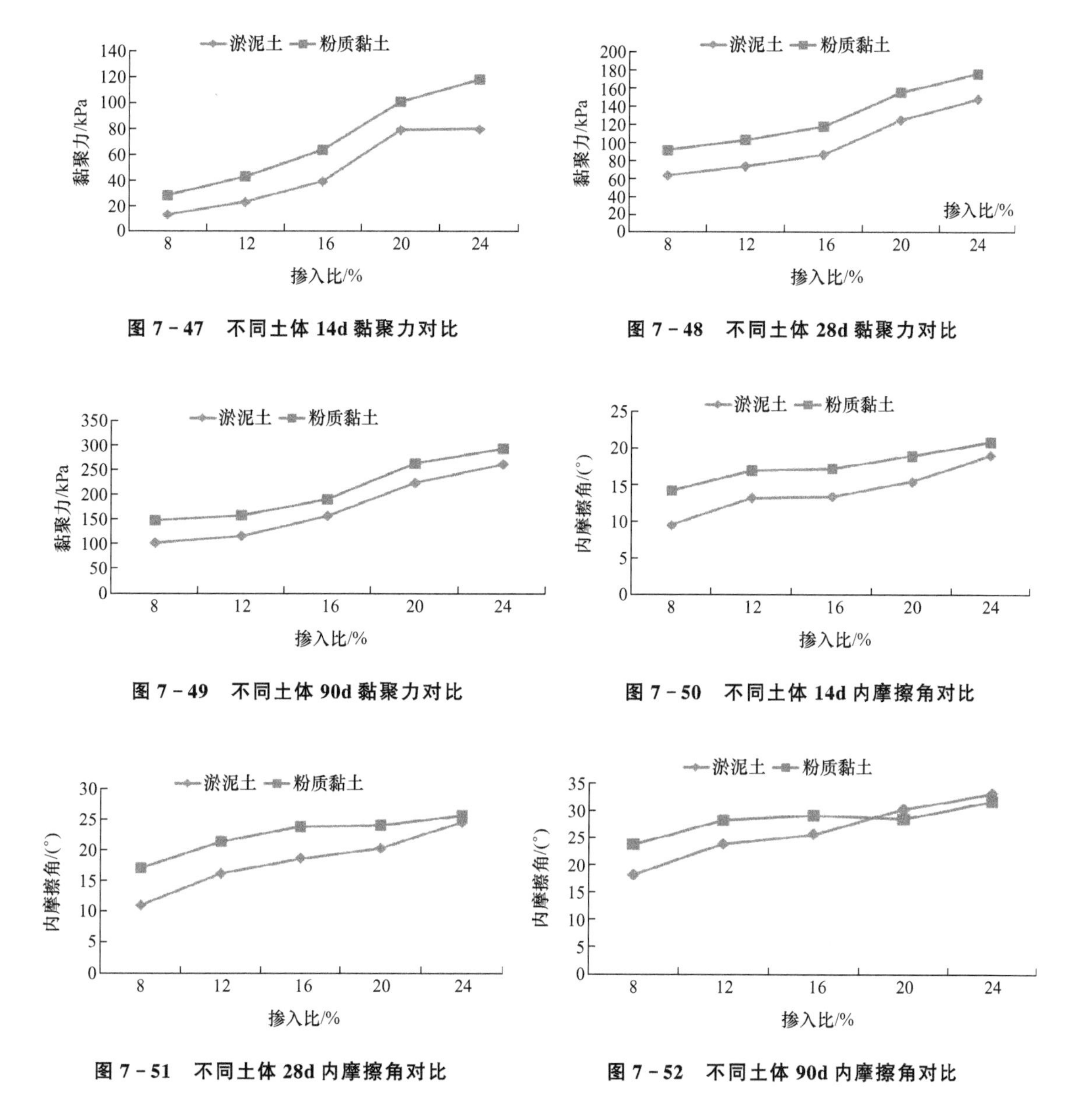

图 7-47　不同土体 14d 黏聚力对比

图 7-48　不同土体 28d 黏聚力对比

图 7-49　不同土体 90d 黏聚力对比

图 7-50　不同土体 14d 内摩擦角对比

图 7-51　不同土体 28d 内摩擦角对比

图 7-52　不同土体 90d 内摩擦角对比

两种固化土体在 14d、28d 龄期下的内摩擦角随掺入比均呈现增长趋势，且粉质黏土固化土的内摩擦角始终大于淤泥土固化土的内摩擦角。但在 90d 龄期下，粉质黏土固化土的内摩擦角趋于稳定不再增长，而淤泥土固化土的内摩擦角仍保持一定的增长趋势，在 20%掺入比及以上时，淤泥土固化土的内摩擦角超越粉质黏土固化土。上文中已经解释主要原因是固化剂的加入改善了原有土体的级配。由此可见，底灰胶凝材料固化剂的加入在级配的改良上对淤泥土的效果更佳。

第8章 再生混凝土集料用作水泥稳定碎石性能研究及应用

8.1 试验结果与讨论

8.1.1 试验原材料及方法

1. 试验原材料

① 水泥：采用32.5普通水泥和32.5缓凝水泥，其物理力学性能见表8-1。

表8-1 水泥的物理力学性能

指标	初凝时间/min	终凝时间/min	抗压强度/MPa		抗折强度/MPa	
			3d	28d	3d	28d
32.5普通水泥	205	358	15	37.8	3.6	7.9
32.5缓凝水泥	200	360	19.4	38.4	3.7	7.8

② 天然集料：采用粒径为19～9.5mm、9.5～4.75mm、4.75～2.36mm及小于2.36mm这四档的辉绿岩，压碎值为8.5%。

③ 再生混凝土集料（简称再生集料）：采用中冶天工十三冶上海商品混凝土分公司生产的粒径为19～9.5mm、9.5～4.75mm、4.75～2.36mm及小于2.36mm这四档由路面混凝土

破碎而成的再生集料，压碎值不大于30%。

2. 试验方法

试件采用击实成型，尺寸为Φ15cm×15cm的圆柱体。将试件从试模内脱出后立即用塑料薄膜包覆，并送至温度为（25±2)℃、空气相对湿度大于95%的养护室养护到规定龄期。养护6d后浸水24h，测其7d无侧限抗压强度，并对同批试件测其长期无侧限抗压强度，观察其强度增长趋势。同时测定其延时强度，以确定延时成型对强度的影响。

基层材料的耐久性能目前还没有统一的试验规程。材料的抗冻性能可通过一定次数的冻融循环作用后的强度下降情况来表征，水泥稳定碎石水稳定性能通过在水中一段时间后的强度变化来表征，抗硫酸盐侵蚀性能通过在5%硫酸钠溶液中浸泡一段时间后的强度变化来表征。

8.1.2 水泥稳定碎石的规范技术要求

用于各类基层的集料压碎值应满足《公路沥青路面设计规范》(JTG D50—2017）中的技术要求，具体指标见表8-2。

表8-2 用于各类基层的集料压碎值

材料类型		集料压碎值		
		高速公路、一级公路	二级公路	三、四级公路
水泥和石灰粉煤灰稳定类		≤30%	≤35%	≤35%
石灰稳定类	基层	—	≤30%	≤35%
	底基层	≤35%	≤40%	≤40%
级配碎石	基层	≤26%	≤30%	≤35%
	底基层	≤30%	≤35%	≤40%
填隙碎石	基层	—	—	≤26%
	底基层	≤30%	≤30%	≤30%
级配或天然砂砾	基层	—	—	≤35%
	底基层	≤30%	≤35%	≤40%

高等级公路沥青路面用水泥稳定碎石基层的级配范围按骨架密实型路面基层结构取用，符合表8-3的规定。

表8-3 骨架密实型路面基层结构集料的级配范围

筛孔尺寸/mm	31.5	19	9.5	4.75	2.36	0.6	0.075
设计规范范围/%	100	68～86	38～58	22～32	16～28	8～15	0～3
施工规范级配范围/%	100	72～89	47～67	29～49	17～35	8～22	0～7

注：按《公路沥青路面设计规范》(JTG D50—2017）及《公路路面基层施工技术细则》(JTG/T F20—2015）的集料级配要求取值。

水泥稳定类材料的压实度（按击实标准）及7d龄期［在温度为（25±2)℃、相对湿度大于95%条件下养护6d，浸水1d］的无侧限抗压强度应满足表8－4的要求。

表8－4　水泥稳定类材料的压实度及7d龄期无侧限抗压强度

层位	稳定类型	压实度/%			抗压强度/MPa		
		特重交通	重、中交通	轻交通	特重交通	重、中交通	轻交通
基层	集料	≥98	≥98	≥97	3.5～4.5	3～4	2.5～3.5
	细粒土	—	—	≥96	—	—	
底基层	集料	≥97	≥97	≥96	2.5	≥2.0	≥1.5
	细粒土	≥96	≥96	≥95			

水泥稳定碎石的水泥掺入比应通过配合比设计试验确定。根据《公路路面基层施工技术细则》（JTG/T F20—2015），其最小值应符合表8－5的规定。

表8－5　水泥稳定碎石的水泥最小掺入比

土类	水泥最小掺入比/%	
	路拌法	集中厂拌法
中、粗粒土	4	3
细粒土	5	4

8.1.3　再生混凝土集料的物理力学性能

1．现场取样测试结果

上海市沪太路典型路段面层水泥混凝土板，大量出现了纵向及横向断块、断角或局部龟裂。我们在2006年10月27日—10月28日时对沪太路的各典型路段进行取样，现场随机钻孔取芯样Φ10cm和Φ15cm各两块，测试其抗压强度和劈裂抗拉强度，结果见表8－6。

表8－6　水泥混凝土强度　（单位：MPa）

里程桩号	抗压强度	劈裂抗拉强度
K33	77.5	3.68
K22	65.59	3.02

试验结果表明：沪太路面层水泥混凝土抗压强度均大于35MPa的设计要求，说明当时施工的原材料在可控范围内；同时，此种混凝土轧成再生集料基本能满足《上海市道路人行道工程施工质量验收规程》（SZ－41－2005试行）对再生集料的技术要求。

2．再生混凝土集料的物理性能

（1）粒形与表面构造

再生集料的外观略为扁平，同时带有较多棱角，外观介于碎石与卵石之间。再生集料的这种外形将会降低新拌拌合物的工作性能。

再生集料的表面较为粗糙，孔隙较多，天然集料的表面则相对光滑。人们肉眼可以看到再生集料表面大都附着或多或少的水泥砂浆，如图 8－1 所示。水泥砂浆与石子之间的黏结相对较弱，甚至有少量再生集料在此处还有微裂隙。

图 8－1　再生集料的外形特征

（2）吸水率

表 8－7 给出了天然集料与再生集料的吸水率试验结果。结果表明，再生集料的 24h 吸水率显著高于天然集料，约为天然集料的 6.5 倍。吸水率增大的主要原因是再生集料表面附着部分水泥砂浆，其孔隙率高，表现为吸水率增大。再生集料吸水率高，为使其拌制的混凝土获得与普通混凝土相同的工作性能，需要增加拌合水的用量。再生集料的高吸水率通常被认为是其相对于天然集料最重要的特征。

表 8－7　天然集料与再生集料的吸水率

集料类型	吸水率/%			
	浸水 10min	浸水 30min	浸水 1h	浸水 24h
天然集料	0.46	0.52	0.56	0.74
再生集料	3.71	3.93	4.34	4.82

图 8－2 给出了两种集料的吸水率与浸水时间的变化关系，可以看出再生集料吸水率大于天然集料。对于再生集料，10min 可达到饱和程度的 77%左右，30min 达到饱和程度的 82%以上，1h 达到饱和程度的 90%；而天然集料 10min 只达到饱和程度的 62%，1h 才达到饱和程度的 76%。

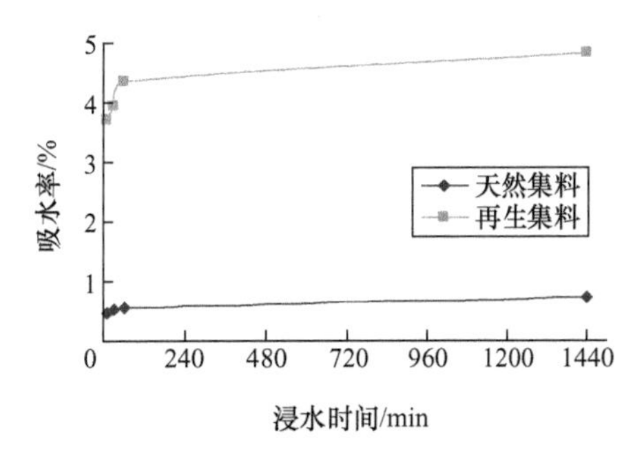

图 8－2　两种集料的吸水率与浸水时间的关系曲线

(3) 表观密度

天然集料与再生集料的表观密度测试结果见表 8-8。从表中可以看出，与天然集料相比，再生集料的表观密度降低了 10%，主要原因是其表面水泥砂浆含量较高的缘故。再生集料表现密度降低，将导致再生混凝土的密度和弹性模量降低。

表 8-8 天然集料与再生集料的物理性能

集料类型	表观密度/($kg \cdot m^{-3}$)	含泥量/%	针片状颗粒含量/%
天然集料	2810	0.8	4.8
再生集料	2530	1.8	6

(4) 含泥量

再生集料与天然集料的含泥量试验结果见表 8-8。从表中可以看出，再生集料的含泥量高于天然集料，但其基本上是非黏土质的石粉，含泥量可放宽至 2%，也可以满足标准的要求。这主要是由于再生集料的破碎工艺所致。含泥量过高会对混凝土的性能产生不利的影响，如强度降低、收缩增大等，因此拌制混凝土前应该采取措施降低其含泥量。

(5) 针片状颗粒含量

粗集料中，颗粒长度大于该颗粒所属粒级的平均粒径 2.4 倍者称为针状颗粒，厚度小于平均粒径 40%者称为片状颗粒。粗集料中针片状颗粒过多时，会影响混凝土的和易性，并对混凝土的耐久性产生不利影响。天然集料与再生集料的针片状颗粒含量试验结果见表 8-8。从表中可以看出，再生集料的针片状颗粒含量比天然集料稍高，但差别不大，能够满足标准的要求（针片状颗粒含量≤15%）。

(6) 压碎值

压碎值是表征集料抵抗压碎能力的指标。天然集料与再生集料的压碎值试验结果见表 8-9。从表中可以看出，再生集料的压碎值显著高于天然集料，为其 3 倍左右，表明再生集料的强度低于天然集料。这主要是因为再生集料表面水泥砂浆含量较高且黏结较弱，导致再生集料较天然集料易破碎。

表 8-9 天然集料与再生集料的压碎值

集料类型	压碎值/%	压碎值平均值/%
天然集料	8.5	8.5
再生集料	29.4～26	27.9

(7) 砂浆附着量

再生集料的砂浆附着量直接影响其压碎值指标和吸水率，使其性能差异较大，估算砂浆附着量对研究再生集料的性能有一定的指导意义。附着于再生集料的砂浆含量（体积含量）可近似按下式计算

$$X \times \rho_M + (1-X) \times \rho_{NCA} = \rho_{RCA} \text{或} X = \frac{\rho_{RCA} - \rho_{NCA}}{\rho_M - \rho_{NCA}} \quad (8-1)$$

式中：ρ_M 为砂浆的表观密度（kg/m^3）；ρ_{NCA} 为基体混凝土中天然集料的表观密度（kg/m^3）；

ρ_{RCA}为再生集料的表观密度（kg/m³）；X为附着砂浆的含量。

取$\rho_M=1700kg/m^3$，$\rho_{NCA}=2800kg/m^3$，$\rho_{RCA}=2530kg/m^3$，代入式(8－1)计算得$X=25\%$。

8.1.4 再生集料与天然集料复合后的压碎值研究

由以上试验数据可知，再生集料的压碎值最高可达29.4%，虽然尚能满足规范要求，但再生集料的离散性较大，因此不适合单独使用。为研究天然集料与再生集料复合后的效果，将两种集料按不同比例进行组合，测试其复合后的压碎值，试验结果见表8－10。

表8－10 再生集料与天然集料复合后的压碎值

集料组成/%		压碎值/%
天然集料	再生集料	
100	0	8.5
80	20	13.5
60	40	16.5
40	60	22.6
20	80	27
0	100	29.4

将再生集料掺入比与测得的相应复合料的压碎值进行二次曲线拟合，得到如图8－3所示的关系曲线。从图中结果可以看出，随着再生集料掺入比增加，再生集料和天然集料的复合体系的集料压碎值明显提高，其相关系数可达0.9909。为了保证所配制的水泥稳定碎石质量，建议所用再生集料不应超过集料总量的50%。

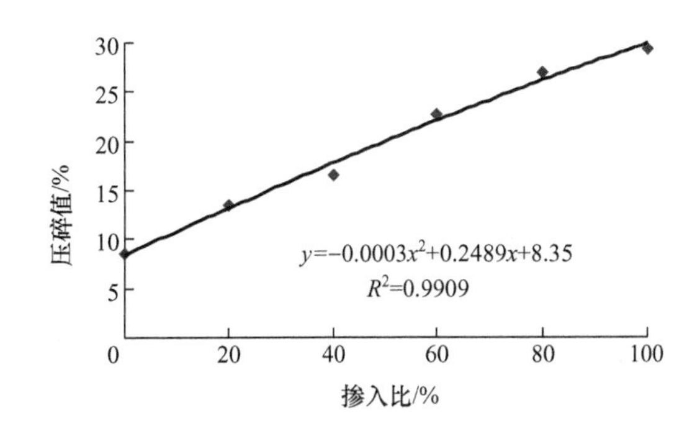

图8－3 再生集料掺入比与复合料压碎值关系曲线

8.1.5 再生集料用于水泥稳定碎石的可行性研究

再生集料表面附着大量的水泥砂浆，导致其物理力学性能与天然集料存在较大差异，如表观密度低、吸水率高、含泥量高、强度低等，但仍基本满足国家标准对水泥稳定碎石粗集料的技术要求。不过，由于再生集料的一些性能离散性很大，采用再生集料和天然集料混合使用的方式，可以对水泥稳定碎石的性能有所改善，从而确保其安全使用。因此，从对集料要求的角度来讲，再生集料用于配制水泥稳定碎石是可行的。

1. 配合比初步探索和设计

在对沪太路现场初步取样测试的基础上，我们认为再生集料与天然集料比例为1∶1的混合料压碎值为20%左右，能满足水泥稳定碎石集料的技术要求。在此基础上对利用再生混凝土集料配制水泥稳定碎石做了一些试验工作，取得了初步的研究成果。

2. 集料最佳组成设计

按嵌挤原理确定各级集料用量，即先确定粗集料用量，然后把粗集料的空隙用次一级颗粒进行填充，其余空隙又用更次一级颗粒进行填充。这种既有嵌挤又有填充的集料，在理论上应该是摩阻力、凝聚力和密实度最好的混合料。为考察细集料对水泥稳定碎石的影响，先不掺粒径2.36mm以下细料，将各档集料进行试配，表8－11所列为各档集料用量组成。

表8－11　集料组成

编号	不同筛孔尺寸下的集料组成/%				堆积密度/(kg/m³)
	19～16mm	16～9.5mm	9.5～4.75mm	4.75～2.36mm	
1	20	47	17	16	1381.8
2	30	37	19	14	1392
3	47	20	17	16	1422

从表8－11中可以看出，采用3＃级配的集料组成的堆积密度最大，可以认为采用此集料组成可以配制出体积稳定性佳、强度高的水泥稳定碎石。

3. 最佳水泥掺入比初步设计

试件尺寸为Φ15cm×15cm的圆柱体，采用击实法成型。试件从试模内脱出后，立即用塑料薄膜包覆，置养护室［温度为(25±2)℃、相对湿度大于95%］中标准养护6d、浸水1d后进行7d无侧限抗压强度试验，根据强度标准选定比较合适的水泥掺入比。采用3＃级配的集料，天然集料与再生集料比例为1∶1的各种水泥掺入比下的水泥稳定碎石强度测试结果见表8－12。将水泥掺入比与抗压强度进行多项式拟合，得到其关系曲线，如图8－4所示。

表8－12　水泥稳定碎石7d无侧限抗压强度

水泥掺入比/%	5	6	7	8	9
无侧限抗压强度/MPa	无法成型	1.43	5.01	4.95	4.05

从试验结果可以看出，在水泥稳定碎石中掺入部分再生混凝土集料，当水泥掺入比为6%时强度为1.43MPa。从图8－4中可以看出，按照趋势，当水泥掺入比大于7%，无侧限抗压强度才可以达到4MPa以上。

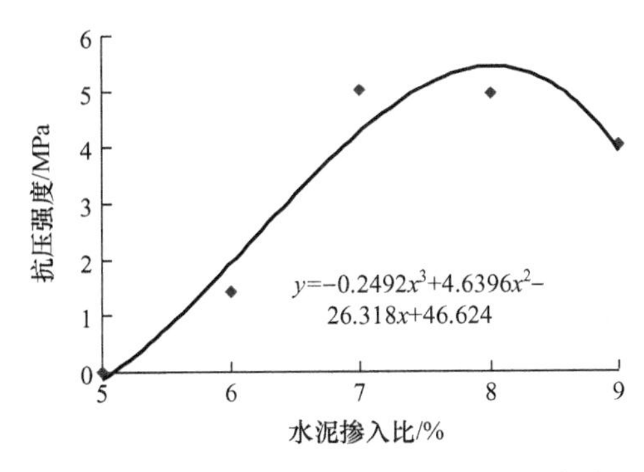

图8-4 3#级配的集料水泥掺入比与抗压强度关系曲线

按照规范要求，最高水泥掺入比不能超过6%，则不能由上述方案配制出合格的水泥稳定碎石。当水泥掺入比为7%以上时，水泥稳定碎石7d无侧限抗压强度达到4MPa以上，才可满足特重交通基层用水泥稳定碎石的技术要求。故而根据满足基层强度要求，尽可能降低水泥掺入比、减少基层开裂风险原则，经初步研究确定再生集料用量应该减少。至于材料的耐久性能、干缩性能、水稳定性能及容许拉应力能否满足要求，则有待进一步研究。

4. 集料组成对水泥稳定碎石强度的影响

从以上的试验结果可知，当天然集料与再生集料比例为1∶1、水泥稳定碎石的水泥掺入比为7%时，无侧限抗压强度才大于4MPa。而水泥掺入比过高会增加水泥稳定碎石开裂的风险，为此设计检测了天然集料与再生集料比例为7∶3和6∶4时各水泥掺入比下的水泥稳定碎石强度，见表8-13。

表8-13 各种集料组成的水泥稳定碎石7d无侧限抗压强度

再生集料用量/%	不同水泥掺入比下的无侧限抗压强度/MPa				
	4/%	5/%	6/%	7/%	8/%
30	无法成型	1.75	3.2	5.72	—
40	无法成型	无强度	2.93	5.4	5.32

从表8-13中可以看出，采用3#级配的集料，当再生集料用量为全部集料用量的30%且水泥掺入比为6%时，水泥稳定碎石强度可达3.2MPa。因此可以认为，降低再生集料用量可以提高水泥稳定碎石的强度。适当调整集料级配，有可能在水泥掺入比低于6%的条件下满足水泥稳定碎石对特重交通的强度要求，此外细集料用量增加，有可能对材料干缩性能也有一定影响。

8.1.6 集料级配对水泥稳定碎石强度的影响

根据初步配合比设计，在再生集料用量为全部集料用量的30%、水泥掺入比为6%时，水泥稳定碎石的7d无侧限抗压强度为3.2MPa，不能满足特重交通的强度要求；水泥掺入比为7%时，水泥稳定碎石的7d无侧限抗压强度为5.7MPa，可以满足特重交通的强度要求，但水泥掺入比过大，不利于对水泥稳定碎石的裂缝控制。为了降低水泥掺入比，对集料级配做进一步调整，掺入一定量的细集料，具体级配见表 8-14。

表 8-14　集料组成

编号	不同筛孔尺寸下的集料组成/mm				堆积密度/(kg/m³)
	19～9.5mm	9.5～4.75mm	4.75～2.36mm	< 2.36mm	
1	45	24	5	26	1868
2	43	30	5	22	1831
3	51	26	5	18	1834

从表 8-14 中可以看出，采用 1# 级配的集料组成的堆积密度最大，即集料形成的骨架相对密实，可以认为采用此集料组成可以配制出体积稳定性佳、强度高的水泥稳定碎石。

对两种集料组成（再生集料∶天然集料＝3∶7或 4∶6）采用 1# 级配，得出其 7d 无侧限抗压强度，见表 8-15。

表 8-15　水泥稳定碎石 7d 无侧限抗压强度

再生集料用量/%	不同水泥掺入比下的无侧限抗压强度/MPa		
	4/%	5/%	6/%
40	2.51	4.51	4.78
30	3.3	5.83	5.78

从试验结果可以看出，当调整集料级配使再生集料用量为 30%、水泥掺入比为 5% 时，水泥稳定碎石 7d 无侧限抗压强度可达 5.83MPa，完全满足高等级公路所用水泥稳定碎石基层对于强度的要求。

8.1.7　配合比设计结果

1. 最佳水泥掺入比的确定

采用表 8-14 中 1# 集料级配组成，取再生集料和天然集料比例为 3∶7和 4∶6，且再生集料使用粒径为 19～9.5mm 和 9.5～4.75mm 两档，则各水泥掺入比对水泥稳定碎石强度影响列于表 8-16。

表 8-16　水泥稳定碎石 7d 无侧限抗压强度

再生集料用量/%	不同水泥掺入比下的无侧限抗压强度/MPa			
	4	5	6	7
40	4.11	5.63	6.95	7.88
30	5.26	5.66	8.18	7.52

从表 8-16 中可以看出，当再生集料用量为 30%、水泥掺入比分别为 4%和 5%时，其 7d 无侧限抗压强度可分别达到 5.26MPa 和 5.66MPa；当再生集料用量为 40%、水泥掺入比为 5%时，其 7d 无侧限抗压强度可达到 5.63MPa。以上均完全满足水泥稳定碎石

作为路基材料的强度要求。再生集料的离散性相对较大，其相关强度值应留有一定的富余量。根据需要，当再生集料用量为30%时，水泥掺入比为4%；再生集料用量为40%时，水泥掺入比为5%。

2. 再生集料用于水泥稳定碎石的强度发展

按照上面选取的5%水泥掺入比，实验得到再生集料占30%的水泥稳定碎石7d无侧限抗压强度为5.66MPa、28d无侧限抗压强度为7.46MPa，显然可以认为其强度发展良好，没有倒缩现象。此外，通过实验进一步证明，再生集料占40%的水泥稳定碎石7d无侧限抗压强度为5.63MPa、28d无侧限抗压强度为7.24MPa，也没有倒缩现象。

3. 再生集料用于水泥稳定碎石的延时强度

从以上的试验结果可以看出，采用合适的集料级配，将再生集料用于水泥稳定碎石是可行的。当水泥掺入比为5%时，其7d无侧限抗压强度达5MPa以上，完全满足水泥稳定碎石作为路基材料的强度要求。但水泥稳定碎石从生产、摊铺到压实有一定的时间间隔，揭示水泥稳定碎石延时成型对无侧限抗压强度的影响就至关重要。为此采用水泥掺入比为5.0%、天然集料与再生集料比例为7∶3且再生集料使用规格为19～9.5mm和9.5～4.75mm两档，测量各延时成型时间对水泥稳定碎石强度的影响，如图8-5所示。

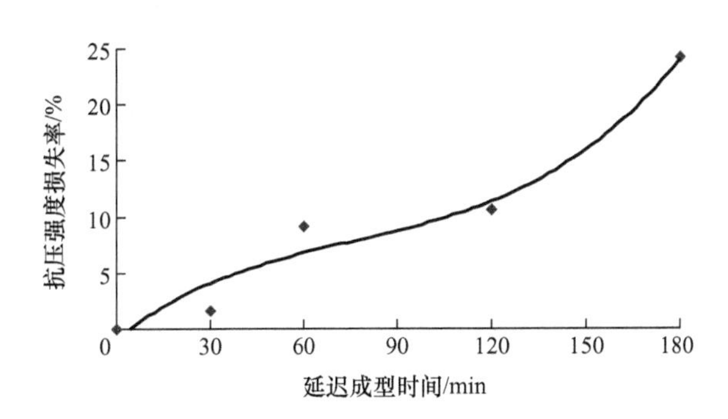

图8-5 抗压强度损失率与延迟成型时间的关系曲线

从图8-5中可以看出，随着成型时间的延迟，水泥稳定碎石7d无侧限抗压强度下降。当水泥稳定碎石拌合3h后成型，其7d无侧限抗压强度下降幅度达25%左右；而2h后成型，强度损失仅为10%左右。由拟合的曲线可以看到，在2h之后，强度随延迟时间的损失明显增加。由此可以认为，对于所采用的水泥，水泥稳定碎石从开始拌合到碾压成型的时间必须控制在2h以内，这样才能确保水泥稳定碎石的质量。

8.1.8 试生产用原材料配制水泥稳定碎石的力学性质

根据研究结果确定的配合比，采用中冶天工十三冶上海商品混凝土分公司试生产的再生集料来配制水泥稳定碎石。采用双龙牌32.5缓凝水泥；集料采用四档粒径：31.5～9.5mm、9.5～4.75mm、4.75～2.36mm、2.36mm以下，其中再生集料用19～9.5mm、9.5～4.75mm两档粒径；再生集料用量为30%。不同水泥掺入比下的水泥稳定碎石无侧限抗压强度见表8-17。

表 8-17 不同水泥掺入比下的水泥稳定碎石无侧限抗压强度

水泥掺入比/%	4（1#）		3.5（2#）	
龄期/d	7	28	7	28
无侧限抗压强度/MPa	4.8	5.7	4.4	5

从试验结果可以看出，采用试生产原材料配制的水泥稳定碎石，当水泥掺入比为 4%时，7d 无侧限抗压强度可达 4.8MPa 以上；当水泥掺入比 3.5%时，7d 无侧限抗压强度为 4.4MPa。以上均能基本满足路面基层材料的强度要求。考虑到再生集料的离散性问题，建议采用水泥掺入比为 4%。

8.1.9 再生集料用于水泥稳定碎石的耐久性能研究

按照上面选取的 5%水泥掺入比，再生集料用量分别为 30%和 40%，得到水泥稳定碎石 7d 和 28d 无侧限抗压强度以及各项耐久性能，见表 8-18。

表 8-18 不同条件下无侧限抗压强度比较

再生集料用量/%	无侧限抗压强度/MPa				
	7d	28d	硫酸盐侵蚀 33d	干湿循环 50 次	冻融循环 50 次
30	5.63	7.46	11.3	8.09	6.83
40	5.66	7.24	9.11	7.58	6.85

从试验结果可以得出以下结论。

① 当再生集料用量分别为 30%和 40%时，水泥稳定碎石 28d 无侧限抗压强度分别为 7.46MPa 和 7.24MPa，比 7d 无侧限抗压强度分别增长 33%和 28%，表明后期强度发展良好，没有倒缩现象。

② 28d 龄期的水泥稳定碎石试件在 5%硫酸钠溶液中浸泡 33d 后，其无侧限抗压强度分别为 11.3MPa 和 9.11MPa，比 28d 无侧限抗压强度分别增长 51%和 26%。再生集料的孔隙较多，硫酸盐溶液与水泥产物反应生成体积增加的 AFt（钙矾石）和二水石膏填充了其孔隙，故而对水泥稳定碎石的强度造成正面影响。同时，由于硫酸钠溶液中的水对水泥稳定碎石试件有养护作用，在再生集料用量不太多的情况下，试件的强度又有一定程度的增长。因此可以认为，掺有再生集料的水泥稳定碎石可以满足抗硫酸盐侵蚀的要求。

③ 水泥稳定碎石的工作环境决定了它可能会遇到干湿交替的情况，在干湿循环的条件下，可能出现干缩及自由水交替时带走水泥微粒的情况，而再生集料的吸水性较大，强度发展受干湿循环的影响亦较大。通过试验，测得再生集料用量分别为 30%和 40%时的 28d 龄期水泥稳定碎石试件在 50 次干湿循环后，其强度分别增长 8.4%和 4.7%，即试件强度略有增长。这说明掺有再生集料的水泥稳定碎石，在干湿循环的条件下基本可满足使用的要求。

④ 上海地区冬季可能出现霜冻和结冰，水结冰后体积会产生约 10%的膨胀，材料在孔隙中含有自由水的情况下冻结，孔隙将会产生较大的挤压应力，甚至可能造成结构中局部的破坏，从而影响到材料强度。试验测得，再生集料用量分别为 30%和 40%时的 28d

龄期水泥稳定碎石试件在 50 次冻融循环后，其强度分别下降 8.4%和 5.4%，均不大于 15%，满足抗冻的技术要求。

8.1.10 再生集料对收缩性能的影响研究

击实成型的 Φ150mm×150mm 的圆柱形水泥稳定碎石试件，难以准确测得其收缩率。目前测定半刚性基层材料干缩特性尚无统一的标准，因此借用混凝土测试收缩率的方法来测定其收缩性能。

混凝土收缩试验按照《普通混凝土长期性能和耐久性能试验方法标准》(GB/T 50082—2009) 中的试验方法，采用 100mm×100mm×515mm 长方体混凝土试件，并使用测量标距为 540mm、精度为 0.01mm 的混凝土收缩仪。成型 1d 后拆模并于标准养护室养护至 3d 龄期（从搅拌混凝土加水时算起），立即移入温度 (20±3)℃、相对湿度 (60±5)%的恒温恒湿室中，测定其初始长度；此后，分别测量 1d、3d、7d、14d、28d、45d、60d、90d、120d 龄期时混凝土的收缩率。表 8-19 所列为不同再生集料用量下混凝土的收缩率测试结果。

表 8-19　试件收缩率

编号	再生集料用量/%	收缩率/×10⁻⁶								
		1d	3d	7d	14d	28d	45d	60d	90d	120d
0	0	20	76	208	294	422	448	474	498	514
1	20	24	78	220	310	444	470	496	510	528
2	40	26	82	240	336	472	486	514	538	556
3	60	28	88	242	348	482	508	534	558	574

从表 8-19 中可以看出，再生集料用量为 20%、40%和 60%时，28d 龄期试件收缩率分别比纯天然集料（用量为 0%）试件高 5.2%、11.8%和 14.2%，120d 龄期试件其收缩率分别比纯天然试件高 2.7%、8.2%和 11.7%。试件收缩率随龄期变化曲线如图 8-6 所示。

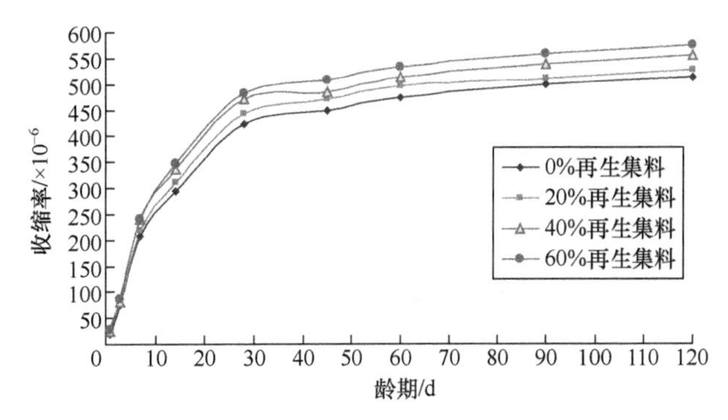

图 8-6　不同再生集料用量的试件收缩率随龄期变化曲线

从图 8-6 中可以看出，在 28d 龄期之内，其收缩率变化较大，后期则变化较平缓；掺有再生集料的水泥混凝土试件的收缩率增长速度比纯天然集料的快，28d 以后两者增长速度较为接近。随着水泥稳定碎石强度的发展，特别是在前期，集料失水较多，再生集料的收缩率受失水的影响明显比天然集料大。这说明再生集料的收缩变形在28d以内是最快的，水泥稳定碎石不能通过徐变消除收缩应力，从而使应力不断积累，可能导致水泥稳定碎石的开裂。因此，对于掺有再生集料的水泥稳定碎石，更要在养护措施上予以重视。

8.2 再生集料用于水泥稳定碎石层试点工程应用

8.2.1 原材料选择

1. 原材料主要物理力学性能的确定

上海市市政工程管理局在2008—2009年度选定上海市沪太路改建工程作为再生集料用作水泥稳定碎石的试点工程，以当时的设计规范和施工规范进行再生集料用于水泥稳定碎石层的设计，并以此为依据制定相应的施工技术要求。根据前期试验研究结果，选定试点工程再生集料用量为30%。再生集料与天然集料混合后的压碎值指标与所占百分比接近线性关系，可以按线性进行计算。天然集料压碎值原则上应控制在20%以内，由于粗集料是水泥稳定碎石的主要骨架结构，当再生集料压碎值平均控制在30%以内时，考虑再生集料的非均匀性和较大的波动性，粒径9.5mm以上的天然集料压碎值应不大于20%；粒径9.5mm以下各档集料主要起填充作用，其天然集料的原材料压碎值要求可以适当放宽，保证再生集料压碎值在一定波动范围内能满足规范要求，该值应不大于23%。

再生集料破碎后比天然集料容易出现针片状颗粒，因此使用再生集料时对天然集料的针片状颗粒含量要求应适当提高，应不大于10%。再生集料含泥量应不大于2%，根据规范要求，天然集料含泥量应不大于1%。

2. 天然集料的选择

通过对多处矿源进行考察取样，测得其物理力学性能，见表8-20。

表8-20 多处矿源样品的物理力学性能

矿名		粒径范围/mm	压碎值/%	针片状颗粒含量/%	含泥量/%	岩石类型
吴兴矿		0～2.36				石灰岩
		5～15		10	0.47	
		15～25	25.4		0.37	
		5～15	21.1			
妙西矿	普通矿	10～26.5	11.1		0.23	辉绿岩
	精品矿	10～15		0.7	0.46	
		15～25	10	6.9	0.83	
	右侧矿	5～15		12.8		

续表

矿　　名	粒径范围/mm	压碎值/%	针片状颗粒含量/%	含泥量/%	岩石类型
华阳矿业	15～25	14.8			花岗岩
长兴二矿	4.75～13.2	26.9	4		石灰岩
泰马士矿业	5～15	20.7			
湖州	5～15	23.3	6.35		石灰岩
余杭1	5～15	22	8.4		石灰岩
余杭2	0～5			11.1	
	5～10		14.25		
	10～15	12.73			
	15～25			1.15	

根据所确定的原材料物理力学性能指标和表8－20中各矿的试验结果，并考虑价格因素，粒径9.5mm以上的天然集料选用妙西矿，各项指标满足要求，其材质为辉绿岩，水稳定性较好；粒径9.5mm以下的天然集料选用吴兴矿。

3. 水泥的选择

根据试验结果，要求满足32.5水泥的性能指标，并且要求使用初凝时间为3h以上、终凝时间大于6h的缓凝水泥。

我们先后对四家水泥厂进行考察取样，试验测得各水泥的性能指标见表8－21～表8－24。

表8－21　苏州天山水泥性能指标

凝结时间		抗压强度/MPa		抗折强度/MPa	
初凝	终凝	7d	28d	7d	28d
5h25min	6h50min	26.5	40.8	5.2	7.8

表8－22　盐城水泥性能指标

凝结时间		抗压强度/MPa		抗折强度/MPa	
初凝	终凝	7d	28d	7d	28d
3h52min	6h23min	25.4	32.9	4.9	6.6

表8－23　苏州南新水泥性能指标

凝结时间		抗压强度/MPa		抗折强度/MPa	
初凝	终凝	7d	28d	7d	28d
4h	6h48min	29.1	39.6	5.8	6.8

表 8-24 双龙牌缓凝水泥性能指标

凝结时间		抗压强度/MPa		抗折强度/MPa	
初凝	终凝	3d	28d	3d	28d
3h20min	6h	29.4	38.4	3.7	7.8

从试验结果可以看出，四家水泥厂生产的水泥均满足使用要求；从经济性和运输方便性考虑，本试验选用双龙牌缓凝水泥。

4. 再生集料的选择与生产技术指标的调整

再生集料破碎机安装调试完毕后进行试生产，再生集料筛分结果见表 8-25～表 8-27（筛分结果误差应在±2%以内）。

表 8-25 第一批 0～4.75mm 筛分结果

级配范围/mm	百分比/%
2.36～4.75	21.7
1.25～2.36	28.6
0.6～1.25	16.3
0.3～0.6	17.9
0.15～0.3	9.9
0.075～0.15	4.3
<0.075	1.4

表 8-26 第一批 4.75～9.5mm 筛分结果

级配范围/mm	百分比/%
4.75～9.5	59.2
2.36～4.75	38.9
<2.36	1.8

表 8-27 第一批 9.5～19mm 筛分结果

级配范围/mm	百分比/%
16～19	2.2
13.2～16	11.3
9.5～13.2	55.9
4.75～9.5	30
<4.75	0.8

从筛分结果来看，粒径分布偏小。要求厂家对生产设备进行调整，调整后取样筛分结果见表8－28和表8－29。设备调整前后测得的再生集料物理力学性能指标对比见表8－30。

表8－28 第二批9.5～19mm筛分结果

级配范围/mm	烘干前/%	烘干后/%
大于19	2.76	1.3
16～19	13.3	12.3
13.2～16	22.3	21.6
9.5～13.2	35.3	38
4.75～9.5	25.8	26.1
2.36～4.75	0.08	0.1
小于2.36	0.26	0.6
相容性	70.9	71.9

表8－29 第二批4.75～9.5mm筛分结果

级配范围/mm	百分比/%
4.75～9.5	90
2.36～4.75	9.7
<2.36	0.3

表8－30 再生集料物理力学性能指标对比

批　　次	粒径范围/mm	压碎值/%	针片状颗粒含量/%	含泥量/%	吸水率/%
第一批（调整前）	0～4.75		6.4		
	4.75～9.5		2.5		4.75
	9.5～19	19.9	1		
第二批（调整后）	9.5～19	22.7		1	

从表8－30中可以看出，第一批再生集料压碎值低，针片状颗粒含量少，含泥量亦符合要求。

8.2.2 配合比设计

1. 再生集料水泥稳定碎石级配的确定

通过前期试验研究，我们发现集料配合比按表8－14中1#级配可以得到较密实且无侧限抗压强度较好的水泥稳定碎石。

根据8.1.10节对收缩性能的研究，可以看到再生集料用量越多、收缩率越大，因此收缩应力也越大，容易导致水泥稳定碎石路面基层的开裂。因此，为了减少裂缝的产生，一方面要控制再生集料的用量，另一方面在无侧限抗压强度满足要求的情况下应适当降低水泥掺入比。从表 8-16 中可以看出，水泥掺入比为 5%时强度均可满足规范要求，而水泥掺入比为 4%、再生集料用量为 40%和 30%时，无侧限抗压强度分别为 4.11MPa 和 5.26MPa，前者不能保证强度满足要求。因此，再生集料用量选用 30%较合适，水泥掺入比初步定为 4%。

2. 再生集料水泥稳定碎石最佳含水率及最大干密度的确定

根据前期工作，我们确定水泥掺入比为 4%，再生集料用量为 30%，采用表 8-31 中的集料级配测定水泥稳定碎石的最佳含水率和最大干密度。表 8-32 所列为各种用水量条件下水泥稳定碎石的干密度。图 8-7 所示为水泥稳定碎石干均含水率与干密度的关系曲线。

表 8-31　所选集料合成后的级配与规范比较

筛孔尺寸/mm	31.5	19	9.5	4.75	2.36	0.6	0.075
施工规范级配范围/%	100	72～89	47～67	29～49	17～35	8～22	0～7
合成级配通过率/%	100	79.7	55	35.5	20.9	8.4	1.4

注：当时参照规范为《公路路面基层施工技术规范》(JTJ 034—2000)。

表 8-32　水泥稳定碎石干均含水率和干密度

试验编号	湿密度/(g/cm³)	平均含水率/%	干密度/(g/cm³)
1	2.242	3.1	2.201
2	2.308	3.9	2.246
3	2.32	4.9	2.277
4	2.315	5.5	2.272
5	2.309	6.3	2.249

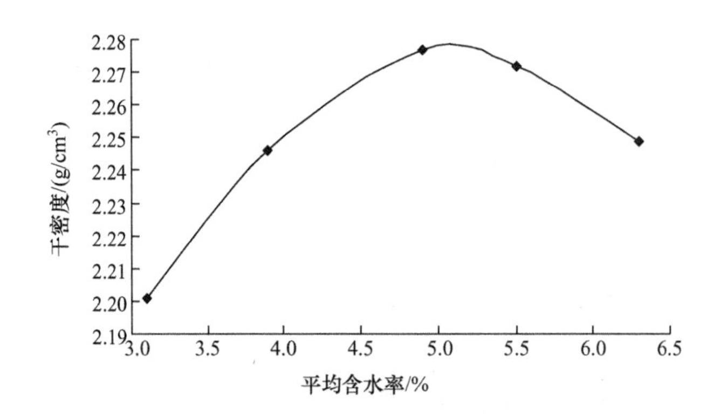

图 8-7　水泥稳定碎石平均含水率与干密度的关系曲线

从试验结果可以看出，用量为 30%、水泥掺入比为 4%时，水泥稳定碎石的最佳含水率为 5%，最大干密度为 2.280g/cm³。

3. 再生集料水泥稳定碎石试验室配合比及其物理力学性能

根据前期试验及前两节的分析，再生集料水泥稳定碎石的试验室配合比组成见表8-33。同时考虑到再生集料用量为30%、水泥掺入比为4%时无侧限抗压强度有一定偏高，因此采用4%和3.5%两种水泥掺入比。

表8-33 配合比组成

材料		每个试件用量/g	占总质量百分比/%
天然集料	9.5～26.5mm	1650	30
	4.75～9.5mm	495	9
	2.36～4.75mm	275	5
	0～2.36mm	1430	26
再生集料	9.5～19mm	825	15
	4.75～9.5mm	825	15
水		286	5

按照以上的级配进行无侧限抗压强度试验，得到7d和28d无侧限抗压强度，见表8-34。

表8-34 水泥稳定碎石无侧限抗压强度

水泥掺入比/%	4（1#）		3.5（2#）	
龄期/d	7	28	7	28
无侧限抗压强度/MPa	4.8	5.7	4.4	5

按照《公路沥青路面设计规范》(JTG D50—2017)，水泥稳定碎石的水泥掺入比一般为3.0%～5.5%，特重交通的抗压强度代表值为（3.5～4.5)MPa。根据《公路路面基层施工技术细则》(JTG/T F20—2015)，工地实际采用的水泥掺入比应比室内试验确定的掺入比多0.5%～1%，采用集中厂拌法施工时，可只增加0.5%，集中厂拌法的水泥最小掺入比为3%。具体施工分两个区域，两区域采用的实际水泥掺入比分别为4.5%和4.3%。

8.2.3 生产施工及设备参数

1. 生产设备主要参数

中冶天工十三冶上海商品混凝土分公司于2008年6—7月份完成了再生集料生产设备和水泥稳定碎石厂拌设备的安装和调试，并进行了试生产。现场再生集料生产设备如图8-8所示，其生产能力为每小时80～120t，设备主要参数见表8-35。

图 8-8　现场再生集料生产设备

表 8-35　现场再生集料生产设备主要参数

设备型号与功率				再生集料产品	
设备名称	规格型号	功率/kW	数量/台	粒径范围/mm	产量/%
振动喂料机	ZSW380 * 96	11	1	9.5～19	50
颚式破碎机	PE-600 * 900	55	1	4.75～9.5	20
反击式破碎机	PF-1315	180	1	0～4.75	30
振动筛	2YK-1548	15	1		
集中电器控制系统			1套		

水泥稳定碎石厂拌设备采用的是南方路面机械有限公司生产的成套模块式设备，型号为 WCB500E，按照生产的需要，安装有 6 个集料供给料斗。图 8-9 所示为现场集料供给系统，图 8-10 所示为现场水泥粉料供给系统与搅拌装置。WCB500E 模块式水泥稳定碎石厂拌设备主要技术参数见表 8-36。

图 8-9　现场集料供给系统

图 8-10　现场水泥粉料供给系统与搅拌装置

表 8-36　WCB500E 模块式水泥稳定碎石厂拌设备主要技术参数

技术性能			参数
生产能力/(t/h)			500
总功率/kW			127
上料高度/m			3.6
拌合料最大粒径/mm			80
集料配料供给系统	数量/个		6
	容量/m^3		9
	计量方式		变频调速总称计量
	系统精度/%		±1.5
粉料供给计量系统	粉料仓容量/m^3		8
	计量装置	计量设备	螺旋称量机
		计量精度	±1%
		计量范围	0～30t
	螺旋输送机	直径/mm	273
		转速/rpm	0～127
供水系统	给水精度		±1%
	水箱容量/t		3.4
	水泵容量/(m^3/h)		26
搅拌装置	形式		双卧轴强制连续式
	长×宽/(mm×mm)		3650×1650
	允许最大粒径/mm		80
	电机功率/kW		60

2. 摊铺与设备参数

水泥稳定碎石基层应避免纵向接缝，采用两台摊铺机一前一后相隔 5～10m 同步向前摊铺混合料，并一起进行碾压，以避免离析现象。采用型号为 WTU95D 和 WTU125D 的摊铺机各一台，其主要参数见表 8－37。两台摊铺机在摊铺过程中要保证相互之间的搭接部分大于 10cm。

表 8－37　摊铺机主要参数

基本配置	型号	
	WTU95D	WTU125D
柴油机型号	Dertz BF6M1013	Dertz BF6M1013C
额定功率	133kW	161kW
额定转速	2300rpm	2300rpm
整机重量	19.5～23.5t	21～27t
摊铺宽度	3～9.5m	3～12.5m
摊铺速度	0～10m/min	0～2.5km/h
摊铺拱度	0%～3%	0%～3%
振动频率	0～1500r/min	0～1500r/min
最大理论生产率	600t/h	800t/h
料斗容量	13t	14t
摊铺厚度	0～300mm	0～300mm
双振捣转速	—	1～500rpm

水泥稳定碎石的压实应分为静压、振压、收光，压路机应以慢而均匀的速度碾压，压路机的碾压速度与遍数见表 8－38。

表 8－38　压路机的碾压速度与遍数

压路机类型	静压		振压		收光	
	速度/(km/h)	遍数	速度/(km/h)	遍数	速度/(km/h)	遍数
振动压路机	1.5～2	1	2.5～3	6	—	—
轮胎压路机	—	—	—	—	4～6	2
双钢轮压路机	—	—	—	—	2.5～3	无轮痕

注：①静压应紧跟在摊铺机后面，一般以 40m 为一个碾压段，用单钢轮振动压路机 W1803D 先静压 1 遍，钢轮搭接宽度大于 30cm；②振压采用两台重型振动压路机 W1803D 和 W1805D 碾压 6 遍，用低频率、高振幅振压；③振压结束后紧跟着用轮胎压路机 YL－16 收光 2 遍，消除水泥稳定碎石表面裂纹和轮迹，使水泥稳定碎石表面更加密实；④最后采用双钢轮压路机 YZC－12 伸出水泥稳定碎石的边口 15cm 左右，沿着土坯肩收光至无轮迹。

压路机主要参数见表 8－39。

表 8-39 压路机主要参数

参数		型号			
		W1803D	W1805D	YL-16	YZC-12
工作质量/kg		18600	18000	16000	12000
前/后轮分配质量/kg		11300/7300	11400/6600	7111/8889	6000/6000
静线载荷/(N/cm)		533	546	150～300	286
振动频率/Hz	高振幅	28	27	—	40
	低振幅	35	32	—	50
振幅/mm	高振幅	2	2	—	0.74
	低振幅	0.75	0.9	—	0.35
激振力/kN	高振幅	345	365	—	135×2
	低振幅	205	200	—	99×2
工作速度/(km/h)		0～11.5	0～7	0～6	0～6.9
行走速度/(km/h)		0～11.5	0～12.5	—	0～13.8
转弯角度/(°)		—	±35	—	±36
摆动角度/(°)		—	±15	—	±8
转弯半径/mm	内侧	5900	3700	7500	4250
	外侧	—	—	—	6350
振动轮直径/mm		1600	—	—	2100
振动轮宽度/mm		2100	—	2290	2100
发动机功率/kW		132	118	157	82.4
发动机转速/(r/min)		2300	2500	2200	2300

8.2.4 试铺技术要求

① 安排蕰川路底基层作为试验段，但必须按照基层的要求进行施工和养护。

② 再生集料吸水率比较大，要特别注意保湿。

覆盖物要求：在7d内必须保持水泥稳定碎石处于湿润状态，28d内正常养护；尽量用麻袋或草包，不得用湿黏土或者塑料编织物覆盖，覆盖物本身可保水、透气，保湿时间长。

养护要求：压实完成后应立即用湿的麻袋或草包覆盖，并保持湿润；终凝后立即洒水确保水泥稳定碎石不失水；在7d内必须保持水泥稳定碎石处于湿润状态，28d内正常养护。

③ 现场搅拌的留样：分两批，第一批为拌合好装车时的样品，第二批为运输到现场卸料后的样品；每批至少30块（7d的15块，28d的15块），取样后立即密封好送养护室。

④ 直径15cm的现场钻芯取样：取6至10块，取自6至10个点，取样后进行送检和自检。现场钻芯取样的7d无侧限抗压强度应在4～4.5MPa。

⑤ 摊铺时间间隔：运输车要在拌合后1h内到达，拌合后2h内压实完成。

⑥ 其他施工操作过程按当时的《公路路面基层施工技术细则》进行。

⑦ 下层石灰稳定土要满足底基层指标要求：7d抗压强度代表值不小于0.6MPa，压实度不小于96%。

8.2.5 问题的协调解决

根据第一天施工过程中出现的问题，施工方于2008年8月10日13：30在十三冶分公司大楼开会，对存在的问题进行了探讨。

1. 问题存在的原因分析

① 8月9日之前下雨，水泥加料口处受潮形成结块掉入搅拌机卡住了机器，从而导致生产出的混合料离析严重，使生产停止，花了半小时排除故障。

② 8月10日早上水管出现故障，花了20min排除故障。

2. 级配分析

8月9日下午，搅拌站搅拌生产线运行约1min，未加水和水泥，对出料口的级配碎石进行多次取样筛分，取平均值，最后得到各筛孔通过率结果，见表8-40。样品的集料粒径在规范的范围内偏大，细集料偏少，有利于减少裂缝。这也证明十三冶搅拌站的生产线生产的混合料级配符合要求。现场细料偏多主要因为粗集料离析所致。

表8-40 混合料筛分结果与规范对照

筛孔尺寸/mm	取样筛分结果/%	规范级配范围/%	试验室合成级配/%
31.5	100	100	100
26.5	97.2	90～100	97
19	78.1	72～89	79.7
9.5	52.6	47～67	55
4.75	31.6	29～49	35.5
2.36	19.1	17～35	20.9
0.6	6.4	8～22	8.4
0.075		0～7	1.4

注：当时参照规范为《公路路面基层施工技术规范》(JTJ 034—2000)。

3. 再生集料水泥稳定碎石施工生产以后应采取的措施

① 每天要测量集料的含水率，可以对当天的需水量有较好的估量。如果条件允许，粒径2.36mm以下的天然集料最好加雨棚，以防止集料吸水。

② 每天控制级配，尽量保证机器生产出的混合料在配合比设计的级配范围之内。

③ 水泥稳定碎石容易挥发失水而产生收缩裂缝，要加强养护力度。

4. 应急预案

① 人工加强预防故障，在每个部位对机械加强现场巡视。
② 对设备配件进行备份，作故障时更换用。
③ 作业前提前半小时进行检查。
④ 考虑增加一条 300t/h 的备用生产线。

5. 运输设备

8 月 9 日摊铺时，存在个别运输车与摊铺机不配套的情况，要全部更换成配套运输车。

6. 多种养护措施方案探讨

① 考虑将草席串在一起，编成一个大的整体。
② 土工布养护，价格高但可循环使用。
③ 试用塑料薄膜，将试验段的另一半用塑料薄膜覆盖养护，再与草席覆盖养护的一半进行比较。

8.2.6 试铺效果

1. 铺筑情况

① 8 月 10 日，混合料拌合比较均匀，如图 8－11 所示；运输设备、摊铺设备和压实设备运行比较协调。采用松铺系数为 1.35，摊铺比较平整，对局部凹坑等进行了人工补平，如图 8－12 所示。

图 8－11　拌合均匀的成品混合料

② 采用稳压（遍数适中，压实度达到 90%）→开始振动碾压→重振动碾压→胶轮碾压的压实工序。
③ 整体压实平整，在边缘附近局部有轮痕。
④ 压实后，表面平整度满足规范要求，如图 8－13 所示。

图 8-12　摊铺后表面平整

图 8-13　压实情况总体效果较好

2. 养护情况

试验段北侧采用的是草席覆盖养护。根据 8 月 10 日下午会议讨论决定，南侧采用塑料薄膜覆盖养护，以进行两种养护方式的比较。

草席覆盖后存在许多缝隙，在多云或者阴雨天气，草席下能较长时间保持湿润，但晴天很容易晒干，每天需进行多次洒水养护。在经过洒水养护和大雨天气之后，草席的缝隙处有轻微冲刷现象，如图 8-14 所示。

图 8-14　草席覆盖后存在缝隙

塑料薄膜覆盖下不方便洒水，晴天时薄膜下会有较大的水蒸气，能较长时间保持湿润，如图8-15所示。经过观察，在3～5个晴天后薄膜内会变得有些干燥，需进行补水养护，如图8-16所示。整个试验段没有出现大的裂缝和贯穿裂缝。

图8-15 第3天塑料膜覆盖下仍保持湿润

图8-16 第7天塑料薄膜下部分区域比较干燥

3. 试验数据统计

对拌合厂生产出的成品混合料和运到施工现场的混合料分别进行了取样，按照击实成型的方法测得其无侧限抗压强度，见表8-41。

表8-41 试验数据统计表

水泥掺入比/%	取样地点	测试方式	抗压强度/MPa	标准差/MPa	偏差系数/%	强度单边波动下限/MPa
4	拌合厂	自检	6	0.41	6.94	5.29
		送检	6.4	0.9	14.12	4.91
	施工现场	自检	6.2	0.77	12.38	4.92
3.8	拌合厂	自检	4	0.51	12.82	3.16

4. 试验数据评判

① 从以上试验数据统计表中可以看到，水泥掺入比为4%的样品平均强度值达到了

6MPa 以上，而水泥掺入比为 3.8%的样品平均强度值仅有 4MPa。因此，在以后生产过程中，需严格控制水泥掺入比。

② 在拌合厂取的样品跟在施工现场取的样品平均强度没有明显差别，但现场取的样品离散性比拌合厂取的样品大。按照高等级公路的要求，在 95%的强度保证率情况下，水泥掺入比为 4%时，拌合厂取样的试件强度可以达到 5.29MPa，施工现场取样试件强度可达到 4.91MPa，均可满足高等级公路水泥稳定碎石基层的强度要求。

③ 按照概率统计的方法，根据规范，高等级公路取强度保证率为 95%，计算所得的波动下限见表 8-41。可以看到，水泥掺入比为 4%的样品波动下限均达到 4.9MPa 以上，完全符合规范对无侧限抗压强度的要求；水泥掺入比为 3.8%的样品波动下限仅有 3.16MPa，不符合规范要求。

④ 水泥掺入比为 4%时，拌合厂取样的试件和施工现场取样的试件平均强度值都在 6MPa 以上，而试验室设计平均强度值为 4.8MPa，主要原因分析如下。

A. 水泥掺入比的区别：试验室配合比的水泥掺入比为 4%，按照《公路路面基层施工技术细则》的要求，厂拌法工地实际采用的水泥掺入比应比室内试验确定的掺入比多 0.5%；在设备误差很小的情况下，同样的成形方式，现场样品比试验室配置样品的水泥掺入比高，很可能导致强度偏高。

B. 拌合方法的区别：再生集料的表面细小孔洞较多，拌合方式的不同可能导致水泥浆进入孔洞的程度不同，从而可能很大程度上影响集料与水泥浆的结合。

⑤ 结论：从试验段取样试验结果来看，该方案是成功的。

5. 现场钻芯取样

对试铺段进行了直径为 100mm 的钻芯取样，水泥掺入比为 4%的均能完整取出芯样，而水泥掺入比为 3.8%的，5 处钻芯中的 3 处芯样有一定程度的破损。对取得芯样测其无侧限抗压强度，结果见表 8-42，其中 1～8 号芯样的水泥掺入比为 4%，9、10 号芯样的水泥掺入比为 3.8%。

表 8-42　现场钻取芯样的无侧限抗压强度统计

编号	取样位置	压力/kN	强度/MPa	平均强度/MPa	标准差	偏差系数/%	概率下限/MPa
1	K0+749	100.5	12.8	12	2.65	22.1	6.8
2	K0+755	111.9	14.3				
4	K0+738	102.8	13.1				
5	K0+714	121	15.4				
6	K0+700	70.7	9				
7	K0+690	65.3	8.3				
8	K0+680	86.4	11				
9	K0+687（南）	73.2	9.3	8.6	1.08	12.6	6.4
10	K0+717（南）	61.2	7.8				

从表8-42中可以看出，1～5号芯样的无侧限抗压强度明显比6～8号高，水泥掺入比同样为4%但芯样强度相差很大，其偏差系数达到了22.1%。这说明掺有再生集料的水泥稳定碎石强度受施工工艺影响较大，运输、摊铺、压实过程中必须严格按要求进行，才能保证施工质量。本次试铺不足之处是无压实度的测定，在沪太路初铺工程中应有必要考虑。

8.2.7 主要意见和要求

1. 掺有再生集料的水泥稳定碎石与纯天然集料水泥稳定碎石比较

再生集料吸水率大，水泥稳定碎石中的再生集料含水率大，容易挥发，且再生集料本身含有很多水泥砂浆，干缩较大，故容易产生收缩裂缝。

2. 使用再生集料的水泥稳定碎石的裂缝控制方案

① 加强养护，特别是7d之内，不能让再生集料中的水迅速挥发，应使其在7d后水泥稳定碎石具有一定强度可以抵抗收缩应力的时候缓慢挥发。

② 级配调整：集料偏粗、细集料少、水泥少，会使裂缝不容易产生。

3. 运输设备对水泥稳定碎石层的影响

运输设备在水泥稳定碎石层之上运行，载重量大的车辆对水泥稳定碎石层可能造成破坏，要采取限载措施，使其对下层的影响达到最小。

4. 分层摊铺问题

① 压实最小厚度不应小于15cm，适宜厚度为20cm。

② 厚度大于30cm时应分层摊铺。

8.3 路面结构线弹性分析

8.3.1 计算参数

1. 标准轴载

路面结构设计采用双轮组单轴载100kN作为标准轴载，用BZZ-100表示。标准轴载计算参数按表8-43确定。

表8-43 标准轴载计算参数

标准轴载	BZZ-100参数	标准轴载	BZZ-100参数
标准轴载 P/kN	100	单轮传压面当量圆直径 d/cm	21.3
轮胎接地压力 p/MPa	0.7	两轮中心矩/cm	1.5d

2. 路面计算荷载布置

路面结构设计采用双圆均布垂直荷载作用下的弹性层状连续体系理论进行计算，路面荷载结构如图 8-17 所示。

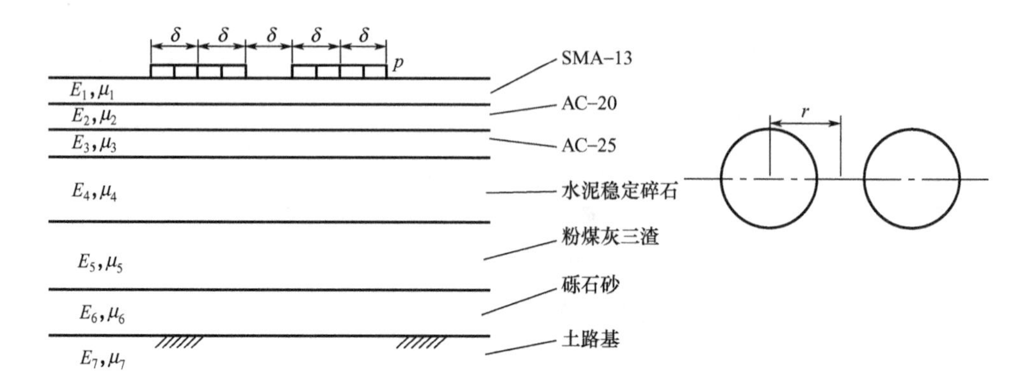

图 8-17　路面荷载结构示意图

图中 E_1，μ_1，E_2，μ_2，…，E_7，μ_7 分别为第一层，第二层，…，第七层结构的弹性模量和泊松比；p 为单位面积上的垂直荷载；δ 为荷载作用面半径。

3. 基本假定

① 各层都是由均质的、各向同性的线弹性材料组成的，其弹性模量和泊松比为 E 和 μ。

② 假定土基在水平方向和向下的深度方向均为无限，其上的路面各层厚度均为有限，但水平方向仍为无限。

③ 假定路面上层表面作用有垂直荷载，荷载与路面表面接触面形状呈圆形，接触面上的压力呈均匀分布。

④ 每一层之间的接触面假定为完全连续（具有充分的摩阻力）或部分连续或完全光滑（没有摩阻力）的。

4. 各层计算参数

沪太路路面各层设计厚度及各层容许弯拉应力 [σ] 由三航设计院提供，参考当时的《公路沥青路面设计规范》(JTG D50—2017) 中附录 E 提供的数据，并根据各路面材料的性能选取计算参数，见表 8-44。

表 8-44　各层设计厚度与各层力学参数

指　　标		SMA-13 层	AC-20 层	AC-25 层	水泥稳定碎石层	粉煤灰三渣层	砾石砂层	土路基层
设计厚度/cm		4	5	6	30	35	15	—
模量范围/MPa	20℃	1200～1600	1000～1400	800～1200	3000～4200	2700～3700	150～200	30
	15℃	1600～2000	1600～2000	1000～1400				

续表

指　　标		SMA-13层	AC-20层	AC-25层	水泥稳定碎石层	粉煤灰三渣层	砾石砂层	土路基层
泊松比	0.3	0.3	0.3	0.2	0.25	0.3	0.35	
重度/(kN/m³)	20	20	20	23.6	21	19	19	
[σ]	机动车道	0.46	0.46	0.46	0.28	—	—	—
	辅道	0.45	0.45	0.45	0.31	—	—	—

8.3.2 有限元模型的建立

根据车辆荷载的对称性，模型取一个车道的宽度 $b=3.75\text{m}$，长度取试验段 $l=10\text{m}$，采用扩大基础范围以减少边界条件，从而简化对应力分析结果的影响。

1. 单元的选取

采用 solid45 单元用于构造三维实体结构，如图 8-18 所示。单元通过 8 个节点来定义，每个节点有 3 个方向的自由度；单元具有塑性、蠕变、膨胀、大变形和大应变能力。

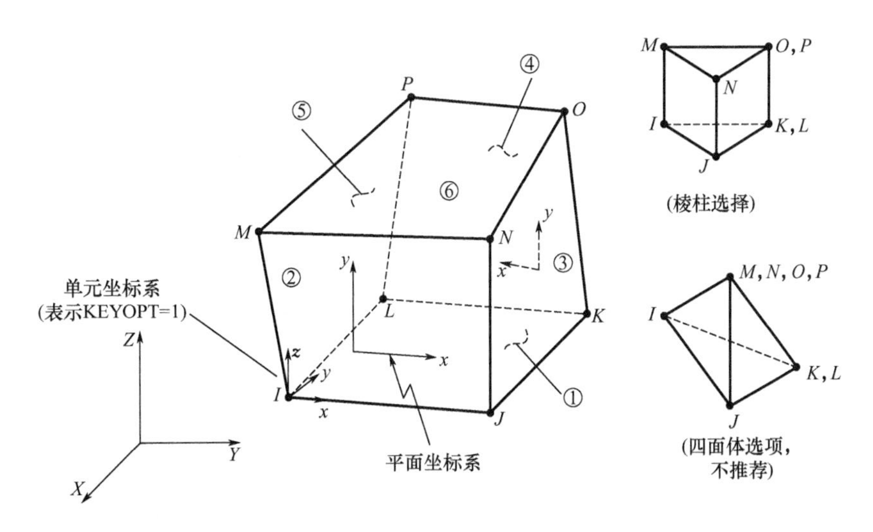

图 8-18　solid45 单元几何描述

2. 模型与网格划分

根据对称性，取车辆荷载的一边进行受力分析。扩大基础取长 20m、宽 8m、高 8m 的立方体基础，建立的模型如图 8-19 所示。

加载后对模型进行网格划分，整体模型的网格划分如图 8-20 所示；加载区域附近的网格划分根据荷载的布置加密，以确保计算精度，如图 8-21 所示。

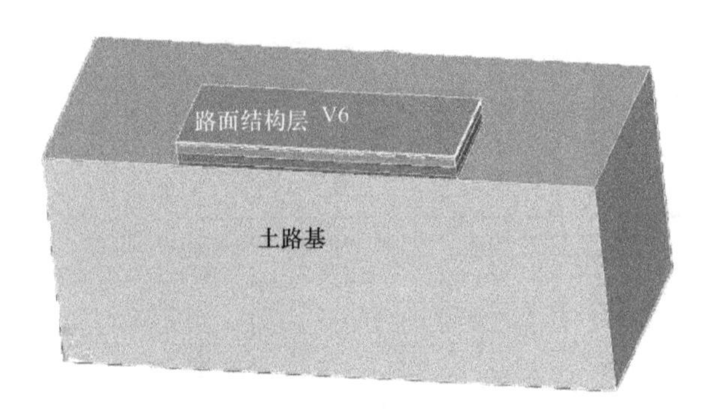

图 8-19 计算模型

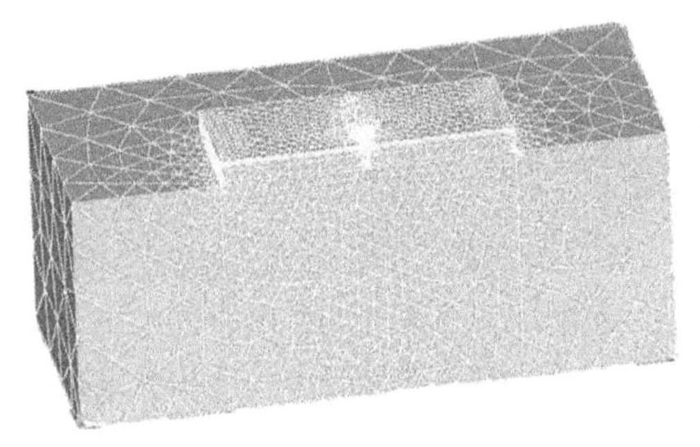

图 8-20 整体模型网格划分

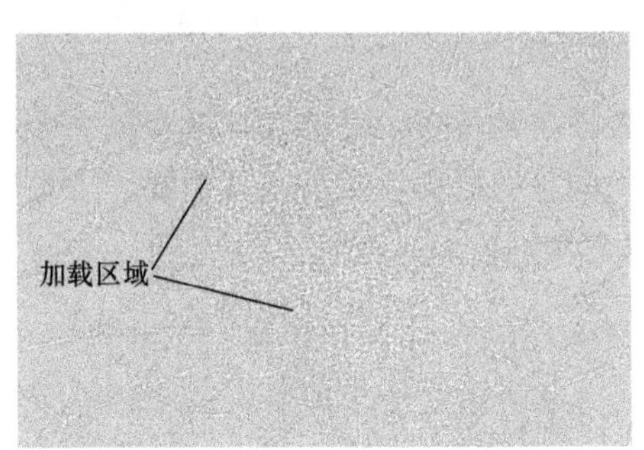

图 8-21 加载区域附近网格划分

8.3.3 计算结果分析

通过改变各层设计参数计算所得的结果来考察各层参数对路面结构受力状态的影响，先取用表 8-45 所列参数的模型计算（编号为 A-1）。

表 8-45 A-1 模型计算参数

指标	SMA-13 层	AC-20 层	AC-25 层	水泥稳定碎石层	粉煤灰三渣层	砾石砂层	土路基层
计算厚度/cm	4	5	6	30	35	15	800
模量值/MPa	1800	1800	1200	3000	3200	175	30

注：荷载按标准轴载 BZZ-100，面荷载为 $p=0.7$MPa。

1. 位移计算结果

计算结果采用不同的颜色表示位移的大小，从而在结构体系上形成位移云图。图 8-22 所示为 A-1 模型位移分量云图，位移的正号表示质点在受力后沿相应坐标轴正方向移动，负号表示质点在受力后沿相应坐标轴负方向移动。

从图 8-22 中可以看出，图（a）表明沿 x 轴方向的位移在加载区正下方几乎为 0，在附近的区域质点在加载情况下向加载区反方向移动；图（c）和图（d）表明 z 向位移分布和总位移分布情况接近，在加载区中心处达到最大值。

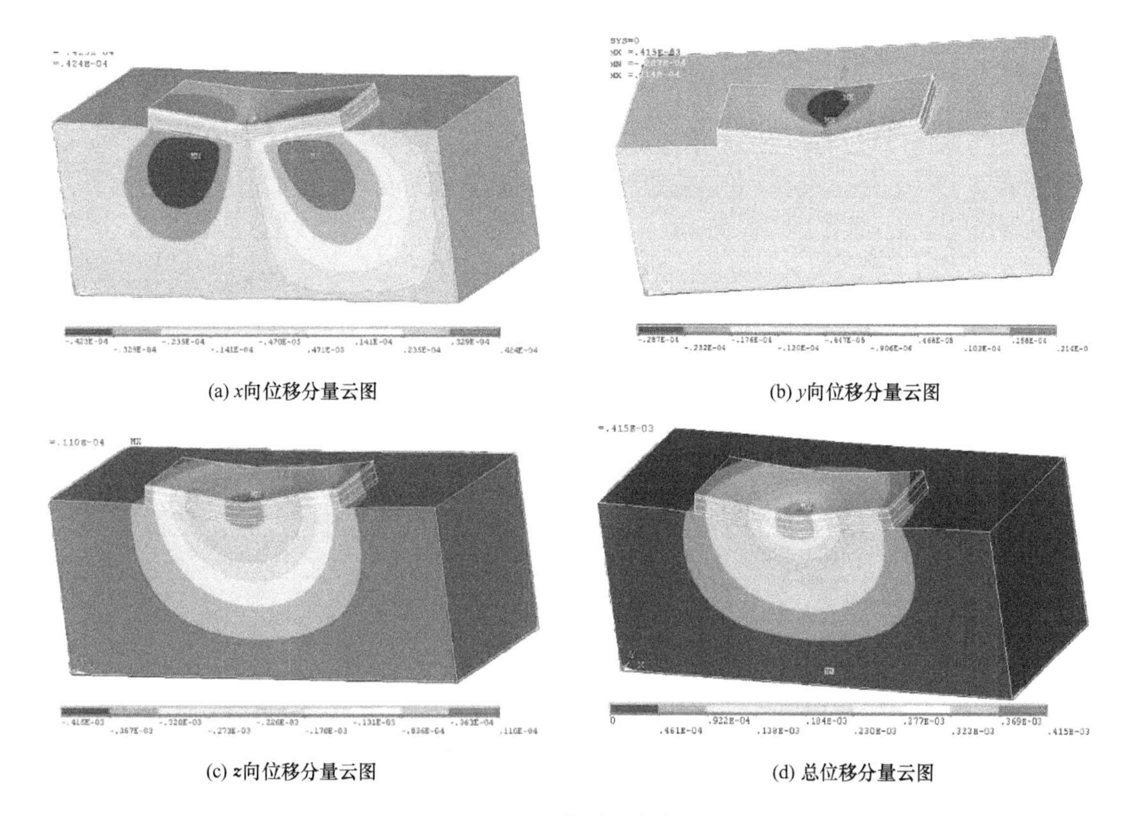

(a) x向位移分量云图　(b) y向位移分量云图

(c) z向位移分量云图　(d) 总位移分量云图

图 8－22　A－1 模型位移分量云图

图 8－23 所示为 A－1 模型水泥稳定碎石层位移分量云图。

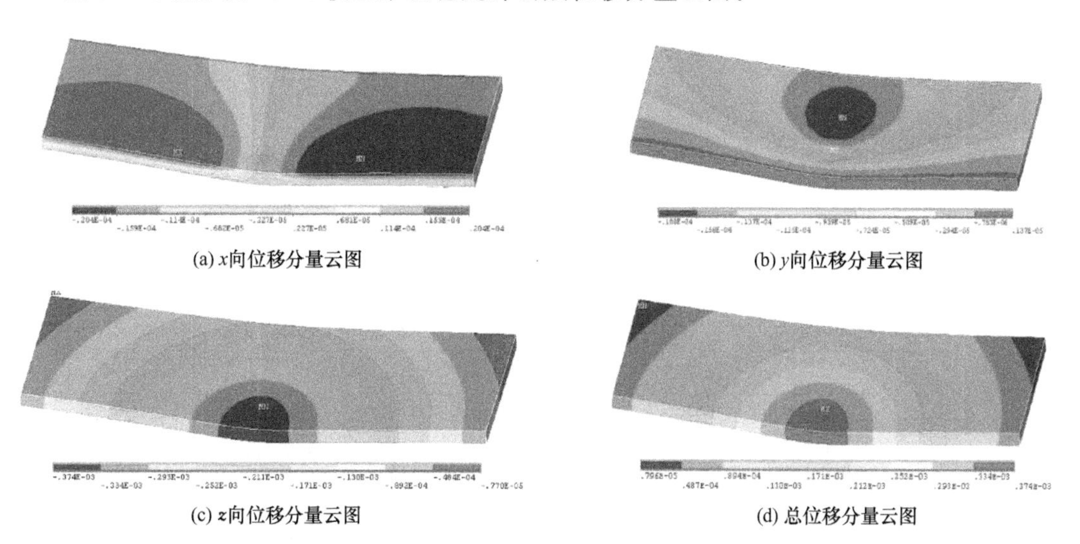

(a) x向位移分量云图　(b) y向位移分量云图

(c) z向位移分量云图　(d) 总位移分量云图

图 8－23　A－1 模型水泥稳定碎石层位移分量云图

改变水泥稳定碎石基层的压缩模量值，模型尺寸以及其他各层参数均保持不变，位移计算结果见表 8－46。

表 8-46　不同水泥稳定碎石压缩模量下路面模型位移分量　（单位：m）

计算编号		A-1		A-2		A-3		A-4	
水泥稳定碎石压缩模量/MPa		3000		3400		3800		4200	
层位		Min	Max	Min	Max	Min	Max	Min	Max
SMA-13层	x 向	−0.0000309	0.0000308	−0.0000299	0.0000299	−0.0000291	0.000029	−0.0000283	−0.00003
	y 向	−0.0000287	0	−0.0000277	0	−0.0000269	0	−0.0000261	0
	z 向	−0.000415	0.0000077	−0.000409	−0.000053	−0.000405	−0.000001	−0.000401	−0.00001
	总位移	0.0000231	0.000415	0.000023	0.000409	0.000023	0.000405	0.0000203	0.000359
AC-20层	x 向	−0.000028	0.000028	−0.0000271	0.0000271	−0.0000263	0.0000263	−0.0000256	0.000026
	y 向	−0.0000248	−0.000003	−0.0000239	−0.000003	−0.000023	0	−0.0000223	0
	z 向	−0.000405	−0.000008	−0.0004	−0.000009	0.000395	−0.00001	−0.000391	0.000011
	总位移	0.0000208	0.000405	0.0000207	−0.004	0.0000208	0.000395	0.0000209	0.000391
AC-25层	x 向	−0.0000245	0.0000245	−0.0000237	0.0000237	−0.0000229	0.0000229	−0.0000223	0.000022
	y 向	−0.000216	0	−0.0000207	0	−0.00002	0	−0.0000193	0
	z 向	−0.000392	−0.000008	−0.000386	−0.000009	−0.000381	0.0000097	−0.000377	−0.00001
	总位移	0.000018	0.000392	0.000018	0.000386	0.0000182	0.000382	0.0000184	0.000377
水泥稳定碎石层	x 向	−0.0000204	0.0000204	−0.0000197	0.0000197	−0.000019	0.000019	−0.0000184	0.000018
	y 向	−0.000018	0.00000137	−0.0000172	0.00000179	−0.0000166	0.00000214	−0.0000159	0.000002
	z 向	−0.000374	−0.000008	−0.000369	−0.000009	−0.000364	−0.000049	−0.000359	−0.00001
	总位移	0.00000796	0.000374	0.00000895	0.000369	0.00000991	0.000364	0.0000108	0.000359
粉煤灰三渣层	x 向	−0.0000237	0.0000237	−0.0000237	0.0000238	−0.0000238	0.0000239	−0.0000238	0.000024
	y 向	−0.000000987	0.000022	−0.000000893	0.0000219	−0.000000806	0.0000217	−0.000000728	0.000022
	z 向	−0.000362	−0.000008	−0.000358	−0.000009	−0.000354	0.0000099	−0.000351	−0.00001
	总位移	−0.000008	0.000362	0.00000895	0.000358	0.00000991	0.000354	0.0000108	0.000351
砾石砂层	x 向	−0.0000327	0.0000328	−0.0000326	0.0000327	−0.0000325	0.0000326	−0.0000324	0.000033
	y 向	0	0.0000296	0	0.0000293	0	0.000029	0	0.000029
	z 向	−0.00036	−0.000009	−0.000356	−0.00001	−0.000352	−0.000011	−0.000349	−0.00001
	总位移	0.0000181	0.00036	0.0000189	0.000356	0.0000196	0.000352	0.0000204	0.000349
土路基层	x 向	−0.0000423	0.0000424	−0.000042	0.0000421	−0.0000418	0.0000418	−0.0000416	0.000042
	y 向	−0.0000013	0.0000293	−0.0000013	0.0000293	−0.0000014	0.000029	−0.0000015	0.000029
	z 向	−0.000354	0.000011	−0.00035	0.0000109	−0.000346	0.0000109	−0.000343	0.000011
	总位移	0	0.000354	0	0.00035	0	0.000346	0	0.000343

从表 8-46 中可以看出，随着水泥稳定碎石压缩模量的增加，路面结构各层的位移量呈线性减少。

2. 正应力计算结果

(1) 应力分布情况

图 8-24 所示为 A-1 模型正应力分量云图，图 8-25 所示为 A-1 模型水泥稳定碎石

层正应力分量云图。

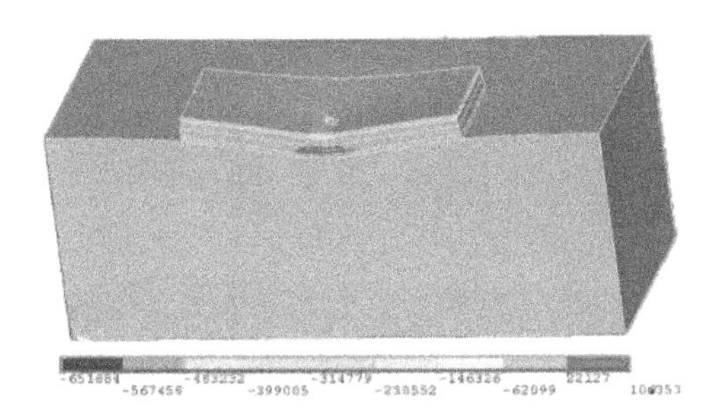

(a) x向正应力分量云图

(b) x向正应力分量云图加载区云图

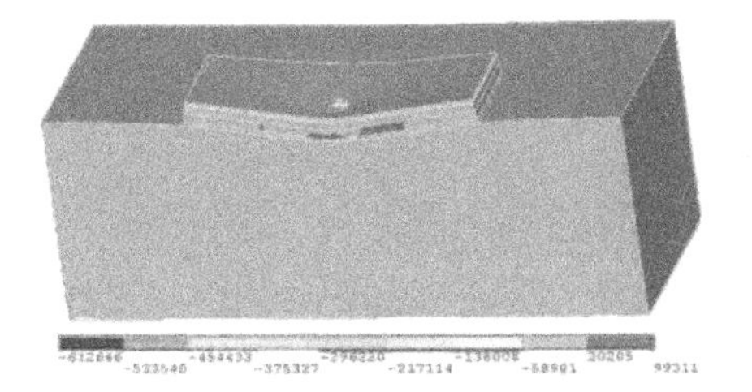

(c) y向正应力分量云图

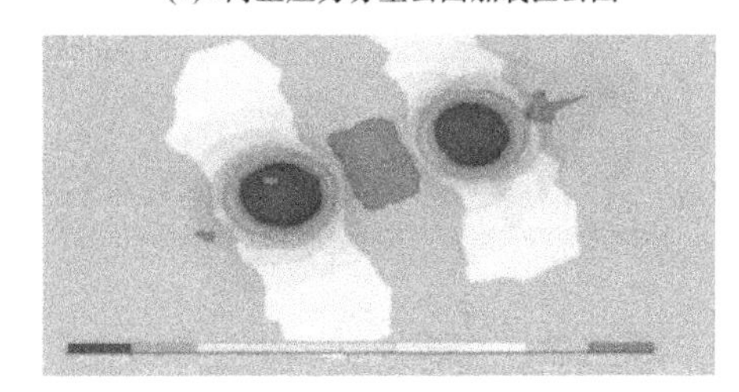

(d) y向正应力分量云图加载区云图

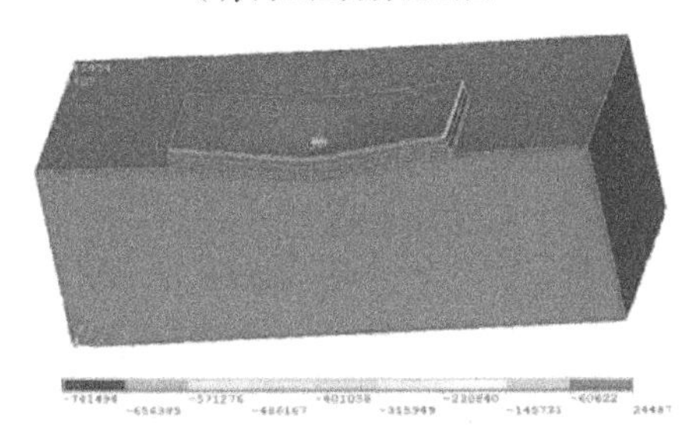

(e) z向正应力分量云图

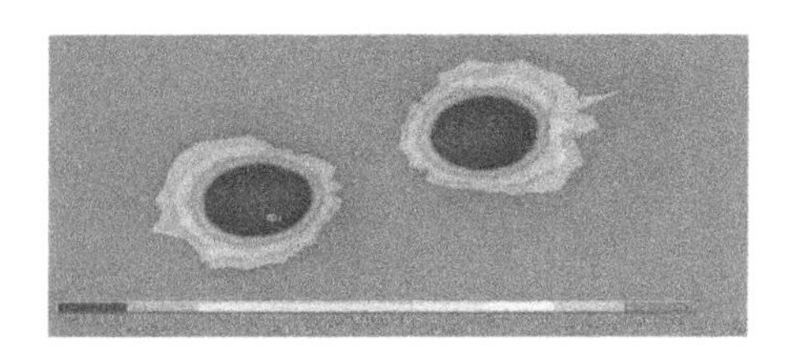

(f) z向正应力分量云图加载区云图

图 8－24　A－1 模型正应力分量云图

从图 8－24 中可以看出，图（a）和图（b）表明整个结构层的 x 向最大拉应力分量产生在粉煤灰三渣层的底边（其值为 139857Pa）；图（c）和图（d）表明 y 向最大拉应力分量产生在粉煤灰三渣层的底边面两轮中心处（其值为 102415Pa），路表负弯矩引起的拉应力也接近最大值，大小为 99311 Pa；图（e）和图（f）表明 z 向最大拉应力分量产生在 SMA－13 层的底边面两轮中心处（其值为 24487Pa）。

从图 8－25（a）（c）中可以看出，对于水泥稳定碎石层，该层的 x 向最大拉应力分量产生在底边两轮中心处（其值为 10486Pa），并产生在底边加载区外缘附近，且值较小；从图（e）（f）中看到，该层 z 向最大拉应力分量产生在顶边加载区外缘附近（其值为 12004Pa）。可以发现，对于 A－1 选取的参数，水泥稳定碎石基层的开裂风险较小。

（2）水泥稳定碎石压缩模量对正应力的影响

下面分析水泥稳定碎石压缩模量对结构层应力分布的影响。改变水泥稳定碎石基层的压缩模量值，模型尺寸以及其他各层参数均保持不变，路面结构模型各层的正应力计算结果见表 8－47。

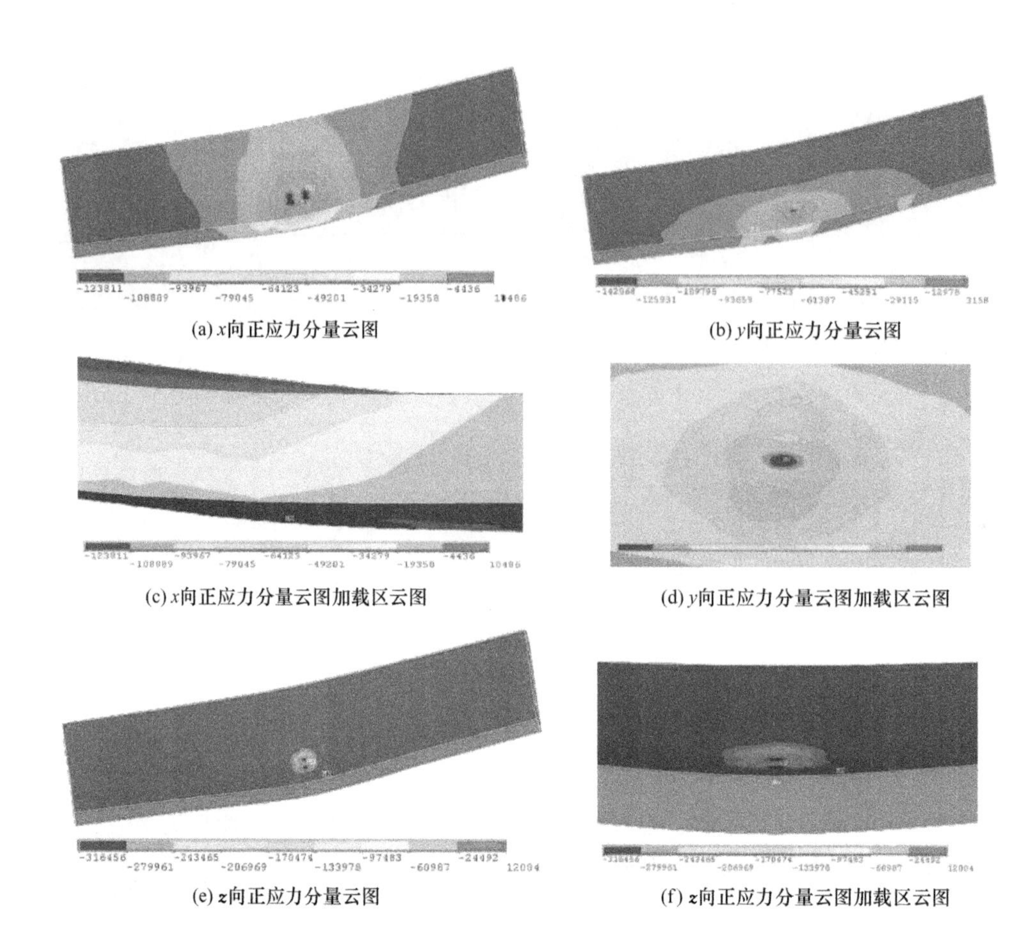

(a) x向正应力分量云图

(b) y向正应力分量云图

(c) x向正应力分量云图加载区云图

(d) y向正应力分量云图加载区云图

(e) z向正应力分量云图

(f) z向正应力分量云图加载区云图

图 8-25 A-1 模型水泥稳定碎石层正应力分量云图

表 8-47 不同水泥稳定碎石压缩模量下路面模型应力分量 （单位：Pa）

计算编号		A-1		A-2		A-3		A-4	
水泥稳定碎石压缩模量/MPa		3000		3400		3800		4200	
层位		Min	Max	Min	Max	Min	Max	Min	Max
SMA-13层	x 向	−651684	39515	−641407	43991	−632789	47854	−625430	51240
	y 向	−612646	99311	−605004	103517	−598570	107108	−593065	110233
	z 向	−741494	24487	−741106	24482	−740789	24476	−740525	24471
AC-20层	x 向	−300447	3920	−295307	3745	−290865	3590	−286973	3452
	y 向	−275052	3796	−271257	3741	−267962	3689	−265062	3641
	z 向	−650349	12102	−651636	11899	−653695	11712	−653586	11537

续表

计算编号		A-1		A-2		A-3		A-4	
水泥稳定碎石压缩模量/MPa		3000		3400		3800		4200	
层位		Min	Max	Min	Max	Min	Max	Min	Max
AC-25层	x 向	-157433	2065	-164180	1976	-169418	1896	-173574	1826
	y 向	-203872	870.419	-203270	862.97	-202638	856.695	-202003	851.316
	z 向	-483731	9716	-487567	9486	-490738	9280	-493407	9095
水泥稳定碎石层	x 向	-123811	10486	-132826	18026	-141834	25649	-152020	33389
	y 向	-142068	3158	-150749	6990	-158787	12406	-162940	17850
	z 向	-316456	12004	-322002	13194	-326680	14364	-330686	15516
粉煤灰三渣层	x 向	-8854	139857	-7675	138193	-7429	136678	-7198	135276
	y 向	-10394	102415	-8756	100963	-7327	99627	-6328	98381
	z 向	-64196	8978	-63168	8805	-62162	8637	-61180	8475
砾石砂层	x 向	-2177	8361	-2203	8218	-2227	8099	-2249	7992
	y 向	-5970	5922	-5990	5814	-6008	5717	-6022	5629
	z 向	-10368	8148	-10470	7946	-10563	7751	-10648	7564
土路基层	x 向	-1250	148.059	-1267	136.74	-1282	126.034	-1295	115.88
	y 向	-1805	243.093	-1809	228.45	-1813	214.608	-1816	201.50
	z 向	-4241	800.531	-4160	772.56	-4088	745.888	-4023	720.43

水泥稳定碎石在整个沥青路面结构中是刚度最大的层次，其刚度对整个结构的应力分布有着较大的影响。随着水泥稳定碎石压缩模量的增加，各层的最大压应力变化关系如图 8-26 所示。

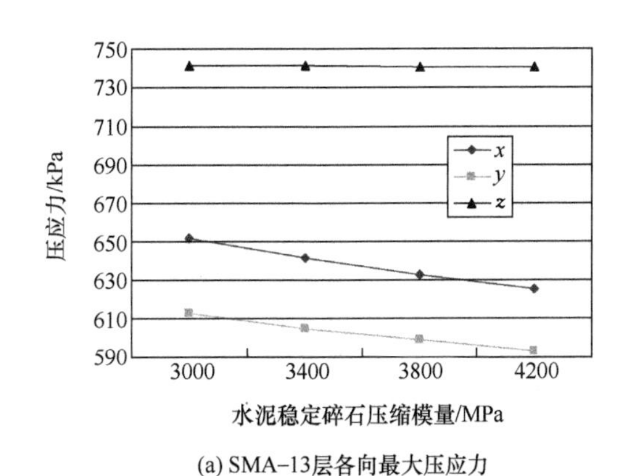

(a) SMA-13层各向最大压应力

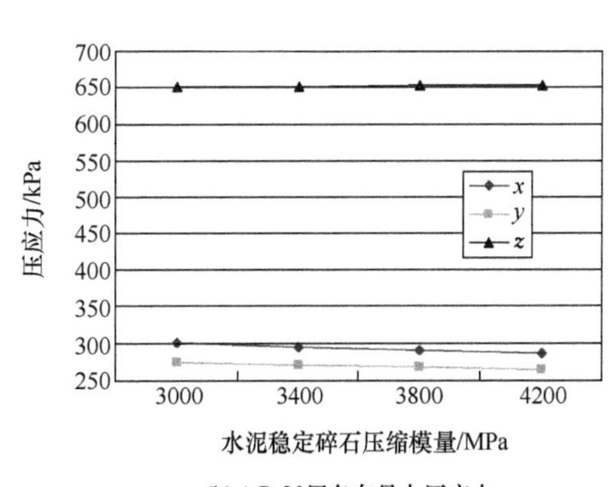

(b) AC-20层各向最大压应力

图 8-26　各层的压应力随水泥稳定碎石压缩模量的变化关系

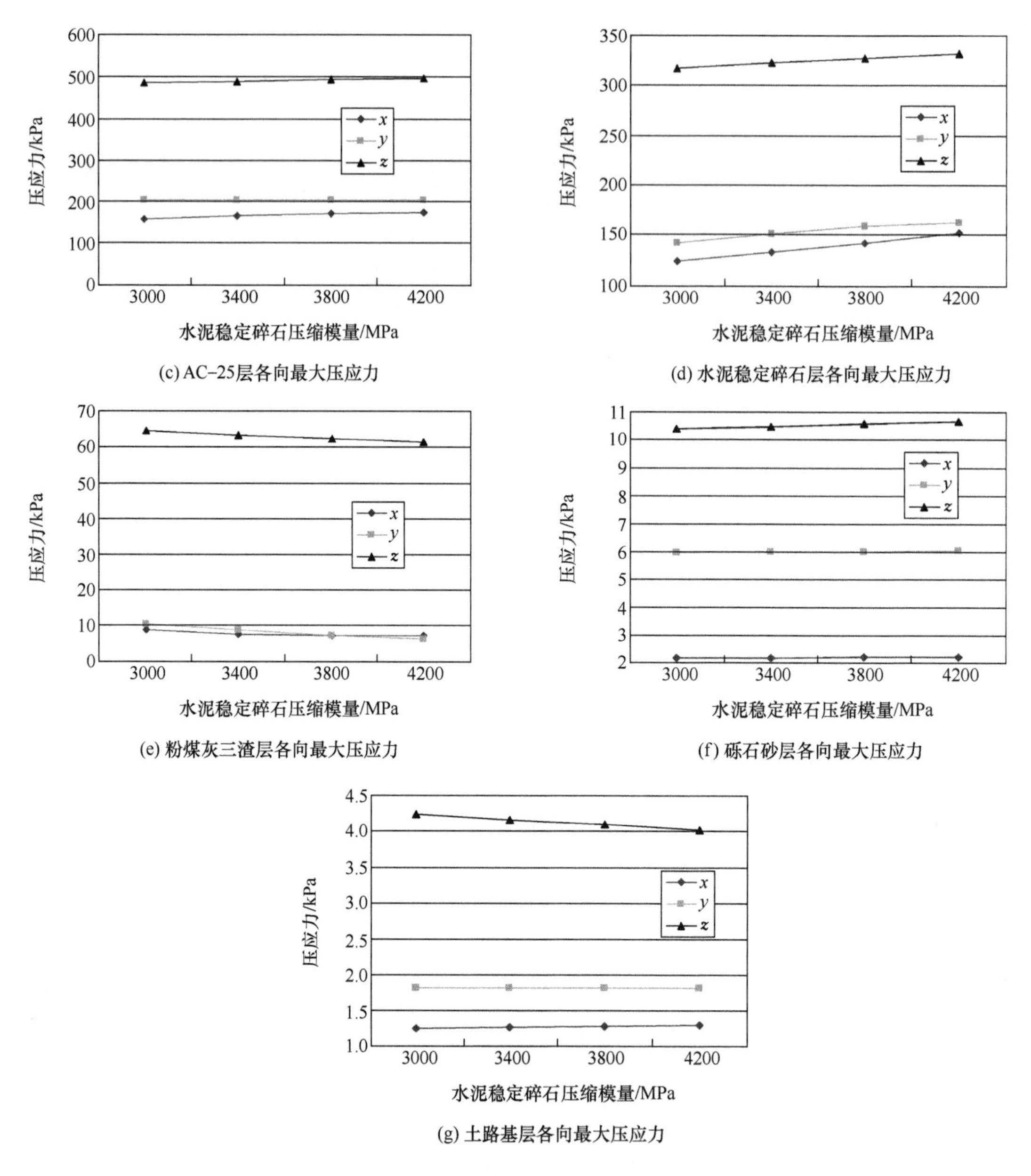

图 8-26　各层的压应力随水泥稳定碎石压缩模量的变化关系（续）

从图 8-26 中可以看出，图（a）表明面层的沥青混合料水平方向压应力受水泥稳定碎石的刚度影响比较大；从图（d）中可以发现，水泥稳定碎石的刚度增加，其自身的受力有较明显的增加；由图（e）（f）（g）了解到，提高水泥稳定碎石的刚度能改善粉煤灰三渣层的各方向压应力，而砾石砂层和土路基层的水平方向压应力所受影响不大。

路面开裂主要由拉应力或等效应力来控制，以下讨论结构层的最大拉应力。拉应力变化关系如图 8-27 所示。

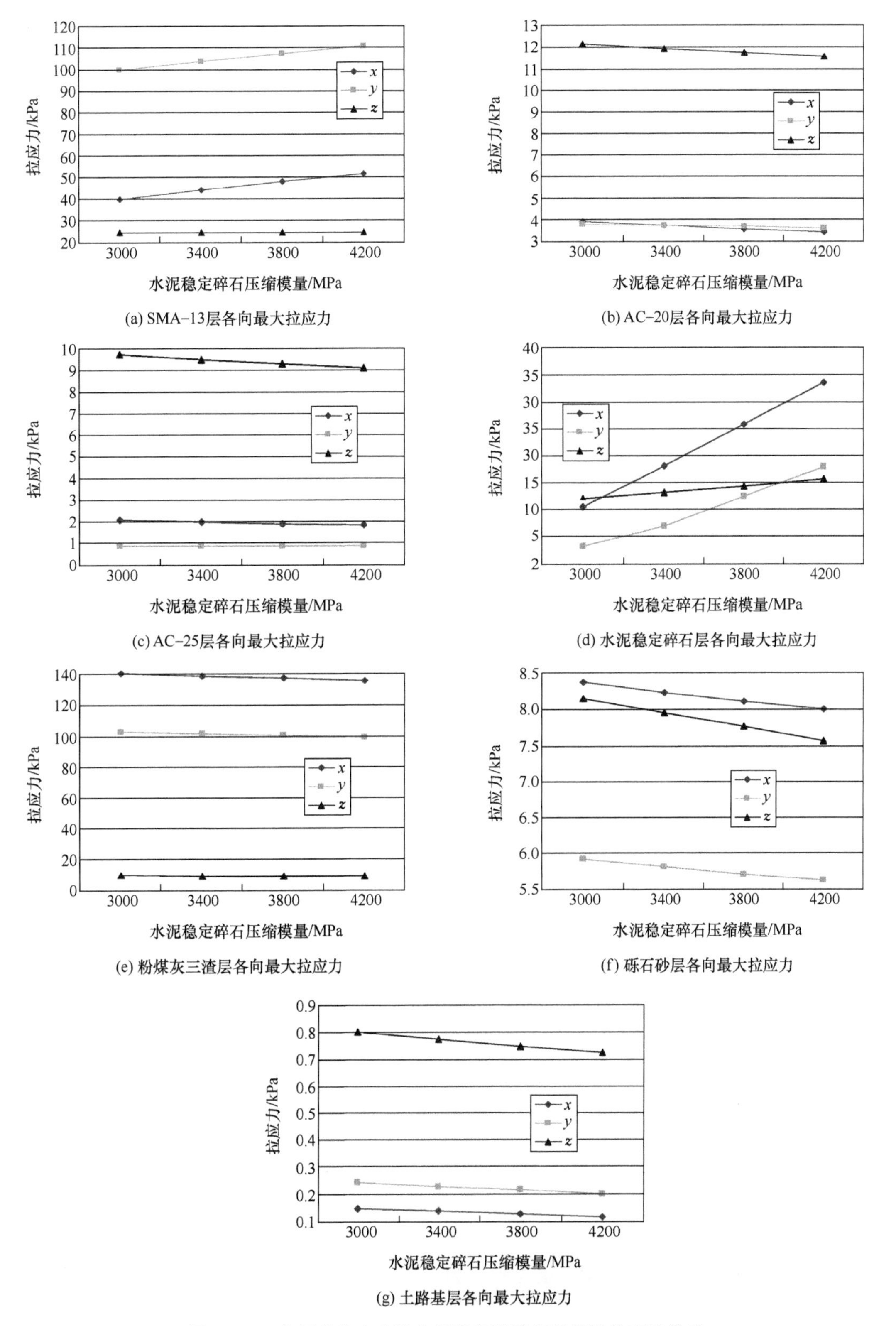

图 8－27 各层的拉应力随水泥稳定碎石压缩模量的变化关系

从图 8-27 中可以看出，随着水泥稳定碎石压缩模量的变化，面层沥青混合料的水平方向最大拉应力有一定程度的提高，而 AC-20 层和 AC-25 层的最大拉应力略有降低。图（d）表明水泥稳定碎石压缩模量的改变对其本身的最大拉应力的影响很大，特别是水平方向的拉应力会随水泥稳定碎石的压缩模量增加而大幅度提高，水泥稳定碎石的压缩模量为 4200MPa 时，其水平最大拉应力是模量为 3000MPa 时的 3 倍以上。水泥稳定碎石的强度高将直接导致其刚性大，因此在设计水泥稳定碎石时不可一味地追求类似混凝土的高硬度和高强度，否则会在水泥稳定碎石层产生过大的水平拉应力，从而明显增加水泥稳定碎石基层的开裂风险。图（e）表明水泥稳定碎石压缩模量的增加会使粉煤灰三渣层水平方向上最大拉应力略有降低，而对 z 向拉应力几乎没有影响，由此可见，单纯通过提高水泥稳定碎石的强度及刚度来减少粉煤灰三渣层的拉应力从而降低地基层开裂风险，并不是一项行之有效的措施。由图（f）和图（g）可以看到，砾石砂层和土路基层各向最大拉应力随水泥稳定碎石压缩模量的增加均有一定程度的降低，可以适当改善结构层的受力情况，可以降低垫层和土路基的破坏风险。

从图 8-26 和图 8-27 可以看出，水平方向上的压应力或拉应力与竖直方向上的相差很大，属于一般应力状态。对于水泥稳定碎石基层，在受压变形直至破坏的过程中，塑性变形量相对较少，通过上述最大拉应力的分析可以评价水泥稳定碎石的开裂风险。沥青混凝土和黏土等具有明显的塑性性质，通常以屈服形式失效破坏，需要考察其有效应力及变化规律，以评价其在荷载作用下破坏的风险。

3. 等效应力计算结果

按照材料力学强度理论，不同的材料固然可以发生不同形式的失效破坏，但即使是同一材料，在不同应力状态下也可能有不同的失效破坏形式。无论是塑性或脆性材料，在三向拉应力相近的情况下，都将以断裂的形式失效，宜采用最大拉应力理论；在三向压应力相近的情况下，都将以断裂的形式失效破坏，宜采用最大拉应力理论；在三向压应力相近的情况下，都可引起塑性变形，宜采用第三或第四强度理论（形状改变比能理论）。而一般应力状态下，对于脆性材料，通常以断裂的形式失效破坏，宜采用最大拉应力理论或最大伸长线应变理论；对于塑性材料，通常以屈服形式失效破坏，宜采用第三或第四强度理论。第四强度理论强度条件为

$$\frac{1}{\sqrt{2}}\sqrt{(\sigma_1-\sigma_2)^2+(\sigma_2-\sigma_3)^2+(\sigma_3-\sigma_1)^2}\leqslant[\sigma] \tag{8-2}$$

可以利用等效应力使不同应力状态的强度能进行比较，其作用是将复杂的应力状态化作一个具有相同“效应”的单向应力状态。一般应力状态可定义为

$$\bar{\sigma}=\frac{1}{\sqrt{2}}\sqrt{(\sigma_1-\sigma_2)^2+(\sigma_2-\sigma_3)^2+(\sigma_3-\sigma_1)^2} \tag{8-3}$$

与简单拉伸时 $\bar{\sigma}=\sigma$ 等效。

图 8-28 所示为 A-1 模型各层等效应力云图。

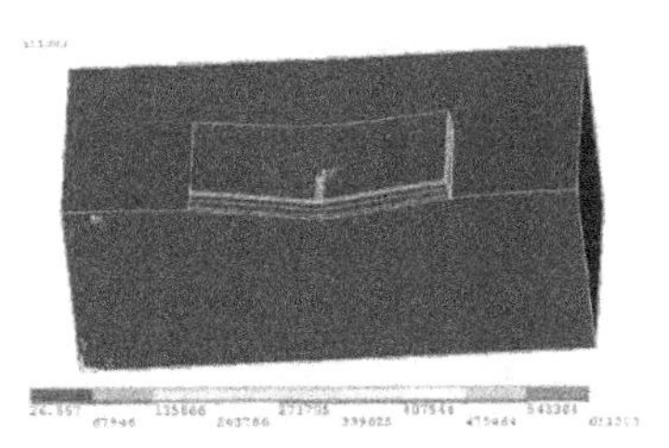

(a) 整体模型等效应力云图

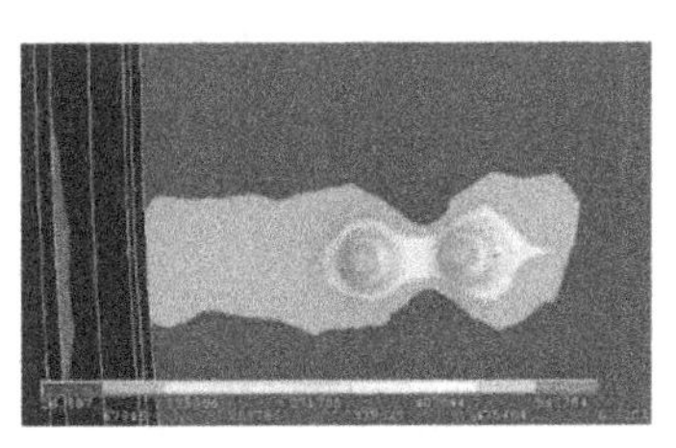

(b) 整体模型等效应力加载区云图

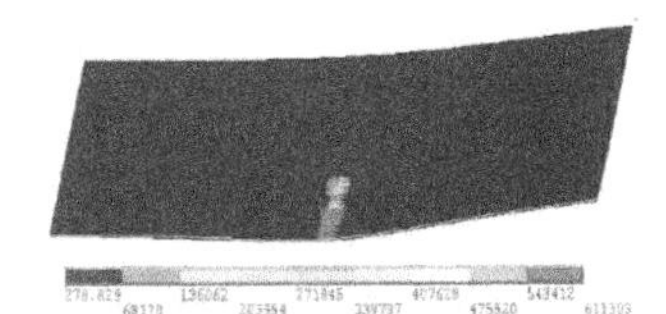

(c) SMA-13层等效应力云图

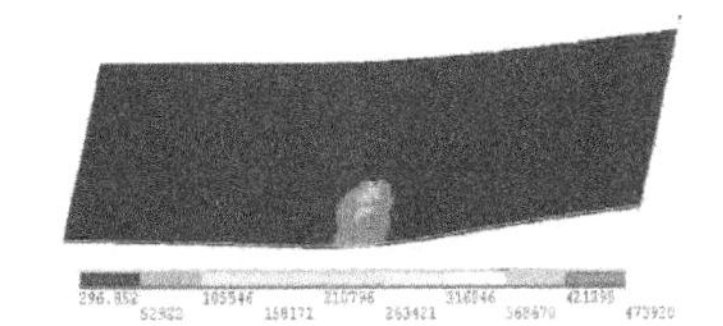

(d) AC-20层等效应力云图

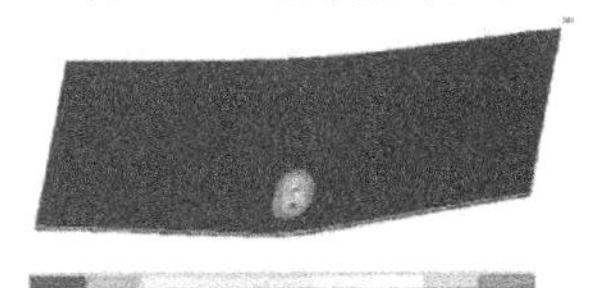

(e) AC-25层等效应力云图

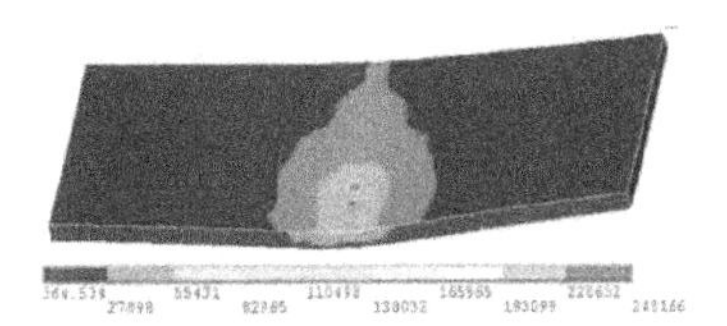

(f) 水泥稳定碎石层等效应力云图

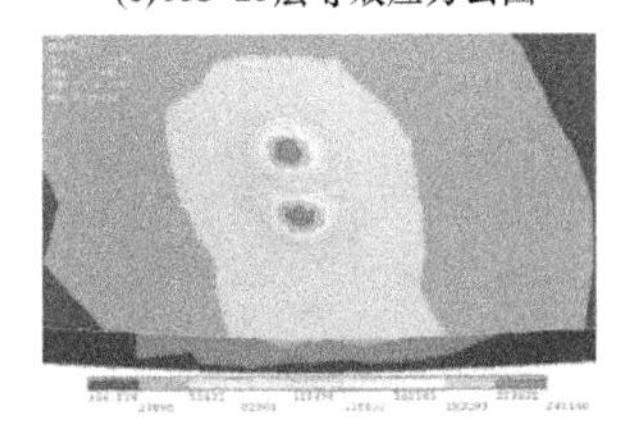

(g) 水泥稳定碎石层等效应力加载区云图

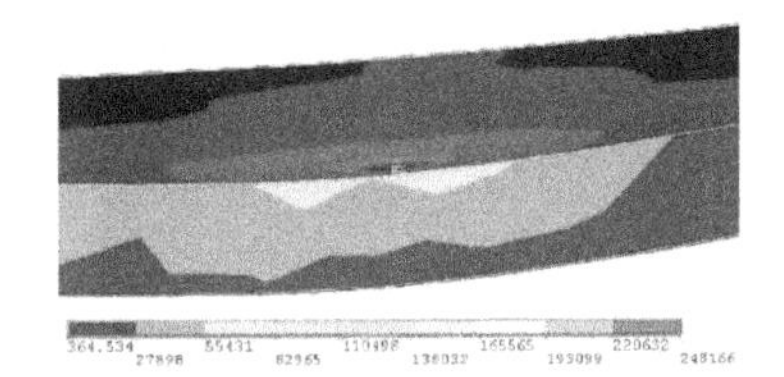

(h) 水泥稳定碎石层等效应力正视云图

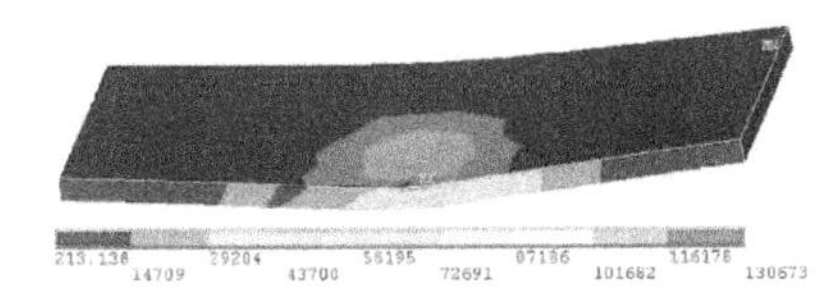

(i) 粉煤灰三渣层等效应力云图

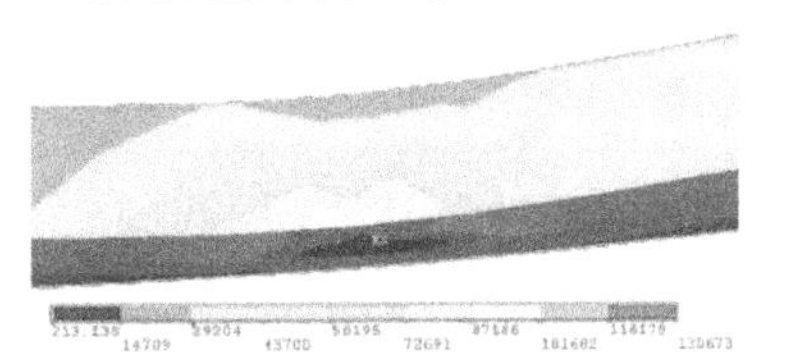

(j) 粉煤灰三渣层等效应力正视云图

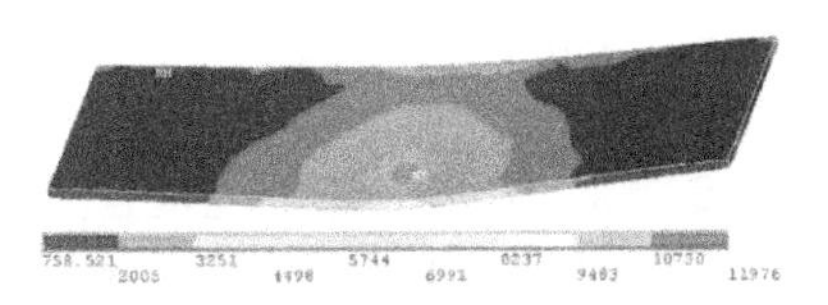

(k) 砾石砂层等效应力云图

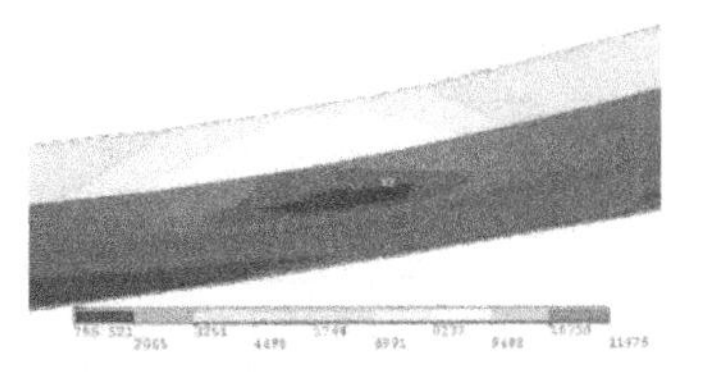

(l) 砾石砂层等效应力加载区云图

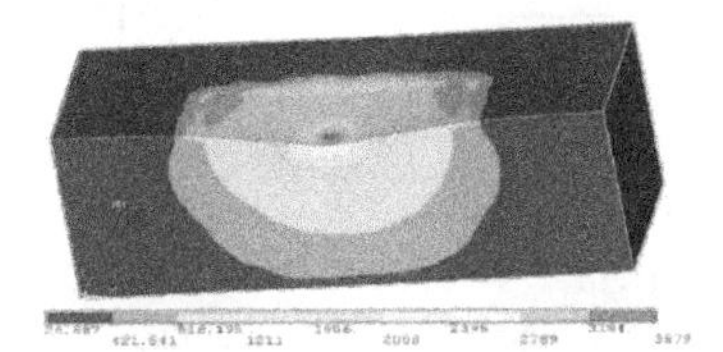

(m) 土路基层各向最大拉应力等效应力云图

图 8-28　A-1 模型各层等效应力云图

从图 8－28 中可以看出，图（b）所示的整体模型等效应力加载区云图，显示最大有效应力出现在外侧轮的外边沿处；对于沥青混凝土的三层，荷载作用扩散很小，应力主要集中在加载区域附近；在水泥稳定碎石层上，荷载影响的区域明显较沥青混凝土层大，等效应力较大的区域直接位于受压区下，很明显主要由直接受压产生的，弯拉应力较小，这里不适合作为破坏风险评价标准；由图（i）和图（j）所示的粉煤灰三渣层等效应力云图，可以看到该层受压区正下方的底部最大，是由弯拉和直接受压共同作用产生的，结合图 8－21 中的水平方向拉应力分析，可以发现在所选设计参数下的计算结果显示粉煤灰三渣层底部断裂的风险较大；砾石砂层跟粉煤灰三渣层的受力形式类似，荷载影响区域明显加大。土体等效应力分布情况与其总位移分量类似，在加载区中心处达到最大值，接近同心球体向周围变化。不同水泥稳定碎石压缩模量下路面模型等效应力分量见表 8－48。

表 8－48　不同水泥稳定碎石压缩模量下路面模型等效应力分量　（单位：Pa）

计算编号	A－1		A－2		A－3		A－4	
水泥稳定碎石压缩模量/MPa	3000		3400		3800		4200	
层位	Min	Max	Min	Max	Min	Max	Min	Max
SMA－13 层	278.829	611303	272.74	612135	266.754	612947	260.971	613727
AC－20 层	296.852	473920	292.31	471728	287.498	470009	282.602	468635
AC－25 层	328.817	378209	322.89	380974	316.815	383431	310.746	385629
水稳层	364.534	248166	371.00	243166	382.871	238046	393.685	232916
粉煤灰三渣层	213.138	130673	294.29	129014	394.414	127502	503.61	126104
砾石砂层	758.521	11976	766.08	11769	772.681	11584	778.501	11416
土路基层	26.887	3579	26.768	3515	26.662	3458	26.568	3406

各层等效应力随水泥稳定碎石压缩模量的变化关系如图 8－29 所示。

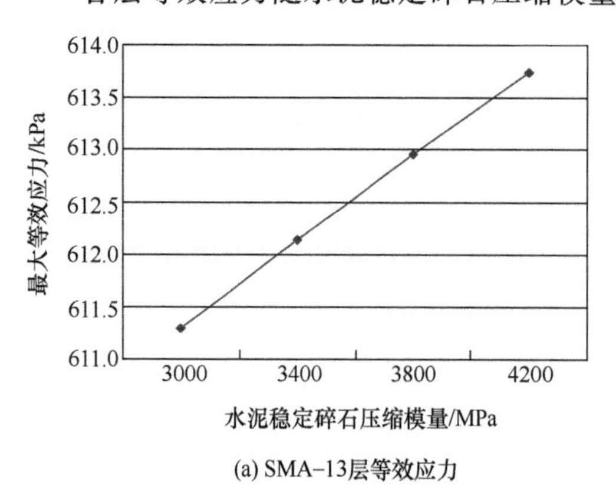

(a) SMA-13层等效应力

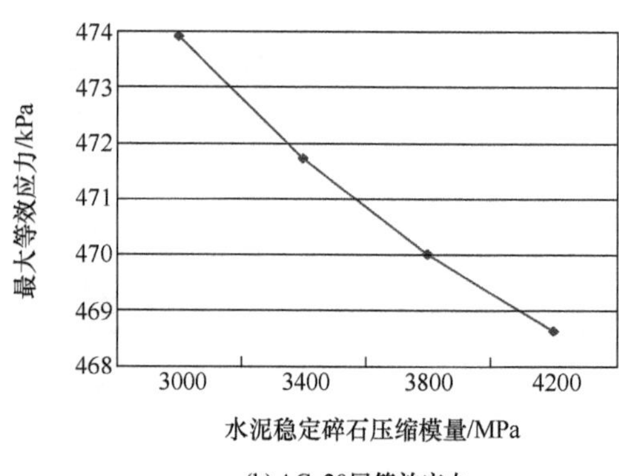

(b) AC-20层等效应力

图 8－29　各层等效应力随水泥稳定碎石压缩模量的变化关系

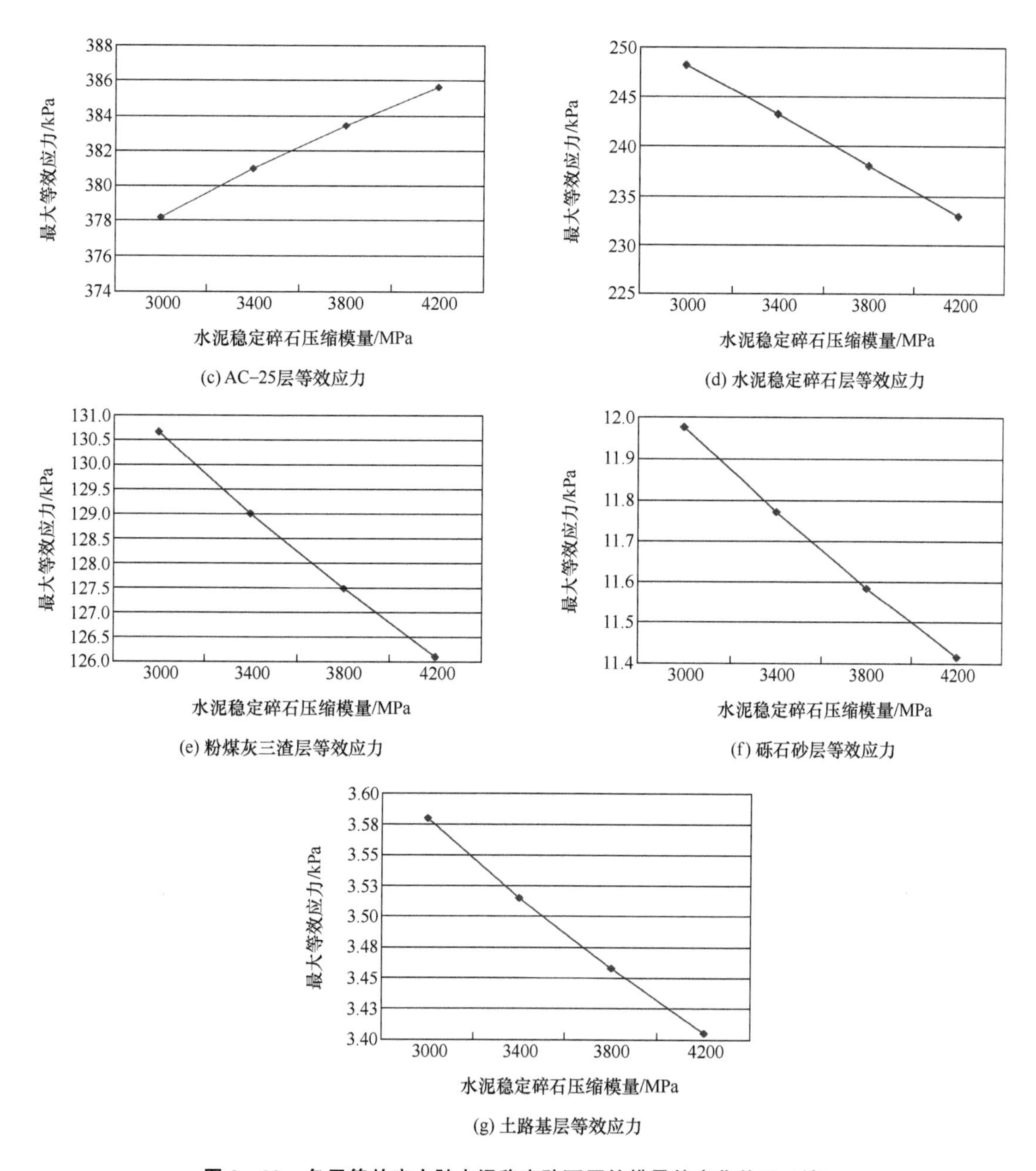

(c) AC-25层等效应力

(d) 水泥稳定碎石层等效应力

(e) 粉煤灰三渣层等效应力

(f) 砾石砂层等效应力

(g) 土路基层等效应力

图 8-29 各层等效应力随水泥稳定碎石压缩模量的变化关系（续）

从图 8-29 中可以看出，AC-25 层的最大等效应力在水泥稳定碎石层压缩模量为 4200MPa 时比 3000MPa 时高 2%，除 AC-25 层和 SMA-13 层外，其余各层最大等效应力均稍有下降。塑性性质较明显的材料中，土体最大等效应力下降最多，约为 5%，并不特别明显。增大水泥稳定碎石层的刚度，对改善整个路面结构各层的受力情况并不很理想。

第9章 农作物秸秆废弃物制备新型墙体材料的研究

9.1 新型墙体材料的制备研究

随着建筑物向高层、大跨方向发展，建筑材料的自重也越来越受到人们的关注，作为多孔材料的泡沫混凝土，在屋面、非承重墙及热力管道的保温层中发挥着重要作用。结构轻集料混凝土具有高强、轻质、抗震、抗裂和耐久性能好等优点，越来越多地被应用于桥梁、高层建筑等工程中。在泡沫混凝土中掺入陶粒作为轻集料的新型墙体材料，不仅可以降低成本，而且可以增加泡沫混凝土的强度，减少泡沫混凝土的干燥收缩。本文利用改性秸秆纤维、双快水泥（凝结时间快、强度发展快）、发泡剂及陶粒作为轻集料，利用正交设计试验方法制备秸秆纤维水泥基泡沫新型保温材料（简称秸秆纤维泡沫混凝土）。

9.1.1 外加剂

1. 粉煤灰的影响

粉煤灰作为工业废渣，是混凝土中最重要的矿物掺合料之一。目前，我国发电厂粉煤灰的年排放量逐年增加，已由1990年的7000万t增加到1995年的1亿t，2005年排放量突破3亿t，目前排放量在4.5亿t左右。粉煤灰具有火山灰活性，大量试验证明，在普通水泥中加入粉煤灰不仅能利用废弃资源，解决环境污染问题，而且能提高水泥的后期强度。但目前对于粉煤灰对双快水泥影响的研究很少。

粉煤灰作为一种生产新型绿色墙体材料的资源，其价值主要体现在“活性效应、形态效应、微集料效应”上。活性效应是指粉煤灰中所含的SiO_2和Al_2O_3具有化学活性，它们能在碱性与硫酸盐激发剂的作用下，生成类似水泥水化产物中的水化硅酸钙和水化铝酸钙；形态效应是指粉煤粉在高温燃烧过程中形成的粉煤灰颗粒，绝大多数为玻璃微珠，掺入混凝土中可以减少水泥料浆内摩阻力，从而起到减水作用；微集料效应是指粉煤灰中的微细颗粒均匀分布在水泥料浆内，填充孔隙和毛细孔，改善了混凝土的孔结构。

为了探究粉煤灰对硫铝酸盐水泥泡沫混凝土的影响，在硫铝酸盐水泥中掺入不同质量分数的粉煤灰，在标准状态下养护7d和28d后比较抗压强度，试件尺寸为70.7mm×70.7mm×70.7mm，其配合比见表9-1。粉煤灰采用国华宁电二级粉煤灰，其化学成分按质量分数见表9-2。

表9-1　掺粉煤灰影响泡沫混凝土的配合比

粉煤灰掺量	配合比				
	水泥/g	粉煤灰/g	水/g	纤维/g	气泡/mL
0%	1000	0	650	40	550
20%	800	200	650	40	550
30%	700	300	650	40	550
40%	600	400	650	40	550

表9-2　粉煤灰化学成分

SiO_2	CaO	MgO	Fe_2O_3	Al_2O_3	SO_3	Loss
52.37%	2.16%	0.47%	10.13%	32.13%	0.33%	2.08%

粉煤灰对泡沫混凝土物理性能的影响见表9-3，粉煤灰对泡沫混凝土抗压强度的影响如图9-1所示。从表9-3中可知，粉煤灰对泡沫混凝土的密度和吸水率影响很小。泡沫混凝土7d和28d的抗压强度都随着粉煤灰掺入比的增加而降低，并且28d的抗压强度略高于7d的抗压强度。这说明在双快水泥中，粉煤灰的活性没有被激活，双快水泥中缺少激发粉煤灰活性的物质，粉煤灰在双快水泥中仅作为一种惰性物质存在。

表9-3　粉煤灰对泡沫混凝土物理性能的影响

粉煤灰掺量	物理性能				
	干表观密度/(kg/m^3)	湿表观密度/(kg/m^3)	吸水率/%	7d抗压强度/MPa	28d抗压强度/MPa
0%	788.5	1226.4	0.555	3.34	3.8
20%	761.9	1188.4	0.56	2.54	3.01
30%	763.8	1178.5	0.543	1.73	2.17
40%	770.8	1203.6	0.561	1.47	1.92

2. 减水剂的影响

比较理想的高效减水剂品种有萘系、聚羧酸系、三聚氰胺系，均具有减水率大、坍落度损失小等特点。目前萘系使用较为广泛，且价格相对低廉。本文采用花王 Mighty－100 高效减水剂，为萘系，减水率＞20％。

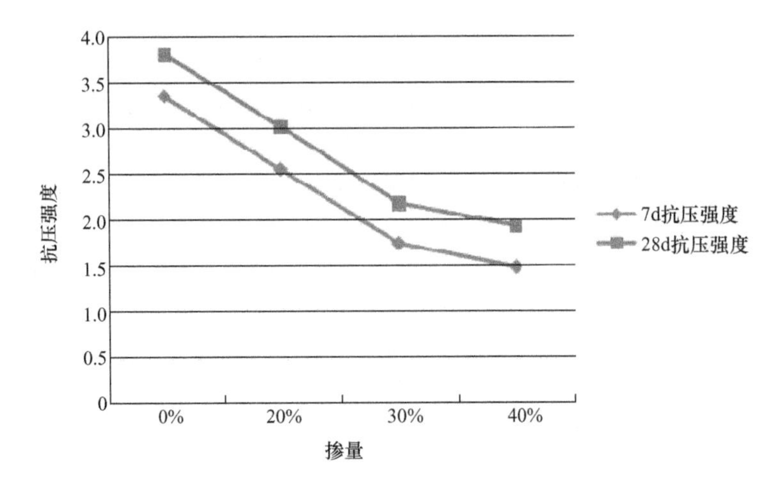

图 9－1　粉煤灰对泡沫混凝土抗压强度的影响（单位：MPa）

减水剂是泡沫混凝土制备的重要外加剂，一般情况下，泡沫混凝土的强度随着水胶比的增加而降低，但是水胶比过低时，料浆过干，不利于泡沫在料浆中的均匀分布，并且在搅拌过程中由于泡沫和料浆摩擦力过大，会产生消泡现象。

减水剂在泡沫混凝土中主要有如下作用。

① 降低水料比，提高泡沫混凝土的强度，弥补其强度差的不足。

② 可增加水泥的分散性，避免在搅拌中出现水泥结团，使泡沫混凝土浆料更加均匀，提高浆料的和易性，增加输送的流动性。

③ 缩短搅拌时间，降低泡沫破裂的概率。

④ 提高泡沫混凝土浆料内聚性，有利于泡沫的稳定，减少泡沫上浮的概率。

为了探究减水剂对双快水泥泡沫混凝土的影响，本文进行了掺减水剂的配合比试验，在保持其他配合比不变的情况下，掺入水泥掺入比 1％的减水剂，试验配合比见表 9－4。试件尺寸为 70.7mm×70.7mm×70.7mm。

表 9－4　掺减水剂影响秸秆纤维泡沫混凝土的配合比

编号	配合比				
	水泥/g	减水剂/g	水/g	纤维/g	气泡/mL
F1	1000	0	650	40	550
J2	1000	10	650	40	550

试验结果见表 9－5。从表中可知，掺减水剂的秸秆纤维泡沫混凝土不仅密度减小，而且强度也得到提高，加入减水剂后，秸秆纤维泡沫混凝土的 28d 抗压强度由 3.8MPa 增加到 4.11MPa。这是因为减水剂的加入提高了料浆的稳定性，减少了搅拌过程中泡沫的损失，而且使泡沫均匀分布。

表 9-5 减水剂对秸秆纤维泡沫混凝土物理性能的影响

编号	物理性能				
	干表观密度/(kg/m³)	湿表观密度/(kg/m³)	吸水率/%	7d 抗压强度/MPa	28d 抗压强度/MPa
F1	788.5	1226.4	0.555	3.34	3.8
J2	745.3	1155.6	0.55	3.64	4.11

因此，在秸秆纤维泡沫混凝土中加入粉煤灰不利于其强度的提高；而减水剂能改善孔结构，使密度降低、强度提高。

3. 陶粒的影响

随着轻集料生产技术的发展，轻集料混凝土的应用越来越广泛。轻集料泡沫混凝土具有自重轻、保温耐火性能好等特点。在泡沫混凝土中加入轻集料，不仅可以使泡沫混凝土的浇筑高度增大，确保料浆上下匀质；而且可以降低成本，提高泡沫混凝土的抗压强度。本文选用超轻高强陶粒作为轻集料，在泡沫混凝土中掺入不同质量的陶粒，以研究陶粒对泡沫混凝土的影响。

陶粒是以黏土、页岩或粉煤灰为主要原材料，掺入少量黏结物和固体燃料，经混合、成球、高温焙烧而制得的一种性能较好的人造轻集料。根据所用主原料的不同，可分为黏土陶粒、页岩陶粒、粉煤灰陶粒等；根据陶粒的密度和强度，可分为超轻陶粒（堆积密度≤500kg/m³）、普通陶粒（堆积密度为500～700kg/m³）、高强陶粒（堆积密度为700～900kg/m³）三类。

自保温砌块对陶粒的要求：①密度低；②热导率低；③吸水率低；④颗粒表面光洁圆滑。本文采用平海陶粒公司生产的陶粒，对其性能进行了全面测试，具体指标见表9-6。

表 9-6 陶粒的物理力学性能

堆积密度/(kg/m³)	表观密度/(kg/m³)	筒压强度/MPa	保温陶粒砌块性能		建筑使用范围
			抗压强度/MPa	导热系数/(W/m³)	
300	550	1.5	CL5～CL15	0.42～0.48	屋面保湿、承重外墙保温等

为了研究陶粒对秸秆纤维泡沫混凝土的影响，本文做了如下配合比设计，见表9-7。

表 9-7 掺陶粒影响秸秆纤维泡沫混凝土的配合比

编号	配合比				
	水泥/g	陶粒/g	水/g	纤维/g	气泡/mL
T1	1000	0	650	40	550
T2	1000	200	650	40	550
T3	1000	300	650	40	550

试验结果见表 9－8。从表中可知，掺入 200g 陶粒后，秸秆纤维泡沫混凝土抗压强度变大，密度和吸水率降低；继续掺陶粒后，陶粒对秸秆纤维泡沫混凝土的影响并不大。从 T1、T2 以及 T3 的结果可知，陶粒对秸秆纤维泡沫混凝土抗压强度的影响很小，在本试验中掺入陶粒的主要目的是降低成本。

表 9－8　陶粒对秸秆纤维泡沫混凝土物理性能的影响

编号	物理性能			
	干表观密度/(kg/m^3)	湿表观密度/(kg/m^3)	吸水率/%	7d 抗压强度/MPa
T1	788.5	1226.4	0.555	3.34
T2	763.6	1164.4	0.52	3.45
T3	764.6	1174.1	0.536	3.42

9.1.2　正交设计制备新型墙体材料

为了进一步研究各掺量对秸秆纤维泡沫混凝土的强度和密度的影响，确定新型墙体材料的最佳试验配合比，制备密度低、强度高、秸秆纤维用量大的新型墙体材料，本文利用双快水泥、泡沫、高强陶粒、秸秆纤维及减水剂进行了如下正交设计。

1. 试验方案

秸秆纤维泡沫混凝土的配合比按体积法确定各因素的掺量，即将混凝土拌合物的体积看成各组成材料的绝对体积，以“秸秆纤维”的体积与“秸秆纤维和陶粒”的总体积之比代表纤维率。由此可列关系式

$$\frac{m_c}{\rho_c}+\frac{m_t}{\rho_t}+\frac{m_w}{\rho_w}+V_a+V_f=1 \tag{9-1}$$

$$\frac{V_f}{\frac{m_t}{\rho_t}+V_f}=S_f \tag{9-2}$$

$$m_f=\rho_f\times V_f \tag{9-3}$$

式中：m_c、m_t、m_w、m_f 分别为水泥、陶粒、水、纤维的质量（kg）；ρ_c、ρ_t、ρ_w 分别为水泥、陶粒、水的容重（kg/m^3）；ρ_f 为纤维的堆积面积（kg/m^3）；V_a 为所加入气泡的体积（m^3）；V_f 为纤维体积分数（m^3）；S_f 为纤维率。

采用四因素、三水平正交表，选取水泥掺量、水胶比、气泡体积、纤维率作为正交试验的四因素；配置每立方米新型墙体材料的水泥掺量为 360kg、400kg 和 440kg 三水平，水胶比为 0.55、0.6 和 0.65 三水平，气泡含量为 120L、200L 和 280L 三水平，纤维率为 60%、70%和 80%三水平，减水剂掺量为水泥掺量的 1%。正交试验因素水平见表 9－9。考察指标为干表观密度、吸水率、抗压强度、劈裂抗拉强度、导热系数。

表 9-9 正交试验因素水平表

因素	水平		
	1	2	3
水泥掺量/kg	360	400	440
水胶比	0.55	0.6	0.65
气泡体积/L	120	200	280
纤维率	60%	70%	80%

正交试验表配合比见表 9-10。

表 9-10 正交试验配合比

编号	水泥/kg	水胶比	气泡/L	纤维率
1	360	0.55	120	60%
2	360	0.6	200	70%
3	360	0.65	280	80%
4	400	0.55	200	80%
5	400	0.6	280	60%
6	400	0.65	120	70%
7	440	0.55	280	70%
8	440	0.6	120	80%
9	440	0.65	200	60%

考虑到搅拌过程中产生的消泡效应，以 2.5m^3 的气泡体积作为实际的气泡含量，水泥密度 3100kg/m^3，秸秆纤维密度 75kg/m^3，陶粒密度 550kg/m^3，换算后各因素实际掺量见表 9-11。

表 9-11 换算后各因素实际掺量表

编号	水泥/kg	水/kg	气泡/L	纤维/kg	陶粒/kg	减水剂
1	9	4.95	7.5	0.637	3.112	1%
2	9	5.4	12.5	0.614	1.93	1%
3	9	5.85	17.5	0.555	1.017	1%
4	10	5.5	12.5	0.676	1.24	1%
5	10	6	17.5	0.395	1.93	1%
6	10	6.5	7.5	0.644	2.025	1%
7	11	6.05	17.5	0.441	1.386	1%
8	11	6.6	7.5	0.711	1.304	1%
9	11	7.15	12.5	0.419	2.046	1%

试验过程如下：首先将陶粒、混凝土、秸秆纤维混合搅拌120s，使它们均匀分布，再加水搅拌60s，成为水泥纤维料浆；将发泡剂按一定比例溶解在水中，用发泡机高速搅拌，得到细小、均匀的泡沫，静置5min使泡沫稳定后将一定体积的泡沫加入水泥陶粒纤维料浆中，搅拌100s后浇筑成型。试件尺寸分别为力学性能试验试件150mm×150mm×150mm和保温性能试验试件300mm×300mm×30mm，如图9-2所示。成型工艺流程图如图9-3所示。

(a) 150mm×150mm×150mm试件　　(b) 300mm×300mm×30mm试件

图9-2　成型试件

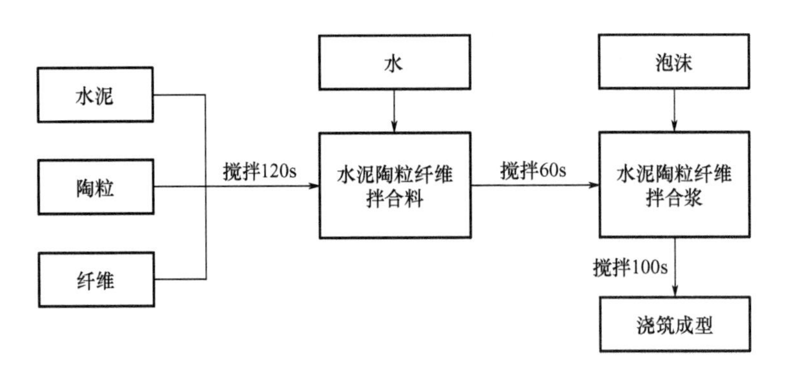

图9-3　成型工艺流程图

2. 试验方法与结果

(1) 吸水率

取尺寸为150mm×150mm×150mm的试件，一组3块，将试件放入电热鼓风干燥箱内，在(60±5)℃下保温24h，然后在(80±5)℃下保温24h，再在(105±5)℃下烘干至恒重(M_0)(恒重指在烘干过程中间隔4h，前后质量差不超过0.5%)。试件冷却至室温后，放入(20±5)℃的温水内，加水至试件的1/3处，保持24h，再加水至试件的2/3处，保持24h后，然后加水高出试件30mm，保持24h。取出试件擦干其表面水分，称取质量(M_1)，测定吸水率。

(2) 无侧限抗压强度

取尺寸为150mm×150mm×150mm的试件，一组3块，将试件按干表观密度试验方法烘干至恒重，放在试验机的下压板中心位置，以(2.0±0.5)kN/s的速度均匀加载，直至破坏，记录破坏荷载，如图9-4所示。

(3) 劈裂抗拉强度

取尺寸为150mm×150mm×150mm的试件，一组3块，将试件按干表观密度试验方法烘干至恒重，放在试验机的下压板中心位置，在上、下压板与试件之间衬以劈裂抗拉钢垫条及垫层各一条；垫条与试件中心线重合，以(2.0±0.5)kN/s的速度均匀加载，直至破坏，记录破坏荷载，如图9-5所示。

图9-4 无侧限抗压强度试验

图9-5 劈裂抗拉强度试验

秸秆纤维泡沫混凝土劈裂抗拉强度计算公式为

$$f_{ts}=\frac{2F}{\pi A}=0.637\frac{F}{A} \tag{9-4}$$

式中：f_{ts}为秸秆纤维泡沫混凝土劈裂抗拉强度(MPa)；F为试件破坏荷载(N)；A为试件劈裂面积(mm^2)。

(4) 导热系数

参照《绝热材料稳态热阻及有关特征的测定 防护热板法》(GB/T 10294—2008)，将尺寸为300mm×300mm×30mm的试件烘干至恒温，在室温下冷却后测定其导热系数。由于试件表面粗糙，测试导热系数时会影响测试结果，故在试件两面均匀涂上导热硅脂，加盖保鲜膜后进行测试。试验采用沈阳微特公司生产的PDR-3030B型平板导热系数测定仪，导热系数测定试验如图9-6所示。

图9-6 导热系数测定试验

导热系数计算公式为

$$T=\frac{\Phi d}{A(T_1-T_2)} \tag{9-5}$$

式中：Φ 为加热单元计量部分的平均加热功率（W）；T_1 为试件热面温度平均值（℃）；T_2 为试件冷面温度平均值（℃）；A 为计量面积（m^2）；d 为试件平均厚度（m）。

正交设计试验结果见表 9－12。

表 9－12　正交设计试验结果

编号	干表观密度/(kg/m^3)	湿表观密度/(kg/m^3)	吸水率/%	抗压强度/MPa	劈裂抗拉强度/MPa	导热系数/[W/(m·K)]
1	661.8	806.7	21.9	2.07	0.48	0.1265
2	580.2	735.7	26.8	1.8	0.55	0.1153
3	434.3	562.8	29.6	0.97	0.36	0.0904
4	581.2	727.7	25.2	1.77	0.48	0.1098
5	415.1	543	30.8	0.56	0.17	0.09
6	686.3	825.6	20.3	2.68	0.75	0.1254
7	467.9	599.8	28.2	0.8	0.33	0.098
8	708	864.5	22.1	3.03	0.9	0.1499
9	688.7	854	24	2.41	0.51	0.1304

3. 结果分析

(1) 秸秆纤维泡沫混凝土干表观密度、抗压强度和导热系数相关性

图 9－7 所示为秸秆纤维泡沫混凝土抗压强度和干表观密度的关系。从图中可以看出，当秸秆纤维泡沫混凝土干表观密度为 415.1kg/m^3 时，其抗压强度为 0.56MPa；当秸秆纤维泡沫混凝土干表观密度为 708kg/m^3 时，其抗压强度为 3.03MPa。秸秆纤维泡沫混凝土的抗压强度随干表观密度的增加而增强，即秸秆纤维泡沫混凝土的抗压强度和干表观密度存在相关性。

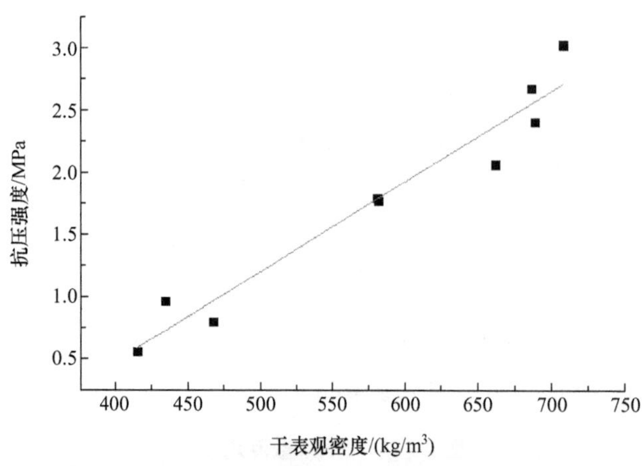

图 9－7　秸秆纤维泡沫混凝土抗压强度和干表观密度的关系

图 9-8 所示为秸秆纤维泡沫混凝土导热系数和干表观密度的关系。从图中可以看出，当秸秆纤维泡沫混凝土干表观密度为 415.1kg/m³时，其导热系数为 0.09；当秸秆纤维泡沫混凝土干表观密度为 708kg/m³时，其导热系数为 0.1499。干表观密度越小，导热系数越小，即秸秆纤维泡沫混凝土的导热系数和干表观密度存在相关性。产生这种现象的原因在于，秸秆纤维泡沫混凝土的干表观密度越小，其中的气孔就越多，独立封闭的气孔阻止了热量对流，从而增加其保温性能。

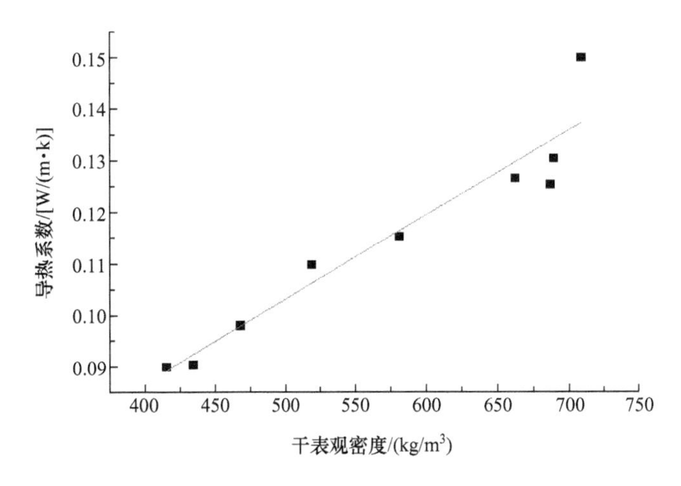

图 9-8 秸秆纤维泡沫混凝土导热系数和干表观密度的关系

(2) 极差分析

表 9-13 为正交设计干表观密度极差分析表。从极差分析可知，各因素水平对秸秆纤维泡沫混凝土干表观密度的影响大小依次为气泡含量>水泥掺量>用水量>纤维用量，如图 9-9 所示。气泡含量对秸秆纤维泡沫混凝土干表观密度的影响远大于其他因素，因其直接影响秸秆纤维泡沫混凝土的孔隙率，气泡含量越多，孔隙率越高，密度越小。水泥掺量对秸秆纤维泡沫混凝土的影响仅次于气泡含量，因水泥密度远比陶粒和纤维的密度大，水泥掺量越多，秸秆纤维泡沫混凝土干表观密度越大。随着用水量的增大，秸秆纤维泡沫混凝土干表观密度先降后升，当水胶比为 0.55 时拌合浆过稠，在搅拌过程中大量泡沫破裂导致密度增大；当水胶比为 0.6 时，料浆呈流态，且和易性良好，如图 9-10 所示，这不仅有利于孔结构，而且有利于成型，防止孔隙填充不良和混凝土填充不密实；当水胶比为 0.65 时，拌合浆过稀，泡沫和陶粒由于浮力作用集中在上部，生产离析现象，在搅拌过程中集中在上部的泡沫破裂，使密度增大。纤维密度小于陶粒的密度，随着纤维率的增加，秸秆纤维泡沫混凝土干表观密度减小。

表 9-13 正交设计干表观密度极差分析表 （单位：kg/m³）

水平	因素			
	水泥掺量	用水量	气泡含量	纤维用量
1	558.8	570.3	685.4	588.5
2	560.9	567.8	616.7	578.1
3	621.5	603.1	439.1	574.5
极差	62.8	35.3	246.3	14

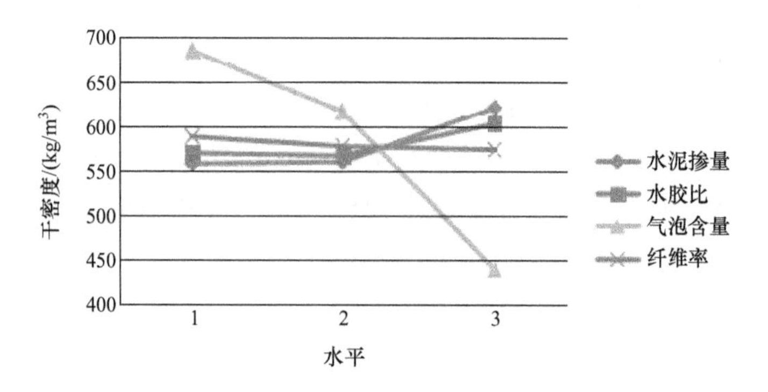

图 9-9　各因素水平对干密度的影响

图 9-10　秸秆纤维泡沫混凝土料浆

表 9-14 为正交设计抗压强度极差分析表。由极差分析可知，各因素水平对秸秆纤维泡沫混凝土抗压强度的影响大小依次为气泡含量＞水胶比＞水泥掺量＞纤维率，如图 9-11 所示。气泡含量不仅对干表观密度影响最大，而且对抗压强度的影响也最大。随着水胶比的增加，抗压强度增加，当水胶比从 0.55 增加到 0.6 时，其干表观密度降低，抗压强度反而增加，说明 0.55 的水胶比过低；当水胶比从 0.6 增加到 0.65 时，抗压强度增加的主要原因是过高的水胶比产生离析现象，使部分泡沫破灭而引起的。水泥是秸秆纤维泡沫混凝土抗压强度的主要来源，抗压强度随着水泥掺量的增加而增加。抗压强度也随纤维率的增加而增加，这是因为大量的秸秆纤维掺入促使泡沫混凝土内部形成三维网状结构，增加了秸秆纤维泡沫混凝土的抗压强度。

表 9-14　正交设计抗压强度极差分析表　（单位：MPa）

水平	因素			
	水泥掺量	水胶比	气泡含量	纤维率
1	1.613	1.547	2.593	1.68
2	1.67	1.797	1.993	1.76
3	2.08	2.02	0.777	1.923
极差	0.467	0.473	1.816	0.243

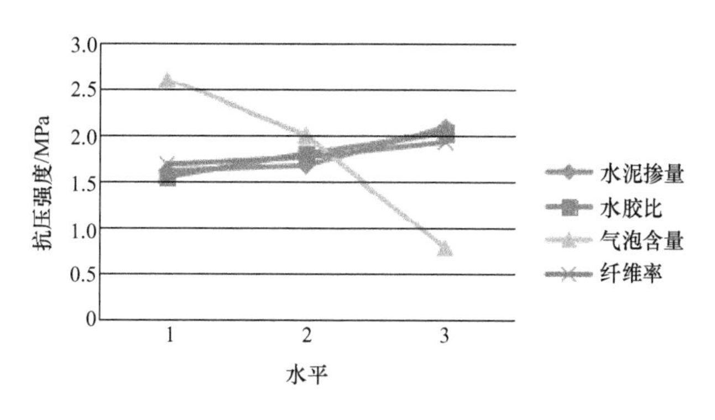

图 9－11 各因素水平对抗压强度的影响

表 9－15 为正交设计吸水率极差分析表。从极差分析可知，各因素水平对秸秆纤维泡沫混凝土吸水率的影响大小依次为气泡含量＞水胶比＞水泥掺量＞纤维率，如图 9－12 所示。吸水率和孔隙率有直接关系，故气泡含量越多，吸水率越高。纤维和陶粒都具有较高的吸水率，水泥掺量增加后，秸秆纤维和陶粒的掺入比减小，故吸水率降低。陶粒和秸秆纤维在秸秆纤维泡沫混凝土中的吸水率相差不大，所以纤维率对吸水率的影响很小。

表 9－15 正交设计吸水率极差分析表

水平	因素			
	水泥掺量/%	水胶比/%	气泡含量/%	纤维率/%
1	26.1	25.1	21.4	25.6
2	25.4	26.6	25.3	25.1
3	25.4	24.6	29.5	25.6
极差	1.3	1.9	8.1	0.53

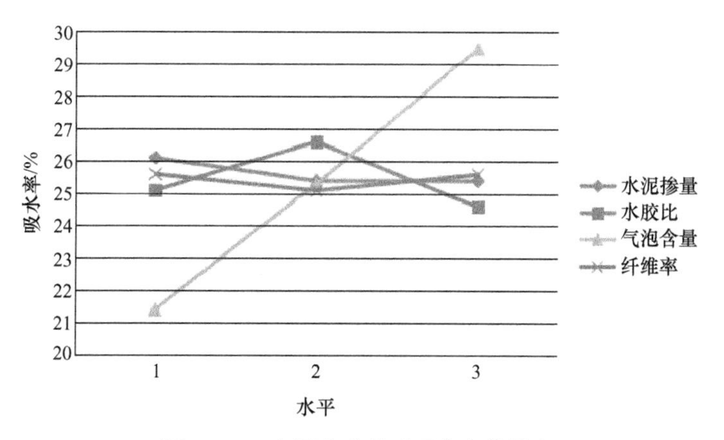

图 9－12 各因素水平对吸水率的影响

表 9－16 为正交设计导热系数极差分析表。从极差分析可知，各因素水平对秸秆纤维泡沫混凝土导热系数的影响大小依次为气泡含量＞水泥掺量＞水胶比＞纤维率，如图 9－13 所示。泡沫混凝土产生保温性能的直接原因在于其内部引入了泡沫，细小并且均匀分布的泡沫阻断或减缓了热流的通过，从而导致秸秆纤维泡沫混凝土导热系数的降低。

表 9－16　正交设计导热系数极差分析表　[单位：W/(m·K)]

水平	因素			
	水泥掺量	水胶比	气泡含量	纤维率
1	0.1107	0.1114	0.1339	0.1156
2	0.1084	0.1184	0.1185	0.1129
3	0.1261	0.1154	0.0928	0.1167
极差	0.0177	0.0067	0.0411	0.0038

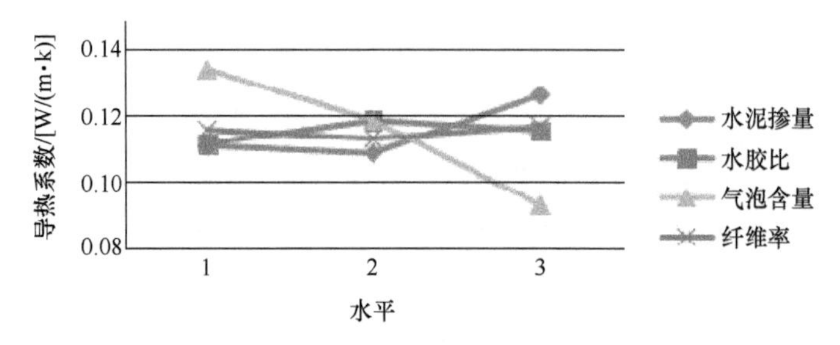

图 9－13　各因素水平对导热系数的影响

表 9－17 为正交设计劈裂抗拉强度极差分析表。劈裂抗拉强度主要用来衡量秸秆纤维泡沫混凝土的抗裂性能，由极差分析可知，各因素对秸秆纤维泡沫混凝土劈裂抗拉强度的影响大小依次为气泡含量＞纤维率＞水泥掺量＞水胶比，如图 9－14 所示。秸秆纤维泡沫混凝土的劈裂抗拉强度随着气泡含量的增加而减小，但秸秆纤维泡沫混凝土的劈裂抗拉强度随着抗压强度的增大而增大，这与纤维增强泡沫混凝土性能试验研究结果一致。劈裂抗拉强度随着纤维率的增加而增加，说明秸秆纤维能够提高秸秆纤维泡沫混凝土的劈裂抗拉强度，增强秸秆纤维泡沫混凝土的抗裂性能。水泥掺量和水胶比对秸秆纤维泡沫混凝土的劈裂抗拉强度影响较小。

表 9－17　正交设计劈裂抗拉强度极差分析表　(单位：MPa)

水平	因素			
	水泥掺量	水胶比	气泡含量	纤维率
1	0.463	0.43	0.71	0.387
2	0.467	0.54	0.513	0.543
3	0.58	0.54	0.287	0.58
极差	0.117	0.11	0.423	0.193

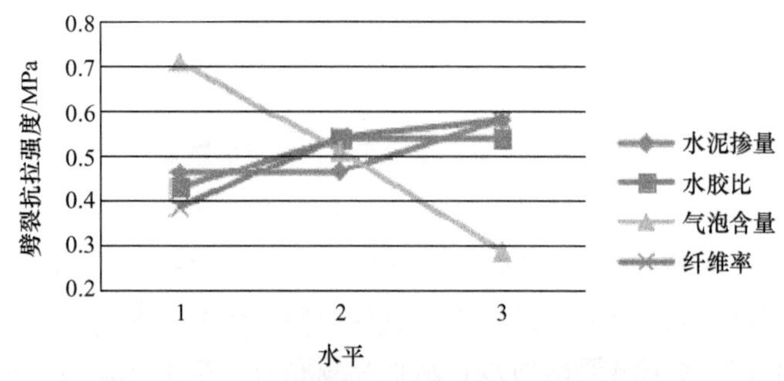

图 9－14　各因素水平对劈裂抗拉强度的影响

(3) 方差分析

以纤维率作为误差项，对各因素进行方差分析，$F_{0.01}(2,2)=9$，$F_{0.1}(2,2)=99$。当$F<9$时显著性为不显著，当$9<F<99$时显著性记为“*”代表显著，当$F>99$时显著性记为“**”代表非常显著。方差分析见表9-18。

表9-18　方差分析表

类别	因素	平方和	自由度	F	显著性
干表观密度	水泥掺量	7624.509	2	23.954	*
	水胶比	2330.702	2	7.322	
	气泡含量	96904.14	2	304.447	**
	纤维率	318.296	2		
	误差	318.3	2		
抗压强度	水泥掺量	0.389	2	4.228	
	水胶比	0.336	2	3.652	
	气泡含量	5.141	2	55.88	**
	纤维率	0.092	2		
	误差	0.09	2		
吸水率	水泥掺量	2.667	2	5.26	
	水胶比	6.107	2	12.045	*
	气泡含量	98.46	2	194.201	**
	纤维率	0.507	2		
	误差	0.51	2		
导热系数	水泥掺量	0.0555	2	24.074	*
	水胶比	0.0732	2	3.179	
	气泡含量	0.2591	2	112.397	**
	纤维率	0.0023	2		
	误差	0.0023	2		
劈裂抗拉强度	水泥掺量	0.026	2	0.413	
	水胶比	0.024	2	0.381	
	气泡含量	0.269	2	4.27	
	纤维率	0.063	2		
	误差	0.06	2		

从表9-18中可以看出，气泡含量对秸秆纤维泡沫混凝土的干表观密度、抗压强度、吸水率、导热系数的影响显著，因此与普通泡沫混凝土一样，气泡含量是决定秸秆纤维泡沫混凝土性能的主要因素。

4. 秸秆纤维增强泡沫混凝土韧性分析

为了研究秸秆纤维对泡沫混凝土韧性的影响，我们对普通泡沫混凝土和秸秆纤维泡沫混凝土的破坏现象进行对比，抗压强度试验得到的荷载—位移曲线如图 9－15 所示，试件的破坏情况如图 9－16 所示。在加载初期，荷载与位移呈线性关系，此时为弹性阶段。在普通泡沫混凝土中，当荷载加至试件破坏荷载的 50%～80%时，试件发出很细微的响声，并且出现少量细小裂缝。裂缝一般起始于试件的中部，相对稳定；随着荷载的增加，裂缝不断延伸、扩展并贯通，清晰可见。破坏时可瞬间形成新的通缝，边角处局部散落掉渣，或层状剥落，丧失承载力，试件承载力在泡沫混凝土破坏时突然下降，表现出脆性破坏的特征。而在秸秆纤维泡沫混凝土中与普通泡沫混凝土试件相同，裂缝一般起始于试件中部或边角处，相对稳定。随着荷载值的增加，出现较多的细小裂缝，明显多于普通泡沫混凝土试件；接近极限荷载时，表面裂缝多而细，没有形成宽而长的通缝。在试件达到极限荷载后，试件并没有立即破坏，仍然保持较高承载力，表现出延性破坏的特征。

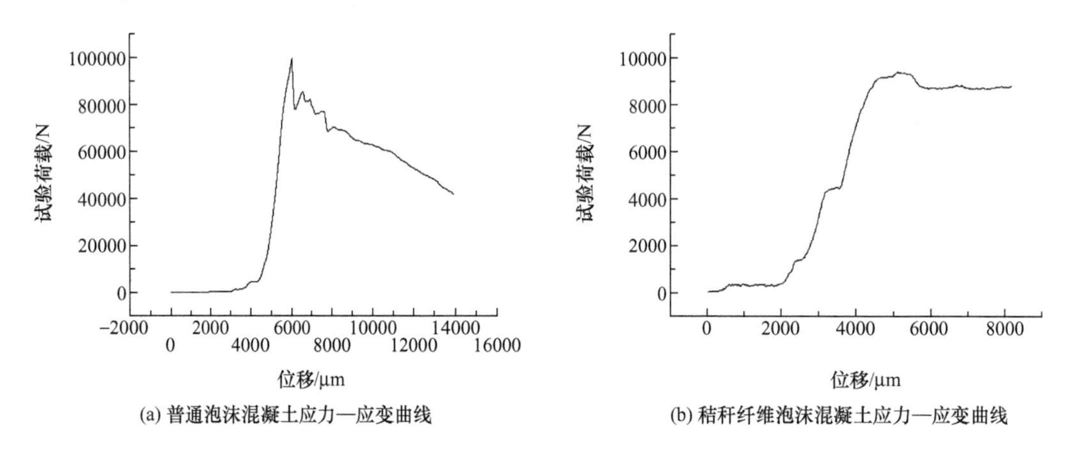

(a) 普通泡沫混凝土应力—应变曲线

(b) 秸秆纤维泡沫混凝土应力—应变曲线

图 9－15　抗压强度试验的荷载—位移曲线

(a) 普通泡沫混凝土

(b) 秸秆纤维泡沫混凝土

图 9－16　试件的破坏情况

因此，在泡沫混凝土中加入大量秸秆纤维能大大提高泡沫混凝土的韧性，增加泡沫混凝土的整体性，解决泡沫混凝土脆性开裂的问题。

9.1.3 水泥的选用和养护条件对比

从以上试验结果可知，秸秆纤维泡沫混凝土干表观密度、抗压强度和导热系数之间存在一定关系，故其配合比需要根据实际需求确定。本文以 A1B2C2D3 作为最佳配合比对水泥的选用和养护条件进行研究，有关配合比见表 9－19。

表 9－19 不同水泥对秸秆纤维泡沫混凝土强度影响的配合比

编号	普通水泥/kg	双快水泥/kg	水/kg	秸秆纤维/kg	陶粒/kg	泡沫/L
A1	0	9	5.4	0.702	1.286	12.5
A2	7	2	5.4	0.702	1.286	12.5

表 9－20 为水泥选用对秸秆纤维泡沫混凝土的强度影响，从表中可以看出，普通水泥的泡沫混凝土干表观密度要比双快水泥小，这说明泡沫在普通水泥料浆中不容易消泡，有利于泡沫的稳定。但是普通水泥的强度远远低于双快水泥，这是因为混凝土呈碱性，秸秆纤维遇到碱性溶液后会产生大量的糖类和木质素，而糖类和木质素为亲水性表面活性物质，当与水泥混合后，聚戊糖和木质素分子会吸附于水泥表面，影响水泥的水化黏结过程。这些糖类和木质素不仅影响黏结时间，而且影响泡沫混凝土的强度。双快水泥凝结时间极短，可以有效地减少聚戊糖和木质素分子浸出，从而减少其对泡沫混凝土强度的影响。普通水泥很难用于大掺量秸秆纤维水泥制品的研究。

表 9－20 水泥选用对秸秆纤维泡沫混凝土的强度影响

编号	干表观密度/(kg/m^3)	28d 抗压强度/MPa	导热系数/[W/(m·K)]
A1	553.3	1.84	0.1133
A2	468	0.23	0.0987

为研究不同养护条件对泡沫混凝土抗压强度的影响，分别将双快水泥制备的泡沫混凝土在自然条件下和标准条件下进行养护，所用恒温恒湿养护室如图 9－17 所示。天然秸秆纤维在潮湿环境下容易发生腐蚀、霉变的现象，并且容易吸胀，但水泥的水化过程需要在充分的水分下进行。图 9－18 所示为双快水泥养护条件对秸秆纤维泡沫混凝土强度的影响。从图中可以看出，标准条件下养护的秸秆纤维泡沫混凝土强度大于自然条件下养护的，并且在标准条件下秸秆纤维泡沫混凝土的强度随着时间的增加而增强。这说明标准养护条件对秸秆纤维的侵蚀并不明显，但对水泥的水化作用明显，能增强泡沫混凝土的强度。

图 9－17 恒温恒湿养护室

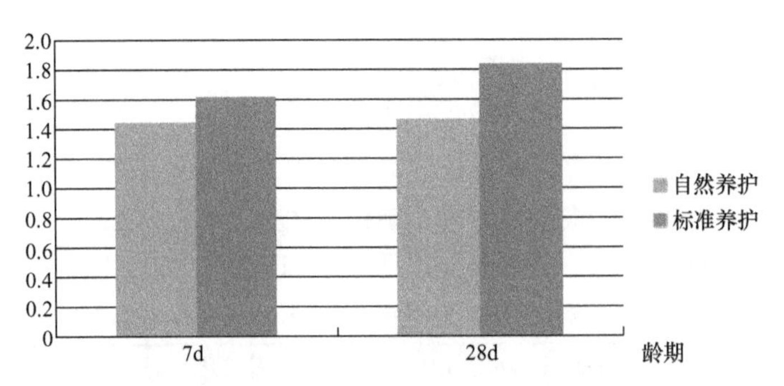

图 9-18 双快水泥养护条件对秸秆纤维泡沫混凝土强度的影响（单位：MPa）

9.2 新型墙体材料的抗裂性能和耐久性能研究

作为新型墙体材料的泡沫混凝土在使用过程中主要存在的问题有：①开裂，表面开裂甚至出现贯穿性裂缝，影响泡沫混凝土使用和保温性能；②耐久性不足。因此，本节对秸秆纤维泡沫混凝土的抗裂性能和耐久性能进行研究。

9.2.1 新型墙体材料的抗裂性能研究

泡沫混凝土的收缩，是由于泡沫混凝土中的水分变化和温度变化等因素引起的体积缩小。收缩可分为自由收缩、塑性收缩、碳化收缩及失水收缩，常在泡沫混凝土中添加某种纤维，以减少泡沫混凝土的干燥收缩。本节采用平板约束试验法研究改性秸秆纤维的阻裂效果。

1. 平板约束试验法

到目前为止，对泡沫混凝土的塑性收缩问题还没有标准的试验方法。本文采用 Parviz Soroushian 研究小组对混凝土的塑性收缩开裂的试验方法，对泡沫混凝土进行试验研究。

试验方法如下。

① 用厚 3mm 的钢板制作 560mm×360mm×95mm 的试模，试模底部有突起的 3 个等腰三角形，中心应力生成器为高 60mm 的等腰三角形，两边约束生成器为高 60mm 的等腰三角形，这三个等腰三角形能放大泡沫混凝土的塑性收缩裂缝，如图 9-19 所示。

图 9-19 泡沫混凝土塑性收缩试验试模

② 将搅拌好的秸秆纤维泡沫混凝土料浆浇入试模内，试验配合比为双快水泥 9kg、水 5.4kg、改性秸秆纤维 0.702kg、陶粒 1.286kg、泡沫 12.5L，抹平后放入设定环境中。环境温度设定为 20℃，用电风扇加速混凝土表面的空气对流，用碘钨灯提高混凝土表面的温度，如图 9－20 所示。

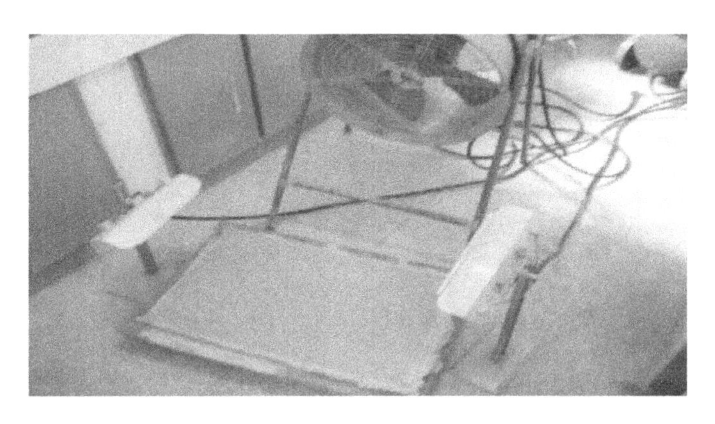

图 9－20　秸秆纤维泡沫混凝土塑性收缩试验

③ 24h 后观察秸秆纤维泡沫混凝土表面的裂缝，试验结果如图 9－21 所示。从图中可以看出，秸秆纤维泡沫混凝土表面并没有出现肉眼可见的裂缝，说明加入大量的改性秸秆纤维后，秸秆纤维泡沫混凝土的阻裂效果很好。

图 9－21　秸秆纤维泡沫混凝土塑性收缩试验结果

2. 改性秸秆纤维阻裂机理分析

掺入大量的改性秸秆纤维能使泡沫混凝土表面几乎没有裂缝产生，这是由于改性秸秆纤维在泡沫混凝土中能吸收泡沫混凝土裂缝扩展所释放的能量，并阻止其进一步扩展和延伸。图 9－22 所示为纤维增强水泥基复合材料的阻裂机制，主要包括：①纤维拉断；②纤维拔出；③纤维跨越裂缝；④纤维与基材脱黏；⑤基材多点开裂。

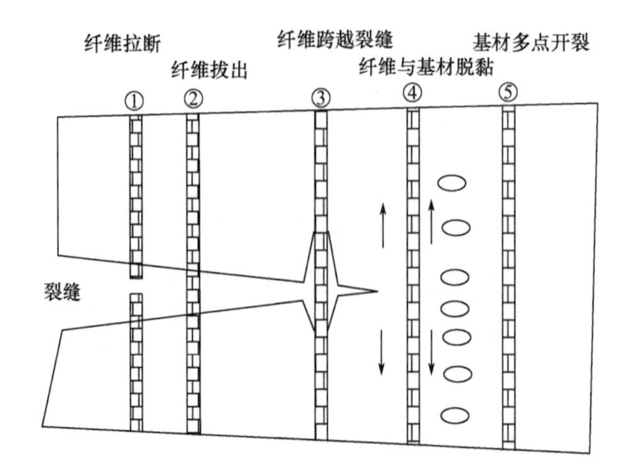

图 9-22 纤维增强水泥基复合材料的阻裂机制

9.2.2 新型墙体材料的耐久性能研究

天然植物纤维浸渍在碱性环境下可能使得其力学性能发生改变，即强度和韧性降低。但在不同文献中的试验结果不同，甚至相互矛盾，一些文献中叙述在碱性环境下会使天然植物纤维的性能降低，而另一些文献中叙述在碱性环境下天然植物纤维的性能反而得到增强。这种试验结果上的差异应是不同复合材料老化机理的结果，具体取决于纤维的种类和复合材料的制造工艺。关于天然植物纤维水泥复合材料的老化机理有以下几种。

1. 碱侵蚀引起的纤维退化

天然植物纤维碱性退化的机理主要存在以下两种作用。

① 剥落作用，分子链的末端基团连续释放，这是末端基团与 OH^- 之间反应的结果。由于温度低于 75℃时反应速度很慢，所以这种退化作用的影响较小。

② 碱性水解，可引起分子链分离，明显降低聚合度，半纤维素和木质素对这种退化作用特别敏感。

天然植物纤维在碱性环境下的腐蚀机理，主要是材料中半纤维素和木质素的分解和腐烂，使纤维细胞之间的连接断开，如图 9-23 所示。长纤维分解成为小的单细胞，导致秸秆纤维抗拉强度损失。

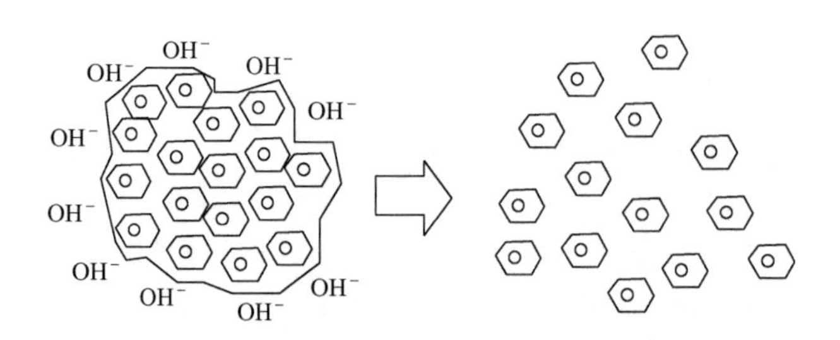

图 9-23 秸秆纤维在碱性环境下的退化图解

本文试验方法如下：将经过聚乙烯醇溶液处理的改性秸秆纤维和普通秸秆纤维放入质量分数为0.5%氢氧化钠溶液中浸渍一段时间，取出烘干后在抗拉强度试验机中测试其抗拉强度，结果见表9-21和图9-24。

表9-21 氢氧化钠溶液对秸秆纤维抗拉强度的影响

秸秆纤维类型	不同浸渍时间下的抗压强度/MPa			
	0个月	1个月	2个月	3个月
普通秸秆纤维	104.5	81.8	64.8	49.1
改性秸秆纤维	115.7	102.1	85.6	79.8

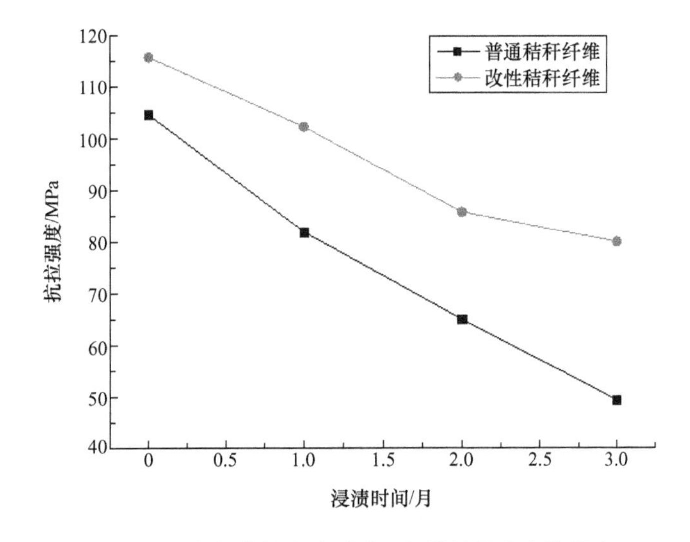

图9-24 氢氧化钠溶液对秸秆纤维抗拉强度的影响

从图9-24中可以看出，改性秸秆纤维抗拉强度大于普通秸秆纤维抗拉强度，这是因为聚乙烯醇在秸秆纤维表面覆盖和孔隙部分的填充使秸秆纤维粘在一起，增加了其抗拉强度。普通秸秆纤维在碱溶液中浸渍后，其抗拉强度变化明显比改性秸秆纤维快：普通秸秆纤维抗拉强度为104.5MPa，经过3个月的碱溶液浸渍后抗拉强度为49.1MPa，降低了53%；改性秸秆纤维抗拉强度为115.7MPa，经过3个月的碱溶液浸渍后抗拉强度为79.8MPa，降低了31%。另外，经秸秆纤维浸渍后，碱溶液颜色明显深于自来水，这是因为秸秆纤维在碱溶液中会有大量的糖类和木质素被浸出所致。

2. 生物侵蚀引起的纤维退化

在半潮湿状态和干湿交替条件下可能发生细菌和真菌侵蚀，不同天然植物纤维在潮湿环境下腐烂的敏感性不同，本文将秸秆纤维在湿度为98%的养护室中进行生物侵蚀作用，其抗拉强度的变化如图9-25所示。

在湿度为98%的养护室中，生物侵蚀对秸秆纤维的抗拉强度影响比较明显，并且表面出现霉变。但是由于复合材料的碱性本质，秸秆纤维泡沫混凝土对生物侵蚀有较强的抵抗能力，其表面在潮湿环境下并没有出现被生物腐蚀和霉变的迹象，如图9-26所示。

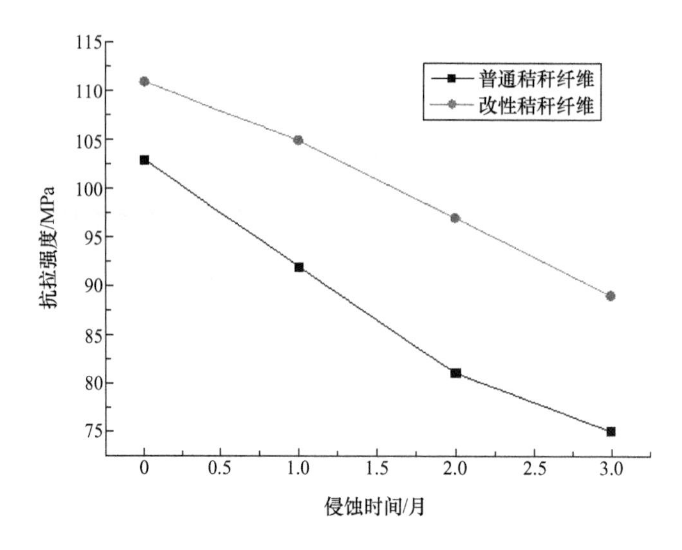

图 9-25 生物侵蚀秸秆纤维抗拉强度的影响

图 9-26 潮湿环境下秸秆纤维泡沫混凝土表面

3. 复合材料的老化过程

由于基体和纤维-基体界面的影响，复合材料的老化性能实际上不同于纤维本身的老化性能。为了研究秸秆纤维泡沫混凝土的耐久性，采用干湿循环加速老化的方法，测试秸秆纤维泡沫混凝土干湿循环老化前后的抗压强度变化。

根据前面获得的研究成果，采用水泥掺量为 9kg，耐久性配合比设计见表 9-22。

表 9-22 耐久性配合比设计

编号	双快水泥 /kg	水 /kg	改性秸秆纤维 /kg	普通秸秆纤维 /kg	陶粒 /kg	泡沫 /L
1	9	5.4	0	0.702	1.287	12.5
2	9	5.4	0.702	0	1.287	12.5

干湿循环是模拟自然气候下的干湿循环机制而定的，自然气候下的老化包括冷热交替的干湿循环、冻融和碳化等作用，导致复合材料有不同程度的性能降低。为研究植物纤维水泥基复合材料在自然气候下的老化情况，各国研究者分别对模拟自然气候下的干湿循环状况设计了不同的方法。20 世纪 70 年代，瑞典研究者将复合材料存放于干湿循环气候箱中，称为 CBI 法，该方法是从喷嘴中向气候箱内喷水使试件加湿和冷却，喷入箱内的水温保持在 10℃，喷入时间为 30min；喷完水后加热器及风扇开始工作，将温度提高到 105℃，加热器工作 5.5h，直到下一次喷水为止；这样在 6h 的加热循环中，试件的毛细孔系统交替充湿和干燥。这意味着在加湿过程中，纤维能与混凝土中的碱性孔隙水接触，纤维成分与碱的分解物在干燥过程中发生迁移，下一循环中试件又引入了新的碱性孔隙水。巴西学者模拟的干湿循环则是以晴-雨为依据而设置的，该方法一次循环共 48h，具体为将植物纤维水泥基复合材料浸泡于 20℃的水中 20h，然后在室温空气中干燥 4h，再在 105℃的烘箱中烘 20h，最后在室温空气中冷却 4h。朱文辉在研究菱镁水泥纤维瓦的耐久性试验中采用的干湿循环制度也是模拟自然条件的情形，即当炎热的夏天时，暴露于自然气候下的纤维水泥制品表面受太阳光照射而吸热，其表面温度最高可达 60℃左右，而雷阵雨突然来临后使水泥制品饱水并骤冷。他将人工干湿循环制度定为饱水 1h 的制品在 60℃的干燥箱内烘 3～4h，关闭加热电源，降温 2h；当温度降为 40～50℃时，取出制品放入 15～20℃的水中饱水 1h，然后放入室内晾干 1h，再放入烘箱中烘烤，如此烘干—冷却—饱水为一个循环。干湿循环交替法能测试出纤维复合材料在模拟实际使用过程中的性能变化情况。

目前，干湿循环加速老化并没有统一的规范。本文将制备好的秸秆纤维泡沫混凝土在标准条件下养护 28d 后，进行干湿循环加速老化试验：将试件放入水中浸渍 3d，然后取出试件放入干燥箱中，在 105℃下连续烘干 3d，取出试件在自然环境下冷却 3d，这样以 7d 为一循环，测试经过 1 个月、2 个月、3 个月干湿循环后的抗压强度值，结果如图 9－27 所示。

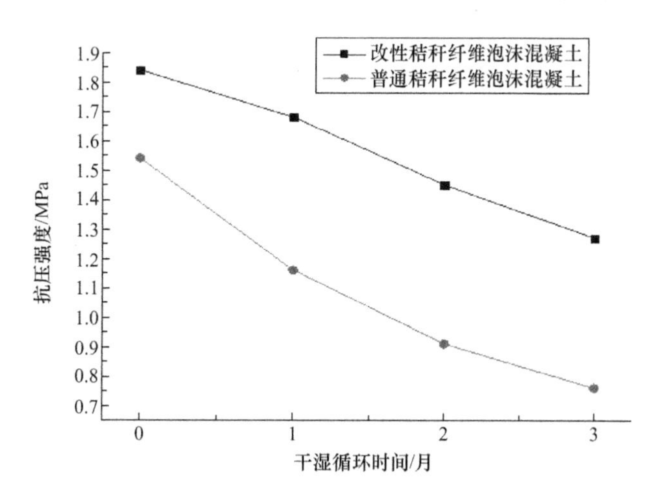

图 9－27　干湿循环后的抗压强度

从图 9－27 中可以看出，普通秸秆纤维泡沫混凝土在干湿循环加速老化若干次后，抗压强度逐渐降低；经聚乙烯醇处理后的改性秸秆纤维不仅抗压强度高于普通秸秆纤维泡沫混凝土，其老化速率也明显低于普通秸秆纤维泡沫混凝土。改性秸秆纤维泡沫混凝土老化前抗压强度为 1.84MPa，经过 3 个月的干湿循环老化后抗压强度为 1.27MPa，降低了

31%；普通秸秆纤维泡沫混凝土老化前抗压强度为1.54MPa，经过3个月的干湿循环老化后抗压强度为0.76MPa，降低了50.6%。这是因为聚乙烯醇在秸秆纤维表明形成了一层保护膜，减少了秸秆纤维与水泥基体的直接接触，从而提高了其耐久性。另外，秸秆纤维是天然的有机纤维，其吸湿性极高，纤维不断地充湿与干燥，在水泥基材料中产生了纤维-水泥薄弱层，导致纤维水泥基材料强度的降低。

9.3 新型自保温墙体热桥和结露问题分析

近10年来，每年新建的农村住宅为6亿～7亿m^2，占全国新建住宅总量的一半以上，农村住宅建设已经成为我国住宅建设的主要组成部分。随着我国经济的发展，人们对生活质量的要求也逐渐提高，这就加大了建筑耗能。普通墙体材料保温性能不理想，加大了建筑供暖的能耗，造成能源浪费。保温材料可以减少室内外的热量交换，达到节能减排的目的。本文利用秸秆纤维制备泡沫水泥基保温材料，不仅就地取材，充分利用农村当地资源，减少环境污染和资源浪费；而且保温性能良好，导热系数仅为0.12W/(m·K)，远小于普通墙体材料，有利于减少建筑的供暖能耗。

随着我国人民生活水平的提高和近年来南方超低温天气的增多，南方集中供暖的问题也日益凸显出来，南方地区是否需要集中供暖的问题引起了热议。集中供暖能耗大、成本高，投入产出不成正比。建筑围护结构可以保持建筑热量，降低建筑热量的损失，从而减少建筑设备的能量消耗。采用秸秆纤维泡沫混凝土制作的新型墙体成本低，能大大降低能耗，使室内环境维持在一个相对稳定的温度，可以解决南方地区冬季寒冷又不适合集中供暖的问题。

建筑的外墙不可能由单一的砌块构成，它必须满足结构要求，因此必然存在特殊构造部分，如与柱连接处、与梁连接处、墙角处等；这些部位的存在，造成保温材料不能完全覆盖，产生热桥现象。热桥现象很难彻底避免，只能通过采取相应措施减少热桥的传热。

热桥现象的存在对建筑物的热工性能影响很大。一方面热桥部分加大了热量对流，使室内热量散失，影响建筑物的保温效果。另一方面热桥局部吸热大，使墙体内表面温度降低；由于室内湿度大，当墙体内表面温度过低时，空气中的水蒸气遇冷凝结，在墙体内部产生结露现象，不仅影响居住环境的舒适度，而且容易使墙体发生霉变，对墙体材料的保温性能和耐久性能造成严重影响。因此，建筑墙体内表面是否会产生结露现象，已经成为越来越受关注的问题。

本文通过Ansys有限元软件对保温墙体的不同节点进行分析，得到经典结构节点的内部温度，并利用墙体内表面的最低温度判断墙体内部是否产生结露现象。Ansys热力学分析基于能量守恒原理和热平衡方程，用有限元法计算各节点的温度，并导出其他物理参数。Ansys热力学分析包括热传导、热对流和热辐射三种热传递方式，可分析相变、内热源、接触热阻等问题。Ansys热力学分析主要可分为以下两类。

① 稳态传热：系统温度场不随时间变化。

② 瞬态传热：系统温度场随时间明显变化。

9.3.1 热力学分析基本概念

1. 符号与单位

热力学中常用的符号和单位见表 9－23。

表 9－23　热力学中常用的符号和单位

项目	国际单位	英制单位
长度	m	ft
时间	s	s
质量	kg	1bm
温度	℃	℉
力	N	1bf
能量	J	BTU
功率	W	BTU/sec
热流密度	W/m^2	$BTU/(sec \cdot ft^2)$
生热速率	W/m^3	$BTU/(sec \cdot ft^3)$
导热系数	W/(m·℃)	BTU/(sec·ft·℉)
对流换热系数	$W/(m^2 \cdot ℃)$	$BTU/(sec \cdot ft^2 \cdot ℉)$
密度	kg/m^3	$1bm/ft^3$
比热	J/(kg·℃)	BTU/(1bm·℉)
焓	J/m^3	BTU/ ft^3

2. 传热学经典理论

热力学分析遵循热力学第一定律，即能量守恒定律，其描述为：对于一个封闭的系统(没有热量的流入或流出)，有如下关系

$$Q-W=\Delta U+\Delta KE+\Delta PE \tag{9-6}$$

式中：Q 为热量；W 为做功；ΔU 为系统内能；ΔKE 为系统动能；ΔPE 为系统势能。

对于大多数工程传热问题，$\Delta KE=\Delta PE=0$；

通常考虑没有做功，$W=0$，则 $Q=\Delta U$；

对于稳态热分析，$Q=\Delta U=0$，即流入系统的热量等于流出的热量；

对于瞬态热分析，$q=\frac{dU}{dt}$，即流入或流出的热传递速率 q 等于系统内能的变化。

3. 热的传递方式

(1) 热传导

热传导可以定义为完全接触的两个物体之间或者一个物体的不同部分之间由于温度梯

度而引起的内能的交换。热传导遵循傅里叶定律，即

$$q''=-k\frac{\mathrm{d}T}{\mathrm{d}x} \tag{9-7}$$

式中：q''为热流密度；k为导热系数；“—”表示热量向温度低点的传导趋势。

（2）热对流

热对流是指固体的表面与它周围接触的流体之间，由于温差的存在引起的热量的交换。热对流可以分为两类：自然对流和强制对流。热对流可用牛顿冷却方程描述为

$$q''=h(T_S-T_B) \tag{9-8}$$

式中：h为对流换热系数；T_S为固体表面温度；T_B为周围流体的温度。

（3）热辐射

热辐射指物体发射电磁能，并被其他物体吸收转变为热的热量交换过程。物体温度越高，单位时间内辐射的热量越多。热传导和热对流都需要有传热的介质，而热辐射无须任何介质。实际上，在真空中的热辐射效率最高。

在工程中通常考虑两个或两个以上物体之间的辐射，系统中每个物体同时辐射并吸收热量。它们之间的净热量传递可以用下面的史蒂芬-玻尔兹曼方程来计算

$$q=\varepsilon\sigma A_1F_{12}(T_1^4-T_2^4) \tag{9-9}$$

式中：q为热流率；ε为辐射率；σ为史蒂芬-玻尔兹曼常数，约为$5.67\times10^{-8}\,\mathrm{W/(m^2\cdot K^4)}$；$A_1$为辐射面1的面积；$F_{12}$为从辐射面1到辐射面2的形状系数；$T_1$为辐射面1的绝对温度；$T_2$为辐射面2的绝对温度。从式(9-9)中可以看出，包含热辐射的热分析是高度非线性的。

（4）稳态传热

如果系统的净热流率为0，即流入系统的热量加上系统自身产生的热量等于流出系统的热量：$q_{流入}+q_{生成}-q_{流出}=0$，则系统处于热稳态。在稳态分析中，任一节点的温度不随时间变化，稳态热分析的能量平衡方程为

$$[K]\{T\}=\{Q\} \tag{9-10}$$

式中：$[K]$为传导矩阵，包含导热系数、对流换热系数及辐射率和形状系数；$\{T\}$为节点温度向量；$\{Q\}$为节点热流率向量，包含热生成。

（5）瞬态传热

瞬态传热过程是指一个系统的加热或冷却过程，在这个过程中系统的温度、热流率、热边界条件以及系统内能随时间都有明显的变化。根据能量守恒原理，瞬态热分析平衡可以表达为

$$[C]\{T\}+[K]\{T_i\}=\{Q\} \tag{9-11}$$

式中：$[C]$为比热矩阵，考虑系统内能的增加；$\{T_i\}$为温度对时间的导数。

9.3.2 工程概况

为了研究新型墙体材料在实际工程应用中的结露情况，本文选取几种常见的泡沫混凝土墙体节点构造进行计算，参照《蒸压加气混凝土砌块自保温墙体建筑构造图集》(08J07)和《混凝土小型空心砌块墙体建筑构造图集》(05J102-1)，墙体节点构造见

表 9－24。为了方便建模计算，本文采用二维的温度场模型进行计算，即不考虑结构竖直方向上的热量传递，对计算结果会带来微小偏差。墙角节点有限元模型及网格划分如图 9－28 所示。

表 9－24 墙体节点构造

（单位：mm）

编号	墙体结构类型	结构形式图	墙厚	板厚	柱尺寸
1	框架结构（与柱连接处）保温墙体结构	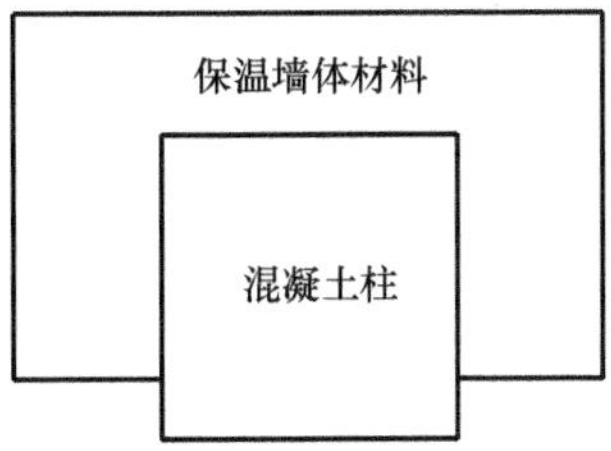 保温墙体材料 混凝土柱	240	0	240×240
2			200	50	240×240
3			160	50	240×240
4	框架结构（墙角）墙体结构	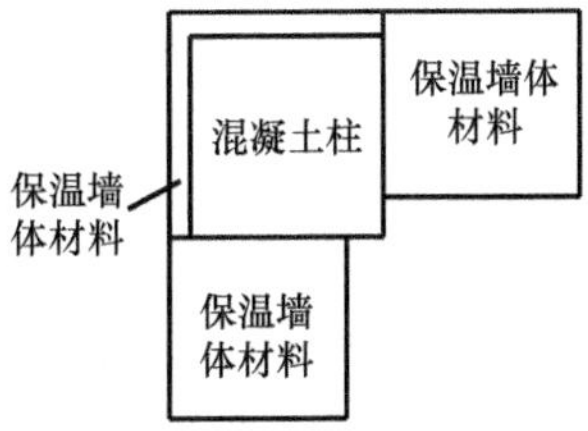 混凝土柱 保温墙体材料 保温墙体材料 保温墙体材料	240	0	240×240
5			200	50	240×240
6			160	50	240×240
7	框架结构（与柱和梁连接处）保温墙体结构	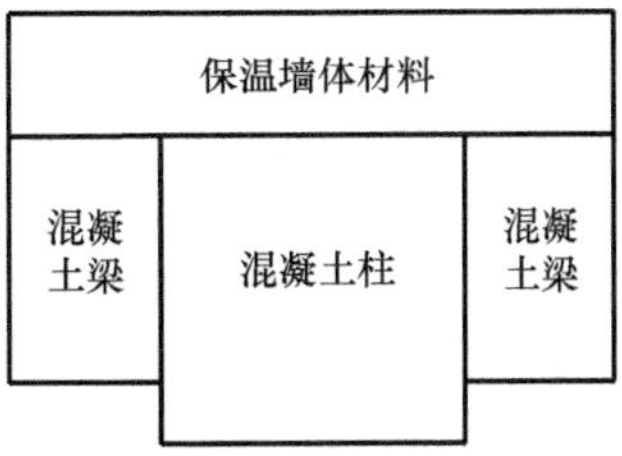 保温墙体材料 混凝土梁 混凝土柱 混凝土梁	200	50	240×240
8			160	50	240×240
9			120	50	240×240
10	抗震墙结构房屋自保温结构	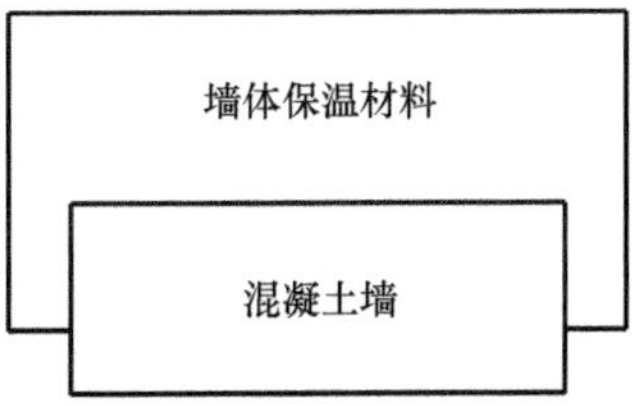 墙体保温材料 混凝土墙	150	50	400×150
11			200	100	400×150
12			250	150	400×150

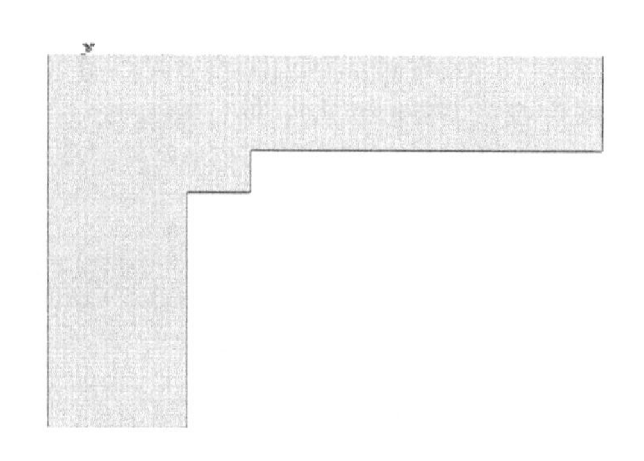

图 9-28 墙角节点有限元模型及网格划分

各个地区的温度和湿度不同，相同节点计算的结果也不同。本文针对宁波地区，墙体内外表面对流换热系数均根据宁波地区实际情况确定，室外温度取宁波地区冬季最低温度，室内温度取供暖条件下的平均室内温度。实际生产的墙体材料（秸秆纤维泡沫混凝土）导热系数和试验过程中可能存在差异，墙体保温材料的导热系数取略大于表 9-22 配合比的试验结果。材料和环境的计算参数值见表 9-25。

表 9-25 材料和环境的计算参数值

参数	数值
混凝土导热系数/[W/(m·K)]	1.74
墙体保温材料导热系数/[W/(m·K)]	0.12
室外温度/℃	−5
室内温度/℃	18
墙体外表面对流换热系数/[W/(m·K)]	23
墙体内表面对流换热系数/[W/(m·K)]	8.7

9.3.3 建模及分析计算过程

Ansys 有限元模拟和计算过程如图 9-29 所示。

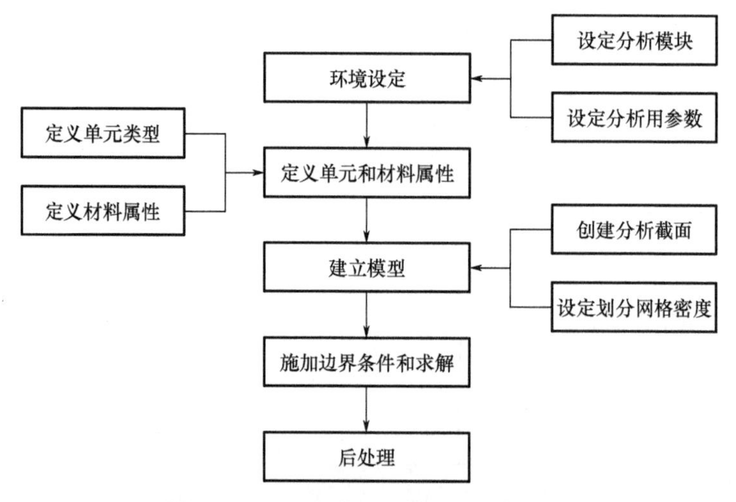

图 9-29 Ansys 有限元模拟和计算过程

9.3.4 有限元计算结果分析

不同经典结构节点的内部温度场计算结果见图 9-30 和表 9-26。

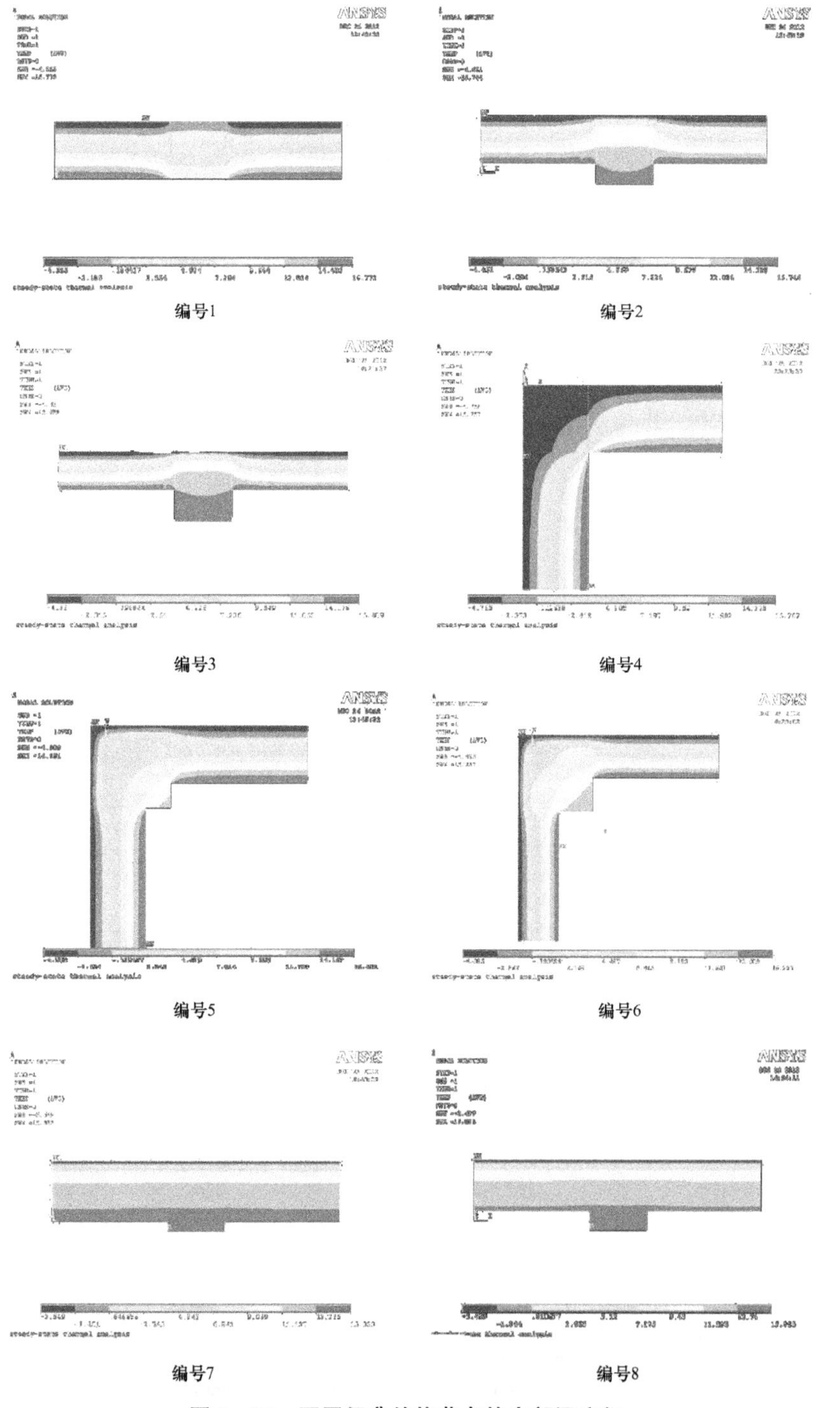

图 9-30　不同经典结构节点的内部温度场

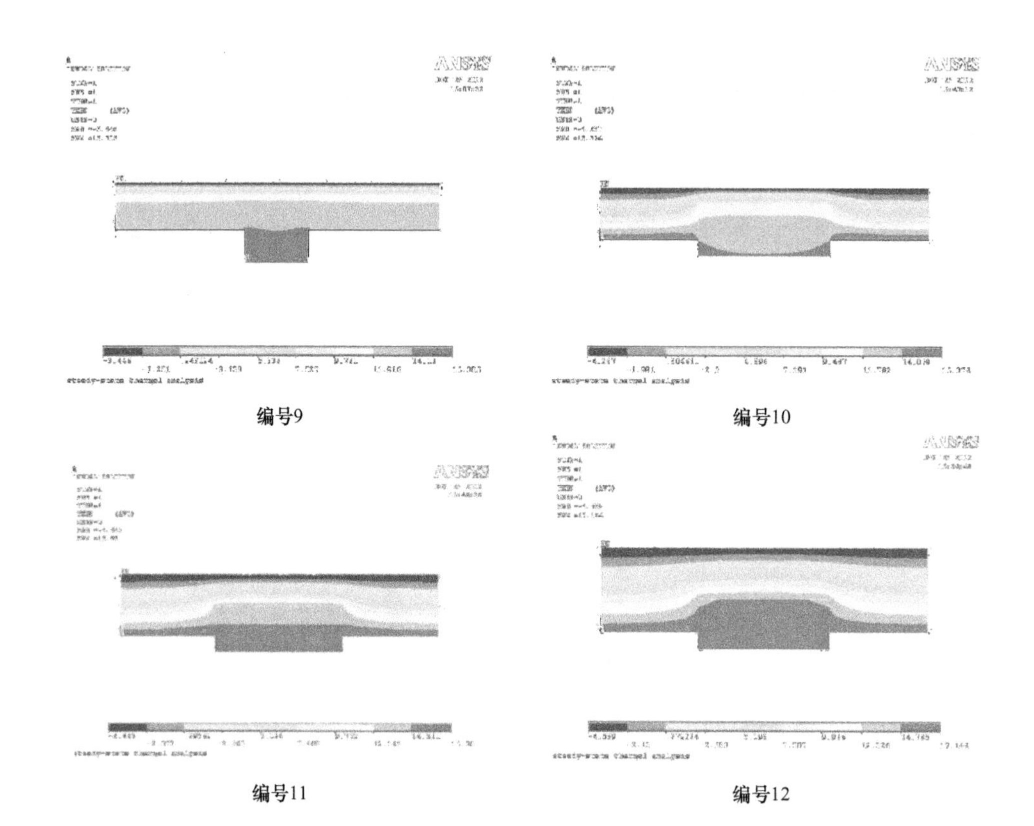

图 9-30　不同经典结构节点的内部温度场（续）

表 9-26　墙体内表面的最低温度及位置

编号	最低温度处	最低温度/℃
1	柱中部	9.541
2	阴角	14.336
3	阴角	14.275
4	柱角	3.267
5	阴角	10.486
6	阴角	11.058
7	梁中部	14.736
8	梁中部	14.051
9	梁中部	13.908
10	阴角	13.978
11	阴角	15.034
12	阴角	16.067

从图 9-30 和表 9-26 中可以看出，在混凝土柱与保温墙体的连接处，在混凝土柱墙体外表面未设保温材料时，混凝土柱中部位置温度最低，其值为 9.541℃；在混凝土柱外

侧设置 50mm 保温层后，其最低温度出现在阴角处，当保温墙厚度分别为 200mm 和 160mm 时，其最低温度分别为 14.336℃和 14.275℃。在房间墙角处，在混凝土柱墙体外表面未设保温材料时，混凝土柱角位置温度最低，为 3.267℃；在混凝土柱外侧设置 50mm 保温层后，其最低温度同样出现在阴角处，当保温墙厚度分别为 200mm 和 160mm 时，其最低温度分别为 10.486℃和 11.058℃。在混凝土柱与混凝土梁的连接处，在混凝土梁中部温度最低，当梁宽度分别为 200mm、160mm 和 120mm 时，其最低温度分别为 14.736℃、14.051℃和 13.908℃。在与抗震墙连接处，同样是阴角处温度最低，当墙体厚度分别为 150mm、200mm、250mm 时，其阴角处温度分别为 13.978℃、15.034℃、16.067℃。

当室内空气相对湿度为 60%、温度为 18℃时，结露点温度为 10℃。在本文数值模拟中，只有在混凝土柱未设置保温层时，墙体内表面温度才低于 10℃。

由此可见，墙体内表面温度最低的位置为墙角处，主要原因是墙角处的墙体外表面积大、散热快，墙角内侧墙体内表面吸热小。在混凝土外表面设置保温层，可以大大提高墙体内表面的温度，防止发生结露现象。

参考文献

[1] 刘数华，冷发光．再生混凝土技术［M］. 北京：中国建材工业出版社，2007.

[2] 潘志华，程麟，李东旭，等．新型高性能泡沫混凝土制备技术研究［J］. 新型建筑材料，2002（5）：1-5.

[3] 潘志华，陈国瑞，李东旭，等．现浇泡沫混凝土常见质量问题分析及对策［J］. 新型建筑材料，2004（1）：4-7.

[4] 李森兰，王建平，路长发，等．发泡剂与其泡沫混凝土抗压强度的关系探析［J］. 混凝土，2009（11）：78-79，82.

[5] 肖力光，盖广清，杨艳敏．高掺量粉煤灰泡沫混凝土砌块的试验研究［J］. 新型建筑材料，2003（1）：33-35.

[6] 王武祥．泡沫混凝土绝干密度与抗压强度的相关性研究［J］. 混凝土世界，2010（6）：50-53.

[7] 朱爽，王斌．加强秸秆禁烧监督　搞好综合利用开发［J］. 可再生能源，2003（5）：51-53，57.

[8] 李国忠，高子栋．改性秸秆纤维增强石膏基复合材料性能［J］. 建筑材料学报，2011，14（3）：413-417.

[9] 崔玉忠，崔琪，鲍威．植物秸秆水泥条板及成组立模生产技术：上［J］. 墙材革新与建筑节能，2006（8）：27-31.

[10] 崔玉忠，崔琪，鲍威．植物秸秆水泥条板及成组立模生产技术：下［J］. 墙材革新与建筑节能，2006（9）：38-41.

[11] 郭垂根，韩福芹，邵博，等．稻草增强水泥基复合材料的研究［J］. 混凝土与水泥制品，2008（1）：38-41.

[12] 胡玉秋，范军，张玉稳，等．秸秆混凝土砌块保温性能的实验研究［J］. 山东农业大学学报（自然科学版），2010（3）：428-430.

[13] 胡洋，吴召辉，王道博．秸秆纤维砌块性能与应用［J］. 新型建筑材料，2009（8）：25-27.

[14] 贺子岳，余红，蔡剑英．国外新型纤维增强混凝土及其应用［J］. 国外建材科技，1998，19（3）：7-11.

[15] 叶国良，苗中海．碱渣的综合利用［J］. 港口工程，1998（1）：10-16.

[16] 娄性义，张焕云，闫慎杰．碱渣（白泥）综合利用途径的探讨［J］. 青岛建筑工程学院学报，1999，20（2）：55-60.

[17] 杨波，史林．钢渣混凝土研究现状分析［J］. 中国新技术新产品，2011（7）：11-12.

[18] 柳东．日钢钢渣微粉在混凝土中的应用［D］. 济南：济南大学，2014.

[19] 田犀卓，金兰淑，应博，等．钢渣-蒙脱石复合吸附剂对水中 Cd^{2+} 的吸附去除［J］. 环境科学学报，2015，35（1）：207-214.

[20] 涂昆，刘家祥，邓侃．钢渣粉和钢渣水泥的活性及水化机理研究［J］. 北京化工大学学报（自然科学版），2015，42（1）：62-68.

[21] 赵海晋，余其俊，韦江雄，等．钢渣矿物组成、形貌及胶凝活性的影响因素［J］. 武汉理工大学学报，2010，32（15）：22-26，38.

[22] 张作顺，徐利华，赛音巴特尔，等．钢渣矿渣掺合料对水泥性能的影响［J］. 金属矿山，2010（7）：173-176.

[23] 邓腾灏博，谷海红，仇荣亮．钢渣施用对多金属复合污染土壤的改良效果及水稻吸收重金属的影响

[J]. 农业环境科学学报，2011，30 (3)：455 - 460.
[24] 常均，吴昊泽．钢渣碳化机理研究 [J]. 硅酸盐学报，2010，38 (7)：1185 - 1190.
[25] 陈苗苗，冯春花，李东旭．钢渣作为混凝土掺合料的可行性研究 [J]. 硅酸盐通报，2011，30 (4)：751 - 754.
[26] 张同生，刘福田，李义凯，等．激发剂对钢渣胶凝材料性能的影响 [J]. 建筑材料学报，2008，11 (4)：469 - 474.
[27] 王强，黎梦圆，石梦晓．水泥-钢渣-矿渣复合胶凝材料的水化特性 [J]. 硅酸盐学报，2014，42 (5)：629 - 634.
[28] 梁晓杰，叶正茂，常钧．碳酸化钢渣复合胶凝材料早期水化活性 [J]. 硅酸盐学报，2012，40 (2)：226 - 233.
[29] 孙家瑛，耿健．无熟料钢渣水泥稳定再生集料性能研究与应用 [J]. 建筑材料学报，2010，13 (1)：52 - 56.
[30] 孙岩．再生混凝土微粉/水泥基透水性复合材料的试验研究 [D]. 昆明：昆明理工大学，2011.
[31] 杨子江．废弃混凝土的开发利用 [J]. 再生资源研究，2003 (5)：33 - 35.
[32] 程显强．混凝土再生微粉的研究现状及应用 [J]. 低温建筑技术，2009，31 (4)：78 - 79.
[33] 朱平华，王欣，周军，等．再生骨料混凝土研究主要进展与发展趋势 [J]. 混凝土，2009 (5)：90 - 92，94.
[34] 张小娟．国内城市建筑垃圾资源化研究分析 [D]. 西安：西安建筑科技大学，2013.
[35] 刘小艳，金丹，刘开琼，等．掺再生微粉混凝土的早期抗裂性能 [J]. 建筑材料学报，2010，13 (3)：398 - 401，408.
[36] 高志楼，刘小艳，左俊卿，等．圆环法研究再生微粉混凝土收缩性能 [J]. 粉煤灰综合利用，2012 (2)：6 - 10.
[37] 吕雪源，王乐生，陈雪，等．混凝土再生微粉活性试验研究 [J]. 青岛理工大学学报，2009，30 (4)：137 - 139，179.
[38] 李建勇，马雪英，尚百雨，等．建筑废弃物再生微粉在混凝土中应用的试验研究 [J]. 江西建材，2014 (12)：244 - 250.
[39] 马纯滔，宋建夏，王彩波，等．建筑垃圾再生微粉利用的试验研究 [J]. 宁夏工程技术，2009，8 (1)：55 - 58.
[40] 王晓波，陆沈磊，张平．建筑垃圾再生微粉性能研究及应用探讨 [J]. 煤粉灰，2012，24 (6)：24 - 26.
[41] 张利娟．再生微粉-水泥复合胶凝材料的水化性能 [J]. 混凝土与水泥制品，2013 (6)：14 - 17.
[42] 陈雪，刘秋义，杨向宁，等．再生微粉的性能及应用 [J]. 青岛理工大学学报，2013，34 (3)：17 - 21.
[43] 张圣彩，耿欧，赵桂云．再生微粉混凝土的抗压强度及其活性激发 [J]. 混凝土，2015 (11)：49 - 52.
[44] 胡智农，杨黎，刘昊．再生微粉混凝土耐久性研究 [J]. 混凝土与水泥制品，2013 (3)：1 - 5.
[45] 王海进，耿欧，赵桂云．再生微粉基本性能及胶砂强度的试验研究 [J]. 混凝土，2015 (8)：74 - 77.
[46] 孙岩，郭远臣，孙可伟，等．再生微粉制备辅助胶凝材料试验研究 [J]. 低温建筑技术，2011，33 (4)：8 - 10.
[47] 薛文源．城市污水污泥处理与处置的途径 [J]. 中国给水排水，1992 (1)：41 - 45.
[48] 王化信．关于污泥还田的问题 [J]. 国外环境科学技术，1985 (5)：63 - 73.
[49] 王木勉．污泥处理方向性的探讨 [J]. 下水道协会制，1991，28 (5)：2 - 5.
[50] 郭兰，米尔芳，田若涛，等．城市污泥和污泥与垃圾堆肥的农田施用对土壤性质的影响 [J]. 农业环境保护，1994 (5)：204 - 209.

[51] 唐受印，汪大翚，等．废水处理工程 [M]. 北京：化学工业出版社，1998.
[52] 何品晶，顾国维，邵立明，等．污水污泥低温热解处理技术研究 [J]. 中国环境科学，1996，16 (4)：254-258.
[53] 欧围荣，陈奇洲．生活水污泥油化试验研究 [J]. 环境污染与防治，1996 (4)：20-21，45.
[54] 何品晶，邵立明，陈正夫，等．污水厂污泥低温热化学转化过程机理研究 [J]. 中国环境科学，1998，18 (1)：39-42.
[55] 赵由才．实用环境工程手册　固体废物污染控制与资源化 [M]. 北京：化学工业出版社，2002.
[56] 环境保护部．2013 年中国环境状况公报 [R/OL]. (2014-05-27)[2014-06-05] . http：//www. mee. gov. cn/gkml/hbb/qt/201407/t20140707 _ 278320. htm
[57] 王培铭，王新友．绿色建材的研究与应用 [M]. 北京：中国建材工业出版社，2004.
[58] 李远兵，孙莉，赵雷，等．铝灰的综合利用 [J]. 中国有色冶金，2008 (6)：63.
[59] 郑磊．铝灰高效分离提取及循环利用研究 [D]. 长沙：中南大学，2010.
[60] 刘吉．铝灰渣性质及其中的 AIN 在焙烧和水解过程中的行为研究 [D]. 沈阳：东北大学，2008.
[61] 李家镜．利用铝灰制备 Sialon 材料的研究 [D]. 上海：上海交通大学，2012.
[62] 刘守信，刘晓红，王华，等．铝灰综合利用的技术进展 [J]. 资源再生，2009 (2)：40-42.
[63] 蔡鄂汉，李远兵，孙莉，等．铝灰合成 Sialon 复合粉对铁沟浇注料性能的影响 [J]. 武汉科技大学学报，2010，33 (2)：164-169.
[64] 裘国华，施正伦，余春江，等．煤矸石代黏土煅烧水泥熟料配方优化试验研究 [J]. 浙江大学学报(工学版)，2010，44 (2)：315-319.
[65] 康文通，李小云，李建军，等．以铝灰为原料生产硫酸铝新工艺 [J]. 四川化工与腐蚀控制，2000 (5)：17-19.
[66] 戴栋，戴新猷，宋春婴．电弧炉炼钢应用铝灰升温的试验研究 [J]. 工业加热，1994 (1)：13-16.
[67] 王文虎，李冰，孟显祖，等．工业铝灰（AD 粉）在炼钢生产中应用与分析 [J]. 河南冶金，2010，18 (6)：43-45.
[68] 郭学益，李菲，田庆华，等．二次铝灰低温碱性熔炼研究 [J] 中南大学学报（自然科学版)，2012，43 (3)：809-814.
[69] 董锦芳，黄朝晖，陈博，等．固体废弃物铝灰和粉煤灰原位合成 Spinel-Sialon 复相材料的研究 [J]. 人工晶体学报，2009，38 (S1)：371-374.
[70] 陈思忠，徐惠彬．用铝灰生产聚合氯化铝的工艺研究 [J]. 再生资源与循环经济，2011，4 (10)：42-44.
[71] 孙俊民，王秉军，张占军．高铝粉煤灰资源化利用与循环经济 [J]. 轻金属，2012 (10)：1-5.
[72] 袁向红，吴凯，张健，等．炼铝废渣的综合利用试验 [J]. 环境污染与防治，2000 (1)：37-39.
[73] 熊炎柏．铝渣能改善水泥的安定性并提高其强度 [J]. 四川水泥，1997 (l)：36-37.
[74] 熊炎柏．铝渣在改善水泥安定性方面的作用 [J]. 山西建材，1997 (l)：23-24，34.
[75] 李远兵，李亚伟，李楠，等．一种电熔复合耐火材料及其生产方法：200610018950.2 [P] . 2006-10-11.
[76] 徐鹏寿．资源综合利用现状和展望 [J]. 水泥技术，2002 (1)：19-25.
[77] 李维凯，翁大汉，张勋利．我国高炉矿渣资源化利用进展 [J]. 中国废钢铁，2007 (3)：34-38.
[78] 钱传亭，王庆福，张洪林．粒化高炉矿渣粉的开发及应用 [J]. 水泥技术，2004 (1)：77-79.
[79] 陈立军，张丹，邢士俊，等．碱矿渣无机涂料的研究 [J]. 新型建筑材料，2001 (12)：41-43.
[80] 王小生，黄彭，吴初航，等．宝钢水渣用作道路基层混合料的试验研究 [J]. 中国市政工程，2002 (1)：9-11，42.
[81] 苏辉．高炉矿渣在道路基层施工中的应用 [J]. 矿山环保，2002 (4)：26-29.

[82] 李真才．利用高炉水渣代替蛭石作保温剂的试验研究［J］．攀钢技术，1999，19（6）：6－9.
[83] 蒋伟锋．水淬高炉炉渣合成硅灰石的方法［J］．化工矿物与加工，2003，32（2）：17－18，22.
[84] 董超，谢葆青，林红．高炉矿渣混凝剂处理有机废水的研究［J］．山东环境，2000（2）：32.
[85] 于衍真，李云兰．高炉矿渣对工业废水处理的实验研究［J］．工业水处理，1999，19（2）：12－13.
[86] 江昕，尹美珍．多孔陶瓷材料的制备技术及应用［J］．现代技术陶瓷，2002（1）：15－19.
[87] 殷海荣，武丽华，陈福，等．环保型陶瓷透水砖的研制［J］．新型建筑材料，2006（3）：24－26.
[88] 泽雁．混凝土透水砖［J］．新型建筑材料，2005（5）：47.
[89] 王方群，原永涛，齐立强．脱硫石膏性能及其综合利用［J］．粉煤灰综合利用，2004（1）：41－44.
[90] 彭家惠，林芳辉．粉煤灰改性无水石膏胶结材的研究［J］．粉煤灰综合利用，1995（4）：30－33.
[91] 黄丽华、周大伟．掺多种工业废渣的陶粒混凝土轻质隔墙板［J］．新型建筑材料，2006（2）：52－53.
[92] 王立华．钢丝网增强高掺量粉煤灰轻质隔墙板［J］．山东建材，1999（5）：31.
[93] 王能关，左丽，赖洪美，等．利用炉渣和粉煤灰生产轻质隔墙板［J］．新型建筑材料，2002（2）：19－20.
[94] 吴元锋，仪桂云，刘全润，等．粉煤灰综合利用现状［J］．洁净煤技术，2013，19（6）：100－104.
[95] 王亮，刘应宗．天津市烟气脱硫石膏综合利用的管理研究［J］．内蒙古农业大学学报（自然科学版），2006，27（2）：147－149.
[96] 张倩，徐海云．生活垃圾焚烧处理技术现状及发展建议［J］．环境工程，2012，30（2）：79－81，89.
[97] 张益．我国生活垃圾焚烧处理技术回顾与展望［J］．环境保护，2016，44（13）：20－26.
[98] 杨凡．不同激发剂对矿渣水泥强度的影响［J］．铁道技术监督，2010，38（10）：18－21.
[99] 刘忠玉，陈捷，邵晓广，等．海相固化土抗拉强度特性试验研究［J］．公路交通科技（应用技术版），2014，10（12）：116－118.
[100] 张通．MBER 固化土劈裂抗拉强度变化及应用［D］．杨凌：西北农林科技大学，2013.
[101] 孔祥文，王丹，隋智通．矿渣胶凝材料的活化机理及高效激发剂［J］．中国资源综合利用，2004（6）：22－26.
[102] 吴达华，吴永革，林蓉．高炉水淬矿渣结构特性及水化机理［J］．石油钻探技术，1997（1）：33－35，64.
[103] 徐彬，蒲心诚．矿渣玻璃体分相结构与矿渣潜在水硬活性本质的关系探讨［J］．硅酸盐学报，1997（6）：729－733.
[104] 徐彬，蒲心诚．矿渣玻璃体微观分相结构研究［J］．重庆建筑大学学报，1997，19（4）：53－60.
[105] 张雄，鲁辉，张永娟，等．矿渣活性激发方式的研究进展［J］．西安建筑科技大学学报（自然科学版），2011，43（3）：379－384.
[106] 王伟，王文奎，徐兆辉，等．矿渣粉比表面积及粒度分布对水泥强度的影响［J］．中国粉体技术，2011，17（2）：80－82.
[107] 路青波，杨全兵．影响矿渣潜在活性激发的主要因素研究［J］．混凝土与水泥制品，2005（6）：13－14.
[108] 万暑，史才军，姜磊，等．碱激发胶凝材料中碱硅反应研究进展［J］．硅酸盐通报，2015，34（11）：3214－3221.
[109] 李俊，孙妮．基于温度的预拌水泥混凝土坍落度经时损失的试验研究［J］．黑龙江交通科技，2015，38（1）：17－19.
[110] 赵洪春．陶粒预湿处理时间对陶粒泡沫混凝土物理力学性能的影响［J］．砖瓦，2014（6）：39－41.
[111] 康永．水玻璃的固化机理及其耐水性的提高途径［J］．佛山陶瓷，2011，21（5）：44－47，17.
[112] 王玲，田培，白杰，等．我国混凝土减水剂的现状及未来［J］．混凝土与水泥制品，2008（5）：1－7.

[113] 鲁丽华，潘桂生，陈四利，等．不同掺量粉煤灰混凝土的强度试验 [J]. 沈阳工业大学学报，2009，31 (1)：107 - 111.
[114] 何锦云，李瑞璟，王继宗．砂率对砼和易性及强度影响的试验研究 [J]. 河北建筑科技学院学报，2002，19 (4)：27 - 29，43.
[115] 洪乃丰．混凝土中氯盐与钢筋腐蚀的几个相关问题 [J]. 工业建筑，2003，33 (11)：39 - 42，82.
[116] 刘文军，王军强．氯离子对钢筋混凝土结构的侵蚀分析 [J]. 混凝土，2007 (4)：20 - 22.
[117] 连艳霞．多孔改性混凝土结构抗冻融性能研究 [J]. 交通标准化，2014，42 (12)：11 - 13.
[118] 沈威．水泥工艺学 [M]. 北京：中国建筑工业出版社，1986.
[119] 张海燕．混凝土的抗冻融破坏试验研究 [J]. 西北水资源与水工程，2001，12 (1)：49 - 52.
[120] 戴剑锋，王青，刘晓红．聚合物水泥混凝土抗盐、抗冻融腐蚀机理的探讨 [J]. 西安建筑科技大学学报 (自然科学版)，2002，34 (2)：201 - 204.
[121] 程守洙，江之永．普通物理学 [M]. 6 版．北京：高等教育出版社，2006.
[122] 李红梅，金伟良，叶甲淳，等．建筑围护结构的温度场数值模拟 [J]. 建筑结构学报，2004，25 (6)：93 - 98.
[123] 杨世铭，陶文铨．传热学 [M]. 北京：高等教育出版社，2006.
[124] 刘承．砌筑墙体 Ansys 三维稳态热分析方法 [J]. 墙体革新与建筑节能，2013 (4)：58 - 64.
[125] 李翔宇，赵霄龙，郭向勇，等．泡沫混凝土导热系数模型研究 [J]. 建筑科学，2010，26 (9)：83 - 86，74.
[126] 王刚，魏高升，黄平瑞，等．改进的新有效介质理论模型分析多孔绝热材料的有效导热系数 [J]. 中国电机工程学报，2016，36 (9)：2465 - 2469.
[127] 姜绍飞，邱云飞，陈仲堂．混凝土细观层次损伤数值模拟——随机骨料结构的生成 [J]. 沈阳建筑大学学报 (自然科学版)，2007，23 (2)：182 - 186，194.
[128] 胡力群．半刚性基层材料结构类型与组成设计研究 [D]. 西安：长安大学，2004.
[129] 蒋应军，陈忠达，彭波，等．密实骨架结构水泥稳定碎石路面配合比设计方法及抗裂性能 [J]. 长安大学学报 (自然科学版)，2002，22 (4)：9 - 12.